21世纪本科院校电气信息类创新型应用人才培养规划教材

# 平板显示技术基础

王丽娟  编著

## 内容简介

本书主要讲述当代显示的主流液晶显示器，高端显示的有源矩阵液晶显示和薄膜晶体管；新一代显示的代表有机发光显示；以及未来时尚显示的柔性显示、3D 显示、触摸屏技术等新型的显示技术。分别从显示原理、器件结构、工艺技术及驱动方案等方面深入浅出地阐述，并分析面临的问题和技术挑战，提供了一套学习现在、发展明天、展望未来的整体知识体系。

本书适合作为电子类等相关专业本、专科学生的教材，也可供技术人员参考。

### 图书在版编目（CIP）数据

平板显示技术基础/王丽娟编著．—北京：北京大学出版社，2013.4
（21 世纪本科院校电气信息类创新型应用人才培养规划教材）
ISBN 978-7-301-22111-2

Ⅰ.①平…　Ⅱ.①王…　Ⅲ.①平板显示器件—高等学校—教材　Ⅳ.①TN873

中国版本图书馆 CIP 数据核字（2013）第 026410 号

| | |
|---|---|
| 书　　　　名： | 平板显示技术基础 |
| 著作责任者： | 王丽娟　编著 |
| 策 划 编 辑： | 程志强　郑　双 |
| 责 任 编 辑： | 程志强 |
| 标 准 书 号： | ISBN 978-7-301-22111-2/TN·0097 |
| 出 版 发 行： | 北京大学出版社 |
| 地　　　　址： | 北京市海淀区成府路 205 号　100871 |
| 网　　　　址： | http://www.pup.cn　新浪官方微博:@北京大学出版社 |
| 电 子 信 箱： | pup_6@163.com |
| 电　　　　话： | 邮购部 010-62752015　发行部 010-62750672　编辑部 010-62750667 |
| 印 　刷 　者： | 北京虎彩文化传播有限公司 |
| 经 　销 　者： | 新华书店 |
| | 787mm×1092mm　16 开本　27 印张　630 千字 |
| | 2013 年 4 月第 1 版　2023 年 1 月第 5 次印刷 |
| 定　　　　价： | 69.00 元 |

未经许可，不得以任何方式复制或抄袭本书之部分或全部内容。
**版权所有，侵权必究**
举报电话：010-62752024　电子信箱：fd@pup.pku.edu.cn

# 序

1897年德国人布劳恩发明了第一只阴极射线管(CRT)，实现了电信号到光信号的转变，掀起了信息显示技术的第一幕。显示技术的飞速发展，不断给人们的生活带来了翻天覆地的变化。20世纪60年代CRT开始广泛普及，使人们的生活变得丰富多彩。进入21世纪，全球显示产业发生了革命性的变化，平板显示技术取代了传统的阴极射线管显示技术成为主流显示技术，逐渐覆盖到人们生活的各个领域。

作为平板显示技术主流的液晶显示器，从无源矩阵液晶显示器的小型计算器等简单应用开始，逐渐发展到薄膜晶体管有源矩阵液晶显示器的手机、笔记本、液晶电视等高端应用领域，成为现阶段主流的平板显示技术。有机发光显示(OLED)是一种自发光显示技术，近几年快速发展，在手机、数码相机等中小型产品中逐渐看到了OLED屏幕的身影，有望成为新一代平板显示技术的主流。新型显示技术的不断开发与应用，如触摸屏技术、3D技术、柔性显示等，更展现出显示技术的无限魅力，让人们对未来的显示技术充满渴望。

平板显示的产业化总是以东北亚为核心。我国的TFT-LCD产业规模已接近全球的20%，有机发光显示等下一代技术也在迎头赶上。产业的持续发展需要大批的专业人才，需要研究机构的持续创新，需要大学与企业在人才培养方面的互助。平板显示技术涉及光学、电子学、材料、化工等多个领域，是典型的交叉学科，同时又具有鲜明的工程学特征。一本高质量的教材是培养相关人才的基础。

《平板显示技术基础》是作者根据在光电信息领域多年的生产实践、科研和教学实践经验，并充分吸收国内外信息显示领域最新发展的基础上编著的。本书详细介绍了液晶显示技术、多种薄膜晶体管技术、有机发光显示技术等平板显示的多个重要领域。尤其在深入浅出地阐明基本原理和基本概念的基础上，较详细地介绍了平板显示的新工艺、新技术、新知识及应用实例，既保证了平板显示的系统性、完整性，又兼顾了可读性和实用性。本书适合作为光电信息类和材料科学类学生的教材，也可作为显示技术相关专业人员的参考用书。

京东方科技集团资深总监、研究员

邵喜斌

2012年9月

# 前　言

当今信息化时代，平板显示进入了突飞猛进的发展阶段。液晶显示已成为现阶段平板显示的主流，高端的显示厂商正进入高速扩产和建厂阶段。有机发光显示在当今时代开始飞速发展，很有希望成为新一代显示的主流。新型的柔性显示，也是越来越得到人们的青睐。在这个信息科技高速发展的时代，需要与时代吻合的高技术人才，需要与时俱进的高知识人才，更需要具有创新能力的人才。本书的编写就是要培养应时代而腾飞的新一代具有高知识、高技术含量的大学生，要培养一批有扎实的理论基础，并与实际工作技术能力相结合，满足企业需求、自信充实的大学生，更要在潜移默化中培养具有实际设计及科研能力的大学生。

本书编写时参考了《普通高等学校电子科学与技术本科指导性专业规范(讨论稿)》和《普通高等学校光电子信息科学与工程本科指导性专业规范(讨论稿)》中显示原理和显示技术知识领域的要求。本书是作者根据在光电技术和信息显示领域多年的科研和教学实践经验，结合多年的生产实践经验，并充分吸收了国内外显示领域最新发展的基础上编写而成的。本书力求深入浅出地阐明平板显示技术的原理和先进的显示技术，并重点介绍液晶显示和有机发光显示的制作工艺技术和最新发展。内容力求作到理论知识的系统性和完整性，又兼顾可读性和实用性。

本课程的参考学时为64学时，本书主要内容包括：平板显示器的种类及性能参数；液晶显示原理及制作工艺技术；广视角原理与技术；有源矩阵液晶显示器结构及材料；薄膜晶体管原理及结构、制作工艺技术；有机发光显示原理及制作工艺技术、驱动原理及全彩色化技术；触摸屏技术及3D技术等。

本书共12章，第1章是平板显示简介；第2—4章是液晶显示器的原理和制作技术；第5章是有源矩阵液晶显示器的结构与材料；第6—9章是薄膜晶体管的原理与技术；第10—11章是有机发光显示原理与技术；第12章是新型的显示技术。

本书第2—11章由王丽娟编著，第1和12章由宋贵才编著。全书由王丽娟负责修改和定稿。京东方科技集团资深总监邵喜斌研究员为本书提出了许多宝贵意见并为本书作序。在本书的编写过程中得到了长春工业大学教务处及化学工程学院的大力支持。同时还得到了长春理工大学理学院、京东方科技集团股份有限公司、成都天马微电子有限公司、中科院长春应用化学研究所等单位的支持和帮助，在此向他们表示衷心的感谢！编者曾经在吉林彩晶数码高科显示器有限公司工作，原公司的很多同事为本书的编写提供了宝贵的支持。研究生张伟和秦海涛在书稿的整理、插图绘制等方面做了大量的工作。北京大学出版社的程志强老师和其他相关工作人员为本书的出版付出了辛勤的劳动。在此一并向他们表示感谢!

由于编者学识与水平所限,书中难免存在缺点和不足,恳请广大读者批评指正。

编　者

2013 年 1 月

# 目 录

## 第1章 平板显示技术简介 …… 1
1.1 显示技术的发展 …………… 2
1.2 显示器的种类 ……………… 7
1.3 显示器件的性能对比 ……… 18
1.4 显示器的性能参数 ………… 20
本章小结 ………………………… 29
本章习题 ………………………… 30

## 第2章 液晶显示器基础 …… 32
2.1 液晶的特点 ………………… 33
2.2 液晶的种类 ………………… 34
2.3 液晶的物理性质 …………… 39
2.4 液晶的电光效应 …………… 47
2.5 液晶显示器的种类 ………… 57
2.6 TN型液晶显示器的显示原理 … 60
2.7 超扭曲向列相液晶显示器 … 64
本章小结 ………………………… 68
本章习题 ………………………… 69

## 第3章 液晶显示器的广视角技术 … 71
3.1 视角产生的原因 …………… 73
3.2 广视角技术简介 …………… 79
3.3 膜补偿技术 ………………… 80
3.4 MVA技术的显示原理 ……… 83
3.5 PVA技术的显示原理 ……… 92
3.6 ASV技术的显示原理 ……… 93
3.7 IPS技术的显示原理 ……… 96
3.8 FFS技术的显示原理 ……… 103
3.9 OCB技术 …………………… 110
本章小结 ………………………… 111
本章习题 ………………………… 112

## 第4章 液晶显示器的制屏和模块工艺技术 …… 115
4.1 制屏工艺简介 ……………… 116
4.2 PI取向工艺 ………………… 117
4.3 ODF工艺 …………………… 123

4.4 传统的液晶注入工艺 ……… 129
4.5 切割工艺 …………………… 132
4.6 贴片工艺 …………………… 133
4.7 液晶显示器的模块工艺简介 … 135
4.8 COG工艺 …………………… 137
4.9 COF工艺 …………………… 140
本章小结 ………………………… 144
本章习题 ………………………… 145

## 第5章 有源矩阵液晶显示器的结构 … 147
5.1 有源矩阵液晶显示器的结构 … 149
5.2 CCFL背光源 ………………… 150
5.3 LED背光源 ………………… 152
5.4 玻璃基板 …………………… 159
5.5 彩膜 ………………………… 159
5.6 阵列的单元像素 …………… 164
5.7 液晶显示器的驱动原理 …… 165
本章小结 ………………………… 173
本章习题 ………………………… 174

## 第6章 薄膜晶体管的工作原理 …… 177
6.1 薄膜晶体管的半导体基础 … 178
6.2 MOS场效应晶体管 ………… 180
6.3 薄膜晶体管的工作原理 …… 185
6.4 薄膜晶体管的直流特性 …… 191
6.5 薄膜晶体管的主要参数 …… 196
本章小结 ………………………… 200
本章习题 ………………………… 200

## 第7章 薄膜晶体管的结构与设计 … 203
7.1 a-Si:H TFT结构概述 ……… 204
7.2 背沟道刻蚀结构的a-Si:H TFT … 206
7.3 背沟道保护型结构的 a-Si:H TFT …………………… 213
7.4 其他结构的a-Si:H TFT …… 222
7.5 薄膜晶体管阵列的设计 …… 225
本章小结 ………………………… 241
本章习题 ………………………… 241

## 第 8 章 液晶显示器的阵列工艺技术 … 244

- 8.1 阵列工艺概述 …………………… 245
- 8.2 清洗工艺 ………………………… 245
- 8.3 溅射工艺 ………………………… 247
- 8.4 CVD 工艺 ………………………… 249
- 8.5 光刻工艺 ………………………… 252
- 8.6 干刻工艺 ………………………… 256
- 8.7 湿刻工艺 ………………………… 265
- 8.8 TFT 阵列工艺中常见缺陷 ……… 270
- 本章小结 ……………………………… 273
- 本章习题 ……………………………… 274

## 第 9 章 多种薄膜晶体管 …………… 276

- 9.1 多晶硅薄膜晶体管 ……………… 277
- 9.2 氧化物薄膜晶体管 ……………… 299
- 9.3 化合物薄膜晶体管 ……………… 303
- 9.4 有机薄膜晶体管 ………………… 305
- 本章小结 ……………………………… 309
- 本章习题 ……………………………… 309

## 第 10 章 有机发光显示原理 ………… 311

- 10.1 有机发光显示特点 ……………… 313
- 10.2 有机材料的半导体性质 ………… 316
- 10.3 有机发光二极管的发光原理 …… 322
- 10.4 有机发光二极管的器件结构 …… 334
- 10.5 有机小分子发光二极管 ………… 341
- 10.6 聚合物发光二极管 ……………… 345
- 本章小结 ……………………………… 350
- 本章习题 ……………………………… 351

## 第 11 章 有源矩阵有机发光显示技术 … 353

- 11.1 OLED 的结构和发光方式 ……… 354
- 11.2 AMOLED 面板的 TFT 技术 …… 358
- 11.3 OLED 的驱动原理 ……………… 366
- 11.4 全彩色 AMOLED 显示 ………… 380
- 本章小结 ……………………………… 385
- 本章习题 ……………………………… 385

## 第 12 章 新型显示技术 ……………… 388

- 12.1 激光显示技术 …………………… 389
- 12.2 3D 技术 ………………………… 394
- 12.3 触摸屏技术 ……………………… 401
- 12.4 电子纸技术 ……………………… 408
- 12.5 柔性显示技术 …………………… 411
- 本章小结 ……………………………… 413
- 本章习题 ……………………………… 414

## 参考文献 …………………………… 416

# 第 1 章
# 平板显示技术简介

随着科技的发展，平板显示技术也不断推陈出新，从最开始的阴极射线管显示技术发展到现在以液晶为主流的平板显示技术，以及不久的将来再到有机发光显示技术等，都给人们的生活带来了巨大的变革，使得人们的生活更加舒适方便。通过对本章的学习，可以掌握平板显示技术的内容、种类。

**教学目标**

- 了解平板显示技术的定义；
- 掌握平板显示技术的种类；
- 了解平板显示技术的特点；
- 掌握平板显示技术的性能参数。

**教学要求**

| 知识要点 | 能力要求 | 相关知识 |
| --- | --- | --- |
| 显示技术的发展 | 了解平板显示的发展 | CRT 显示器 |
| 显示技术的种类 | (1) 掌握显示技术的种类<br>(2) 了解各种平板显示的结构<br>(3) 掌握各种平板显示的原理 | 平板显示器 |
| 显示器的性能对比 | (1) 了解各种平板显示器的性能<br>(2) 了解各种平板显示的用途 | |
| 显示器的性能参数 | (1) 了解各种性能参数的定义<br>(2) 了解各种性能参数的作用 | |

**推荐阅读资料**

[1] 高鸿锦，董友梅. 液晶与平板显示技术[M]. 北京：北京邮电大学出版社，2007.
[2] 谷千束. 先进显示器技术[M]. 北京：科学出版社，2002.
[3] 中华液晶网. http://www.fpdisplay.com/.

**基本概念**

平板显示器：Flat Panel Display，缩写为 FPD，是显示器件屏幕对角线的长度与整机厚度之比大于 4∶1 的显示器。

CRT 显示器：Cathode Ray Tube，为阴极射线管，是一种利用高能量电子束轰击荧光屏发光的显示器。

## 1.1 显示技术的发展

在过去 10 多年里，信息技术的空前发展宣告了第三次工业革命的来临，计算机技术和计算机网络快速发展，移动电话以及电子贸易蓬勃发展，这些新通信技术的革命造就了一个"信息时代"的 21 世纪。作为信息时代的一个重要环节就是信息显示技术，显示技术在人类知识的获得和生活质量的改善方面扮演着重要的角色。显示技术是人机联系和信息展示的窗口，广泛应用于娱乐、工业、军事、交通、教育、航空航天，以及医疗等社会的各个领域。

 **引 例：京东方 110 英寸全球最大尺寸的超高清显示屏亮相**

2012 年 11 月 16 日，全球最大尺寸(110 英寸)UHD 级超高清显示屏亮相第十四届高交会，是我国在平板显示领域的最新突破性进展。集众多高端技术于一体：超大尺寸面板拼接曝光技术、超大尺寸先进工艺制程技术、高帧速面板设计技术、超大尺寸拼接镜像同步扫描技术、120Hz 高频驱动技术、局域动态背光技术等先进技术。具有 178°超宽视角、4 倍于 FHD 的 UHD(Ultra HD)超高清级别(分辨率高达 3840×2160)，给现场观众身临其境般的逼真视觉享受。亮度高达 1000nits，10bit 色彩技术可呈现 10.7 亿色，最大程度上还原了真实色彩，如图 1.1。该款显示屏计划在京东方 8.5 代线投产，可广泛应用于办公场所、大型数字显示牌、高端影院等处。

图 1.1 京东方 UHD 级超清显示器(京东方)

### 1.1.1 显示技术的飞速发展

进入 21 世纪，人们需要性能更好、更能符合未来生活需要的新一代显示技术，以迎接所谓的"4C"，即计算机(computer)、通信(communication)、消费类电子(consumer electronics)、汽车电子(car electronics)以及"3G"(第三代手机)时代的到来。纵观移动通信设备的演变，充分展现了显示技术飞速发展的历程，如图1.2所示。

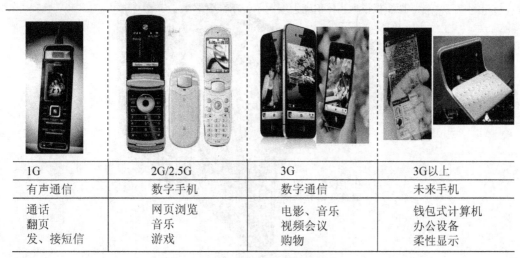

图1.2 移动通信设备的演变

### 1.1.2 显示技术发展的时代

1897年，德国人布劳恩发明了第一只阴极射线管，实现了电信号到光信号的转变，称为信息显示技术的起点。因此，显示技术的发展划分为3个时代。

**1. 第一代显示——CRT显示**

阴极射线管(CRT)显示是第一代显示器，改变着人类的生活，辉煌了半个多世纪，现在已经十分成熟，再实现技术上的新突破非常困难。CRT显示由于体积庞大、功耗高、有辐射、无法应用到移动电话及笔记本计算机等便携式设备中等问题，生存和发展都受到平板显示技术严峻的挑战。而且，CRT显示在数字化、高分辨率、小型化、轻薄方面不如平板显示器，除了电视机和显示器外，很少涉及其他应用领域，制约了其发展。当前平板显示技术的成本也逐渐下降，CRT显示技术的唯一成本优势也变得越来越不明显。CRT与平板显示器的对比，如图1.3所示。

在20世纪80年代，拥有CRT电视是很多人的梦想。在20世纪90年代，CRT电视已变得家喻户晓；在21世纪初，孩子们已经不知道什么是CRT电视了。CRT显示器为了在发展中寻求生存，在竭力开发新的超薄型CRT，但也无法摆脱逐渐衰退的局面。目前，第一代显示已接近尾声，逐渐退出了历史的舞台。

**2. 第二代显示——LCD显示**

液晶显示被誉为第二代显示，具有体积小、重量轻、省电、无辐射、便于携带等优点，是现今人们最熟悉、最常见的显示器，占据平板显示市场份额的80%以上，产品范围覆盖整个应用领域，在当今时代锋芒毕露，成为平板显示领域的主流。

回顾液晶显示技术的发展历程是艰辛曲折的。1968年，第一台基于动态散射效应的液晶显示器诞生。1985年液晶显示器产业开始商业化。1986年开始，进入液晶显示器的

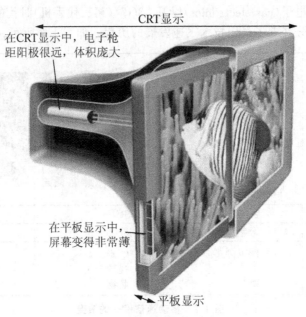

图1.3　CRT显示和平板显示的对比

早期发展阶段，主要用于电子表、计算器等方面。20世纪80年代末90年代初，STN-LCD及TFT-LCD生产技术的出现使LCD产业进入到高速发展期，但存在画面延时，色彩还原不够真实，可视角度低等缺点，仍然生存在CRT显示器阴影下。2001年以后，LCD技术开始走向成熟发展之路，2003年LCD成本大幅下降，响应时间提高，扩展了LCD的应用。从2004年开始，LCD已经开始慢慢取代CRT显示器成为显示设备的主流。2005年广视角技术的应用解决了由于可视角度不同造成的色彩衰退现象。在各项技术发展的同时，也逐渐改善了背光源技术、倍频刷新和画面插黑技术、高色域技术等。科技永远向前进步，LCD技术的发展使人们的未来更多广阔和光明。

当前液晶显示电视最大的画面尺寸已经做到108英寸，机身尺寸为2572mm×1550mm×202mm，分辨率为全高清1920×1080像素，夏普的ASV液晶电视如图1.4所示。苹果让手机和iPad不断推陈出新，在硬件上精致到了极点，配备的仍是液晶显示屏，在很长一段时间还将称霸市场。触控和3D技术的飞速发展不断吸引着人们的眼球，如图1.5所示。这些都标志着液晶显示器正处在发展的兴旺阶段，未来将还会持续很长时间的热度。

图1.4　夏普的108英寸液晶电视

第1章 平板显示技术简介

图 1.5　日商电子集团 52 英寸裸眼 3D 液晶显示器

 小知识：倍频刷新与画面插黑技术

倍频刷新技术是指在原本仅有的 60Hz 画面更新率提升到了 120Hz。在提升画面更新率的同时，也要利用画面处理器来内插画面。在两幅画面中间插入一幅新画面，补充动态的不足。当前主流的面板画面更新率在每秒 120 张以上时，才能实现倍频刷新。

画面插黑技术是指在画面更新率倍增的同时，两幅画面之间插入全黑的画面，消除肉眼的视觉残留现象。

### 3. 新一代显示——OLED 显示

尽管液晶显示随着技术和工艺的不断成熟，已经从小屏到大屏逐步占领了所有显示设备领域。但随着新技术的不断涌现，被取代只是时间问题。有机发光显示在近几年大放异彩，在手机、平板计算机、数码相机、平板电视等产品中逐渐看到了 OLED 屏幕的身影，在新一代显示中崭露头角，被业界人士认为是最有前景的新一代显示器。

有机发光显示（Organic Light Emitting Diode，OLED）。具有自发光特性、对比度高、响应时间快、可视角度大、色彩饱和度好、超薄等特点，比液晶显示器性能更优越。像液晶显示一样，OLED 的发展由 PMOLED（Passive Matrix OLED，无源矩阵有机发光显示）发展到 AMOLED（Active Matrix OLED，有源矩阵有机发光显示）技术。最初应用到小型移动式设备上，随着基板尺寸的慢慢变大，开始应用到笔记本计算机、显示器以及平板电视上。当前韩国三星和 LG 分别开发出 55 英寸的 AMOLED 电视，标志着 OLED 开始走向大尺寸应用。

 引例：三星的 AMOLED 手机与苹果的液晶手机 iPhone 竞争

2010 年，三星发布了 Galaxy S 系列手机，采用自己独有的 AMOLED 屏幕，具备超薄、大屏幕、高分辨率、大可视角度、高对比度、高色彩饱和度，且集触控一体化，成为苹果的液晶手机 iPhone 最强的竞争对手。

### 4. 未来显示——柔性显示

未来的显示是那种薄如纸可以随意折叠的显示器。不论是即将消失的 CRT，还是当今时代主流的 LCD，都属于传统的刚性显示器。而柔性显示器具有耐冲击、抗震能力更强；重量轻、体积小，携带方便；采用类似报纸印刷的卷带式工艺，成本更加低廉等优点。试想可以卷曲、掉在地上不容易损坏、超轻的显示器,或者可以戴在手腕上像手表那样观看影像的未来显示器,是多么让人渴望。

从2000年开始,由于新材料、新显示技术的出现,为柔性显示的发展注入了一股强大的活力,世界许多国家为了能够进一步掌握未来发展的机会,纷纷开始了柔性电子领域的研究,很多显示样机争相亮相。

当今柔性显示还处在产业化的前夜,真正能够达到商品化阶段还有相当一段距离。面临的技术瓶颈和挑战主要有:①性能差,过高的工作电压、较低的载流子迁移率、不稳定的材料和器件特性,使得柔性显示器的性能还需要提高;②寿命低,柔性显示多采用有机材料、结构松散、产品寿命短,按每天使用5小时计算,1~2年内产品的寿命就到期了,在生产和使用中也容易损坏;③生产设备不成熟,造成产品成品率低,成本和价格也相应上升,阻碍了产业化的进展;④相关高科技技术还未匹配,如柔性的衬底生产加工技术、纳米电子技术、柔性的半导体封装技术等还未成熟。整体来看,柔性显示技术的研究尚在起步阶段。

**引例: 三星的柔性 AMOLED**

2010年,三星发布的4.5英寸柔性 AMOLED 分辨率为 800×480 像素,厚度仅为 0.3mm,在弯曲的时候不会损害、也不会让图像扭曲失真,在屏幕卷曲成直径 1cm 的圆筒状时,仍能正常工作,具备目前手机屏幕所没有的耐冲击性,在观看视频下用锤子敲击数千下仍能显示。

2012年三星发布可弯曲的柔性显示器,意味着用户手机或者平板显示屏掉在地上后也不容易损坏,如图1.6所示。

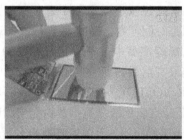

图1.6 三星的柔性 AMOLED(zol.com.cn)

2009年,韩国LG显示器开发出可穿戴式OLED显示器,如图1.7所示。画面尺寸为4英寸,QVGA具有320×240像素,100ppi,167万色显示,衬底基板采用76μm的钢片,面板整体厚度0.3mm,可弯曲的曲率半径为2英寸,重8g。OLED的有源矩阵驱动采用的是非晶硅TFT。

图1.7 韩国LG的可戴在手腕上的柔性OLED

## 1.2 显示器的种类

显示技术研究的内容很多，主要有各种显示方式的基本原理和结构、各种发光材料发光机理的研究、各种显示器件的制作工艺、显示器件的驱动与控制技术，以及显示器件上、下游产业链中所用的各种材料。因显示器的种类不同，显示技术研究的内容也不同，本节主要介绍显示的种类、简单原理和结构。

### 1.2.1 显示器的分类

显示器的组成部分包括电光转换效应而形成图像的显示器件、周边电路及光学系统等三大部分。根据显示器件的不同，显示器有多种分类方法。按显示器显示图像的方式，分为投影型、空间成像型和直视型3种。按显示器的形态，分为阴极射线管显示器和平板显示器两种。按发光方式，分为主动发光型和非主动发光型两种。按是否含有源器件，分为无源矩阵和有源矩阵两种。每种显示器又包括很多种。

**1. 投影型显示器**

投影型显示器是用显示器显示图像后，再经光学系统放大后投影到屏幕上的一种显示器，具有大屏幕、高清晰、成本低的优势，分背投型和前投型两种。背投电视可以做到80～100英寸，前投电视可以做到200英寸。显示尺寸大幅度增大，但整机成本不用像其他平板显示那样大幅度增大。根据使用的图像源不同，投影型显示器分为CRT投影技术、LCD投影技术、DLP投影技术。

1) CRT投影技术

CRT投影显示利用CRT和光学系统组成投影管，光线投射到屏幕上显示图像，是实现最早、应用最为广泛的一种投影技术。如三枪投影机，采用了3个投影管，把输入信号源分解成红、绿、蓝三基色，控制电子束分别打到CRT的荧光粉发光，光线投射出来，经光学透镜系统放大、汇聚、在屏幕上显示彩色图像，如图1.8所示。

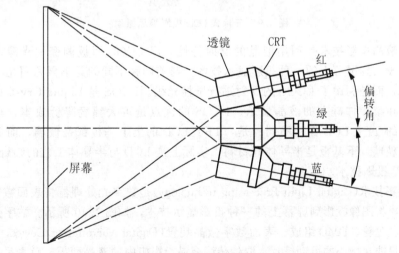

图1.8 三枪投影机结构图

CRT 投影机由于亮度低，只适合安装在环境光较弱的场所，且机身庞大、不宜搬动，在投影方面已逐渐被 LCD 和 DLP 投影技术取代。

2）LCD 投影技术

LCD 投影技术利用液晶的电光效应改变液晶分子在电场下的排列状态，从而影响液晶像素单元的透光率和反射率，产生不同灰度级及颜色数的图像，主要有液晶板投影机、液晶光阀投影机和反射式液晶投影技术。

液晶板投影机利用液晶面板作为成像器件，并用电寻址的投影技术。液晶光阀投影机利用 CRT 光和液晶光阀作为成像器件，并用光寻址的投影技术。二者都是利用了液晶的透射特性。以三片式液晶面板投影机说明透射式投影原理。首先，利用光学系统把强光通过分光镜形成 RGB 三束光，分别透射过 RGB 三色液晶屏；接着，信号源调制液晶屏，通过控制液晶单元的透光或阻断来控制光路；然后，经过三片液晶屏的光线在棱镜中汇聚，由投影镜头投射到屏幕上实现彩色显示，如图 1.9 所示。目前三片式是液晶投影机的主要机型。

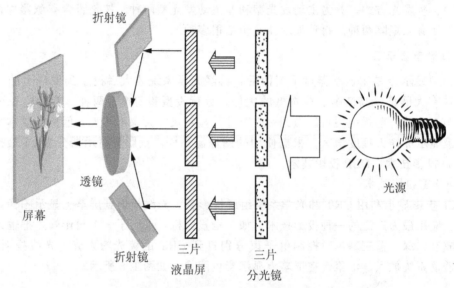

图 1.9　三片式 LCD 投影显示原理

反射式液晶投影技术是利用液晶的反射特性，用 LCOS 面板调变由光源发出来的光线，反射后投入到屏幕上的一种投影显示技术。与前两种不同的是不再利用光源穿过 LCD 来调控光线，而是利用了 LCOS 的反射进行调控光线。LCOS 是 Liquid Crystal On Silicon 的缩写，是在半导体硅上的液晶显示。LCOS 的优点是可大幅度降低成本，具有高清晰度。与一般的 TFT LCD 面板不同的是，TFT LCD 的上下基板都是玻璃，而 LCOS 面板的上基板是玻璃，下基板是半导体硅材料，实际上是 LCD 与半导体工艺的结合。

3）DLP 投影技术

DLP 投影技术（Digital Light Processing technology）是数字光处理器将表面数字微晶装置作为反射镜，将图像投影到屏幕上的一种投影显示技术，如图 1.10 所示。数字光处理器由光源、镜头、色轮、DMD 组成。表面数字微晶装置（Digital Micromirror Device，DMD），上面带有数万只非常微小的可动镜片，取代传统液晶投影机中的液晶面板，负责呈现图像。色轮是 DLP 的色彩来源，采用红、绿、蓝三原色或者采用红、绿、蓝、白四色混色后显示各种色彩。DLP 投影技术原理是根据电流控制 DMD 上的微小镜片的角度,光源的光线经色轮混色后照射到 DMD 上,被反射,经镜头合成需要的图像呈现在屏幕上。

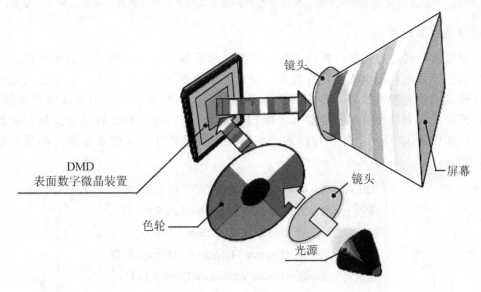

图 1.10　DLP 投影技术原理

**2. 空间成像型显示器**

空间成像型显示器是空间虚拟图像,也是投影显示的一种,代表技术是头盔显示器(Head Mounted Display,HMD)和全息显示器。头盔显示器是虚拟现实系统中重要的视觉设备,由两个显示器和位置跟踪器组成。显示原理为:①两个彩色液晶显示器与计算机相连,由程序控制输出不同的图像,并根据人眼的视差原理组合成可在人脑中产生的三维立体图像;②位置跟踪器能够跟踪头部移动,获得头部 6 个自由度的移动信号并将这些动态信号输入计算机,计算机根据头部位置和移动方向的变化能及时匹配并输出相应的图像。

头盔显示器能模拟不同观察角度的真实景象,还能屏蔽来自真实世界的干扰光线,能感受到真实的视觉效果,如图 1.11 所示。

图 1.11　头盔显示器(www.chinaqking.com)

 **小提示:头盔显示器可以为飞行员安上慧眼**

2007 年,视觉系统国际公司设计的头盔显示器系统在 F—35 战机上进行了首次飞行实验。飞行员的体验是"简直妙不可言",堪称为飞行员安上了慧眼。其优势在于:①跟踪显示,为飞行员显示关键的飞行状态数据、任务信息、威胁和安全状态信息,具有一个非常强大的头部跟踪功能与图像处理功能;②及时提示,十分及时地为飞行员发出视觉提示信息,告诉飞行员应该关注的区域;③降低了重量。

3. 直视型显示器

直视型显示器是当前显示器的主流,根据显示原理和发光类型又分为很多种。主动发光型显示器是指利用电能使器件发光,显示文字和图像的显示技术。非主动发光型显示器又称被动发光型显示器,是指器件本身不发光,需要借助于太阳光或背光源的光,用电路控制外来光的反射率和透射率才能实现显示。已产业化和比较具有发展前景的显示器件,如图 1.12 所示。除了传统的阴极射线管显示器外,其他显示器件都是平板显示器(FPD)。

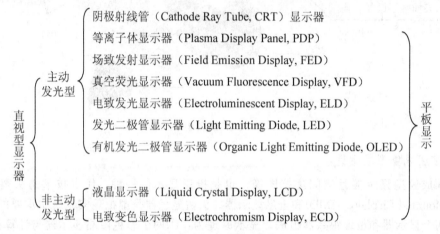

图 1.12　显示器的分类

### 1.2.2　阴极射线管显示器

阴极射线管(Cathode Ray Tube,CRT)显示器,是利用电子束轰击荧光粉实现显示的,改变着人们的生活,在技术飞速发展的时代占据着重要的历史地位。

1. CRT 显示器的发展

1897 年,德国物理学家布劳恩(Braun)发明了阴极射线管,并首次应用在一台示波器上。1908 年,英国人提出作电视的显示器件。1924 年,Danvillier 开始电视图像显示器的试验。1938 年,德国人 W. Fleching 申请彩色显像管的专利。1950 年,美国无线电公司(RCA)完成了阴罩式彩色 CRT 的研制,CRT 电视机诞生。现在,人们对于 CRT 显示器的研究已经非常成熟,发展方向也向着高分辨率、高色彩度的方向发展。低价格、高显示容量、高画质、高色彩度等特性几乎成了 CRT 显示的标志。阴极射线管显示器如图 1.13 所示。

2. CRT 显示器的结构

CRT 显示器主要由电子枪、偏转线圈、阴罩、荧光粉层和圆锥形玻壳五大部分组成,如图 1.14 所示。电子枪采用单电压型,电压 15～25kV,最大电流 100～150$\mu$A,发射并

第1章 平板显示技术简介

图 1.13 阴极射线管显示器

加速电子，产生高能电子束。偏转线圈让电子束在水平方向和垂直方向同时偏转，使整个荧光屏上的任何一点都能发光。不加偏转线圈时，经过加速、聚焦的具有很高动能的电子束轰击到荧光面时，仅能在荧光屏中心位置产生亮度很高的光点，难以成像。阴罩板上有数十万个小孔，保证每个电子束在整个扫描过程中都能达到自己的基色荧光粉点上。CRT显示器的屏幕经历了从球面、平面直角、柱面再到纯平面的过程，对应了阴罩技术的发展。

3. CRT显示原理

电子枪发射出电子束，用视频信号调制电子束流，用电子透镜的聚集系统来汇聚电子束，在荧光屏上将电子束聚焦。几经聚焦、调控的电子光束打在荧光粉上时便会产生亮点。通过控制电子束的方向和强度可产生不同的颜色与亮度。当显示器接收到由计算机显示卡或由电视信号发射器所传出来的图像信号时，电子枪会从屏幕的左上角开始向右方扫描，然后由上至下依次扫射下来，如此反复地扫描即可构成人们所看到的影像。

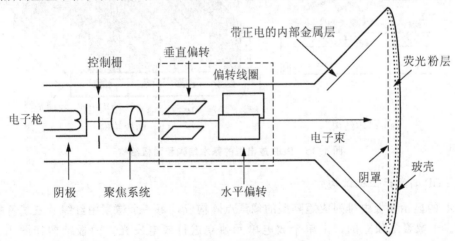

图 1.14 CRT显示的结构及原理

### 1.2.3 等离子体显示

等离子体显示器(Plasma Display Panel, PDP)是利用气体放电发光激发荧光粉实现显示的一种主动发光型平板显示器，具有薄型、大屏幕、色彩丰富的特点，在大屏幕电视市场占有一席之地。

**1. PDP 的发展**

早在 1927 年，美国贝尔实验室制备了一台 60cm×75cm、具有 50×50 个发光单元的气体放电发光显像装置来演示直播电视，这是最早的等离子显示器。在 1964 年，美国伊利诺大学教授 Bitzer 和 Slottow 有了突破性的发现，即在电极和放电气体之间加上一层电解质可以实现电容限流，获得记忆的效果。同时，Bitzer 等将利用交流气体放电现象发明的显示屏幕称为等离子体显示屏。该发明在 1966 年列入美国年度 100 项工业发明中。随后相继发明扫描等离子体显示器和直流等离子体显示器，是单色和多色等离子体显示器的基本类型。

**2. PDP 放电单元的发光原理**

等离子体显示器是在两块配置了电极的玻璃基板之间充上大于 0.5 个大气压的氙(Xe)、氖(Ne)、氦(He)等混合气体，周围采用密封构造，利用混合气体在真空中放电形成紫外光，紫外光激发红绿蓝荧光粉，发出可见光实现显示的。上下基板电极间隙约为 100μm，紫外光是利用 147nm 的原子发光及 180nm 附近的分子发光组成的，如图 1.15(a) 所示。

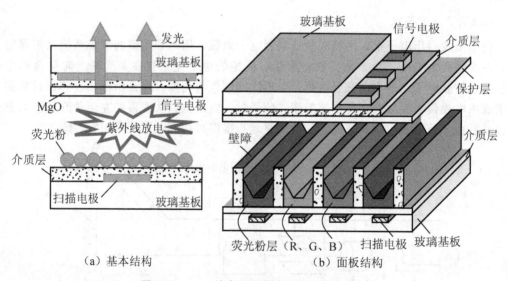

(a) 基本结构　　　　　　　　　　(b) 面板结构

图 1.15　PDP 放电型的基本结构和面板结构

**3. PDP 的显示面板结构**

PDP 的显示面板由排列成矩阵型的像素点阵构成，每一个像素由红绿蓝三基色的子像素构成。子像素是独立的，由单个放电单元独立进行放电发光。面板结构如图 1.15(b) 所示。

(1) 在下玻璃基板上垂直配置扫描电极,上面用介质层覆盖。
(2) 光刻制作壁障,用来隔开各个像素,防止放电之间的干扰。
(3) 壁障外形成彩色荧光粉(红、绿、蓝)。
(4) 在上基板上水平配置信号电极,是用来为维持放电控制显示亮度的。电极外面覆盖介质层。再涂覆一层 MgO 保护层,用于得到稳定的放电和较低的保持电压,并延长显示器寿命。

矩阵型的条形扫描电极和信号电极彼此正交,交点处构成一个放电单元,等效电路如图 1.16 所示。扫描电极在某一行加电压,信号电极在某一列加显示信号。交叉电极上加电压 100~200V,气体放电产生等离子体,发出紫外光,激励荧光粉发光,实现图像显示。在行和列电极之间的每一个 PDP 像素就是一个小的放电单元,当相邻两个子像素距离很小时,会出现误放电。因此,PDP 显示子像素间距减小到 0.1mm 以下是很困难的,增大像素面积非常容易,不适合小屏幕显示,但更适合大屏幕显示。

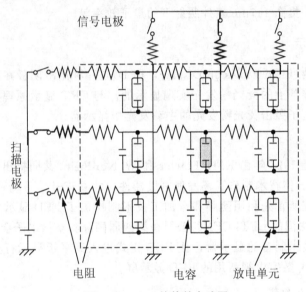

图 1.16 PDP 的等效电路图

4. PDP 的特点及面临的问题

等离子体显示器的优点有许多:①利用气体放电发光,是主动发光型显示器,亮度高,图像清晰;②放电间隙为 0.1~0.3mm,便于实现薄型化为平板显示器;③视角大、体积小、重量轻,适合大屏幕显示;④显示容量大,满足高清晰度电视要求;⑤制作工艺易于批量生产,有利于形成产业。因此,等离子体显示器主要应用在数字电视、高清晰度电视、多媒体显示上。但仍面临很多问题。

1) 烧伤问题

在 PDP 显示器中,存在等离子体对荧光粉的烧伤问题,尽管有 MgO 的保护层,但 PDP 的发光性能仍随发光时间而明显下降。例如,PDP 若用于桌面计算机显示器,在显示屏上方一直显示的 Windows 菜单区域,荧光粉长时间受到等离子体的轰击,发光能力很快衰减。在显示其他画面的时候,显示屏上方会存在 Windows 菜单的潜像。

2) 壁障结构

PDP 显示器中为防止像素间的放电干扰，必须采用障壁结构，只适用于比较大、清晰度较低的显示器。

3) 成本高

PDP 的等离子体是在高压下产生的，某些像素要获得高亮度还需要更高的瞬时功率。高瞬时功率及瞬时高压对于集成电路是致命的。对于大规模制作的 PDP 显示器，80% 的成本要消耗在集成电路上。降低成本的措施有改进驱动方法，简化电路和提高电路集成度等方法。

4) 发光效率低

PDP 显示器的单元像素变小时，发光效率会降低，亮度也会下降。2006 年，PDP 的发光效率约为 1.8 lm/W，较 CRT 明显低很多，甚至低于 LCD 的发光效率。近年，等离子体显示器在许多应用领域取得突破性进展。提高发光效率的方法有改进器件结构、采用新的气体放电模式、提高 147nm 紫外照射下的量子效率等。

### 1.2.4 场致发射显示

场致发射显示器(Field Emission Display，FED)是一种用冷阴极在高电场作用下发射电子，轰击涂覆在屏幕上的荧光粉发光实现显示的。与 CRT 显示原理类似，都是工作于真空环境，靠发射电子轰击荧光粉发光的主动发光型显示器。

1. FED 的发展

场致发射理论是 1928 年由 R. H. Fowler 和 W. Nordheim 共同提出的。直到 1968 年，C. A. Spindt 利用半导体技术制作了场发射电极器件，才真正开始了场致发射显示的研究。美国斯坦福国际研究所首先利用薄膜和微加工技术制作出了 FED 显示所需的阵列状微尖锥结构。1991 年，法国的 LETI CENG 公司在第四届国际真空微电子会议上成功展示了一款运用场发射电极技术制备的显示器，让 FED 正式进入到平板显示行业。韩国的三星公司也研制出了 30 英寸数字电视所用的 FED 显示屏。

2. FED 的结构及原理

尖锥阴极型彩色显示 FED 的结构如图 1.17 所示，由阳极基板与阴极基板构成。阳极基板上为红、绿、蓝三基色荧光粉条，为了保证色纯，三基色之间由黑矩阵隔开，阳极采用通明的氧化物导电层；阴极基板由行列寻址的尖锥阵列和栅极构成，栅极制作成孔状。两基板之间充有隔垫物，用来抵抗大气压力。在基板之间用低熔点玻璃胶封住。为了维持器件中的真空度，器件中应放置合适的消气剂。

FED 显示原理：①在尖锥阴极与栅极之间加低电压，小于 100V，实现对阴极发射电子的调制；②由于电极的间距很小，在尖锥阴极的尖端会产生很强的电场。电子在强电场下由于隧道效应从金属内部穿出进入真空中；③在上基板的阳极上加高电压，电子加速获得能量轰击阳极基板上的荧光粉，得到高亮度的发光。

FED 的工艺与 LCD 的工艺类似，采用玻璃衬底，微尖锥阴极的制作过程采用薄膜沉积和两步光刻工艺实现。先光刻微孔阵列，用紫外步进曝光机，光刻精度小于 1.5μm，然后蒸发和刻蚀制造微尖。要注意是微尖锥和栅极之间不能短路。

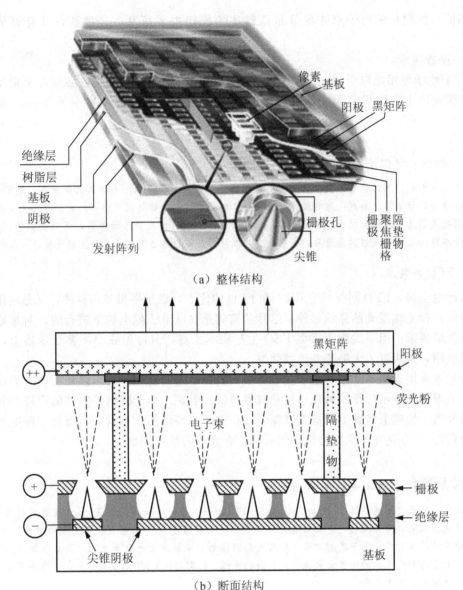

(a) 整体结构

(b) 断面结构

图 1.17 FED 显示的整体结构与断面结构

3. FED 和 CRT 的区别

1) FED 是阵列型发射源

CRT 只有一个电子束，或者彩色显示有 3 个电子束，利用电磁场偏转使电子束扫描整个荧光屏。FED 中电子发射源是一个面矩阵，有数十万个主动发光的尖锥阴极阵列。荧光屏像素与阴极电子发射源是一一对应的。

2) 冷阴极发射

CRT 是利用电子枪的热电子发射；而 FED 采用微尖型阵列平面电场作用下的冷阴极发射代替了热阴极的电子源，电场小于 100V，电场强度大于 $5 \times 10^7$ V/cm。FED 不使用热能，发射出的电子束能量分布范围比传统热电子束窄，亮度高，具有更优秀的特性。

3）平板显示

CRT由于使用热电子枪，为了使电子束获得足够的偏离和扫描，必须有一定距离才能打到荧光屏上，体积又大又厚又重。FED的荧光点到阴极的距离小于3mm，是平板显示。

 **小知识：热电子发射和冷发射的区别**

热电子发射是利用加热物体提供能量使电子从物体表面逸出的过程。当物体温度升高，电子的无序热运动能量随之增大。升高到一定程度，电子克服体内的束缚力从物体表面逸出，发射出来进入真空。

冷阴极发射是一种场致电子发射的过程，又称自发射。当物体表面电场加强，不需要加热，阴极体内的电子在电场下获得足够的能量后，克服体内的束缚力，利用隧道效应从表面发射出来进入真空。

4. FED的特点

从理论上讲，FED同时具有CRT和LCD的优点，既是平板显示器件，又是利用电子束轰击荧光粉主动发光的显示器件。信号的调制是在低电压低电流下进行的，对集成电路没有特别的要求。但是尖锥阴极型FED生产成本太高，只停留在小屏幕显示器上，主要是军用应用，未能进入大屏幕及消费领域。

近年来采用碳纳米管作为电子发射阴极，去掉了调制栅极，在阳极和阴极之间用矩阵的方式实现图像显示的场发射显示器发展得很快。但是，由于碳纳米管的随机排列和性能的随机分布，使整个像素上阴极发射能力存在差异，导致图像不均匀。目前，碳纳米管阴极显示器已有40英寸的显示样机，仍需解决发光均匀性的问题。

 **引例：画质很好的SED显示器**

表面传导电子发射显示器(Surface-conduction Electron-emitter Display，SED)属于场致发射显示的一种，是最先由东芝公司开发的一种主动发光显示技术。显示原理是利用电子撞击荧光物质来显示画面，该技术放弃了原来的单一电子发射方式，改用大面积的电子发射板进行电子发射，使显示器件的厚度变得更薄。电子源和荧光粉的距离大大减小，耗能也降低，拥有传统CRT的全部优点，亮度和对比度非常高，颜色重现可达到无穷色。

## 1.2.5 真空荧光显示器

真空荧光显示器(Vacuum Fluorescence Display，VFD)是利用真空荧光管进行显示的主动发光型平板显示器，具有亮度高、视角广、环境适应性强等特点，近年来发展速度较快。

1. VFD的结构与原理

由玻璃基板、阴极、栅极、阳极和在阳极表面涂布的荧光体组成，属于一种三电极结构，如图1.18所示。阴极采用丝状直热式氧化物，用于发射电子。栅极采用网状或者丝状结构，通过调整栅极相对于阴极的电位，电子可以通过栅极向阳极运动。阳极表面涂有荧光粉层。当栅极的电位为正时，电子向栅极运动，一部分电子穿过栅极，另一部分电子会被栅极拦截而变成栅流,一般要求这部分电流越小越好。当阳极电压也同时为正时,穿过栅极的电子可以到达阳极,激发荧光体发光。因此,VFD需要栅极和阳极同时加正压才可以发光。

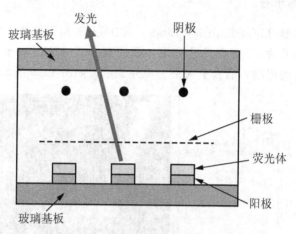

图1.18 真空荧光显示器的基本结构

**2. VFD的特点和局限**

VDF显示的特点是:①亮度高,蓝色的亮度为1000～2000cd/m$^2$,红色和蓝色的亮度为几百坎德拉每平方米,视角大;②平板显示,体积小、厚度为6～9mm,为平板显示;③工作电压低,荧光粉在几十电子伏特的能量撞击下可以发光,是一种低能电子发光显示器件。工作电压在20V左右,驱动电流为几毫安左右,普通IC可以直接驱动。

VFD由于工作电压低限制了某些性能。

(1) 彩色化的限制。由于驱动电压低,大部分材料在20V左右不能发光,材料局限导致彩色化困难。

(2) 阴极功耗大。阳极的电流是由阴极提供的,阳极电流越大,所需要的阴极功耗也越大。而且阴极必须一直加电压,功耗很大。

(3) 分辨率受限。VFD的栅极在器件中是架空的,不可能制作太高的分辨率。

由于以上缺陷的限制,VFD主要应用在对功耗要求不大的小屏幕设备,如音视设备、微波炉等家用电器和电子秤、仪器仪表中。

### 1.2.6 电致发光显示器

电致发光显示器(Electroluminescent Display,EL)是利用某些材料在外界电场的作用下发光实现显示的一种主动发光显示器。其发光过程是一种将电能转化为光能的过程。电致发光按照激发过程的不同,可以分为高场电致发光和注入式电致发光。高场电致发光是在高强电场下将荧光粉中的电子或者通过电极注入的电子在晶体内部加速来获得足够的能量,又称为本征型电致发光。当发生撞击时会激发,产生激发态电子,激发态电子再回到基态时辐射发光。

注入式电致发光是指直接将电子和空穴注入材料内,当电子和空穴在晶体内复合时释放能量,能量以光能的形式释放出来。发光二极管和有机发光二极管都是注入式电致发光器件。优点有：①可靠性高，使用寿命长，尤其是薄膜型器件；②图像清晰，画质较高；③显示画面对比度高。

### 1.2.7 发光二极管显示器

发光二极管显示器（Light Emitting Diode，LED）是采用无数个小发光二极管拼接组成的显示器。一个个小芯片的 LED 尺寸有限，要实现小尺寸高分辨率显示是非常困难的。但是其不受组装数量的限制，适合于大型、户外显示，如图 1.19 所示。

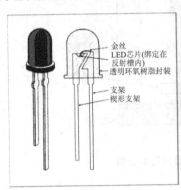

图 1.19 发光二极管样式和发光二极管显示

随着彩色显示所需的三基色红、绿、蓝，以及橙、黄多种颜色 LED 的发光亮度和效率的提高，如超高亮度的 AlGaInP LED 和蓝色 InGaN LED 的大量投产，LED 显示可以实现超高亮度、全色化显示。由此，LED 显示已从单色显示发展到全彩色显示，从室内显示发展到户外显示，从低密度信息显示发展到高密度信息显示，进入到一个快速发展的时期。

LED 显示的优点是：①主动发光，发光强度大（1～10cd）；②工作电压低，2～3V，工作稳定，工作温度范围宽，寿命长，可达十万小时；③响应速度快；④LED 全彩屏是大屏幕显示（100～200 英寸）的主要方式，是超大屏幕（≥200 英寸）显示的唯一方式。

LED 显示的缺点是：电流大、功耗大，如七段式显示中，每段要 10mA，由 100 个 LED 组成的矩阵显示，全屏发光，工作电流达 1A。

 **小知识：发光二极管**

发光二极管是一种电流注入型半导体 pn 结的发光器件。不同的半导体材料和不同的掺杂可以发出不同颜色的可见光。衬底为半导体晶体材料，通过外延生长技术、扩散技术等制造工艺，制作出许多个小芯片，经过划片分解后，制成一个个小芯片的发光二极管。

## 1.3 显示器件的性能对比

直式型显示器种类很多，各有特点，应用领域也不一样，见表 1-1。CRT 几乎所有主要性能都比较优异，但缺点是不能把画面尺寸做得很大，体积大、重量重。LCD 的性能近年来各方面都非常好。LED 是以集成发光二极管芯片作为显示画面的，不适合室内用的高清晰度信息显示，但是将LED单元排列并集成可以使之适应室外大型显示的场合，性能也有较大幅度的改进。PDP在明亮的场所中的对比度差、功耗大，画面尺寸可以做得很大。VFD是很早作为简单平板显示器得到应用的，在彩色化方面一直没有太大的进展。EL作为一种非常有前途的显示技术，显示器的性能较好。FED在理论上同时具有CRT和LCD的优点，但一般只能应用在小屏幕显示器件上，要制备大屏幕的FED，生产成本非常高。

表1-1 各种显示技术特性的比较

| 特性\类型 | CRT | LCD | OLED | LED | PDP | VFD | EL | FED |
|---|---|---|---|---|---|---|---|---|
| 工作电压 | × | ◎ | ◎ | ◎ | × | △ | ◎ | ◎ |
| 发光亮度 | ○ | ○ | ◎ | △ | △ | ○ | ◎ | ◎ |
| 发光效率 | ○ | ○ | ◎ | ◎ | △ | △ | ◎ | ◎ |
| 器件寿命 | ◎ | ◎ | ○ | ○ | ○ | △ | △ | ◎ |
| 器件重量 | × | ◎ | ◎ | ◎ | ○ | ○ | ◎ | ◎ |
| 器件厚度 | × | ◎ | ◎ | ◎ | ○ | ○ | ◎ | ◎ |
| 响应时间 | ◎ | △ | ◎ | ◎ | ○ | ◎ | ◎ | ◎ |
| 视角 | ◎ | △ | ◎ | ◎ | ◎ | ◎ | ◎ | ◎ |
| 色彩 | ◎ | ◎ | ◎ | ○ | △ | ○ | ◎ | ◎ |
| 生产性 | ○ | ○ | ○ | ○ | △ | △ | × | △ |
| 成本 | ◎ | ◎ | ◎ | ◎ | × | △ | △ | × |

◎：非常好；○：好；△：普通；×：需要改善。

消费市场所追求的是价廉物美、性能良好的显示器。目前，在市场上批量生产的各类电子显示器在不同领域占有各自的地位。其中LCD在性能方面已具有全方面的优势，已凌驾于CRT之上，是当前最主要的产品，应用面最广，产量和产值也最高，占领了广泛的消费市场。其他显示也占小部分市场，见表1-2。

表1-2 各种显示技术的应用

| 特性\类型 | CRT | LCD | OLED | LED | PDP | VFD | EL | FED |
|---|---|---|---|---|---|---|---|---|
| 电视 | ◎ | ◎ | ◎ | | ○ | | | ○ |
| 壁挂电视 | | ◎ | ○ | | ◎ | | | |
| 投影显示器 | ◎ | ◎ | | | | | | |
| AV机监视器 | ○ | ◎ | | | | | | |
| 车载机 | ○ | ◎ | ○ | | | ○ | △ | △ |
| 机器显示器 | | ◎ | ○ | ◎ | | ◎ | △ | ○ |

续表

| 类型<br>特性 | CRT | LCD | OLED | LED | PDP | VFD | EL | FED |
|---|---|---|---|---|---|---|---|---|
| 台式个人计算机 | ○ | ◎ | ○ | | △ | | ○ | |
| 笔记本计算机 | | ◎ | ○ | | | | ◎ | △ |
| 手机 | | ◎ | ◎ | | | | ◎ | ◎ |
| 便携式信息终端 | | ◎ | ◎ | | | | ◎ | ◎ |
| 计算器、钟表 | | ◎ | ◎ | ○ | | ○ | ◎ | ◎ |
| 游戏机 | ◎ | ◎ | ○ | | | | | |
| 测试仪器 | ○ | ○ | ○ | ○ | ○ | ○ | ○ | ○ |
| 公众用显示设备 | ○ | ○ | ◎ | ○ | ◎ | | ◎ | ◎ |

◎：非常好；○：好；△：普通；空格表示不宜使用。

## 1.4 显示器的性能参数

显示器的性能参数决定着显示画面的质量，了解和掌握这些参数的定义和意义是十分必要的。本节重点介绍几种常用的性能参数和基本术语。

### 1.4.1 响应时间

响应时间是显示器对输入信号的反应时间，如像素由暗转到亮，再由亮转到暗的图像完全显示所用的时间。余辉时间是显示器切断信号到图像完全消失所用的时间。显示器的响应时间和余辉时间越短越好，有利于图像画面的快速切换，在显示快速动作的画面时也不会出现拖尾现象。

 小知识：拖尾现象

拖尾是显示器在显示动态图像时出现的边缘模糊、看不清细节的现象，如图1.20所示。拖尾现象会造成图像清晰度下降，使人视觉疲劳等。

(a) 清晰　　　　　　　　　　　(b) 拖尾

图1.20　清晰及拖尾画面(www.yesky.com)

1. 主动发光型显示器的响应时间

在 CRT 显示中，电子束打到荧光粉就会立即发光，余辉残留的时间很短，响应时间非常快。传统的 CRT 响应时间为 1~3ms，最好的 CRT 响应时间可以达到微秒级。主动发光型显示器的响应时间很容易到达 0.1ms。

2. 液晶显示器的响应时间

液晶显示器的显示是依靠液晶分子控制光的透过和阻断的，而液晶分子的转动速度决定了液晶显示器的响应时间，显然要慢得多。早期响应时间为 25ms 到 16ms，最近刚出现了 12ms。25ms 每秒钟显示 1/0.025=40 帧画面，16ms 每秒钟显示 1/0.016=63 帧画面，12ms 每秒钟可以显示 83 帧画面。目前液晶显示器的响应时间已经能够满足视频显示的要求。

在液晶显示器上施加方波电压后，透过率会发生相应变化，如图 1.21 所示。对常白模式液晶显示器来说，加电压液晶分子开始旋转，透过率从初始态 90% 变化到 10% 所需要的时间为下降时间；电压撤销后，液晶分子依靠分子间的相互作用及表面分子的作用自由恢复，透过率由 10% 变化到 90% 所需要的时间为上升时间。但实际上响应时间还包括电压转变瞬间的延迟时间，上升时间和下降时间都要包括延迟时间。液晶器件的响应时间由包括延迟时间的上升时间和下降时间组成。

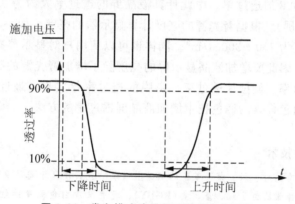

图 1.21　常白模式液晶显示器的响应时间

### 1.4.2　亮度

亮度是指在单位面积上显示器画面的明亮程度，用通过画面法线方向光量的密度表示，单位是坎德拉/平方米($cd/m^2$)或尼特(nit)，$1nit=1cd/m^2$。

1. 亮度的基本要求

人眼能感觉到的最低亮度为 $0.03cd/m^2$，最大亮度是阳光直射雪地的亮度 $50000cd/m^2$。不同的场合对显示器亮度的基本要求不同。

(1) 暗室内使用，显示器的亮度在 $40cd/m^2$ 左右会感觉很亮。

(2) 白天室内使用，显示器的亮度应在 $70cd/m^2$ 以上。

(3) 白天室外使用，显示器的亮度要达到 $300cd/m^2$。

### 2. 液晶显示器的亮度

液晶显示器件是被动发光显示器，由背光源发出的光经过偏振片和液晶屏对光进行调制而形成图像的显示器件。亮度取决于光通过液晶屏的透过率和背光源的亮度。液晶屏的透过率是由液晶屏基板及像素的图形、彩膜的透过率等因素决定的，如图1.22所示。

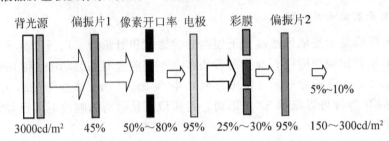

图1.22 液晶显示器的亮度决定因素

因此，液晶显示器的亮度可以表示为：

$$L_{LCD}=L_{BLU} \cdot T_{LCD}=L_{BLU} \cdot \eta_{p1} \cdot \eta_{AR} \cdot \eta_{ITO} \cdot \eta_{CF} \cdot \eta_{P2} \tag{1.1}$$

式中，$L_{BLU}$是背光源的亮度；$T_{LCD}$是液晶屏的透过率，由构成液晶屏部件的透过率决定。其中$\eta_{p1}$是偏振片1的透过率，$\eta_{AR}$是液晶屏的开口率，$\eta_{CF}$是彩膜的透过率，$\eta_{ITO}$是电极的透过率，$\eta_{p2}$是偏振片2的透过率。由此计算液晶屏的透过率大约为5%～10%左右（对于TN模式的液晶显示屏）。根据背光源的亮度计算显示器的亮度，如一个3000cd/m²大约可以得到的显示屏亮度为150～300cd/m²。同样也可以从用户对显示屏亮度的要求推算出所需要的背光源亮度。因此要增加液晶显示屏的亮度除了增加背光源的亮度以外，还可以通过改善液晶屏的开口率、偏振片透过率、彩膜的透过率等实现。最近人们提出了在RGB三基色基础上增加白色像素的四色技术增加液晶屏透过率的方法。

**小知识：四色技术**

四色技术就是在固有的红、绿、蓝三基色的基础上增加一色，使显示器的亮度和色彩更加明亮和艳丽的技术。如增加黄色像素的红、绿、蓝、黄（RGBY），还有增加白色像素的红、绿、蓝、白（RGBW）的四色技术，展现了更广阔的色域，使色彩更加绚丽。

### 1.4.3 开口率

平板显示中，一个非常重要的参数是开口率。在有源矩阵显示中，如AMLCD和AMOLED，每一个子像素都有一个单独的开关器件，用电开关器件控制光开关来实现高分辨率的显示。开关器件必然占用了一定的像素面积，导致实际显示面积缩小，如图1.23所示。一般显示器的开口率为55%左右，超大开口率可达到80%以上。

**1. 开口率定义**

开口率是像素的有效透光区面积与像素总面积的比值，如图1.24所示。开口率受阵列基板上TFT的大小、栅线、信号线、存储电容宽度，以及阵列基板与彩膜基板对位精度的制约。开口率越大，液晶显示器的光学利用率越高，显示器的亮度也会越高。

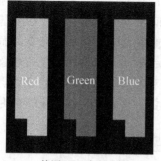 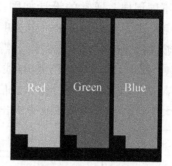

普通开口率约55% 　　　　　超大开口率可达80%

图 1.23　不同开口率的显示器

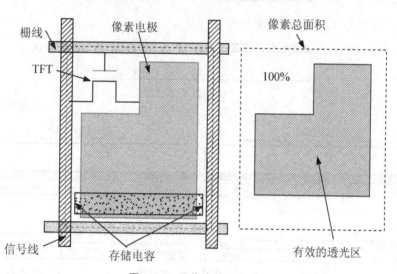

图 1.24　亚像素的开口率

**2. 提高开口率的技术**

通过改变设计方案和工艺能力，缩小栅线、信号线宽度和 TFT 等大小可以提高开口率，但是提高程度有限。另外，通过改变线间距提高开口率的措施也是非常有效的，常用的有两种，一种是 BM on Array 设计，另一种是有机膜绝缘层设计。

BM on Array 设计就是把黑矩阵（Black Matrix，BM）制作在阵列基板（Array）上的一种方法。通常的设计如图 1.25(a)所示，黑矩阵制作在彩膜基板上，起到遮光的作用，TFT、信号线、线间距部分都要被黑矩阵遮挡住。但是在阵列基板和彩膜基板对盒过程中，为保证黑矩阵能够遮挡住信号线及线间距，黑矩阵需要在像素电极上有一定交叠，交叠区宽度一般为 4~5μm，开口率比较小。而 BM on Array 的设计如图 1.25(b)所示，阵列基板在制作薄膜晶体管阵列之前，先制作一层黑矩阵，光刻出黑矩阵图形正好可以遮挡住线间距，接着沉积一层隔离层，再按照正常工艺制作薄膜晶体管阵列。因为线间距被阵列基板上的黑矩阵遮挡住了，阵列基板和彩膜基板对盒时在像素电极上不用再交叠，开口率明显提高。

有机膜绝缘层设计利用高介电常数的有机膜材料作为绝缘层，使得信号线和像素电极

ITO层制作在不同层内。通常的设计如图1.25(a)所示,信号线和像素电极在同一平面,两者之间为避免短路,要刻蚀出来一定宽度的线间距。在阵列基板和彩膜基板对盒时,为保证黑矩阵能够遮挡住信号线及线间距,需要在像素电极上有一定交叠。而有机膜绝缘层设计如图1.25(c)所示,阵列基板上信号线制作完成后,沉积一层有机绝缘层,然后在上面再溅射ITO,光刻出像素电极。制作的信号线和像素电极被有机绝缘层隔离开,像素电极可以制作得大些,与信号线在垂直方向出现交叠。黑矩阵变小,开口率明显提高。

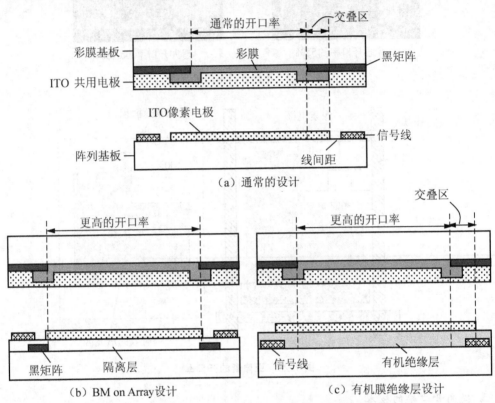

图1.25 通常的设计、BM on Array设计和有机膜绝缘层设计

### 1.4.4 对比度和灰度

**1. 对比度**

对比度(Contrast Ratio,CR)是指显示器的最大亮度与最小亮度的比值。对比度表示为:

$$CR=\frac{L_{\max}}{L_{\min}} \quad \text{或者} \quad CR=\frac{L_{\max}+L_b}{L_{\min}+L_b} \tag{1.2}$$

式中,$L_{\max}$和$L_{\min}$分别表示最大亮度和最小亮度;$L_b$表示环境光照射到显示器上产生的亮度。

**2. 灰度**

灰度是指在白和黑之间的亮度层次分成几个等级,表示显示亮度不同的反差。灰度用灰度级表示，彩色显示用颜色数表示。显示器的灰度级数越多，图像层次越分明，图像也越柔和，人眼可以获得较佳的图像，灰度级为 8 级的显示如图 1.26 所示。

图 1.26　灰度级 8 级的显示

以液晶显示为例说明灰度的实现方法。在光电特性曲线上，加电压 $V_1 \sim V_3$ 3 个信号会获得不同的透过率。透过率的最高点为 100%，电压 $V_1$ 的透过率为 90% 以上，电压 $V_2$ 透过率为 50%，电压 $V_3$ 透过率为 10% 以下，3 个电压对应的画面亮度分别是白、灰、黑，如图 1.27 所示。

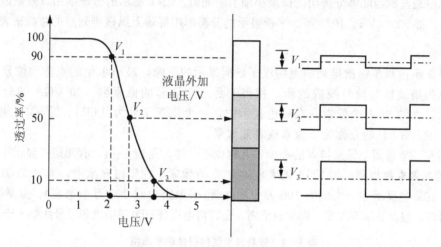

图 1.27　透过率与电压的特性曲线

如果在最高和最低电压间加多个不同的电压，就会形成多个亮度不同的灰度级，电压与数据信号位数（比特数，bit）相对应。灰度级和颜色数表示为：

$$灰度级数 = 2^{数据比特数} \tag{1.3}$$

$$颜色数 = 灰度级^3 \tag{1.4}$$

灰度级数为 2 的数据比特数次方。彩色显示的颜色数为灰度级数的 3 次方，对应关系见表 1-3。如用 "0" 和 "1" 组合成 3 位数据，数据信号为 3 比特，可显示的灰度级数为 $2^3 = 8$ 级。彩色显示时可显示的颜色数是 $8^3 = 512$ 色。当数据信号为 6 比特时，可显示的灰度级数为 $2^6 = 64$ 级，可显示的颜色数为 $64^3 = 26$ 万色。

表 1-3　数据比特数、灰度级数和显示颜色数间的关系

| 数据比特数 | 灰度级数 | 显示颜色数 |
| --- | --- | --- |
| 3 | 8 | 512 |
| 4 | 16 | 4096 |
| 5 | 32 | 32000 |
| 6 | 64 | 26 万 |

续表

| 数据比特数 | 灰度级数 | 显示颜色数 |
|---|---|---|
| 7 | 128 | 200 万 |
| 8 | 256 | 1670 万 |
| 9 | 512 | 134 万 |
| 10 | 1024 | 1074 万 |

### 1.4.5 分辨率及画面尺寸

分辨率是显示器能够分辨出图像最小细节的能力。CRT 显示的分辨率用每帧画面的扫描行数表示,如 525、625、1024 等。平板显示的分辨率用屏幕上纵横排列点的总数来表示。

**1. 像素**

平板显示由很多纵横排列的点构成了画面显示的图像,最小单位的点称为像素。分辨率常表示扫描线数与信号线数的积,相当于是一个屏幕的像素数。如 VGA 的分辨率为 640×480,大约 31 万个像素。在彩色显示中,一个像素又分为红(R)、绿(G)、蓝(B)三色,每个 R、G、B 的点称为子像素或者亚像素。

根据在一个画面上像素排列的多少,名称也不一样,见表 1-4。有源矩阵显示中,组成 TFT 的数与像素数相同。如 VGA 像素数约为 31 万像素,在黑白显示中,大约 31 万个薄膜晶体管。在彩色显示中,大约有 100 万个晶体管(子像素数约 100 万个像素)。分辨率越高,像素数越多,包含的细节越多,图像越清晰。全高清电视(FHD)扫描线和信号线都大于 1000。

表 1-4 液晶显示器的图像表示规格

| 表示规格名称 | 缩写 | 分辨率 | 长宽比 |
|---|---|---|---|
| Quarter Common Intermediate Format | QCIF | 176×144 | 11:9 |
| Quarter Common Intermediate Format Plus | QCIF+ | 176×220 | 11:9 |
| Quarter Video Graphics Array | QVGA | 320×240 | 4:3 |
| Color Graphics Adapter | CGA | 320×200 | 16:10 |
| Enhanced Graphics Adapter | EGA | 640×350 | 64:35 |
| Video Graphics Array | VGA | 640×480 | 4:3 |
| Super Video Graphics Array | SVGA | 800×600 | 4:3 |
| eXtended Graphics Array | XGA | 1024×768 | 4:3 |
| Engineering Work Station | EWS | 1152×900 | 32:25 |
| Super eXtended Graphics Array | SXGA | 1280×1024 | 5:4 |
| Ultra eXtended Graphics Array | UXGA | 1600×1200 | 4:3 |
| Full High Definition TV | FHD | 1920×1080 | 16:9 |
| Quadrable eXtended Graphics Array | QXGA | 2048×1536 | 4:3 |

## 2. PPI

分辨率除了用像素数表示外，也用 ppi 表示。ppi(Pixels per inch)是每英寸所拥有的像素(Pixel)数目。ppi 数值越高，显示图像的密度越高，画面的细节越丰富。ppi 为：

$$ppi = \frac{\sqrt{行数^2 + 列数^2}}{画面尺寸(英寸)} \tag{1.5}$$

例如：苹果的 iphone4 屏幕为 3.5 英寸，分辨率为 960×640，约 330ppi，即屏幕的像素密度达到 330 像素/英寸。索爱 X1 的屏幕为 3.0 英寸，分辨率为 800×480，约 311ppi。通常大家用的电脑显示器屏幕的分辨率为 72ppi，人眼能分辨 ppi 的极限为 300ppi。苹果的 iphone4 超过人眼能分辨的极限，堪称为超高像素密度的液晶屏。

## 3. 长宽比和画面尺寸

长宽比是显示画面横方向尺寸和纵方向尺寸的比。通常电视画面和几乎大部分大画面显示器的长宽比为 4∶3，高清晰度电视画面为 16∶9。

画面尺寸是指显示区域对角线的长度。如 10.4″是指显示屏的显示区对角线长度为 10.4 英寸，1 英寸=2.54cm，用厘米表示为 26cm 显示屏幕。

## 4. 像素间距

像素间距是像素到像素的重复距离，就是单元像素的大小。由分辨率和画面尺寸可以计算出像素间距。

$$横向的像素间距 = m \times 2.54 \times \frac{c}{\sqrt{c^2+d^2}} \div 横向像素数 \tag{1.6}$$

$$纵向的像素间距 = m \times 2.54 \times \frac{d}{\sqrt{c^2+d^2}} \div 纵向像素数 \tag{1.7}$$

式中，$m$ 为画面尺寸，单位为英寸，$c$ 和 $d$ 为长、宽数值，长宽比用 $c∶d$ 表示。例如，一个 10.4″的 VGA(640×480 像素)长宽比为 4∶3，计算得到的显示屏的像素间距大约为 330$\mu$m。即：

横向：(10.4×2.54×0.8)÷640 = 0.03302 cm≈330$\mu$m

纵向：(10.4×2.54×0.6)÷480 = 0.03302 cm≈330$\mu$m

显示屏分辨率越高(像素数越多)，像素间距越小。人眼就越难分辨出单个像素点，图像画面越连续光滑。显示文字或字符，像素间距通常要小于 300$\mu$m；显示图像，像素间距最好要小于 200$\mu$m。

### 1.4.6 发光效率及工作电压

## 1. 显示色

显示色是指主动发光型显示器所发出的光的颜色，以及被动发光型显示器所透射或发射的光的颜色。图像显示色主要有黑白和全彩色。CRT、LCD、OLED 等都能够显示色彩逼真的全彩色图像。

## 2. 发光效率

发光效率是主动发光显示器主要的参数，等于所发出的光通量与显示器所消耗的功率之比,单位为 lm/W。OLED 的发光效率可达到 15 lm/W,VFD 可达到 10 lm/W,PDP 可达到 1 lm/W。液晶显示器的发光效率由背光源的效率决定。

发光效率决定了显示器工作时的功率消耗。如电视市场,42 英寸的 AC PDP 消耗功率为 450W,LCD 的消耗功率不到 200W。

**3. 工作电压**

驱动显示器所加的电压为工作电压。显示器工作时流过的电流为消耗电流。工作电压与消耗电流的乘积为功率消耗。工作电压有直流和交流两种,LCD 需要交流工作电压,LED 和 OLED 需要直流工作电压,PDP 两种都有。

LCD、LED、OLED、VFD 工作电压较低,可用集成电路驱动,成本低。PDP 的工作电压高,驱动电路成本很高。LCD 的消耗电流最低,每平方厘米只有微安的量级。

### 1.4.7 产线世代

平板显示中,如液晶显示器,玻璃基板的大型化是提高生产能力的方法。基板尺寸的大小决定了生产线使用的设备型号,决定着产线世代。第一代生产线玻璃基板尺寸是 300mm×400mm,可切割 10.4″显示屏 2 块。第二代生产线玻璃基板是 360mm×465mm,可切割 10.4″显示屏 4 块,生产能力提高到 2 倍。一张玻璃基板能切割成芯片的数量称为集成度。产线世代提高,集成度提高,成本降低。中国大陆液晶面板生产线框架见表 1-5。

表 1-5 中国大陆液晶面板生产线框架(www.FPDisplay.com)

| 厂商 | 厂址 | 玻璃基板尺寸 /mm×mm | 产线时代 | 月产能/k | 投产状况 | 备注 |
|---|---|---|---|---|---|---|
| 信利 | 汕尾 | 400×500 | 2.5 | 50 | 量产 | 2007 年 Q4 投产 |
| 龙腾光电 | 昆山 | 1100×1300 | 5 | 110 | 量产 | 2006 年 Q3 投产 |
| 深超光电 | 深圳 | 1200×1300 | 5.5 | 100 | 量产 | 2009 年 Q1 投产 |
| 莱宝高科 | 深圳 | 400×500 | 2.5 | 30 | 量产 | 2008 年 Q3 投产 |
| 天亿科技 | 成都 | 1500×1800 | 6 | 60 | 待定 | 2013 年 Q4 投产 |
| 中电熊猫 | 南京 | 1500×1800 | 6 | 80 | 量产 | 2011 年 Q2 投产 |
| 深天马 | 上海 | 1100×1300 | 5 | 92 | 量产 | 深天马托管 |
| 深天马 | 上海 | 730×920 | 4.5 | 30 | 量产 | 2007 年 Q4 投产 |
| 深天马 | 成都 | 730×920 | 4.5 | 30 | 量产 | 2010 年 Q2 投产 |
| 深天马 | 武汉 | 730×920 | 4.5 | 30 | 量产 | 2012 年 Q4 投产 |
| 深天马 | 厦门 | 1200×1300 | 5.5 | 30 | 量产 | 待定 |
| 京东方 | 成都 | 730×920 | 4.5 | 30 | 量产 | 2009 年 Q3 投产 |
| 京东方 | 北京 | 1100×1300 | 5 | 97 | 量产 | 2005 年 Q1 投产 |
| 京东方 | 合肥 | 1500×1800 | 6 | 90 | 量产 | 2010 年 Q4 投产 |
| 京东方 | 北京 | 2200×2500 | 8.5 | 90 | 量产 | 2011 年 Q3 投产 |

续表

| 厂商 | 厂址 | 玻璃基板尺寸/mm×mm | 产线时代 | 月产能/k | 投产状况 | 备注 |
|---|---|---|---|---|---|---|
| 华星光电 | 深圳 | 2200×2500 | 8.5 | 100 | 量产 | 2011年Q4投产 |
| 三星 | 苏州 | 1870×2200 | 7.5 | 100 | 已开工 | 待定 |
| LGD | 广州 | 2160×2400 | 8 | 120 | 已开工 | 待定 |
| 友达光电 | 昆山 | 2160×2400 | 8 | 90 | 延期 | 待定 |
| 熊猫液晶 | 南京 | 3000×3000 | 10 | 60~90 | 待定 | 待定 |

## 本 章 小 结

显示技术是人机联系和信息展示的窗口，是信息时代的一个重要环节，在人类知识的获得和生活质量的改善方面扮演着重要的角色，广泛应用于娱乐、工业、军事、交通、教育、航空航天，以及医疗等社会的各个领域。

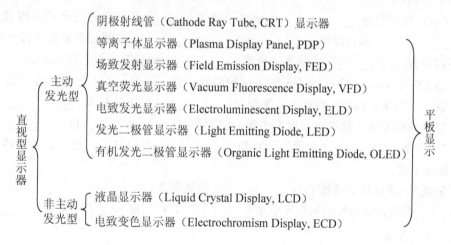

**1. 显示技术的发展**

显示技术的发展可以划分为3个时代。第一代显示是阴极射线管显示器（CRT），已接近时代的尾声，渐渐退出了历史的舞台。第二代显示是液晶显示器（LCD），在当今时代锋芒毕露，成为平板显示领域的主流。第三代显示是有机发光显示器（OLED），在当今时代中崭露头角，被业界人士认为是最有前景的新一代显示器。未来的显示是那种薄如纸可以随意折叠的显示器，更让人渴望。

**2. 显示器的种类**

按显示器显示图像的方式分，有投影型、空间成像型和直视型3种。其中直视型显示器是人们生活中随处可见的，又分为很多种。按显示器的形态分，有阴极射线管显示器和平板显示器两种。按发光方式分，有主动发光型和非主动发光型两种。按是否含有有源器件分，有无源矩阵和有源矩阵两种。

3. 显示器的性能参数

显示器的性能参数决定着显示画面的质量，了解和掌握这些参数的定义和意义是十分必要的。

# 本章习题

一、填空题

1. 显示器的分类方法有多种，按显示器显示图像的方式分有_____、_____和直视型；按显示器的形态分为_____和_____。

2. 按照发光方式分有_____和_____。

3. 投影型显示器根据使用的图像源不同，分为_____、_____、DLP投影技术。DLP投影技术是_____，将_____作为反射镜，将图像投影到屏幕上的一种投影显示。

4. CRT显示器是_____显示器，利用_____轰击荧光粉实现显示，主要由_____、偏转线圈、_____、_____和圆锥形玻壳等部分组成。

5. PDP是_____显示器，利用_____激发荧光粉实现显示。

6. LCOS是Liquid Crystal On Silicon的缩写，是_____显示。与一般的TFT LCD面板不同的是，LCOS面板的上基板是_____，下基板是_____。

7. 空间成像型显示器是空间虚拟图像，代表技术有_____和_____。

8. VFD是_____显示器，利用_____进行显示的技术，是一种主动发光型平板显示器。

9. 常说的LED显示是指采用_____的显示器。

10. 第一代液晶显示器的基板尺寸是_____，可切割10.4″显示屏_____块。

二、名词解释

主动发光显示、被动发光显示、投影型显示、空间成像显示、电致发光显示、场致发射显示、发光二极管显示、响应时间、亮度、开口率、对比度、灰度、拖尾、像素、ppi、画面尺寸、长宽比、像素间距、发光效率、工作电压、产线世代

三、简答题

1. 简述CRT显示的原理。

2. 简述PDP显示的面板结构。

3. 简述场致发射的结构及原理。

4. 简述FED和CRT的区别。

5. 简述热电子发射和冷发射的区别。

6. 简述真空荧光显示的结构和原理。

7. 简述液晶显示器亮度的决定因素有哪些,并计算分析实际亮度能达到多少。
8. 简述灰度级和颜色数的关系,并举例说明。
9. 简述柔性显示面临的技术瓶颈。

四、思考题

1. 思考 PDP 显示面临的问题,适合应用在哪些领域?
2. 以三片式液晶面板投影机说明透射式投影原理。
3. 分析 VFD 的局限性及发展。
4. 在一个演出的场合需要使用 200 英寸以上的显示器应选择哪种显示器?为什么?
5. 思考如何提高开口率,并举例说明。
6. 设计一款 4.5 英寸,分辨率为 960×640 的显示屏,能达到多少 ppi?长宽比为 4∶3 时,像素间距能达到多少?

# 第 2 章

# 液晶显示器基础

近年，液晶显示技术发展迅猛，几乎渗透到人们日常生活和生产中的每一个角落，如手机、计算机、电视机、各种数码设备及各种生产中的显示设备和公共显示设备等，是人们获取信息的重要方式之一，是当今时代的主流显示。那么，到底什么是液晶材料？有什么性质和特点呢？又是如何实现显示的呢？带着这些问题，开始本章的学习。

**教学目标**

- 了解液晶材料的特点及种类；
- 了解液晶材料的物理性质；
- 掌握液晶显示器的电光效应；
- 掌握液晶显示器的显示原理。

**教学要求**

| 知识要点 | 能力要求 | 相关知识 |
| --- | --- | --- |
| 液晶的种类 | (1) 掌握液晶的定义及特点<br>(2) 了解液晶材料的种类<br>(3) 了解液晶材料的应用 | 固态和液态的性质 |
| 液晶的物理性质 | (1) 了解液晶材料各种物理性质的定义<br>(2) 掌握液晶材料物理性质对显示的影响<br>(3) 了解部分液晶材料物理性质之间的关系 | 液体的流动理论<br>晶体的光学性质 |
| 液晶的电光效应 | (1) 了解液晶电光效应的种类<br>(2) 掌握各种电光效应的特点<br>(3) 掌握各种电光效应的显示原理 | 光电子技术基础 |
| 液晶显示的显示原理 | (1) 了解液晶显示器的种类<br>(2) 掌握 TN 型液晶显示的显示原理<br>(3) 掌握 STN 型液晶显示的显示原理 | 主动发光的显示原理 |

**推荐阅读资料**

[1] 高鸿锦，董友梅. 液晶与平板显示技术[M]. 北京：北京邮电大学出版社，2007.

[2] 应根裕，屠彦，万博泉，等. 平板显示应用技术手册[M]. 北京：电子工业出版社，2007.

**基本概念**

液晶：在某个温度范围内，具有晶体的各向异性和液体的流动性，是不同于通常的固态、液态和气态的一种新的物质状态，又称为物质的第四态。

液晶的电光效应：液晶在电场作用下分子的排列状态发生改变，引起液晶屏光学性质变化的一种电场下光调制现象。

## 2.1 液晶的特点

随着大屏幕显示、彩色显示、便携式显示的发展，液晶显示已经成为当前显示技术的主流。液晶显示技术的诞生和发展与液晶材料的发展紧密地联系在一起。联苯氰类液晶材料的发现实现了 TN-LCD 的工业化生产；含氟液晶材料的出现实现了 AM-LCD 的产业化。因此，了解和掌握液晶材料及物理性质将加深对液晶显示技术的理解。本节主要介绍液晶的定义及特点。

 **发现故事：液晶的发现**

1888 年，奥地利植物学家莱尼茨尔 (F. Reinitzer) 在研究植物中的胆固醇时，意外地发现异常的溶解现象。这种有机化合物在 145℃ 时溶解呈现浑浊状态，达到 179℃ 时突然变成清亮透明的液体。当温度从高温往下降时，同样在低于 179℃ 时变成浑浊的液体，低于 145℃ 时又变成了固体。更重要的是，两个熔点之间，他观测到了双折射现象和相应的颜色变化。Reinitzer 百思不解，于是写信给当时研究相变的权威，著名的德国物理学家 O. Lehmann。

1889 年，德国物理学家 O. Lehmann 观察到同样的现象，并用偏光显微镜证实了这种浑浊的液体中间相具有和晶体相似的性质。因此，这种具有晶体的光学各向异性兼具有液体的流动性的物质称为液晶 (liquid crystal)。胆甾醇苯甲酸脂是世界上首次发现的热致液晶。两位伟大的科学家如图 2.1 所示。

(a) Friedrich Reinitzer (1857—1927)　　(b) Otto Lehmann (1855—1922)

图 2.1　两位伟大的科学家

大自然的一切物质有三态：固体、液体和气体。通常固体加热至熔点变成透明的液体，温度再升高就变成气体。物质由固体向液体的相变是人们熟悉的现象，如冰在 0℃ 开始转变成水。固体向液体的相变过程中,物质的温度并不升高,吸收的热能用于瓦解晶体的点阵结构。有些有机物晶体在由固体向液体转变的过程中会生成一种介于晶体和液体之间的中间相,称为介晶相。

介晶相有两种状态:一种是塑性晶体,随着温度的升高晶体中分子的点阵结构开始松弛,分子指向可以任意转动,但还保持着在点阵中的位置。这种有机晶体熔化不具有流动性,称为塑性晶体。塑性晶体丧失一部分各向异性,但还保持着晶体的外形。

另一种是液晶,随着温度的升高晶体中分子的点阵结构开始解体,分子的指向保持不变,但分子不在点阵中的位置而是随机地排列。这种有机晶体熔化具有流动性,且像晶体一样呈现各向异性,称为液晶。液晶的对称性比原来晶体有不同程度的削弱。随温度进一步升高,介晶相的塑性晶体和液晶都可以成为真正的、各方向的物理性质都一样的液体。

因此,液晶是在某个温度范围内兼具有液体和晶体二者特性的物质,具有晶体的各向异性所特有的双折射现象,又具有液体的流动性。固态物质加热以后先熔化成为白色状态的黏液,随着温度不断升高又变成清亮透明的液体,转化过程中不仅存在一个熔点,还有一个清亮点。这种介于熔点与清亮点之间的特殊状态不同于通常的固态、液态和气态的一种新的物质状态,又称为物质的第四态或液晶态,是介晶相的一种。液晶状态时美丽的景象如图2.2所示,利用处于一定温度范围内的液晶材料可以制成各种液晶显示器。

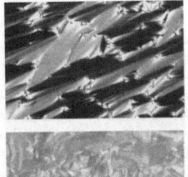

图2.2 液晶状态时美丽的景象

## 2.2 液晶的种类

随着人们对液晶材料的逐渐了解,发现液晶基本上都是有机化合物,每200种有机化合物中就有一种具有液晶态。从组成和产生液晶态的物理条件看,液晶可以分为热致液晶和溶致液晶两大类。热致液晶是把某些有机物加热熔解,由于加热破坏晶体的点阵结构而形成的液晶在某一温度范围表现出液晶的性质。溶致液晶是把某些有机物放在一定的溶剂中,由于溶剂破坏晶体的点阵结构而形成的液晶。生活中溶致液晶是非常常见的,如肥皂水就是由于溶液浓度发生变化而出现的液晶相。在生物体系中也存在大量的溶致液晶。但目前在光电子技术中的显示器件方面用到的液晶材料基本上都是热致液晶。因此，本节主要介绍热致液晶。

热致液晶是某些有机物在某一限定温度范围内的状态。当温度低于熔点温度 $T_{mp}$ 时为晶体；当温度高于清亮点温度 $T_{cp}$ 时为清澈的液体；只有在限定的温度范围内是浑浊的液体，并具有固体的某些光学特性。熔点和清亮点之间的温度范围为热致液晶的温度范围，如图 2.3 所示。热致液晶能从固体加热或从液体冷却而得到，转变过程称为相变。一种相变可逆，从固体加热和从液体冷却都能形成液晶的转变过程称为互变相变型；另一种相变不可逆，只在液体冷却时才能形成液晶称为单变相变型。用于显示的液晶材料都是可以工作于室温的热致液晶，保持各向异性液晶状态的温度范围越宽，应用越广。

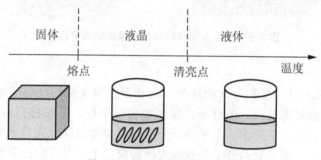

图 2.3　热致液晶的温度范围

### 2.2.1　液晶相

#### 1. 棒状液晶

典型的液晶分子结构是由刚性中心部分和柔性分子链组成的。按照刚性中心部分的形状可以把液晶分成两种类型：细长棒状和扁平盘状，如图 2.4 所示。用于显示领域的液晶材料主要是细长棒状液晶。细长棒状的液晶分子刚性中心部分是细长条状结构，分子取向与液晶的表面状态和其他分子有关。当外界电场、磁场或温度稍有变化，分子的排列方向也随之变化，分子的运动便会发生紊乱，从而使光学性质发生变化。细长棒状液晶根据液晶相又分为：向列相、近晶相、胆甾相。

（a）细长棒状　　　　　　　　　（b）扁平盘状

图 2.4　液晶分子形状

#### 2. 近晶相液晶

近晶相液晶（Smectic）又称为层状液晶，由棒状分子排列成层，层内分子长轴相互平行，方向垂直于层面或与层面呈倾斜排列，如图 2.5 所示。这种排列的分子层间作用力较弱，相互间容易滑动，呈现出二维流体的性质，黏度高。分子在层内可以前后左右滑动，但不能在上、下层之间移动，具有高度有序性。

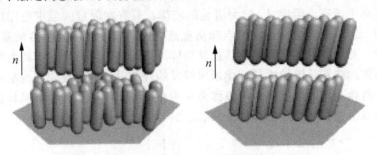

图 2.5　近晶 A 相和近晶 B 相液晶的分子排列

3. 向列相液晶

向列相液晶（Nematic）又称为丝状液晶，由长径比很大的棒状分子组成，如图 2.6 所示。每一分子的位置虽无规则，但分子长轴基本保持平行，不能排列成层状，可以上下、左右、前后滑动，如图 2.7 所示。由于各个分子容易顺着长轴方向自由移动，黏度小，富于流动性。在光学上，由于液晶分子的长轴大体指向一个方向，使向列相液晶具有单轴晶体的光学特性。在电学上，由于具有明显的介电各向异性，在外加电场作用下原有分子的有序指向发生改变，液晶的光学性质也随之改变。向列相液晶具有明显的电学、光学各向异性，加上黏度较小，成为液晶显示器中应用最为广泛的一类液晶。

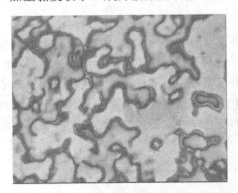 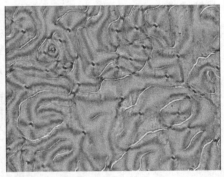

图 2.6　向列相液晶的线状结构

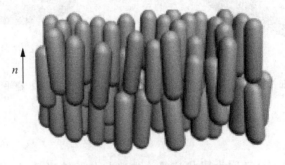

图 2.7　向列相液晶的分子排列

当温度降低时,许多向列相液晶会相变到另一有序度稍高的液晶态——近晶 B 相;有些材料也可能直接从各向同性的液体转变为近晶相。图 2.8 描述了这几种相互转变的过程。

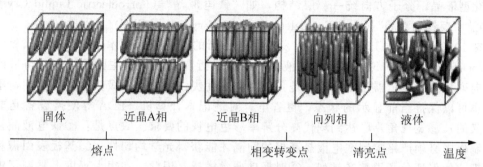

图 2.8　棒状分子的相转变过程

**4. 胆甾相液晶**

胆甾相液晶(Cholesteric)又称为螺旋型液晶,具有层状结构,层内分子平行排列,且平行于层面,如图 2.9 所示。实际上,胆甾相是向列相的一种畸变,层内的分子长轴彼此平行,与相邻层的分子取向都有偏移,层层叠起来,整体排列呈现螺旋结构。当不同层的分子长轴排列沿螺旋方向的变化后,又回到初始取向为一周期,周期内的层间距为胆甾相液晶的螺距,长度为可见光波长量级。胆甾相液晶具有旋光性、选择性、光散射性和偏振光二色性、负单轴晶体的双折射性。

胆甾相液晶和向列相液晶可以互相转换。在向列相液晶中加入旋光物质会转变成胆甾相液晶;在胆甾相液晶中加入消旋向列相液晶又能将胆甾相液晶转变为向列相液晶。

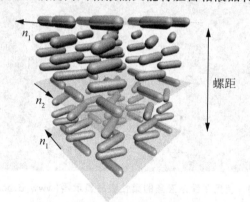

图 2.9　胆甾相液晶分子的排列

### 2.2.2　液晶的应用

目前,各种类型的液晶材料基本都用于开发液晶显示器。如向列相液晶显示器、聚合物分散液晶显示器、双(多)稳态液晶显示器、铁电液晶显示器和反铁电液晶显示器等。在多种液晶显示器中,开发最成功、市场占有量最大、发展最快的是向列相液晶显示器。在本章后面将详细介绍向列相液晶显示器,本节主要介绍几种其他液晶的应用。

### 1. 近晶相液晶的应用

近晶相液晶可以用于显示或光学存储。近晶相液晶中有一种不施加电压也会极化的自发极化型液晶，分子方向统一、层结构，如"铁电液晶"（Ferroelectric Liquid Crystal，FLC）及"反铁电液晶"（Anti Ferroelectric Liquid Crystal，AFLC）。

在1992年，英国EMI中心宣布发明了一种新的液晶显示技术——铁电液晶显示器（Ferroelectric LCDs，FLCD）。铁电液晶显示器是近晶相液晶最主要的应用。与目前主流的向列相液晶显示器相比，特点是：①响应速度快，可达微妙级；②高存储性，不改电压也可以保持当前显示的状态，更省电，对笔记本计算机、PDA等便携设备是非常有意义的；③宽视角，已达到现代高分辨率彩色电视的要求。缺点是：①铁电液晶显示器在制作中必须严格控制铁电液晶基板的间隔才能获得光学均匀性；②基板表面需特殊的处理才能保证分子层整齐排列；③对振动非常敏感。因此，在很大程度上限制了铁电液晶的应用。

 **引 例：铁电液晶的柔性液晶显示器**

日本放送技术研究所NHK采用分辨率为96×64的有机TFT有源矩阵基板，结合基于LED侧照光的场序背光源，实现了彩色显示。在两枚柔性基板之间形成树脂壁，充入铁电液晶和紫外线硬化树脂的混合溶液，提高整体温度，并进行图案掩膜紫外曝光，避免了在树脂壁附近产生液晶分子取向紊乱的现象，提高了对比度。制成的铁电液晶柔性液晶显示器在弯曲半径约2cm下同样能够完好地显示，如图2.10所示。

图2.10 使用了铁电液晶的柔性液晶显示器（www.dvbcn.com）

### 2. 胆甾相液晶的应用

1888年F. Reinitzer等首次发现的液晶就是胆甾相液晶。胆甾相液晶主要应用在显示中，如聚合物网络稳定液晶显示器和多稳态液晶显示器。原理是利用调配好的胆甾相液晶，温度改变时螺距依次进入可见光区，人们便可以观察到布拉格反射光。

目前，人们正在为实现电子书等省电型显示器不断推进和发展胆甾相液晶。不施加电压可对特定的光反射的状态（水平螺旋取向），施加电压后可对光通过的状态（垂直螺旋取向），两种状态均为"双稳态"，切断电压也会持续保存显示内容。

# 第2章 液晶显示器基础

**引 例：** 电子纸技术最终将收敛于胆甾相液晶

韩国三星电子LCD研发中心业务副总裁Sung Tae Shin在"FPD International 2009 Forum"的电子纸会议上介绍胆甾相液晶在彩色显示和视频显示的性能上表现出色，并对电子纸技术的发展前景发表观点，认为"电子纸技术最终将收敛于胆甾相液晶"。

三星电子展出了支持视频格式的10.7英寸电子纸，采用了胆甾相液晶，如图2.11所示。其具有照片模式及视频模式两种显示模式，两模式间可自由切换。照片模式下，与普通电子纸一样，只改写显示内容时不会消耗电量。视频模式下，显示内容时会消耗电量。

图2.11 三星公司采用胆甾相液晶的电子纸(dh.yesky.com)

## 2.3 液晶的物理性质

液晶是由棒状、盘状等分子组成的部分有序的物质。不同于分子排列完全混乱的各向同性的液体，也有别于分子排列完全有序的晶体。介于晶体与液体之间的分子排列，以及分子本身的特殊形状与性质，导致了液晶呈现出液体与晶体的双重特性。本节将介绍与分子结构密切相关的液晶的物理性质，这直接影响显示器的各种性能参数，如图2.12所示。

### 2.3.1 介电各向异性

液晶介电各向异性是指液晶在不同方向上的介电常数不同，是决定液晶分子受电场影响程度的主要参数。常用$\Delta\varepsilon$表示，$\Delta\varepsilon=\varepsilon_{\parallel}-\varepsilon_{\perp}$。其中$\varepsilon_{\parallel}$和$\varepsilon_{\perp}$分别表示平行和垂直于分子长轴方向的介电常数，表示在电场作用下介质极化的程度，如图2.13所示。根据$\Delta\varepsilon$的符号可以把液晶分为正性液晶和负性液晶。在未施加电场，$E=0$时，液晶屏内的液晶分子按照一定方向排列，如图2.14(a)所示；正性液晶用$N_p$表示，具有$\varepsilon_{\parallel}>\varepsilon_{\perp}$，$\Delta\varepsilon>0$，在外电场作用下，液晶分子的长轴方向$n$与外场$E$平行时体系的能量最小，图2.14(b)所示；负性液晶用$N_n$表示，具有$\varepsilon_{\parallel}<\varepsilon_{\perp}$，$\Delta\varepsilon<0$，在外电场作用下，液晶分子长轴方向$n$与外电场$E$垂直时体系的能量最小，如图2.14(c)所示。

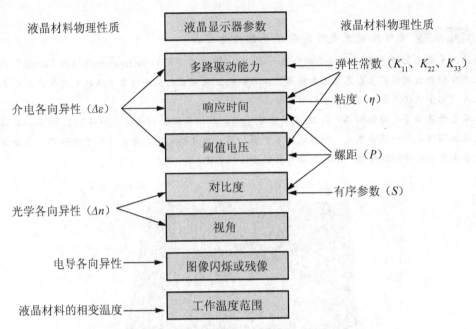

图2.12 液晶材料的物理性质与液晶显示器参数的关系

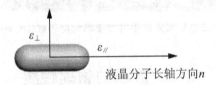

图2.13 液晶分子的介电常数

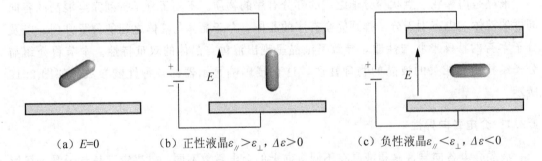

(a) $E=0$　　(b) 正性液晶$\varepsilon_{//}>\varepsilon_{\perp}$，$\Delta\varepsilon>0$　　(c) 负性液晶$\varepsilon_{//}<\varepsilon_{\perp}$，$\Delta\varepsilon<0$

图2.14 正性液晶和负性液晶在电场下分子的排列

扭曲排列时液晶显示器的阈值电压取决于：

$$V_{\mathrm{TH}}=\pi\sqrt{\frac{K_{11}+\dfrac{K_{33}-2K_{22}}{4}}{|\Delta\varepsilon\cdot\varepsilon_0|}} \tag{2.1}$$

其中$K_{11}$、$K_{22}$、$K_{33}$是液晶的弹性常数，后面将做详细介绍。$\varepsilon_0$是真空介电常数。由式(2.1)可以看出，阈值电压$V_{\mathrm{TH}}$与介电各向异性的开根号成反比，增加$\Delta\varepsilon$可以降低阈值电压。

### 2.3.2 光学各向异性

**1. 液晶的双折射性**

液晶除了在不同方向上的介电常数不同外,在不同方向上的折射率也不同,具有光学各向异性。当自然光在液晶中传播时,除反射光线外,一般还有两条折射线,这种现象称为液晶的双折射性,如图 2.15 所示。一条折射线为寻常光,用符号 o 表示(Ordinary)。寻常光总是遵循折射定律,无论入射光束的方位如何总在入射面内,折射率为常数;另一条折射线为非寻常光,用符号 e 表示(Extraordinary)。非寻常光与入射光不在同一平面内,不遵循折射定律,即使入射角为零,相对折射率也不为零。

非寻常光的折射率为 $n_e$,寻常光的折射率为 $n_o$。用 $\Delta n = n_e - n_o$ 来表示液晶的双折射性。根据液晶的双折射性,可以把液晶分为正光性液晶和负光性液晶。当光经过液晶时,非寻常光的折射率($n_e$)大于寻常光的折射率($n_o$),$\Delta n = n_e - n_o > 0$,这种液晶材料在光学上称为正光性液晶。相反,非寻常光的折射率小,$\Delta n = n_e - n_o < 0$,在光学上称为负光性液晶。向列相液晶几乎都是正光性液晶,$\Delta n > 0$,寻常光的折射率小;胆甾相液晶为负光性液晶,$\Delta n < 0$,非寻常光的折射率小。

液晶中也存在着一个与晶体同样的特殊方向,当光在液晶中沿着这个方向传播时不发生双折射,这个特殊方向称为光轴。取向一致的向列相液晶、多数近晶相液晶与单轴晶体一样,只有一个光轴方向,光轴同液晶分子长轴方向平行。胆甾相液晶的光轴同螺旋轴平行,而与液晶分子长轴方向垂直。

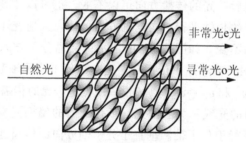

图 2.15 液晶的双折射

**2. 光在液晶中不同的偏振方向传播速度不同**

光在液晶中传播时,传播速度与折射率有关,而光的偏振方向不同,折射率也不同。光是一种电磁波,电场方向称为光的偏振方向。光在大部分向列相和近晶相液晶中传播时,非寻常光的折射率 $n_e$ 大,光的偏振方向与分子长轴方向平行时折射率较大,即 $n_{//}$ 较大,有 $n_e = n_{//}$;寻常光的折射率 $n_o$ 小,光的偏振方向与分子长轴方向垂直时折射率较小,即 $n_\perp$ 较小,有 $n_o = n_\perp$。传播速度 $v = c/n$,折射率大的方向光的传播速度慢,折射率小的方向光的传播速度快。

在向列相液晶中,$n_{//}$ 折射率较大,光的偏振方向与分子长轴方向平行时,传播速度慢,如图 2.16(a)所示;$n_\perp$ 折射率较小,光的偏振方向与分子长轴方向垂直时,传播速度快,如图 2.16(b)所示;在真空中传播时,传播速度最快,为每秒 30 万千米,如图 2.16(c)所示。

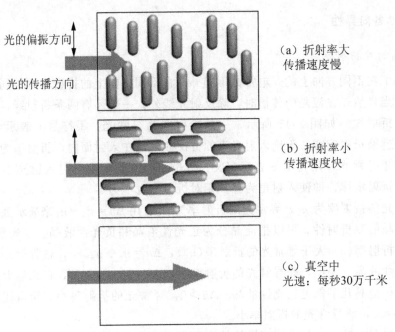

图 2.16 光在液晶中的传播速度

**3. 能使入射光的传播方向偏向液晶分子长轴方向**

光垂直射入两个均匀的各向同性物质中，光仍然直线行进，传播方向不变，如图 2.17(a) 所示。但光垂直射入液晶后，光的传播方向可以不变，也可以改变。液晶分子垂直边界排列时，入射光与液晶分子的长轴平行，在光轴方向传播，入射光不发生双折射现象，只产生寻常光，光的传播方向不变，如图 2.17(b) 所示；液晶分子与入射光方向有一定的角度 ($\theta$) 排列，垂直纸面的偏振光在液晶中传播时，光在平行于分子轴和垂直于分子轴方向的传播速度分别为：$v_{//}=c/n_\perp$ 和 $v_\perp=c_\perp/n_{//}$，沿直线行进，光的传播方向不变，如图 2.17(c) 所示，像这样不发生折射的光线称为寻常光；平行纸面的偏振光在液晶中传播时，由于发生了双折射现象，光在平行于分子轴和垂直于分子轴方向的传播速度分别为：$v_{//}=c_{//}/n_\perp$ 和 $v_\perp=c_\perp/n_{//}$，$c_{//}=c\cdot\cos\theta$，$c_\perp=c\cdot\sin\theta$，$c$ 是真空中的光速。由于向列相液晶中 $n_{//}>n_\perp$，$v_{//}$ 大，$v_\perp$ 小，因此入射光的传播方向向液晶分子长轴方向偏移，如图 2.17(d) 所示，像这样发生折射的光线称为非寻常光。

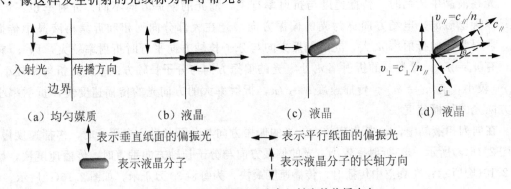

图 2.17 液晶分子可以改变入射光的传播方向

因此，改变液晶的排列方式可以改变入射光的传播方向。若在液晶后面再加一个偏振片，则通过的光强会发生变化。

**4. 能使入射光偏振光状态或偏振方向发生改变**

偏振光经过液晶后其偏振方向有时会改变。当偏振光的方向与 $x$ 轴成 $\theta$ 角入射时，在 $x$、$y$ 方向上电场分量分别为：

$$E_x = E_0 \cos\theta \sin\theta (\omega t - k_1 z) \tag{2.2}$$

$$E_y = E_0 \sin\theta \cos\theta (\omega t - k_2 z) \tag{2.3}$$

其中 $E$ 为电场强度，$\omega$ 为光的角频率，$k_1 = \omega n_\parallel / c$，$k_2 = \omega n_\perp / c$。当入射角 $\theta = 0$、$\pi/2$ 时，$E_x$ 或 $E_y = 0$，直线偏振光的偏振光状态和偏振方向完全不变。另相位差 $\delta = (k_1 - k_2)z$ 代入式 (2.2) 和式 (2.3) 得到：

$$\left(\frac{E_x}{\cos\theta}\right)^2 + \left(\frac{E_y}{\sin\theta}\right)^2 - 2\frac{E_x E_y}{\cos\theta \sin\theta}\cos\delta = E_0^2 \sin^2\delta \tag{2.4}$$

当入射角 $\theta = \pi/4$ 时，式 (2.4) 可以简化为：

$$E_x^2 + E_y^2 - 2E_x E_y \cos\delta = \frac{E_0^2}{2}\sin^2\delta \tag{2.5}$$

线偏振光向 $z$ 方向传播的同时，偏振光状态将按线、椭圆、圆、椭圆、线偏振光的顺序依次变化，而且线偏振光的偏振方向也发生改变，如图 2.18 所示。

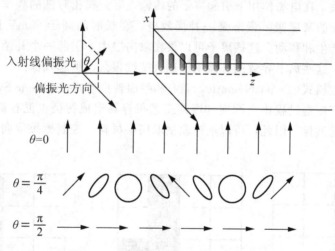

图 2.18 偏振光在液晶中传播的示意图

**5. 能使入射偏振光左旋或右旋**

当入射的平行线偏振光在液晶内沿着光轴方向传播时，线偏振光的偏振方向随着传播距离逐渐转动，这种现象为旋光现象，用 $\theta = \alpha \cdot l$ 表示，其中 $\theta$ 是旋转角度，$\alpha$ 是旋光系数，$l$ 是通过液晶光轴的距离。有两种旋光状态：左旋和右旋。逆着光的传播方向观察，偏振方向顺时针方向旋转为左旋；逆着光的传播方向观察，偏振方向逆时针方向旋转为右旋。

当入射的偏振光的旋光方向与液晶分子的旋光方向相同时，如都是右旋光，入射光将被反射；当入射的偏振光的旋光方向与液晶分子的旋光方向相反时，如一个是右旋光，一个是左旋光，入射光可以透过液晶层。

### 2.3.3 电导各向异性

液晶属于绝缘体,通常情况下电导率很低。电导率在平行分子长轴与垂直分子轴方向的分量不同,称为电导各向异性。用 $\sigma_{/\!/}$ 和 $\sigma_\perp$ 分别表示。用 $\sigma_{/\!/}/\sigma_\perp$ 表示电导各向异性的大小。向列相液晶平行分子长轴方向的电导率大于垂直分子长轴方向的电导率,$\sigma_{/\!/}/\sigma_\perp > 1$,意味着在向列相液晶中离子沿平行于分子长轴方向运动更容易。近晶型液晶中,$\sigma_{/\!/}/\sigma_\perp < 1$,离子沿垂直于分子长轴方向运动更容易,即在分子层隙间运动比较容易。

液晶中含有杂质或离子都会使电导率增高,因此要尽量避免引入杂质或离子。在一些溶致液晶中,离子浓度很高,电导率高,不能应用在显示中。杂质或离子主要是在加工制作过程中产生的,如基板的污染、取向层中的离子、液晶屏电极注入的电荷,以及液晶化合物的分解等都可以导致电导率增加。

典型的向列相液晶含有的离子浓度量级是 $10^{16} \sim 10^{20}\ \mathrm{m}^{-3}$,电导率低于 $10^{-11}\ \mathrm{S/cm}$。离子浓度高于 $10^{20}\ \mathrm{m}^{-3}$ 时,会导致显示器的寿命降低,并产生图像闪烁(Flicker)和残像(image sticking or ghosting)。闪烁是指屏幕上某些点的亮度产生瞬时变化的现象。残像是指液晶屏施加信号电压后,显示屏上有影像残留的现象,实际上就是第一次显示的静态画面长期停留在显示器上。当显示第二画面时,第一次显示的静态画面的残存影像仍然可以分辨出来,如图 2.19 所示。闪烁和残像与液晶中两种状态的离子有关,如快态和慢态。快态与快离子有关,在电场作用下引起离子的传输,导致在相对低的频率下光传输中图像的闪烁,获得错误的灰度级。慢态是一种慢效应,在长时间高于 50mV 以上的直流驱动下,引起离子的产生和移动。这些离子可以聚在取向层中,引起一个补偿电压,在施加的直流驱动去除后,这些离子导致的补偿电压还会持续很久,引起残像。

在扭曲向列相模式(Twist Nematic,TN)和平面转换模式(In-Plane Switch,IPS)等的液晶显示产品生产制造过程中,取向和摩擦工艺很容易造成污染,混有离子性有机杂质,在直流电压下引起残像。因此,可以通过改变取向层材料、控制摩擦取向工艺进行改善和消除残像。

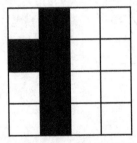
(a) 第一次显示的画面

(b) 第二次显示的理想的画面

(c) 具有残像的画面

图 2.19 离子传输影响下的画面

### 2.3.4 液晶的弹性常数

弹性常数是描述液晶分子弹性形变的物理量。液晶通常有 3 个弹性常数:展曲弹性常数($K_{33}$)、弯曲弹性常数($K_{11}$)、扭曲弹性常数($K_{22}$),如图 2.20 所示。这 3 种形变是在不同的外力作用下产生的。当经过表面处理的两片玻璃基板制作成尖劈形状的液晶盒时，中间充入向列相液晶，沿两片玻璃板表面附近的液晶分子长轴方向与玻璃基板相平行，那么内部的液晶分子就出现了展曲形变，如图 2.20(a)所示；如果尖劈形状的液晶盒内，沿两片玻璃基板附近的液晶分子长轴方向与玻璃基板相垂直，那么内部的液晶分子就出现了弯曲形变，如图 2.20(b)所示；当经过表面处理的两片玻璃基板制作成矩形状的液晶盒时，沿两片玻璃板表面附近的液晶分子长轴方向与玻璃基板相平行，但是上下两块基板表面的液晶分子长轴之间有一个不等于 π 的夹角，那么液晶内部就产生了扭曲形变，如图 2.20(c)所示。

弹性常数主要影响液晶显示的阈值电压和响应时间。弹性常数形成了没有外场作用下，液晶盒制作完成取向后，液晶盒内液晶分子的排列状态。但是当施加电场后，液晶分子会由于介电异性按照电场方向排列，施加的电场改变了液晶分子由于弹性常数形成的排列状态。因此，弹性常数大，器件的开启需要施加的电压就越大，即阈值电压也越大。当施加的外加电压撤掉后，液晶盒内的液晶分子会由于弹性常数的作用又恢复到制作完成后液晶分子的排列状态，那么这个过程需要的时间为液晶的响应时间。因此，弹性常数大，液晶的响应速度快。

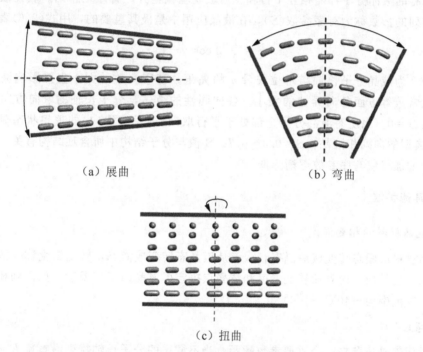

(a) 展曲　　　　　　　　　(b) 弯曲

(c) 扭曲

图 2.20　向列相液晶的弹性形变

## 2.3.5　黏度

温度低时粘度的增加降低了液晶分子运动的几率，是限制液晶显示应用的主要因素。向列相液晶有 4 种黏度常数，如图 2.21 所示。①传输黏度常数 $\eta_1$，方向是垂直于流动方向和平行于分子指向；②传输黏度常数 $\eta_2$，方向是平行于流动方向和平行分子指向；③传

输黏度常数 $\eta_3$，方向是平行于流动方向和垂直分子指向方向；④旋转黏度常数 $\gamma$，方向是沿分子轴方向旋转。前3个是传输性黏度常数，第4个是旋转黏度常数。

旋转粘度常数是影响液晶显示性能的主要参数。对液晶显示的响应时间和余辉时间等动态特性影响较大。黏度大的材料，响应时间长。

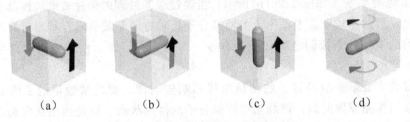

图2.21 传输和旋转黏度常数的定义

### 2.3.6 有序参数

液晶显示器中常采用垂直取向处理或平行取向处理形成表面液晶分子的取向排列，但是并非所有的液晶分子都能相互平行和相对玻璃基板整齐、有序地排列。表征液晶分子整齐有序排列的参数称为有序参数($S$)，在液晶应用中是极其重要的，用式(2.6)表示。

$$S = \frac{1}{2}(3\cos^2\theta - 1) \tag{2.6}$$

其中 $\theta$ 为液晶分子长轴与单位矢量 $n$ 的夹角。有序参数的大小直接影响液晶在折射率、介电常数等方面各向异性的大小。各向同性的液体，分子长轴的取向方向完全紊乱时，认为 $S=0$。当所有液晶分子全部处于平行取向（或垂直取向）的理想状态时，认为 $S=1$。而典型的向列相液晶，$S=0.4\sim0.7$。$S$ 值与分子结构中所含环结构有关，末端烷基链长度的增加将使有序参数逐渐降低。

### 2.3.7 其他参数

**1. 液晶材料的相变温度**

液晶材料由固态转变成液晶态，或者从液晶态转变成液态，转变温度称为液晶材料的相变温度。近晶相—向列相转变温度和清亮点决定了液晶的工作温度，如向列相液晶典型的应用温度范围为 $-40\text{℃}\sim100\text{℃}$。

**2. 螺距**

胆甾相液晶还存在一个重要参数螺距，当不同层的分子长轴排列沿螺旋方向经历的变化后，又回到初始取向，这个周期的层间距称为胆甾相液晶的螺距。

总之，液晶材料的物理性质显著地影响显示器件的性能。表2-1列出了液晶显示器用的5CB液晶化合物和混合型液晶的物理特性。弹性常数和旋转的黏度决定着液晶的响应时间和阈值电压的主要因素；介电各向异性决定着液晶在电场下是 p 型还是 n 型的特性，大的介电常数可以降低阈值电压；光学各向异性决定着液晶的光学性质；阈值电压决定着在低功耗下的工作范围。

表 2-1 液晶显示器用的 5CB 液晶化合物和混合型液晶的物理特性

| 参数 | 5CB 液晶 | 典型的混合液晶 |
| --- | --- | --- |
| 近晶相—向列相转变温度 $T_{s-n}$ | 30℃ | -40℃ |
| 清亮点 $T_{cp}$ | 55℃ | 80℃ |
| 光学各向异性 | $\Delta n = n_\parallel - n_\perp$<br>$= 1.617 - 1.492 = 0.125$ | $\Delta n = n_\parallel - n_\perp$<br>$= 1.562 - 1.477 = 0.085$ |
| 介电各向异性 | $\Delta \varepsilon = \varepsilon_\parallel - \varepsilon_\perp$<br>$= 17.5 - 4.8 = 12.7$ | $\Delta \varepsilon = \varepsilon_\parallel - \varepsilon_\perp$<br>$= 10.5 - 3.5 = 7$ |
| 弹性常数 | $K_{11} \approx K_{22} \approx K_{33} \approx 10^{-11} \text{N}$ | $K_{11} \approx K_{22} \approx K_{33} \approx 10^{-11} \text{N}$ |
| 旋转黏度 | $\gamma = 150 \text{mPa·s}$ | $\gamma = 100 \text{mPa·s}$ |

## 2.4 液晶的电光效应

液晶的电光效应是指液晶在外电场下分子的排列状态发生变化，引起液晶屏的光学性质发生变化的一种电光调制效应。外加电场能使液晶分子排列发生变化进行光调制，同时又由于双折射性，可以显示出旋光性、光干涉和光散射等特殊的光学性质。液晶的电光效应是各种效应中最适合在显示方面应用的效应，备受瞩目。目前发现的电光效应种类很多，产生电光效应的机理也略有不同，如图 2.22 所示。本节将介绍几种典型的电光效应。

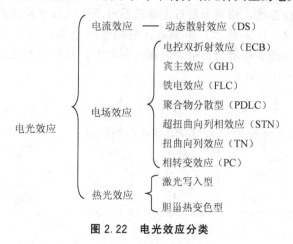

图 2.22 电光效应分类

### 2.4.1 动态散射效应

动态散射效应（Dynamic Scattering effect，DS）是一种电流型器件，最早应用于显示技术，开创了液晶显示器件的新时代，但功耗较大，现在已很少使用。

1963 年，威廉斯发现向列相液晶屏在不通电的情况下是透明的，透过率很高。在透明电极上施加垂直电场，且电压大于一定值时，出现长的平行静态条纹图案，称为威廉斯畴，如图 2.23(a)所示。当电压再增加时，透过率变得越来越低，如图 2.23(b)所示。

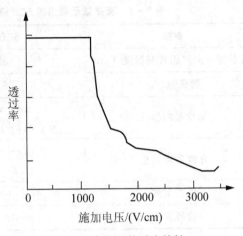

(a) 威廉斯畴(左侧)和透明状态(右侧)　　　　　(b) 在电场下的透光特性

图 2.23　威廉斯实验

这种现象就是动态散射效应。再向列相液晶中掺入一定比例的有机电介质，当一定频率的交流电通过时，随着电压的提高产生周期性的液晶分子环流，产生与液晶屏厚度相当的、间隔性的、周期性的静态条纹图案的威廉斯畴。如果电压继续提高，最终会形成对光产生强烈散射作用的紊流或搅动，透过率很低。动态散射过程为：步骤一，在液晶材料上施加电场，外加电场直接对液晶分子作用，使液晶分子长轴按照电场相应地排列，如 n 型液晶垂直电场方向有序排列，如图 2.24(a) 所示；步骤二，液晶中微量杂质的带电粒子受电场作用后分别向两极移动，使离子所过之处液晶分子受到离子冲击而转动，破坏液晶分子的有序排列，如图 2.24(b) 所示；步骤三，电场继续增加，液晶分子处于不断摇摆状态，发生紊乱，造成液晶屏各部分折射率分布的不均匀。几乎没有光通过液晶屏，入射光被散射掉，如图 2.24(c) 所示。

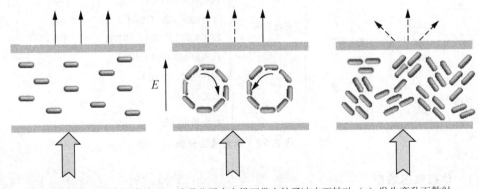

(a) 电场低液晶分子垂直电场排列　(b) 液晶分子在电场下带电粒子冲击下转动　(c) 发生紊乱而散射

图 2.24　液晶动态散射过程

动态散射效应在一定频率下才产生，受掺杂后的电导率、液晶材料的介电各向异性、粘滞系数、盒厚、驱动电压、弹性常数的影响。1968 年，海麦尔利用动态散射效应制作出了第一台液晶显示器及第一个液晶数字表，如图 2.25 所示。RCA 公司宣布的这种新型电子显示器不同于传统的 CRT，具有轻、薄、功耗低的特点。

(a) 海麦尔制作的第一个基于动态散射的液晶显示器　　(b) 第一个液晶显示的数字表

图 2.25　RCA 公司的显示样机

### 发现故事：第一个液晶显示器

1888 年莱尼茨尔（F. Reinitzer）发现液晶材料后，由于历史条件的限制，当时并没有引起很大的重视，只是把液晶用在压力和温度的指示器上。直到 1963 年出现了转折点。美国无线电公司（RCA）普林斯顿研究所的一个从事微波固体元件研究已两年的年轻技术工作者 George Harry Heimeier 即将完成他的博士学位答辩。他有一个朋友正在从事有机半导体的研究工作，在上下班路上向 Heimeier 介绍了所从事的研究工作，使 Heimeier 产生了浓厚的兴趣。就这样，这位电子学专家改变了自己的专业，进入了有机化学领域，把电子学应用于有机化学。将染料与向列相液晶混合，夹在两片透明导电玻璃基片之间，施加几伏的电压，液晶屏由红色变成透明态，如图 2.26 所示。Heimeier 心想：这不就是平板电视吗？这个大胆的想法让 RCA 公司领导极为重视，将其列为企业的重大秘密。直到 1968 年 5 月，美国 RCA 在纽约召开的液晶显示器新闻发布会震撼了世界。当时 Heilmeier 断言，"布满梦想的壁挂式电视机只需数年就能实现"。

图 2.26　George Harry Heilmeier（1936.5.12—）

### 2.4.2　电控双折射效应

电控双折射效应（Electrically Controlled Birefringence effect，ECB）又称垂直排列相畸变效应，将具有负介电各向异性的向列相液晶材料、n 型液晶，采取垂直取向方法使液晶分子长轴垂直排列于上下两基片表面。通过施加电场，利用液晶分子的高度双折射性，控制液晶屏内分子倾斜程度的效应。电控双折射液晶显示器 ECB-LCD 在多彩色显示中是相当重要的，适用于投影的大画面多色显示。

以上下两偏振片的光轴垂直贴的液晶屏为例，说明电控双折射效应显示的原理。不施加电压时，对垂直射入到液晶屏上的光线，入射光与液晶分子长轴平行，不发生双折射，经过垂直光轴的偏振片时，光不能透过，呈现黑态，如图 2.27(a)所示；当施加电压时，一方面在表面的液晶分子由于垂直取向作用而垂直于基板排列，另一方面由于介电各向异性作用 n 型液晶在电场下趋向于垂直于电场排列，即平行基板排列，在这种双重作用下，内部的液晶分子长轴发生角度为 $\phi$ 的倾斜。入射的直线偏光受到双折射作用，偏振状态发生改变，变成椭圆偏振光。于是部分偏振光透过上偏振片，透射光呈现不同的颜色，如图 2.27(b)所示。

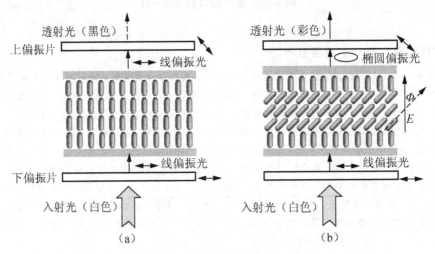

图 2.27 电控双折射效应显示原理

透射光的强度 $I$ 与加在液晶屏上的电压和入射光波长有关。当入射光为白色光时，透过上偏振片的光产生干涉色，所加电压不同，显示的颜色不同。通过施加电压可以控制透射光的颜色变化，因此，电控双折射效应是一种可以进行色相调制的电光效应。透过上偏振片的光强度 $I$ 为：

$$I = I_0 \sin^2 2\theta \sin^2\left[\frac{\pi d \Delta n}{\lambda} \sin^2 \varphi(V)\right] \quad (2.7)$$

式中，$I_0$ 是入射光强度；$\theta$ 为下偏振片与液晶光轴垂直线之间的夹角；$d$ 是液晶盒的厚度；$\lambda$ 是入射光的波长；$\Delta n$ 是折射率的各向异性；$\phi$ 是液晶分子长轴方向的倾斜角，是外加电压的函数。电控双折射效应的阈值电压 $V_{TH}$ 可以表示为：

$$V_{TH} = \pi \sqrt{\frac{K_{33}}{\varepsilon_0 |\Delta\varepsilon|}} \quad (2.8)$$

式中，$K_{33}$ 是液晶材料的弹性常数，$\Delta\varepsilon$ 是介电各向异性。

### 2.4.3 宾主效应

宾主效应(Gust Host effect, GH)是指将二色染料作为客体(宾体)溶于特定排列的向列相液晶材料(主体)中，利用染料分子不同的吸收实现彩色显示的效应。

二色染料是分子长轴方向和短轴方向对可见光有不同吸收的各向异性染料，如图 2.28

所示。一般二色染料有两种,一种是正型(或 p 型),光的偏振方向在平行于分子长轴方向有最大的吸收;另一种是负型(或 n 型),光的偏振方向在垂直于分子长轴方向有最大的吸收。

以正型染料为例,说明宾主效应显示的原理。不加电压,线偏振光的方向平行于液晶分子的长轴方向,溶于向列相液晶主体材料中的二色性染料将会"客随主'变'"地与液晶分子相同的方向排列。正型染料分子平行于长轴方向吸收最强,入射光被染料分子吸收,液晶屏显示彩色,如图 2.29(a)所示。

施加大于阈值电压 $V_{TH}$ 的电压后,液晶分子在电场作用下平行于电场方向排列。二色性染料分子排列方向也将随液晶分子而变化,从而二色性染料对入射光的吸收也将发生变化。线偏振光的方向垂直于分子长轴方向,正型染料分子无吸收或吸收很弱,入射光完全透射,液晶屏呈现无色透明状态,如图 2.29(b)所示。宾主效应是一种彩色显示,不用偏光片或只用一个偏光片就可以获得足够对比度的显示效果,视角范围远比 TN 型的大得多。

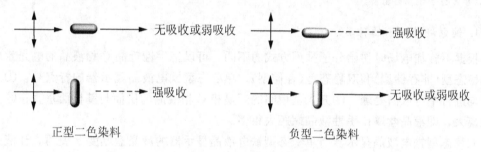

**图 2.28　二色染料的性质**

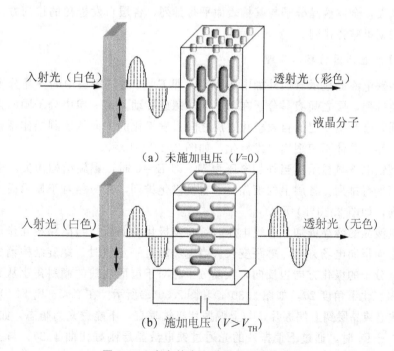

**图 2.29　宾主效应实现彩色显示的过程**

### 2.4.4 铁电效应

具有铁电效应的液晶材料称为铁电型液晶(Ferroelectric Liquid Crystal，FLC)。铁电液晶分子呈层状排列，与向列相液晶及胆甾相液晶不同，是有序度较高的近晶相。铁电体具有自发极化的性质，有两个或多个可能的取向。在电场作用下取向可以改变，具有像铁磁体一样的某种双稳态，并能表现出磁滞回线特性。自发极化就是在没有外电场作用下，介质的正、负电荷重心不重合呈现电偶极矩的现象。

**发现的故事：铁电液晶显示**

1975年，Meyer发现了手性近晶C相的液晶具有铁电性。1980年，Clark和Lager Wall成功研制出表面稳定的铁电液晶(Surface Stabilized Ferroelectric Liquid Crystal，SSFLC)，具有毫秒级响应速度和双稳态效应。1988年，Chadani等人发现了反铁电液晶(AFLC)，不仅响应速度快，且具有三稳态的双迟滞回线，非常适合于多路驱动。

**1. 铁电液晶显示的种类**

根据不施加电场时初始分子排列方式的不同，可以把手性近晶C相液晶的电光效应分为单稳态型(非存储型)和双稳态型(存储型)。单稳态型铁电液晶显示器的特点是：①上下基板均进行平行取向处理；②充入基板间的近晶相C相液晶的层面与基板面垂直；③基板间距离大，即液晶盒厚比手性液晶螺距大很多。

双稳态型铁电液晶显示器将单稳态型铁电液晶显示器的液晶盒厚度$d$变薄，让液晶盒厚度小于螺距$p$，其他条件不变。双稳态型铁电液晶显示器由于强的界面效应，在$E=0$下螺旋结构消失，全体液晶分子与基板表面平行排列，各层自发极化的排列方向相对于显示面为朝外或朝里整齐排列。

**2. 铁电液晶显示器的显示原理**

单稳态型铁电液晶显示器当外加电压为零，即$E=0$时，每层中的液晶分子与层法线成相同倾斜角排列，层之间液晶分子在角方向作螺旋转动，每一层中分子同向排列，偶极矩也同相排列，会产生一定的自发极化。层之间自发极化的方向从层到层作螺旋转动，各层分量总和为零，总体不表现出自发极化，如图2.30(a)所示。

双稳态型铁电液晶显示器当外加电压为零，即$E=0$时，螺旋结构消失，全体液晶分子与基板表面平行排列，各层上的液晶分子自发极化排列，方向相对于显示面为朝外或朝里的整齐排列，如图2.30(b)所示。

当对铁电液晶的液晶屏加上直流电压时，自发极化的偶极矩与电场相互作用，使液晶分子自极化方向指向电场方向，螺距变长。当电场超过一定值时，螺旋结构消失。当电场方向反向时，分子的极化方向也反向，液晶分子相对于层面法线的倾斜角也从$\theta$变成$-\theta$，即在基板面内变化了角度$2\theta$，如图2.30(c)和图2.30(d)所示。在$E<-E_c$时，通过下偏振片的光通过铁电液晶层到上偏振片，与上偏振片光轴垂直，不能透光为暗态，如图2.30(c)所示；当$E>+E_c$时，通过下偏振片的光通过铁电液晶层刚好扭曲了$2\theta$，与上偏振片光轴几乎平常，光透过为亮态，如图2.30(d)所示。

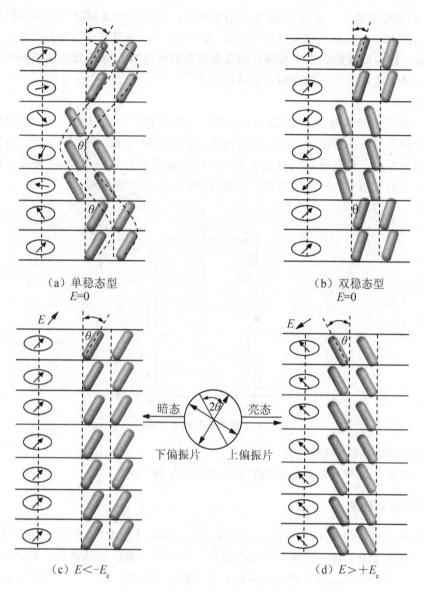

图 2.30 铁电液晶显示器的显示原理

单稳态型铁电液晶显示器在外加电场去除后,分子排列状态返回到初始状态,也就是由 $E>+E_c$ 和 $E>-E_c$ 的状态返回到单稳态型 $E=0$ 的状态。因此,只有电场为零的一个稳态,不具有存储功能,又称为非存储型铁电液晶显示器。

双稳态型铁电液晶显示器在外加电场去除后,分子排列仍保持施加电场后的状态不变,即仍然保持 $E>+E_c$ 和 $E<-E_c$ 的状态。因此,有两个稳定状态,一个是单稳态型 $E=0$ 的一个稳态,另一个是 $E>+E_c$ 和 $E<-E_c$ 的稳定态,又称为双稳态型,具有存储效应。

3. 铁电液晶显示器的特点

1) 响应速度快

获得亮态的方法是利用双折射效应使线偏振光变成椭圆偏振光。表面双稳铁电液晶显示 SSFLC 的厚度很薄，一般在 $2\mu m$ 左右小于螺距，在自发极化强度和电场共同作用下响应速度可达到 $10\mu s$，图像的切换速度可达 30 帧/秒以上。向列相液晶在外电场作用下由电场引起的分子感生偶极矩的作用很弱，而铁电液晶的外电场与分子固有偶极矩间的作用很强。因此，铁电液晶远快于向列相液晶显示。

2) 存储性

SSFLC 的存储特性如图 2.31 所示，又称为光学双稳态，像标准芯片一样具有记忆功能，能自动保留最后一幅图像，还能在关机后再将图像取出来。因此，SSFLCD 能采用简单的多路驱动电路，具有很大的显示容量，目前已能实现行扫描线 1000 条以上的大容量显示。记忆功能可用于计算机上的静态画面的存储，具有节能作用。

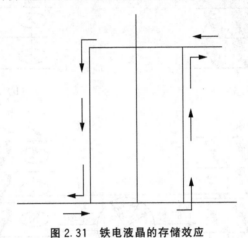

图 2.31 铁电液晶的存储效应

3) 良好的对比度与视角特性

SSFLCD 对比度与视角之间制约的关系很小，视角 $>60°$。

### 2.4.5 聚合物分散型

聚合物分散型(Polymer Dispensed Liquid Crystals，PDLC)就是将低分子液晶与预聚物按一定比例相混合。在一定条件下聚合反应，形成微米级的液晶微滴，均匀地分散在高分子网络中。再利用液晶分子的介电各向异性获得电光响应特性，工作在散射态和透明态之间具有一定的灰度。由于制备工艺简单，不需偏振片和取向层，可以实现大面积和高亮度显示，在可控窗和投影显示等领域显示出很大的应用前景。

逐渐减少聚合物材料在混合体系中的含量，当降到 10% 以下，经光聚合处理后，在液晶中形成了三维结构的聚合物网络。液晶分子在这种网络结构的三维体效应作用下取向，比基板表面的取向层对液晶分子的取向作用更强烈、更有效，可以很好地改善显示器的电光特性。为区别于传统的 PDLC，将这种混合体系称为聚合物促使稳定的胆甾相液晶织构(Polymer Stabilized Cholestoric Texture，PSCT)是一种多稳态液晶显示器。

1. 液晶的晶畴结构

液晶是介于晶体和液体之间的一种物质，具有液体的流动性，又在一定程度上具有晶体的有序性等基本性质。液晶还有一种与晶体相似的性质，就是晶畴结构。如向列相液晶并不是全部液晶分子取向都是大体一致的连续整体,而是分成了许多的液晶畴。在每个畴内,分子有大体一致的取向,各畴之间的指向矢呈无序分布。液晶在表面上看呈乳白色,就是光线通过各向异性的液晶畴时,因折射率的不同光散射的结果不同。向列相液晶的液晶畴不具有稳定性,在显示过程中把液晶看成了一个宏观的整体,液晶畴的作用被忽略了。但是胆甾相液晶的液晶畴在狭窄的液晶盒内能够保持各向不同的取向,并且具有长期的稳定性。胆甾相液晶畴的集合,如图 2.32 所示。黑线表示每个液晶畴中液晶的对称轴。整体上看,各个液晶畴对称轴的分布是散乱的;每一个液晶畴内的液晶分子长轴方向呈螺旋排列,如图 2.33 所示。

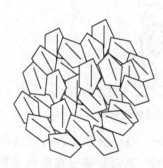

图 2.32 胆甾相液晶畴的集合

对称轴

图 2.33 液晶畴内液晶分子的螺旋排列

**2. 多稳态液晶显示器的单色显示**

如果胆甾相液晶畴的对称轴方向大体一致,并且垂直于液晶屏表面,调节胆甾相液晶的螺距,满足:

$$\lambda = n \cdot P \tag{2.9}$$

式中,$n$ 是液晶的平均折射率;$P$ 为螺距;$\lambda$ 是可见光波长。

胆甾相液晶畴对 $\lambda$ 波长附近的部分圆偏振光有很强的布拉格反射,其余的光都透过液晶层,被背面黑色涂料全部吸收。观察者只能看见在 $\lambda$ 附近某种颜色的反射光。

**3. 多稳态液晶显示灰度级的实现**

胆甾相液晶畴的对称轴方向并非完全一致,当液晶畴对称轴有序排列时,反射光分布在以入射光相应的反射线为轴的锥体内,如图 2.34 所示。调整 "$n \cdot P$" 的数值,布拉格反射光的颜色随之变化,可以呈现不同的彩色,显示器呈现亮态;当液晶畴对称轴杂乱排列时,只有一小部分微弱的散射光,绝大部分光线都透过液晶材料被黑色涂料吸收,显示器呈现黑态。当液晶畴对称轴排列方向,介于这两种极端状态之间时,便构成了无穷的稳态,显示器可以实现不同的灰度级。

胆甾相液晶的多稳态显示器的每一个状态的稳定性都不是暂时的,在电场、温度、压力的不均性控制在一定范围内,多稳态几乎是永久性的,是一种真正的多稳定状态。

**4. 多稳态之间分子排列结构的转换**

多稳态液晶显示中的胆甾相液晶具有 3 种不同的分子排列结构:平面织构状态(Planar Texture,P 态)、焦锥织构状态(Focal conic texture,FC 态)、垂直织构状态

（Homeotropic texture，H态）。平面织构状态中液晶畴的对称轴基本与液晶屏表面垂直，每个畴内的液晶分子具有周期性的螺旋结构，如图2.35(a)所示。平面织构状态中，入射光的波长与螺距 $p$ 相匹配，光将被反射，反射光为圆偏振光，如图2.34所示。

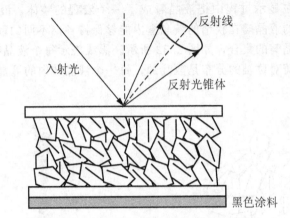

图2.34 多稳态液晶显示器中的锥体反射光

焦锥织构状态是一种多畴结构，如图2.35(b)所示。每个液晶畴内的液晶分子依然呈螺旋结构周期性排列，但整体的液晶畴不再周期性排列，其对称轴分布杂乱无章，大体取向平行基板，对入射光会产生散射。

垂直织构状态又称场致向列相，液晶分子沿电场方向排列，液晶是透明的，如图2.35(c)所示。

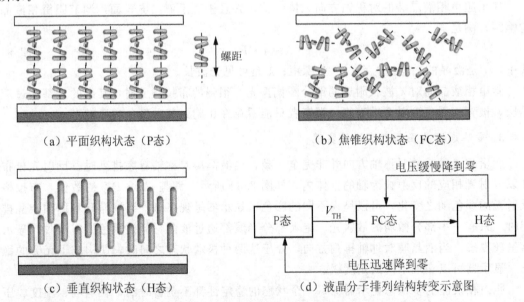

图2.35 胆甾相液晶的分子排列结构

当电压很小时，胆甾相液晶的螺距和液晶分子指向矢的均匀性大致保持不变，保持平面织构状态，如图2.35(a)所示。当电压增加时，但小于相变电压$V_c$值时，胆甾相液晶可以从平面织构状态(P态)逐步转换为焦锥织构状态(FC态)。

焦锥织构状态的液晶螺距变长，液晶分子指向矢趋于和外电场方向一致。同时，在电场作用下，所有液晶畴的对称轴都会在原来各自倾斜的方向上克服畴之间的摩擦力，使液晶畴的对称轴向平面倒下，如图2.35(b)所示。只有微弱的反向散射全部透过光被黑色涂料吸收，呈现黑态。焦锥织构状态是一个零场稳定态。

当电压超过相变电压$V_c$时，胆甾相液晶在强电场下被迫相变转化成向列相液晶，如图2.35(c)所示。液晶分子指向矢都和外电场一致，为场致向列相状态。当电压迅速降到零时，电场撤销的瞬间，系统处于最高能态，将克服一切障碍回到最低能态，液晶分子转变为平面织构状态(P态)。使液晶畴的对称轴大致都垂直于显示器表面，呈现亮态。当电压缓慢降低时，液晶分子转变为FC态，呈现黑态。

当加上小于某个阈值电压，$V<V_{TH}$，一段时间后撤销，显示器维持原有状态P态不变；当加的电压$V_{TH}<V<V_c$，一段时间后撤销，显示器转变为FC态，为黑色，系统能量升高；当电压$V>V_c$，转变为H态，一段时间后迅速撤销，显示器跳到亮态。多稳态之间分子排列结构的转换过程示意图如图2.35(d)所示。阈值电压指的是在小于这个电压作用下不引起原有状态变化，但随着每一个畴的大小，取向不同，畴间的摩擦力不同，阈值电压都会有升降。

胆甾相液晶的3种状态具有布拉格反射特性的P态和呈现散射状态的FC态都是零场稳定态，H态在没有电场下是非稳定态。

5. 多稳态液晶显示的特点

(1) 具有长期稳定性。在零电压下，显示器的每一个像素长期稳定在不同的状态；加适当的脉冲可促成不同稳态之间的转换。因此，这种显示器可以实现多层次高密度多路驱动，且不用耗电也可以长期保持显示内容。

(2) 不用背光源。在环境光照下已可十分清晰显示，有很高的对比度。因此，稳态液晶显示器可大大节省背光源的用电和制作成本。

(3) 不用偏振片。结构简单，视角宽阔，成本较低。

## 2.5 液晶显示器的种类

从1888年发现液晶到1963年第一个液晶显示器的出现，研究人员利用各种电光效应制作出了不同种类的液晶显示器，掀开了平板显示的序幕。到1971年，由瑞士H.Roche公司的Schadt等人制作出第一个的扭曲向列型液晶显示器(TN-LCD)，这是液晶显示器真正实用化的开始，其已经获得广泛应用。本节重点介绍当今时代主流的几种利用电光效应的液晶显示器的显示原理。

液晶显示器除按照电光效应不同分类外，按照是否含有有源器件还可分为无源矩阵液晶显示器和有源矩阵液晶显示器。单纯在两块玻璃之间注入液晶材料的结构称为无源矩阵LCD；在内部引入薄膜晶体管或二极管等有源器件作开关器件，再注入液晶材料的结构，称为有源矩阵LCD。二者的驱动方式不同，用途也不同。按材料和显示原理分，无源矩阵和有源矩阵的液晶显示器又分别包括很多种，如图2.36所示。

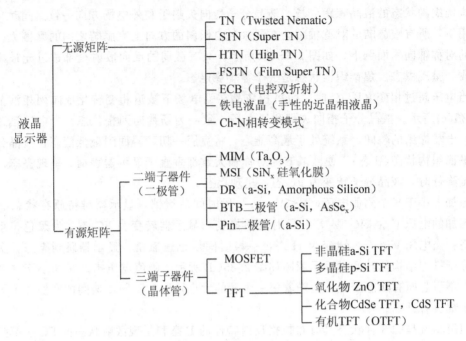

图 2.36 液晶显示器的种类

MOSFET：Metal Oxide Semiconductor Field Effect Transistor，金属氧化物半导体场效应晶体管；

TFT：Thin Film Transistor，薄膜晶体管；

MIM：Metal Insulator Metal，金属-绝缘体-金属；

MSI：Metal Semi-Insulator Metal，金属-半绝缘体-金属；

D R：Diode Ring，二极管环；

BTB：Back To Back Diode，背靠背二极管；

ECB：Eletrically Coutrolled Birefringence，电控双折射

## 2.5.1 几种液晶显示器的简介

TN-LCD 是 Twist Nematic Liquid Crystal Display 的简称，即扭曲向列相液晶显示器。特点是液晶分子基本平行于基板排列，但上下液晶分子取向呈扭曲排列，整体扭曲角为 90°。TN-LCD 是人们发现较早，也是应用范围最广、数量最多、价格最便宜的液晶显示器。日常所见到的电子表、计算器、游戏机等的显示屏大都是 TN-LCD。

STN-LCD 是 Super Twist Nematic Liquid Crystal Display 的简称，即超扭曲向列相液晶显示器。为了实现大信息容量的多路驱动液晶显示，人们提出了液晶分子的指向矢扭曲 180°～270°的超扭曲向列(STN)和超扭曲双折射效应(SBE)液晶显示模式。STN-LCD 是目前 LCD 生产的中档产品，具有显示信息量大等特点，主要用于各种仪器仪表、汉显机、记事本、笔记本计算机等。

STN-LCD 和 SBE-LCD 具有较好的电光曲线的陡度特性和光电响应特性，尤其是扭曲角为 270°的 SBE-LCD 的扫描行数可以高达 300 行。然而 SBE-LCD 需要 20°以上的高预倾角才能稳定。预倾角太低，在驱动过程中容易出现条纹织构，从而大大降低器件的陡度特性和显示质量。

HTN-LCD 是 High Twist Nematic Liquid Crystal Display 的简称，即高扭曲向列相液晶显示器。与 TN-LCD、STN-LCD 的结构相似，扭曲角在 100°～120°之间。HTN-LCD 目前数量不多，其性能也介于 TN-LCD 和 STN-LCD 之间。

FSTN-LCD 是 Film Super Twist Nematic Liquid Crystal Display 的简称，即补偿膜超扭曲向列相液晶显示器。Film 是指补偿膜或延迟膜。通过一层特殊处理的补偿膜能克服 STN-LCD 有背景色，可实现黑白显示，又称为黑白模式的 STN-LCD。

TFT-LCD 是 Thin Film Transistor Liquid Crystal Display 的简称，即薄膜晶体管有源矩阵液晶显示器，每个像素都是由一个(或多个)薄膜晶体管开关来控制的。实际上每个像素就是一个小的 TN 型液晶显示器。显示的图像清晰、无闪烁、视角宽，响应速度较快，并且能显示几乎任意灰度，加上彩膜后可以实现全彩色显示，用玻璃等透明基板能透射式显示，信号传递性能好，显示的色调均匀，可以大容量显示。TFT-LCD 是目前 LCD 市场中最高档次的产品，主要用于智能手机、笔记本计算机、液晶电视等。

### 2.5.2 液晶的不同取向排列

不管哪一种液晶显示器都是在电场的作用下改变了液晶的光学性质。除液晶材料种类的不同外，还采用了不同的表面取向技术，使得液晶分子有特定的排列状态及不同的初始光学性质。施加电场后，改变了液晶分子的排列状态实现不同的显示。常见的液晶分子排列模式如图 2.37 所示。

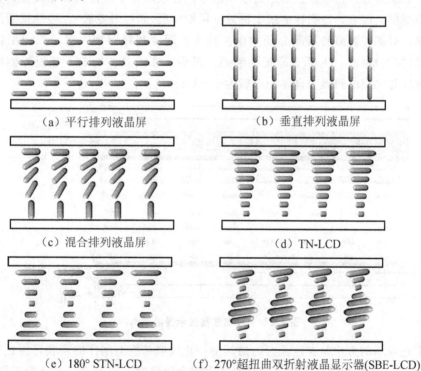

(a) 平行排列液晶屏　　　　(b) 垂直排列液晶屏
(c) 混合排列液晶屏　　　　(d) TN-LCD
(e) 180° STN-LCD　　　　(f) 270°超扭曲双折射液晶显示器(SBE-LCD)

图 2.37　常见的液晶分子排列模式

上下基板表面的液晶分子长轴方向一致，且平行于基板排列，为平行排列液晶屏；上下基板表面的液晶分子长轴方向一致，且垂直于基板排列，为垂直排列液晶屏；上基板表面的液晶分子平行于基板排列，下基板表面的液晶分子垂直于下基板，中间的液晶分子由于弹性和黏度相应地旋转，为混合排列液晶屏；上下基板表面的液晶分子分别平行于基板排列，但长轴方向垂直，这样液晶分子从上到下基板扭曲了 90°，为扭曲排列的液晶屏，即 TN-LCD；上下基板表面的液晶分子分别平行于基板排列，长轴方向扭曲 180°后平行，中间液晶分子从上到下基板共扭曲了 180°，为超扭曲排列的液晶屏，即 STN-LCD；上下基板表面的液晶分子长轴方向与基板成一定角度，且从上到下基板共扭曲了 270°，为倾斜排列液晶屏，即超扭曲双折射液晶显示器（SBE-LCD）。

## 2.6 TN型液晶显示器的显示原理

### 2.6.1 TN型液晶显示器的基本结构

TN型液晶显示器是由偏振片、玻璃基板、彩膜、透明电极（ITO）、取向层和液晶组成的，如图 2.38 所示。TN型液晶显示器结构为：首先，在上下两块玻璃基板的表面上制作一层透明导电薄膜。透明导电薄膜有好的导电性、高的透明性。目前最常用的透明导电薄膜是氧化铟锡薄膜，即 ITO 薄膜。透明导电薄膜经光刻刻蚀制成特定形状的显示电极，构成图形的显示部分。在电极上加适当电压信号，使液晶分子的排列状态改变，就可以显示出相应的图像。接着，透明导电膜上覆盖一层取向层（如聚酰亚胺），经摩擦后形成许多细小的沟槽，对基板表面的液晶分子取向。其次，两块基板对到一起，四周用密封材料（一般为环氧树脂）密封，内部充满正性液晶。最后，在液晶屏的上下基板外侧贴上偏振片。上下玻璃片之间的间隔为盒厚，一般为 3~8μm。

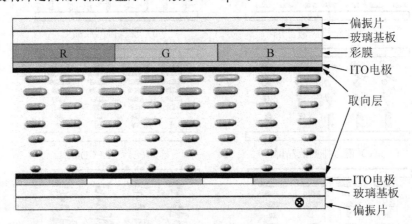

图 2.38 TN型液晶显示器的结构

实现彩色显示的方法是在液晶盒内的其中一片玻璃基板上制作的彩膜，再在彩膜上面制作 ITO 电极。彩膜为混有染料或颜料的透明聚合物薄膜，用光刻、电泳或印刷的方法，按红、绿、蓝三种颜色排列。此外，TN型液晶显示器的向列相液晶中，要加入少量的手性材料，如左旋材料或右旋材料，使整个液晶盒内的液晶分子的旋向一致。

## 2.6.2 偏振光的产生

普通光源发出的光是有许多振动方向光波的总和，振动方向是无规则性的。光在传播过程中，由于光波与物质的相互作用，造成各个振动方向上的强度不等。当物质吸收一些方向的振动后，投射出某一方向的光叫线偏振光。若某一方向的振动比其他方向的振动更占优势，称为部分偏振光。偏振光在液晶显示器中占有重要的地位，多数液晶显示器都是通过电场来控制液晶分子的取向，从而控制偏振光的传播来达到显示的目的。

在液晶显示中用人造的偏振片来获得偏振光。光源的光投射到偏振片上，每一振动方向上的光矢量分解成平行于偏振片光轴的分量和垂直于光轴的分量。垂直于光轴的分量被偏振片吸收，平行于光轴的分量投射出去。透过偏振片的光只在一个垂直传播路径的方向上振动，这一个特定的方向称为透射轴，与这个方向垂直的分量被阻挡，这个方向称为吸收轴，如图 2.39 所示。因此，偏光片是只允许在某一个方向振动的光波通过，而其他方向振动的光将被全部或部分地被阻挡。

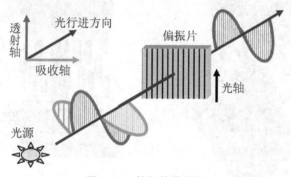

图 2.39　偏振片的作用

理想的偏振片可以吸收自然光 50% 的入射光，获得 50% 的偏振光。只有平行于偏振片透射轴的光才能透过。两片偏振片放在一起，当上下偏振片光轴垂直时，如图 2.40(a)

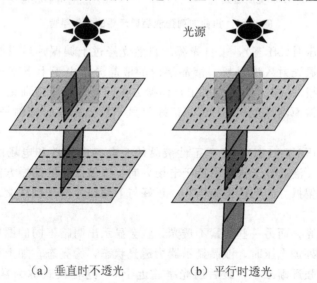

（a）垂直时不透光　　（b）平行时透光

图 2.40　偏振片的工作原理

所示,透过上偏振片的光与偏振片的透射轴方向一致,到下偏振片时,与下偏振片的光轴垂直,偏振光受到阻挡,这时不透光;当上下偏振片光轴平行时,如图2.40(b)所示,透过上偏振片的光与下偏振片的光轴方向一致,这时透光。

### 2.6.3 TN型液晶显示器的工作原理

TN型液晶显示器要在玻璃基板的外面贴上两张偏振片,偏振片的光轴可以相互垂直,也可以相互平行。以两张偏振片的光轴垂直贴的液晶屏为例,说明TN-LCD的工作原理,如图2.41所示。

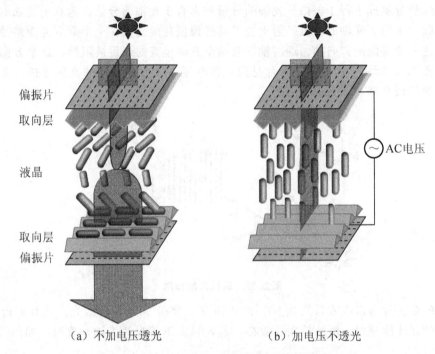

(a)不加电压透光　　　　　　　(b)加电压不透光

图2.41　扭曲向列型液晶显示器的工作原理

在不加驱动电压时(off态),来自光源的自然光经过上偏振片后只剩下平行于透光轴的线偏振光。线偏振光射入液晶层。液晶层内的液晶分子由于上下基板表面取向层的作用,从上到下刚好扭曲90°。光在传播中,偏振方向随液晶分子扭曲结构同步旋转。光到达下偏振片时,偏振面刚好旋转了90°,正好与另一片偏振片的光轴平行,光可以透过,呈现亮态。

在施加足够电压时(on态),由于正性液晶的介电各向异性和电场的相互作用,液晶分子扭曲结构解体,液晶分子长轴平行于电场方向,线偏振光的偏振方向在盒中传播时不再旋转,保持原来偏振方向到达下偏振片。正好与下偏振片的光轴正交,无光输出,呈现暗态。

当一些像素透光,而另一些像素不透光,就会显示出明暗不同的图像。两个偏振片透光的光轴垂直,无外加电压时,液晶显示器为透光状态,为亮态;加上外界电场后,随电场的增加透过的光强逐渐减小,最后透光率趋近于0。这种模式称为常白模式(Normally White mode),可以实现在白色背景上显示黑色图案。

当两个偏振片的光轴平行时，不加电压下无光输出，为暗态；加上外加电压后，随电压的增加透过的光强逐渐增加，最后达到饱和的透光率，呈明亮状态。这种模式称为常黑模式(Normally White mode)，可以实现在黑色背景上显示白色图案。

用电光特性曲线反应液晶显示器在电场下的响应特性。常白模式的电光特性如图2.42所示。在理想情况下，不加电压几乎100%地透过。电压由低到高变化时，透光率变化到90%时的电压为阈值电压($V_{TH}$)。电压继续增加，透过率降到10%时的电压为饱和电压($V_{Sat}$)。通过控制电压的数值可以获得不同的灰度级。常黑模式的电光特性刚好相反。

常白模式LCD液晶屏厚度不均匀对画面质量的影响较小，且在加电压时容易得到与波长无关的黑色。但常黑模式LCD经常会由于某一波长漏光而产生色彩的变化有易带色的缺点，且屏内的缺陷很容易显现。

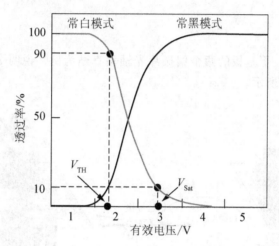

图2.42 常白与常黑模式的电光特性

## 2.6.4 TN型液晶显示器的优缺点

无源矩阵的TN型液晶显示器利用了液晶分子的扭曲效应，是一种电场效应。液晶的电阻率大，电流小、功耗低，寿命可达数年。虽然广泛使用，但只限于液晶显示器的低档产品。其缺点如下。

**1. TN型液晶的电光特性不陡**

液晶分子扭曲90°，电光特性曲线不够陡峭。在点阵模式下显示图像时，没有点亮的像素与点亮的像素之间所加的驱动电压差别不大，交叉串扰效应严重。扫描的行数越多，电压的差别越不明显，在多路驱动中只能工作于100条扫描线以下。

**2. 电光响应速度慢**

无源矩阵的TN型液晶显示器的响应速度为50ms左右，只适于显示静止或者很慢的画面，不适用于视频显示。

**3. 光透过和关闭都不彻底**

只能做到灰底黑字的效果，达不到白底黑字的效果，对比度不好。

## 2.7 超扭曲向列相液晶显示器

TN型液晶显示器由于电光特性不陡,多路寻址的行数受限制,只能用于低端的显示。而大信息容量的液晶显示器要求电光曲线特别陡峭,可以说越陡峭越好。也就是要求液晶分子在某一很窄的电压范围内存在液晶分子长轴方向(或者指向矢)的跳变特性。

在20世纪80年代初,研究人员发现只要将传统的TN液晶显示器件中液晶分子扭曲角加大,就可以改善电光特性的陡度。把这类扭曲角大于90°、一般在180°~360°的显示器称为超扭曲向列相液晶显示器。虽然STN型只是比TN型的扭曲角加大,但是显示原理却不同。

### 2.7.1 显示原理

以常白模式的上、下基板的两个偏振片光轴垂直贴为例,说明STN型液晶显示器的显示原理,如图2.43所示。

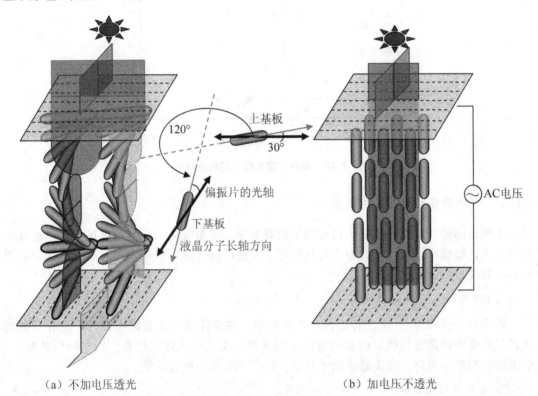

(a) 不加电压透光　　　　　　　　(b) 加电压不透光

图2.43　STN LCD的显示原理

在STN型液晶显示器中,基板表面的液晶分子与偏振片光轴方向不同。入射光侧液晶分子长轴方向与上偏振片的光轴旋转30°($\beta$),而出射光侧的液晶分子长轴方向与下偏振片的光轴旋转60°($\gamma$)。入射光进入上偏振片后,偏振光被分解成与分子长轴方向平行和垂直的偏振面的寻常光和非寻常光。在液晶中传播速度的不同,光通过下偏振片时相互发生干涉。不加电压时，在液晶分子旋光和光的双折射共同作用下透光，呈现黄色；加上一定的电压，液晶分子沿电场方向排列，从上偏振片透过的光，穿过液晶分子后到下偏振片，由于与下偏振片光轴垂直，不透光，呈现黑色。因此，STN型显示本身能显示颜色。

当上下两个偏振片垂直贴，且方位角 $\beta$ 为 30°左右、$\gamma$ 为 60°左右时，不加电压显示黄色，加电后显示黑色，黄色背景下显示黑色图案称为黄模式；当上下两个偏振片接近平行贴，且方位角 $\beta$ 为 -30°左右、$\gamma$ 为 30°左右时，不加电压显示为藏青色，加电压后呈现白色，蓝色背景下显示白色图案称为蓝模式。在 STN 型液晶显示中，干涉强度与延迟 $\Delta n \cdot d$、偏振片方位角（$\beta$ 和 $\gamma$）和扭曲角 $\phi$ 有关系。三者最佳组合时，液晶分子取向微小的变化将引起输出光较大的变化，使光电特性变得更加陡峭。

### 2.7.2 STN 与 TN 液晶显示器显示原理的差别

**1. 扭曲角不同**

TN 液晶屏中扭曲角为 90°；STN 液晶屏中扭曲角为 180°～360°，一般为 270°。

**2. 偏振片的光轴方向不同**

在常白模式 TN 型液晶屏中，上下偏振片的光轴分别与上下基板表面的液晶分子长轴平行，且上下偏振片光轴之间互相成 90°。STN 型液晶屏中，上下偏振片的光轴与上下基板表面的液晶分子长轴都不相互平行，而是成一个角度。

**3. 光学特性不同**

TN 型液晶屏是利用液晶分子的旋光特性工作的；STN 型液晶屏是利用液晶的双折射特性工作的。STN 型液晶屏是光源的光经过上偏振片后成为线偏振光，由于入射的线偏振光和液晶分子成一定角度，使入射光发生双折射现象，分解成寻常光和非寻常光。两束光通过液晶屏后，产生光程差，再通过下偏振片时发生干涉。

**4. 显示色彩不同**

TN 型液晶显示器工作在黑白模式下显示黑色和白色；STN 型液晶显示器一般工作于着色模式下，干涉色为黄、绿或蓝色，加上彩膜可以实现全彩色。

### 2.7.3 STN LCD 实现黑白显示的方法

为消除 STN 型 LCD 的干涉色，实现黑白显示采用的方法有：一种是加滤色膜，如灰模式 STN，但透过光损失大；另一种是加光学补偿，有 DSTN 和 FSTN 两种补偿。DSTN（Double-layer Super-Twisted Nematic），也是一种无源显示技术，过去主要应用在一些笔记本电脑上。使用两个 STN 屏，两个屏扭曲角相同、扭曲方向相反来光学补偿，解决传统的 STN 显示器中的漂移问题。同时采用双扫描技术，显示效果较 STN 显示器有大幅度的提高。但 DSTN 的上下两屏同时扫描，在使用中有可能在显示屏中央出现一条亮线，且双屏技术造价高，技术要求高，不方便，现在已很少应用。

FSTN 用光学相位差膜（补偿膜）进行光学补偿，称为 FSTN。与普通的 STN 的区别是使用的偏振片不同,具有良好的动态驱动性能及视角宽度,可以补偿STN的干涉颜色,实现真正的黑白显示,具有较好的对比度。现在一般使用的是FSTN和灰模式的STN。

### 2.7.4 STN-LCD 显示的电光特性

在多路寻址中,不能依靠改变液晶材料的参量来增加TN型显示的电光特性曲线陡度。在计算机模拟中发现,将液晶层的扭曲角从90°增加到180°~270°,可以大大提高曲线的陡度,甚至可以增加到无穷大。STN-LCD利用电场作用引起液晶分子取向变化,并结合光学双折射效应,具有陡峭的电光特性,如图2.44(a)所示。当电压比较低时,光线的透过率很高;当电压很高时,光线的透过率很低;而当电压在中间位置时,TN液晶显示屏的变化曲线比较平缓,而STN液晶显示屏的变化曲线则较为陡峭。

实现高对比度,直接多路驱动,要求电光特性曲线足够陡峭,同时还必须有一个陡峭的电致畸变曲线。在不同扭曲角下;中间层液晶分子倾角(Mid-layer Tilt Angle)与有效电压的关系为电致畸变曲线,如图2.44(b)所示。可以看出,90°扭曲角液晶显示器的中间层液晶分子的倾角与有效电压关系比较平坦,增加扭曲角可以使倾角与有效电压的关系变陡峭。当扭曲角为270°时,曲线具有无穷大的斜率,意味着扭曲角为270°的电光曲线可能会非常陡峭,可以有极多数的扫描线数的驱动能力。在更大的扭曲角下,电致畸变曲线呈现S形,如扭曲角为360°,曲线出现了双值,形成一个双稳定与迟滞性区域,影响显示效果,所以高路驱动通常选用扭曲角为270°左右。

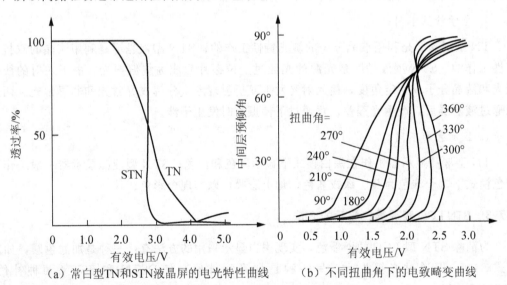

(a) 常白型TN和STN液晶屏的电光特性曲线　　(b) 不同扭曲角下的电致畸变曲线

图 2.44　特性曲线

### 2.7.5 STN-LCD 显示的优缺点

STN-LCD显示具有电光特性曲线陡峭和可以实现彩色显示等优点,最初广泛应用于手机等显示中,但灰阶低且响应时间长,促使人们在不断地开发新技术产品。

1. 电光曲线陡峭

STN-LCD 的电光曲线非常陡峭，适合多路驱动。

2. 彩色显示

在传统的单色 STN 液晶显示屏上加彩膜，并将单色显示矩阵的像素点分成 3 个像素单元（即 3 个子像素），分别通过红、绿、蓝三基色彩膜，按一定比例调和，可以显示出全彩的画面。实际上，市场上的 STN 液晶屏的色彩只有 4096 色彩为"伪彩"。另外，TN 液晶显示屏做得越大，对比度就会越差，而 STN 型由于采用了改良技术，可以弥补对比度的不足。

3. 灰阶低

在电光特性曲线上，当透过率由 90% 变化到 10% 时，TN 型液晶显示屏的陡度大，对应的电压差大。STN 液晶显示屏陡度小，但对应的电压差也小。利用这个电压差来控制灰阶的变化，TN 型要比 STN 型液晶显示屏的灰阶变化多。一般 TN 型液晶显示屏多为 6~8bits 的变化，即 64~256 阶的灰阶变化；而 STN 型液晶显示屏最多为 4bits，即只有 16 阶的灰阶变化。

4. 响应时间长

STN 液晶显示屏的响应时间较长，多在 100ms 以上，一般为 200ms。响应时间很难再提高，屏幕上容易出现明显的闪烁和水波纹现象。而 TN 液晶显示屏多在 50ms 以下。

总之，液晶材料及物理性质决定了各种液晶显示器的显示原理和性能不同，对比见表 2-2。

表 2-2　各种模式的液晶显示器的材料及性能对比

| 工作模式 | 原理 | 液晶类型 | 分子排列变化 | 偏振片 | 显示特性 | 显示状态 |
|---|---|---|---|---|---|---|
| DS 型 | 紊流散射 | Nn + 有机电介质 | 垂直电场排列→紊流态畴 | 无 | 单色显示 | 透明→白浊 |
| ECB 型 | 电控双折射的光干涉 | Nn、Np | 沿面→垂面、垂面→沿面、混合→垂面 | 2 片 | 电控多色显示 | 电控多种干涉色显示 |
| GH 型 | 电控二色性染料 | Np+D Ch+D | 沿面→垂面或垂面→沿面 | 1 片或无 | 彩色显示 | 颜色浓度的变化或散射 |
| FLC 型（SSFLC） | 光干涉 | SmC | 沿面平行→沿面平行 | 2 片 | 高速响应及存储 | 黑白对比 |
| PDLC 型（PSCT） | 光散射 | Ch + 聚合物网络 | 液晶畴平面→焦锥→垂直 | 无 | 高速响应及存储 | 散射态→透明 |
| PC 型 | 光散射 | Np+Ch Nn+Ch | 沿面（垂面）→焦锥、焦锥→垂面 | 无 | 有存储 | 透明→白浊 白浊→透明 |
| 热光型 | 光散射 | SmA、Ch、Nn 聚合物 | 垂面（沿面）→集锥（沿面）→焦锥 | 无 | 存储性能激光写入 | 透明→散射 |

续表

| 工作模式 | 原理 | 液晶类型 | 分子排列变化 | 偏振片 | 显示特性 | 显示状态 |
|---|---|---|---|---|---|---|
| TN 型 | 电控旋光 | Np | 沿面扭曲→垂直排列 | 2 片 | 无存储、可有源化 | 透过率变化→对比度变化 |
| STN 型（SBE 型） | 光干涉 | Np | 沿面扭曲 180°~270°→垂面 | 2 片 | 黄蓝或黑白模式，多路驱动好 | 黄蓝对比或黑白对比 |

注：Np 代表正性向列相液晶；Nn 代表负性向列相液晶；Ch 代表胆甾相液晶；D 代表二色性染料；SmC 代表近晶 C 相液晶；SmA 代表近晶 A 相液晶；DS 型代表动态散射型；ECB 代表电控双折射型；GH 代表宾主效应型；FLC 代表铁电效应型；SSFLC 代表表面稳定铁电效应型；PDLC 代表聚合物分散型；PSCT 代表聚合物促使稳定的胆甾相液晶织构；PC 代表相变型；TN 代表超扭曲向列相型；STN 代表超扭曲向列相型；SBE 代表超扭曲双折射型。

## 本 章 小 结

液晶显示技术发展迅猛，已经成为当今时代的主流显示。液晶材料在某个温度范围内具有晶体的各向异性和液体的流动性，具有特殊的物理性质和电光效应，利用这些性质人们制作出各种显示器，应用到生产和生活的各个角落。本章从液晶材料开始，讲述了液晶显示器的显示原理。

1. 液晶的种类

根据产生液晶态的物理条件，液晶可以分为热致液晶和溶致液晶两大类。根据刚性中心部分的形状，液晶可以分为细长棒状和扁平盘状两种。显示方面用到的液晶材料主要是细长棒状的热致液晶。根据液晶相，棒状液晶又分为向列相、近晶相、胆甾相。向列相液晶具有明显的电学、光学各向异性，加上黏度较小，成为液晶显示器中应用最为广泛的一类液晶。

2. 液晶的物理性质

液晶的物理性质直接影响显示器的各种性能参数。液晶介电各向异性是指液晶在不同方向上的介电常数不同，是决定液晶分子受电场影响程度的主要参数。液晶在不同方向上的折射率也不同，具有光学各向异性。液晶通常情况下电导率很低，且在平行分子长轴与垂直分子轴方向的电导率分量不同，具有电导各向异性。液晶分子弹性形变影响液晶显示的阈值电压和响应时间。

3. 液晶的电光效应

液晶的电光效应是指液晶在外电场下分子的排列状态发生变化，引起液晶屏的光学性质发生变化的一种电光调制效应。动态散射效应是一种电流型器件，是最早应用于显示技术的效应。电控双折射效应通过施加电场利用液晶分子的高度双折射性，控制液晶屏内分子倾斜程度的效应。宾主效应是将二色染料作为客体（宾体）溶于特定排列的向列相液晶材料（主体）中，利用染料分子不同的吸收实现彩色显示的效应。除此之外还有铁电效应、聚合物分散型、扭曲和超扭曲向列相效应等电光效应，其中扭曲向列相效应是应用最多最广的电光效应。

4. TN 模式的显示原理

TN 型液晶显示器分为常白模式和常黑模式两种。常白模式液晶显示器的上下两个偏振片透光的光轴垂直，内部液晶分子从上到下刚好扭曲 90°。不外加电压时，液晶显示器为透光状态，为亮态；加上外界电场后，随电场的增加透过的光强逐渐减小，最后透光率趋近于零，为暗态，可以实现在白色背景上显示黑色图案。常黑模式刚好相反。

5. STN 模式的显示原理

STN 型液晶显示器基板表面的液晶分子与偏振片光轴方向不同。入射光侧液晶分子长轴方向与上偏振片的光轴旋转 30°($\beta$)，而出射光侧的液晶分子长轴方向与下偏振片的光轴旋转 60°($\gamma$)。在液晶中由于传播速度的不同，光通过下偏振片时相互发生干涉。不加电压时，在液晶分子旋光和光的双折射共同作用下透光，呈现黄色；加上一定的电压，液晶分子沿电场方向排列，从上偏振片透过的光，穿过液晶分子后到下偏振片，由于与下偏振片光轴垂直，不透光，呈现黑色。因此，STN 型显示本身能显示颜色。

## 本章习题

一、填空题

1. 由棒状分子形成的液晶，其液晶相共有三大类：＿＿＿＿＿、＿＿＿＿＿和＿＿＿＿＿。

2. 常黑型 LCD，无外加电压时，照射光被遮断，此时是"黑"，而有外加电压时，照射光能通过，此时是"白"，那么，它的上下偏振片轴方向是＿＿＿＿＿。

3. TN-LCD 是 Twist Nematic Liquid Crystal Display 的简称，即＿＿＿＿＿液晶显示器。

4. 从组成和产生液晶态的物理条件看，液晶可以分为＿＿＿＿＿和＿＿＿＿＿两大类。

5. STN LCD 的当偏振片粘贴在注入液晶的液晶盒的上下玻璃基板上，并上下偏振片光轴垂直时，$\beta$ 为 30°左右、$\gamma$ 为 60°，不加电压时，显示＿＿＿＿＿色，加电压后为＿＿＿＿＿色，这种是＿＿＿＿＿模式。

6. 目前用于显示的液晶材料基本上都是＿＿＿＿＿。

7. 扭曲角在 180°～270°之间，主要用于各种仪器仪表、汉显机、记事本、笔记本计算机等的液晶显示器件是＿＿＿＿＿。

8. ＿＿＿＿＿年奥地利植物学家莱尼茨尔(F. Reintzer)发现液晶。

9. 液晶是具有液体的流动性和＿＿＿＿＿的双折射性的合二为一的物质。

10. 液晶的电光效应有＿＿＿＿＿、＿＿＿＿＿、＿＿＿＿＿，还有铁电效应、聚合物分散型、扭曲和超扭曲向列相效应等电光效应，其中＿＿＿＿＿是应用最多最广的电光效应。

二、判断题

1. 在液晶盒内液晶分子，不管是否加电压，都是沿着 PI 摩擦的沟槽排列的。（　）
2. 液晶材料在液晶温度范围以下的低温变成液体；反之，在高温，变成固体。
（　）
3. 在 TN LCD 的模块中要将驱动电路的电场信号施加到 ITO 电极上，才能实现显示。（　）
4. 液晶通常是液态是由于温度上升到清亮点而成为透明的固态。（　）
5. 液晶是介晶相的一种。（　）
6. 向列相液晶是应用最为广泛的一类液晶材料。（　）
7. 最早发现的液晶材料是向列相液晶。（　）
8. TN 型液晶显示器不需要偏振片也可以正常显示。（　）
9. 当前主流的 TFT 液晶显示器也是一种扭曲向列相效应的液晶显示器。（　）
10. 铁电液晶是近晶相液晶材料的一种。（　）

三、名词解释

液晶、热致液晶、残像、闪烁、液晶介电各向异性、p 型液晶、n 型液晶、液晶的电光效应、宾主效应、无源矩阵液晶显示器、有源矩阵液晶显示器、常白型液晶显示器、常黑型液晶显示器

四、简答题

1. 简述液晶的种类。
2. 简述 TN 型液晶显示器的显示原理。
3. 简述液晶相的分类。
4. 简述向列相液晶的特点。
5. 简述液晶显示器残像产生的原因。
6. 简述液晶显示器闪烁形成的原因。
7. 简述液晶材料的物理性质对显示性能的影响。
8. 描述第一个液晶显示器采用的显示原理（动态散射效应）。
9. 简述偏振片的作用。
10. 简述液晶显示器的分类及英文缩写。
11. 简述 STN 型液晶显示器的显示原理。
12. 简述铁电液晶的工作原理。

五、思考题

1. 画出 TN-LCD 的结构图，简述 TN 型液晶显示器的组成并在图中标出各部分的名称。
2. 画出常白型 TN 液晶显示器的显示原理图，并简述显示原理。
3. 不同种类的液晶材料是不是都能应用到显示中？在各种类型的显示中，液晶材料是不是可以互换？请举一个例子分析为什么。

# 第3章
# 液晶显示器的广视角技术

　　液晶显示器本身不能发光,利用背光源的光,通过偏振片、取向层、液晶层后,控制输出的光线的方向性。并利用电场改变液晶分子的排列方式,从而改变光的透光率实现不同画面的显示。由于液晶分子扭曲的角度不同以及材料的各向异性,从不同的角度观看会有不同的色彩和亮度,存在视角的问题。这一直是液晶显示器中及其重要的问题,需要大力开发广视角技术。通过本章的学习,可以清楚地知道视角的定义,视角产生的原因,当前有哪些广视角技术,各种广视角技术有什么特点。

**教学目标**

- 了解视角的定义及视角的表示方法;
- 了解视角产生的原因及TN型液晶显示器的视角状况;
- 掌握广视角技术种类;
- 了解广视角技术的工艺方案;
- 掌握广视角技术的显示原理。

**教学要求**

| 知识要点 | 能力要求 | 相关知识 |
| --- | --- | --- |
| 视角的定义 | (1) 掌握视角的定义及表示方法<br>(2) 了解视角产生的原因 | 光在晶体中传播的性质 |
| 广视角技术种类 | (1) 了解广视角技术的种类及定义<br>(2) 了解各种广视角技术的代表厂商 | 液晶显示器的性能参数 |
| 广视角技术的器件结构 | (1) 了解各种广视角技术的特点和作用<br>(2) 掌握广视角技术的器件结构<br>(3) 了解各种广视角技术的工艺方案 | 薄膜晶体管的阵列工艺 |
| 广视角技术的显示原理 | (1) 了解各种广视角技术的差别<br>(2) 掌握广视角技术的显示原理 | TN型液晶显示器显示原理 |

**推荐阅读资料**

　　[1] 技术在线 http://china.nikkeibp.com.cn/.
　　[2] 中华液晶网 http://www.fpdisplay.com/.
　　[3] 维基百科 http://en.wikipedia.org/.

**基本概念**

可视角度：是指液晶显示器可以清楚看到不失真影像的视线与屏幕法线的角度，数值越大越好，简称为视角。

 **引例：** *视角的问题*

以一种液晶电视为例，说明视角的问题。该液晶显示器采用的是 TN 型液晶显示器，与大部分 TN 型液晶显示器的可视角度类似。在大角度观看时会出现明显的色彩衰减现象，特别是从下往上观看或者从上往下观看，颜色的衰减尤为明显，如图 3.1(a)所示。并且上下边框处存在较为微弱的漏光现象，如图 3.1(b)所示。

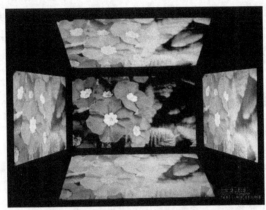

(a) 色彩衰减现象

(b) 漏光现象

图 3.1 视角的问题(ZOL.com.cn)

  *广视角技术的应用*

据 DisplaySearch 统计，2008 年液晶电视面板采用 VA 广视角技术的比重达 70%，采用 IPS 广视角技

# 第3章 液晶显示器的广视角技术

术的比重为24%，而采用TN加补偿膜技术的则为6%。到2012年，采用IPS(含FFS)广视角技术的液晶电视面板比重增加到28%，采用VA技术的产品比重下降到65%。苹果公司的第四代iPhone及iPad也可能采用的是先进的FFS(AFFS)广视角技术。由此可见，广视角技术已开始广泛应用。

## 3.1 视角产生的原因

液晶显示器从不同的方向上观察，显示屏的对比度是不同的，这种视觉上的差异特性称为视角特性。把可以清楚看到不失真影像的视线与屏幕法线的角度定义为视角。衡量画面不失真的参数有：对比度、色差和灰阶逆转。其中对比度是最常用的衡量参数。

对比度(Contrast Ratio，CR)是指随着观看角度的增加，显示器上出现对比度锐减的现象，如黑色变成了白色，或者白色变成了黑色。正中心的对比度最大，从中心向边缘对比度下降，一般下降到10∶1，即$CR \geqslant 10$的角度为最大可视角度。就是说在对比度10以下，画面开始明显失真，视觉效果非常差。还有的厂商标注$CR \geqslant 5$为最大可视角度。

色差是指随着观看角度的增加，液晶显示器上出现颜色锐变的现象，当这种变化超过一个无法接受的值的时候为最大可视角度。

灰阶逆转是指随着观看角度的增加，液晶显示器上出现低灰阶比高灰阶还要亮的现象，产生逆转的临界点时的观看角度为最大可视角度。

### 3.1.1 视角的表示方法

观察者在平行于显示器的正前方看，屏幕正中心法线方向的视角最好，对比度高，能达到600∶1。然而，偏离了法线方向对比度开始下降，亮度也随着不同的观察角度变化而变化。第一台笔记本电脑的液晶显示器视角问题明显，从不同的角度观看具有不同的灰度级，甚至彩色效果也随视角变化。

视角可分为水平视角和垂直视角。水平视角是指以液晶显示屏的屏幕法线方向为中心，向左和向右移动可以清楚看到影像的角度范围，又称为左右视角。垂直视角是指以液晶显示屏的屏幕法线方向为中心，向上和向下移动可以清楚看到影像的角度范围，又称为上下视角，如图3.2所示。阴影部分为画面失真区域。一般液晶显示器的左右视角是对称的，上下视角不一定对称，常常是上下视角小于左右视角。

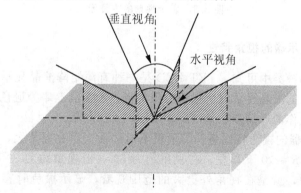

图3.2 水平视角和垂直视角

视角以"度"为单位,用左视角和右视角度数的总和表示水平视角,用上视角和下视角度数的总和表示垂直视角;也可以分别用左、右、上、下视角的度数表示。一般规定液晶显示器的最低视角为 120°/100°,低于这个值消费者是不能接受的。120°/100°是指水平视角为 120°,垂直视角为 100°。相当于左、右视角分别为 60°左右,上、下视角分别为 50°左右,在这个区域内可以清晰地看见屏幕图像画面不失真。当前,最好的视角能达到 176°/176°。视角越大,可视区域越大,液晶显示器越适用。

视角用方位角图来表示,如图 3.3 所示。方位角图外面标注的 0°、45°、90°等,表示观察者在液晶屏的左、右、上、下不同方向。方位角图内部的同心圆上标注的 10°、20°、30°、40°、50°、60°表示视角的大小。方位角图的颜色变化表示对比度的大小,如颜色深是对比度高处,颜色浅处是对比度低处,相同颜色面积区为对比度一样。

以对比度为 10∶1($CR=10$)为例,说明方位图表示的视角大小。$CR=10$ 是浅灰色部分,与从上下左右方位观察线相交点位于同心圆的位置坐标读出视角数值。在方位角图中可以看到上视角约为 30°,下视角约为 12°,左视角为 50°,右视角为 50°。

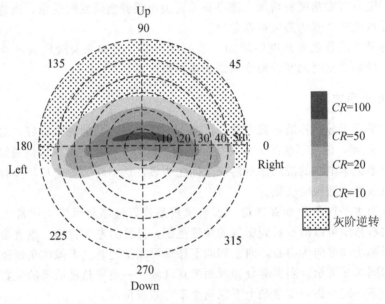

图 3.3 表示视角的方位图

### 3.1.2 TN 型液晶显示器的视角特性

从液晶显示器的种类中可知,TFT LCD 是一种有源矩阵液晶显示器,在液晶显示原理上也是一种 TN 型的液晶显示器。视角有限使得显示性能上略为逊色,但价格便宜、成本低廉,大多厂商制作的产品多数是 TN 型 TFT LCD 产品。

TN 型液晶显示器的视角特性是:①呈现不对称性,左右视角大,上下视角小;②视角较窄,在对比度 $CR=10$ 下,左、右视角约为 50°,上视角约为 20°,下视角约为 30°;③存在灰阶逆转现象,就是在视角外更大的范围观看,显示黑色时容易出现斜入射漏光现象。

### 3.1.3 视角产生的原因

TN 型液晶显示器有两种模式：一种是常黑模式，不加电压亮度最低，可以实现在黑色背景下显示白色图像；一种是常白模式，不加电压亮度最亮，可以实现在白色背景下显示黑色图像。常白模式的 TN 型液晶显示器工艺简单、容易实现纯黑色，比较常用。因此，以常白模式的 TN 型液晶显示器为例，来说明视角产生的原因。

#### 1. 被动发光

液晶显示器本身不能发光，在背光源光的照射下，通过电场对光进行调制实现显示，是一种被动发光显示器。外界环境的光，在液晶显示器经表面处理后，对液晶显示器的对比度和色彩影响不大。但背光源紧密贴在液晶显示器的背面，发射的光直接照射到贴有偏振片的液晶屏上。斜入射光，液晶屏不能很好遮断。在液晶屏内部产生了很多杂乱的光线，对正常显示的光线产生干扰。从某一个角度观看液晶显示屏时，这些杂乱的光线会由于液晶分子的折射或其他原因进入人的眼睛，造成画面失真。

#### 2. 液晶的光学性质

液晶显示器中使用最多的液晶材料是一种长条棒状的向列相液晶，具有和晶体类似的双折射现象。光线进入液晶屏内，将分成非寻常光(e)和寻常光(o)。双折射率 $\Delta n$ 是两束光折射率的差，$\Delta n = n_e - n_o$，正性液晶的 $\Delta n > 0$。入射光沿液晶分子长轴方向传播时不发生双折射，只有寻常光传播，没有光程差。当入射光与液晶分子长轴方向有一定角度时会发生双折射，入射光倾向于偏向液晶分子长轴的方向，光程差为 $\Delta n \cdot d$。

#### 3. 不同方向看到的灰阶不同

TN 型液晶显示器的取向层为平行取向，上下基板摩擦方向垂直，液晶分子从上到下扭曲 90°。不加电压时，入射的偏振光与液晶分子长轴方向有一定夹角，倾向于偏向液晶分子长轴的方向，光通过液晶层刚好扭曲了 90°，出射的线偏振光平行于下偏振片的光轴，透光，为白态。加电压时，液晶分子沿电场方向排列，入射光沿光轴方向传播，不发生双折射，通过液晶层，刚好与下偏振片光轴垂直，不透光，为黑态。

当显示不同灰阶施加不同的电压时，液晶分子的长轴方向与玻璃基板有不同的角度。以如图 3.4 所示电压下液晶分子排列为例，说明不同方向看到的灰阶不同。观察者在不同的方向观看时，有的看到液晶分子的长轴，有的看到液晶分子的短轴。不同角度观察时，出射光的光程差 $\Delta n \cdot d$ 存在很大差异。光程差不同，光的偏振状态不同，表现出光学各向异性，检偏后透过率不同看到的亮度不一样。由此，导致 TN 型液晶显示器的视角特性较差，只能在较小的视角范围内实现正常的显示功能，如图 3.4 所示。

观察者在 Ⅱ 的位置，显示屏的正中间，看到正常的中灰阶画面；观察者在 Ⅰ 的位置，看到液晶分子的短轴方向。相当于常白模式在正中间观看下，加大电场液晶分子垂直基板排列的状态，看到的是黑态，为低灰阶；观察者在 Ⅲ 的位置，看到液晶分子的长轴方向。相当于常白模式在正中间观看下，不加电场液晶分子扭曲后平行基板排列的状态，看到的是白态，为高灰阶；同样，在中间的其他角度观看时，会观察到相应的不同的灰阶。

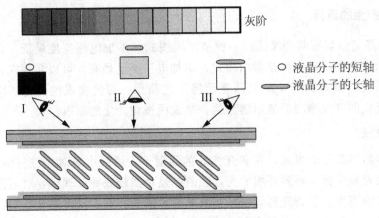

图 3.4　不同角度观看的灰阶不同

**4. 漏光产生的原因**

漏光是黑色显示时有不同程度的光透过的现象。常黑模式 TN 型液晶显示器不加电压下为黑态。入射的线偏振光在扭曲的液晶分子作用下产生双折射,导致通过液晶层的偏振光的光程差 $\Delta n \cdot d$ 不同,引起不同程度的漏光,无法得到全黑色。要形成均匀的全黑色背景,减少漏光,液晶屏的盒厚必须做得较厚。盒厚变厚又会造成响应时间变长。由此,在实际应用中 TN 型液晶显示器很少采用常黑模式。

常白模式的 TN 型液晶显示器也会产生漏光现象。常白模式的 TN 型液晶显示器加电压后液晶分子平行于电场、垂直于基板排列,显示黑态。垂直方向入射的光经过平行电场排列的液晶分子,入射光沿液晶分子长轴方向传播,不发生双折射现象,不存在光学延迟 $\Delta n \cdot d$ 的差别,没有漏光,可以得到比较纯正的黑色。当入射的偏振光偏离了垂直方向入射,与液晶分子长轴方向成 $\theta$ 角时,会有不同程度的漏光。在液晶屏内入射光发生双折射现象,形成非寻常光和寻常光,光程差为 $\Delta n \cdot d$,$\Delta n$ 是液晶分子的双折射率,$d$ 是液晶屏的盒厚。两束光的相延迟为:

$$\delta = \frac{2\pi \Delta n d}{\lambda} \tag{3.1}$$

式中,$\lambda$ 为入射光波长。透光率为:

$$T = T_0 \sin^2(2\theta) \sin^2(\pi \Delta n d / \lambda) = T_0 \sin^2(2\theta) \sin^2(\delta/2) \tag{3.2}$$

式中,$T_0$ 为光全部透过时的透光率;$\theta$ 代表液晶分子长轴与入射光的夹角。当 $\theta = 0$ 时,透光率 $T = 0$,呈现黑态。当夹角 $\theta \neq 0$ 时,双折射产生的相位延迟使得入射的线偏振光变成椭圆偏振光,不能完全被第二个偏振片所阻止,会有一定的光透过,$T > 0$,产生漏光,如图 3.5 所示。

**小提示:垂直入射和偏离垂直方向入射会同时存在**

液晶显示器背光源属于面光源,在正上方观看时是垂直入射;但是在斜上方观看时,是偏离了垂直方向入射,因此垂直入射和偏离垂直方向入射会同时存在于液晶显示器中。

第3章 液晶显示器的广视角技术

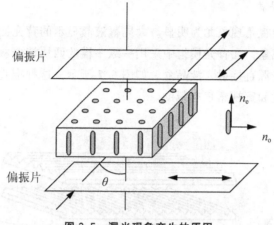

图 3.5 漏光现象产生的原因

**5. 灰阶逆转现象**

常白模式的 TN 型液晶显示器，加电压下液晶分子垂直基板排列为黑态，显示为低灰阶的画面。但是由于偏离了垂直方向入射的光，造成某个角度漏光的现象，透过率增加。有时候看上去亮度比旁边高灰阶的画面亮度还要高，出现灰阶逆转现象。

### 3.1.4 改善 TN 型液晶显示器视角的方法

**1. 上下基板取向层 45°摩擦**

在实际应用中，一般要求水平视角比较宽，垂直视角比较窄。根据式(3.2)可知，当 $\theta = \pi/4$ 时，可以获得最大的透光率。因此，上下基板取向层的摩擦方向为 45°，而不是顺着玻璃的边缘方向摩擦，同样上偏振片和下偏振片光轴方向也取 45°。在不加电压的情况下中间的液晶分子和观察者近似于平行，如图 3.6 所示，在(4)、(5)位置时可以获得比较大的水平视角。

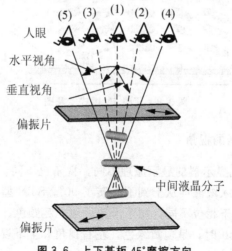

图 3.6 上下基板 45°摩擦方向

77

## 2. 改变背光源的结构

大屏幕显示应用中视角现象尤为明显。大屏幕液晶显示的背光源主要采用冷阴极荧光灯。为防止斜入射的现象,在背光模组中采用一纵一横的两块棱镜板来聚光,把面光源转成线光源再汇聚成点光源直接射入液晶盒,如图 3.7 所示。这种准直入射的背光源增加了正面亮度对提高对比度和宽视角很有帮助。

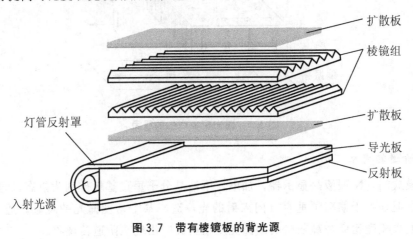

图 3.7 带有棱镜板的背光源

## 3. 多畴 TN 模式

多畴技术(Multi Domain)按区域数量可以分为两畴或四畴 TN 模式。两畴是把每个像素自然分成两个子像素,液晶分子在两个子像素中具有相反方向的倾角,如图 3.8 所示,透光率对观看角度的依赖性降低了,从而改善了视角特性。四畴是把每个像素自然分成 4 个子像素,液晶分子在 4 个子像素中具有不同方向的倾角。

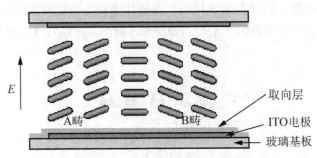

图 3.8 两畴 TN 模式示意图

### 3.1.5 STN 型液晶显示器的视角

TN 型和 STN 型液晶显示器的显示原理不同,视角也不同。TN 型对偏振光有旋光作用,入射光的偏振方向射入液晶屏从上到下旋转了 90°。STN 型显示基于双折射原理,射出的寻常光和非寻常光由于相位不同,相互干涉呈现一定颜色。扭曲角不同,液晶屏的颜色也不同。当扭曲角为 240°时,呈现黄绿色,左右视角和上下视角约为 40°和 40°。扭曲角增大,视角特性变得更好。

## 3.2 广视角技术简介

### 3.2.1 广视角技术的重要性

液晶显示器近年来飞速发展，在亮度、对比度、分辨率、最大颜色还原数等性能指标都得到了显著提高，但是要使得液晶显示器得到更广泛的应用，还需迫切解决液晶显示器的响应时间过长及可视角度过窄的问题。

液晶显示器主流产品的响应时间是 16～30ms。随着显示技术的更新，响应时间在逐渐减小，当前已经有低于 8ms 的液晶显示器，消费者基本可以接受。在广泛应用中视角问题变得特别重要。

在可旋转的液晶显示器中，垂直视角在旋转中变成了水平视角。那些垂直视角低的 TN 型液晶显示器，消费者在稍微转动后的水平方向看画面就会明显地失真。所以，只有基于广视角技术的液晶显示器才能真正应用到旋转应用中。

在大屏幕的液晶显示器中，中、远距离观看，或者多人同时观看时，视角问题就会变得尤为突出。只有基于广视角技术才能保证液晶显示器在不同角度看到的画面一样。

在固定距离的高端应用中，低视角的液晶显示器的应用也受到限制。任何消费者都不会希望在某一个固定距离观看屏幕时，出现屏幕中间和平面边缘不一样的对比度或者色彩的差异。屏幕越大，中心与边缘的视角差别越大，问题越明显。

由此可见，要使液晶显示器能够获得广泛的应用，解决视角问题迫在眉睫。

### 3.2.2 广视角技术简介

视角特性的改善一直是液晶显示器件研究开发人员追求的重要目标之一。到目前为止比较流行的改善液晶显示器视角的方法有：膜补偿（TN+Film）、MVA 技术、IPS 技术、FFS 技术等。当前市场主流的有源矩阵液晶显示器（TFT LCD）的显示原理中，除了一些中端的面板产品采用 TN 型 TFT LCD 外，多数广泛采用了各种广视角技术，见表 3-1。由于采用的广视角技术不同，各自所采用的液晶材料和显示器结构不同，优缺点也不尽相同。

表 3-1 广视角技术的种类及代表公司

| 公司 | | 广视角技术 |
| --- | --- | --- |
| 富士通、友达、奇美、夏普 | 多畴垂直排列技术 | MVA，Multi-domain Vertical Alignment |
| 三星、索尼 | 图案化垂直排列技术 | PVA，Patterned Vertical Alignment |
| 日立、LG、松下、飞利浦 | 共面转换技术 | IPS，In-Plane Switch |
| 现代、三星、京东方 | 边缘场开关模式 | FFS，Fringe Field Switching |
| 日本松下 | 光学补偿双折射技术 | OCB，Optical Compensated Birefringence |
| 夏普 | 先进的广视角技术 | ASV，Advanced Super-View |

**小提示：当前液晶显示器的视角**

15寸液晶显示器的水平视角在120°以上，左右对称。垂直视角要比水平视角小得多，在100°左右，上下不对称。高端的液晶显示器采用广视角技术后已经可以做到水平和垂直都在170°以上。采用FFS技术后，各项参数都达到了前所未有的高度，最大视角可达到180°。

## 3.3 膜补偿技术

### 3.3.1 膜补偿技术的简介

膜补偿技术(TN+Film)是在原有TN模式的基础上，在液晶屏外部粘贴一些各向异性的光学膜，以补偿由于液晶分子的状态不同而产生的光学性质差异来改善视角的。该技术是一种简单易行、廉价的方法，广泛应用于各种模式的液晶显示器中。大多数台湾厂商都使用补偿膜技术制作15寸液晶显示器。

根据液晶显示器模式及液晶材料光学特性的不同，采用的补偿膜有正性补偿膜和负性补偿膜两种。正性补偿膜用于补偿负性双折射率的TN型液晶显示器，常用高分子薄膜沿某一方向单轴拉伸的方法制备。正性补偿膜的高分子材料主要有聚乙烯醇(PVA)、聚碳酸酯(PC)、聚甲基丙烯酸酯(PMMS)、聚醚砜(PES)，以及其他聚酯材料等。

负性补偿膜用于补偿正性双折射率的TN型液晶显示器，特别是应用在常白模式的TN型液晶显示器。负性补偿膜常采用无极分子多层膜复合和用溶液浇注刚性高分子聚酰亚胺膜的方法制备。

### 3.3.2 补偿膜应具备的条件

**1. 双折射率要匹配**

补偿膜双折射率$\Delta n$的变化要与补偿的液晶显示器中液晶分子的$\Delta n$变化在整个波段范围内相匹配。也就是说，在可见光范围内，寻常光和非寻常光在液晶屏内与补偿膜内总的相位差应为零或接近于零。液晶屏的相位差为$\delta_1$，补偿膜的相位差为$\delta_2$，那么应该满足：

$$\delta = \delta_1 + \delta_2 = 0 \quad \text{或} \quad \delta = \delta_1 + \delta_2 \to 0 \tag{3.3}$$

根据式(3.1)，液晶屏和补偿膜的相位差分别为：

$$\delta_1 = \frac{2\pi \Delta n_1 d_1}{\lambda} \quad \delta_2 = \frac{2\pi \Delta n_2 d_2}{\lambda} \tag{3.4}$$

式中，$\lambda$为入射光波长；$\Delta n_1$和$\Delta n_2$分别为液晶屏和补偿膜的双折射率；$d_1$和$d_2$分别为液晶屏的盒厚和补偿膜的厚度。$\Delta n_1 d_1$和$\Delta n_2 d_2$分别代表液晶屏和补偿膜的光程差。要满足相位差为零或接近零，应该有：

$$\Delta n_1 d_1 + \Delta n_2 d_2 = 0 \tag{3.5}$$

因此，正性双折射率的液晶材料$\Delta n_1 > 0$，要采用负性双折射率的补偿膜$\Delta n_2 < 0$；而负性双折射率的液晶材料$\Delta n_1 < 0$，要采用正性双折射率的补偿膜$\Delta n_2 > 0$，实现双折射率的匹配。

## 2. 其他条件

(1) 补偿膜的透光率要高,为避免补偿膜对背光源的光吸收损耗,补偿膜在可见光范围内要具有较高的透光率。

(2) 补偿膜的光程差 $\Delta nd$ 应在 $1/8\lambda$ 与 $\lambda$ 之间。

(3) 补偿膜与基底的折射率相近以减少光在两者之间的反射与散射。

### 3.3.3 负性补偿膜原理

负性膜补偿利用负性补偿膜来补偿液晶显示器黑态的相位差,减少黑态时由于斜入射双折射现象产生的漏光。该补偿膜技术可以将可视角度增加到150°左右,但不能改善对比度和响应时间等性能。

负性膜补偿是基于 TN 型液晶显示器的改进技术,液晶分子的排列还是 TN 模式。在加电压下,正性液晶分子在电场下垂直基板表面排列为黑态,偏离垂直入射的光容易产生漏光,采用负性补偿膜来进行相位补偿,降低黑态下漏光实现更宽的可视角度,原理如图 3.9 所示。

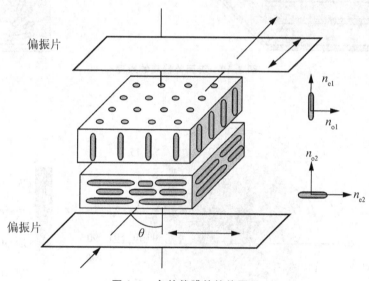

图 3.9 负补偿膜的补偿原理

当背光源的光线经过下方偏振片,再穿过透明的补偿薄膜后便有了负的相位延迟,$\Delta n_2 < 0$。进入液晶屏之后由于液晶分子 $\Delta n_1 > 0$ 的作用,到上偏振片后总相位差为零或接近为零,使光恢复到原来的偏振状态。负性补偿膜补偿了液晶屏内由于入射光斜射造成的双折射产生的椭圆偏振光,保持原来的线偏振状态,到上偏振片正好被第二块偏振片阻止不能透光,减少了黑态下漏光,提高视角。

### 3.3.4 双面补偿膜原理

要实现良好的可视角度,需要合理地设计液晶显示器的模式和精密的视角补偿膜。采用双向补偿膜技术可以获得更佳的补偿效果。

双面补偿膜技术在液晶屏的两侧贴上补偿膜，外面再贴上偏振片，如图3.10所示。当下偏振片透光的偏振光经过下补偿薄膜后，便有了负的相位延迟，进入液晶屏之后由于液晶分子的作用，到液晶屏中间时，负相位延迟被正相位延迟抵消为0。当光线继续向上进行，受到液晶屏上部分液晶分子的作用，经过液晶屏的时候，又有了负的相位延迟。当光线穿过上层补偿薄膜后，相位延迟刚好又被抵消为0。这样精确地采用双补偿膜，配合TN模式液晶可以取得很好地改善视角的效果，如图3.11所示。

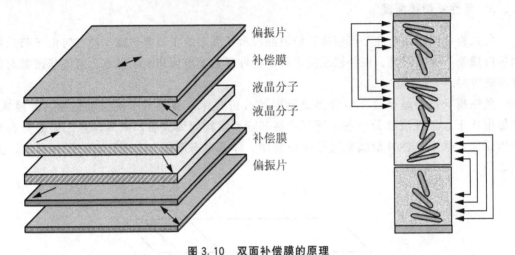

图3.10 双面补偿膜的原理

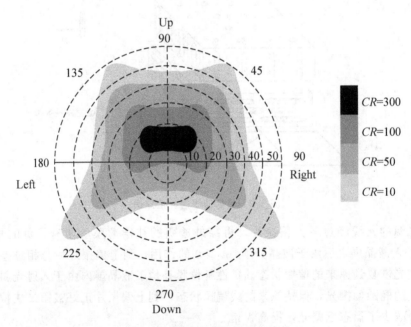

图3.11 膜补偿方式的视角改善

当前多数产品将视角补偿膜与偏光片粘贴在一起，如图3.12所示。在偏振片中，通过对TN型液晶显示器在暗态下的$\Delta n \cdot d$进行补偿，可以很好地改善显示器的视角特性。

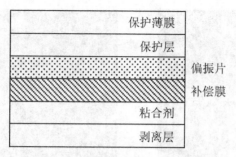

图 3.12 补偿膜与偏振片一体的结构

### 3.3.5 膜补偿技术的特点

**1. 成本低、技术简单**

膜补偿技术仍然基于传统的 TN 模式，只是在制屏工艺中增加一道贴膜工艺，生产工艺改变不大，可以沿用现有的生产线，不会造成成品率下降，生产成本低，产品价格低廉，技术门槛低，应用广泛。

**2. 亮点较多**

膜补偿技术的缺点是仍然存在原有的亮点问题，不会从补偿原理上减少缺陷。一般 TN 模式液晶显示器都属于常白模式，不加电压时，呈亮态；在加电压后，呈黑态。由于制作和工艺等各种因素，某些像素上的薄膜晶体管损坏时，电压就无法加到像素电极上，像素上的液晶分子不能够按照相应的信号电压进行旋转。在任何情况下，光线都会穿透液晶屏两端的偏振片，该像素永远处于亮态。膜补偿技术是在液晶屏的外面贴上补偿膜，对显示内部固有的缺陷没有改变。

**3. 视角提高幅度有限**

膜补偿技术有效地提高了视角，但由于补偿膜固定贴在液晶屏上，不能对任意灰阶、任意观察角度进行补偿，所以膜补偿技术提高视角的幅度有限。TN 模式的液晶显示器所固有的灰阶逆转现象依旧存在。因此，膜补偿技术只是一种过渡性质的广视角技术。

## 3.4 MVA 技术的显示原理

垂直取向(Vertical Alignment)技术，缩写为 VA 技术。VA 型 TFT LCD 在目前的显示器产品中应用较为广泛，最为明显的技术特点是在 8bit 面板上可实现 16.7M 色彩和大视角。目前 VA 技术有两种，一种为 MVA 技术，另一种为 PVA 技术。

 **引例：VA 技术的应用**

VA 技术最早是由富士通公司在 1996 年开发的。VA 面板的正面对比度高；响应时间比较快，一般灰阶为 6ms 左右；成本低。市场上消费级的 24 英寸广视角液晶显示器大部分都是 VA 面板，代表性的是友达/奇美光电的 MVA 技术和三星的 S-PVA，如图 3.13 所示。

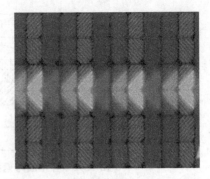

图 3.13 友达的 MVA(左)和三星的 S-PVA(右)技术(WXIU.com)

### 3.4.1 VA 技术的特点

**1. 用凸起物改善液晶分子长轴的变化幅度**

TN 型液晶显示器视角狭窄。液晶分子在电场下运动时长轴方向变化大,让观察者看到的液晶分子长轴在屏幕上的"投影"长短有明显差距。在某些角度看到的是液晶分子长轴,某些角度看到的是液晶分子短轴。垂直取向的 VA 技术改善了液晶分子长轴变化的幅度。不加电压时垂直于基板表面排列以及垂直于凸起物排列。加电压时更倾向于平行基板排列,液晶分子长轴变化的幅度不大,如图 3.14 所示。屋脊状凸起物(Protrusion)使液晶本身产生一个预倾角。凸起物顶角的角度越大,液晶分子长轴的倾斜度就越小。

**2. 可以实现光学补偿**

VA 型液晶显示器是一种双畴取向技术。上下偏振片光轴方向垂直,内部充入 n 型液晶,表面取向层垂直取向。不加电压时,液晶分子长轴垂直于基板表面,只有在凸起物附近的液晶分子略有倾斜,光线无法同时穿过上下两片偏光板,如图 3.14(a) 所示。在双畴模式中左右相邻的畴(A、B),分子状态正好对称。

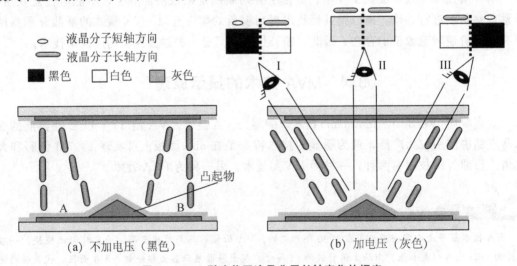

图 3.14 VA 型改善了液晶分子长轴变化的幅度

当加电压后，凸起物附近的液晶分子，迅速带动其他液晶旋转到垂直于凸起物表面状态。液晶分子长轴方向更倾向于平行基板排列，透射率上升从而实现调制光线。A 和 B 畴的左右相邻的液晶分子长轴方向分别指向不同的方向，分子状态对称，如图 3.14(b)所示。利用这种不同指向的液晶分子长轴方向来实现光学补偿。在方位Ⅱ处观看，不加电压和施加电压后，看到的都是倾斜的液晶分子，在屏幕的投影都是接近液晶分子长轴方向，显示中灰阶；在方位Ⅱ和Ⅲ处观看，不加电压，在屏幕的投影是短轴方向，不透光显示黑色；施加电压后，在屏幕投影是液晶分子长轴方向，透光显示白色。因此，方位Ⅰ和Ⅲ处能同时看到高灰阶和低灰阶，混色后正好是中灰阶。

### 3.4.2 MVA 技术的器件结构

多畴垂直排列（Multi-Domain Vertical Alignment）技术缩写为 MVA 技术。通常采用取向层掩膜摩擦、光控取向或利用凸起物衬底等方法，在每个像素上形成多个液晶分子取向方向不同的畴，进而改善液晶由于单畴造成的各向异性过强，显示视角特性差的缺点。本节以利用凸起物衬底的方法为例，来说明 MVA 技术的显示器结构及显示原理。

**小提示**：MVA 技术的发展与应用

MVA 技术最早是由富士通公司在 1998 年开发的，目前台湾奇美和台湾友达获得授权使用此技术。在此技术的基础上，友达开发了 Premium MVA、P-MVA、优质 MVA 技术和 Advanced MVA、A-MVA、先进的 MVA 技术。奇美开发了 Super MVA、超级 MVA 技术。

**1. 四畴模式的作用**

VA 型液晶显示器的凸起物为直条三角棱状，只分布在上下两块基板的其中一块基板上为双畴模式。MVA 型凸起物为 90°来回曲折的 V 字型三角棱状，同时分布在上下两块基板上，可以巧妙地把液晶分子分成 4 个畴，又称多畴模式的 MVA 型液晶显示器，如图 3.15 所示。

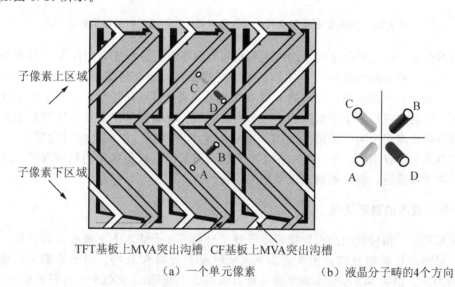

(a) 一个单元像素　　　　(b) 液晶分子畴的4个方向

图 3.15　MVA 型液晶显示器的一个单元像素和液晶分子畴的 4 个方向

在加电压后，四畴 A、B、C、D 的液晶分子分别朝 4 个方向旋转转动，可以同时补偿液晶显示器的上、下、左、右视角。4 个方向都可以获得不错的视角，还可以更改凸起物的形状，用更多不同方向的液晶畴来补偿视角，效果更好。

彩色显示液晶显示器的每个像素由 R、G、B 3 个子像素组成。而 MVA 型液晶显示器每个子像素根据 V 字形凸起物的方向又分成上下两个区域。每个区域凸起物两侧的液晶分子分别垂直于凸起物排列，如图 3.15(a)所示。因此，相当于每个子像素分成了 4 个液晶分子排列不同的畴，4 个畴的方向为上区域部分的 C、D 方向和下区域部分的 A、B 方向共 4 个方向，如图 3.15(b)所示。

2. 四畴模式的实现

带彩膜的 MVA 型液晶显示器一个像素的照片可以清楚地看到阵列(TFT)基板和彩膜(CF)基板上的 MVA 凸起物，如图 3.16(a)所示。在不同的方向都可以获得非常鲜明的色彩，如图 3.16(b)所示。

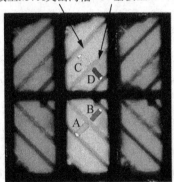

(a) 单元像素照片　　　　　　　　　(b) 不同方向的显示效果

图 3.16　MVA 型液晶显示器的单元像素照片和不同方向的显示效果

实现方法为：①在液晶显示器的阵列基板和彩膜基板上分别光刻制作 V 字形直条三角棱状的凸起物，并且两块基板的 V 字形凸起物交错排列；②两块基板分别涂布上 PI 取向层；③对盒及注入 n 型液晶，内部的 n 型液晶分子采取垂直取向排列，电场下将垂直电场方向排列，凸起物将每个子像素分成了多个可视区域，液晶分子在各自的区域按照各自的方向倾斜排列形成多个畴；④液晶屏的外面设有光学补偿膜。不加光学补偿膜下，MVA 模式对视角的改善仅限上、下、左、右 4 个方向，但其他方位角视角仍然不理想。加上双轴性光学补偿薄膜后，将会得到比较理想的视角。

### 3.4.3　MVA 技术的显示原理

V 字形直条三角棱状的凸起物把每个子像素分成了 4 个畴，上下基板交错排列。在子像素上区域形成 C 畴和 D 畴；子像素的下区域形成了 A 畴和 B 畴。以子像素下区域的 A 畴和 B 畴为例，说明 MVA 技术的显示原理，如图 3.17 所示，类似于 VA 技术的原理。

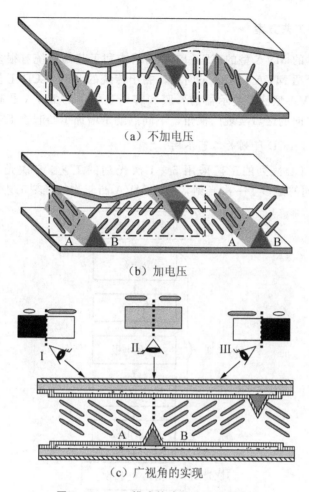

(a) 不加电压

(b) 加电压

(c) 广视角的实现

图 3.17　MVA 模式的液晶分子排列方式

不加电压下，液晶分子在液晶屏内并不是全部垂直基板排列。在垂直取向的作用下，一部分垂直于基板排列，一部分垂直于凸起物排列，在交界处液晶分子会偏向某一个角度；上下偏振片与光轴垂直，从一个偏振片通过的偏振光穿过液晶层，到另一个偏振片后与光轴垂直，不透光呈黑态，如图 3.17(a)所示。

当加电压后，n 型液晶分子在电场下要垂直电场排列，但由于垂直取向的作用，使得液晶分子在液晶屏内倾斜排列，并趋向于水平。光可以通过各层，由于双折射产生干涉，透光呈白态，如图 3.17(b)所示。

当加电后，图 3.17(b)虚线框内的 A 畴和 B 畴在视觉观察下的效果如图 3.17(c)所示。与 VA 技术相比，MVA 技术上下基板交错的三角棱状的凸起物共同作用下 A 畴和 B 畴的液晶分子排列更加整齐有序，利用这种不同指向的液晶分子长轴方向来实现光学补偿。

在方位Ⅱ处观察开态和关态，看到的都是接近液晶分子长轴的投影，显示中灰阶；在方位Ⅰ和Ⅲ处观察，关态在屏幕的投影是短轴方向，显示黑色，开态在屏幕投影是液晶分子长轴方向，显示白色。因此，方位Ⅱ和Ⅲ处能同时看到高灰阶和低灰阶，混色后正好是中灰阶。

### 3.4.4 MVA 技术的工艺方案

采用广视角技术的 MVA 型的 TFT-LCD 的结构和工艺与传统有很多类似，但也有明显的不同。本节将介绍 MVA 技术的不同点，关于传统的 TFT-LCD 工艺将在第 7 章和第 8 章详细地介绍。MVA 型液晶显示器的彩膜和阵列基板上的 MVA 凸起物把每个子像素均匀分成 4 个不同取向的区域实现广视角，不同点就是增加了凸起物工艺。

**1. MVA 型 TFT-LCD 阵列的工艺不同**

MVA 型 TFT-LCD 阵列的工艺采用 5+1 次光刻的工艺。5 次光刻同传统的 TFT-LCD 工艺相同，不同的是多了一次光刻，形成 MVA 凸起物的光刻工艺，如图 3.18 所示。

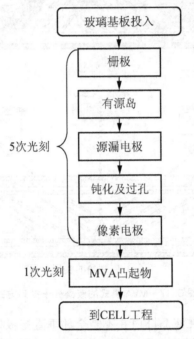

图 3.18 MVA 型 TFT-LCD 阵列的 5+1 次光刻

MVA 凸起物的光刻工艺包括：①清洗，为避免制作完的薄膜晶体管矩阵受到划伤，清洗的过程，不使用刷洗；②前烘；③MVA 光阻层涂布，采用刮涂（Slit）工艺涂布光阻层，膜厚为 20μm，该刮涂工艺涂布方法在第 8 章会详细地介绍；④后烘；⑤曝光；⑥显影；⑦风刀干燥；⑧坚膜，在高温环境中烘烤基板一定时间使 MVA 膜固化；⑨冷却。由此，形成了 MVA 凸起物的图形。

**2. MVA 型 TFT-LCD 彩膜结构的不同**

MVA 型 TFT-LCD 的彩膜主要由玻璃基板、黑矩阵（BM）膜、彩色（RGB）膜、保护（OC）膜、透明导电（ITO）膜、隔垫物（PS）、MVA 凸起物七部分组成。与传统的 TFT-LCD 彩膜相比，增加了隔垫物和 MVA 凸起物。图 3.19 为 MVA 型 TFT-LCD 的彩膜结构示意图。隔垫物主要是用来支撑彩膜基板和阵列基板，确保两块基板之间的间隙均匀，提高制屏工艺的成品率的，在第 4 章会详细介绍。

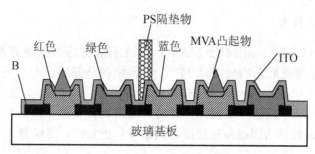

图 3.19 MVA 型 TFT-LCD 的彩膜结构示意图

### 3.4.5 MVA 技术的特点

在电场作用下液晶分子倾向于水平,背光源的光可以快速地通过,大幅度缩短显示时间;凸起物改变液晶分子取向,可以让视角更为宽广。在对比度大于 10 的情况下,MVA 技术的水平和垂直视角可分别达到 −80°和 80°,也就是说上下和左右的总视角分别可以达到 160°,从任何方向都可以看见清晰的画面。

**1. 常黑模式**

MVA 型的上下偏振片的光轴垂直,在不加电压时显示黑色,为常黑模式液晶显示器。当驱动显示的开关器件 TFT 损坏时,这个子像素永远是暗态,也就是"暗点",属于液晶显示器的坏点。但相对 TN 型常白模式上常见的"亮点"来说,"暗点"更不容易被发现,对画面影响更小,用户也较容易接受。

**2. 响应时间短**

MVA 型由于液晶分子在电场下运动幅度比 TN 型小。加电压后,液晶分子要旋转到预定的位置更快。在凸起物附近斜面的液晶分子,在受电时会迅速旋转,带动离电极更远的液晶分子旋转。因此,MVA 广视角技术有利于提高液晶显示器的响应时间。

**3. 生产效率高**

液晶分子在液晶屏内垂直取向排列,不需要平行于基板表面排列。在液晶屏制造上,不再需要摩擦处理,提高了生产效率。

**4. 对比度高**

加上光学补偿膜后的 MVA 型液晶显示器,正面对比度可以做得非常好,可以达到 3000∶1∼5000∶1。但是 MVA 型液晶显示器会随视角的增加而出现颜色变淡的现象,而且特殊电极排列使得电场强度并不均匀。电场强度低时,会造成灰阶显示不正确。尽管在某个特殊方向可以获得很大的视角,但观看屏幕时还可能会看到灰阶逆转的现象。因此,需要把驱动电压增加到 13.5V,以便精确控制液晶分子的转动。需要加光学补偿膜来获得比较理想的视角,成本高。液晶分子排列完全不同于传统的 TN 模式,不能采用传统液晶注入工艺,需要使用新型的 ODF 高速注入工艺(在第 4 章会详细介绍),降低液晶注入时间。因此,MVA 型液晶显示器的成本会有所提高。

### 3.4.6 改进的 MVA 技术

超广视角 MVA(Advanced MVA,AMVA)技术是友达光电最新的技术。在传统的 MVA 技术中,暗态漏光最大的来源是 MVA 技术中的凸起物。友达光电在 AMVA 技术中采用聚合物稳定取向技术(Polymer-Stablized Alignment,PSA),去掉了彩膜基板上的凸起物,大幅度地改善了暗态下的漏光,并结合先进的背光源、偏振片和彩膜,在透光率上大幅度跃进,可以轻易达到超高对比度,画面显示更立体、更锐利。

**引例:** **明基 VW2420H**

明基采用友达光电独家的 AMVA 技术与 LED 背光源结合,实现了水平和垂直视角为 178°/178° 的广视角,真实的 8bit 色阶,真实完整的 16.7 百万色,如图 3.20 所示,具有 NTSC 72% 的超广色域值,可以获得色阶平顺、清晰而锐利的影像。

图 3.20 明基的 AMVA 黑锐丽液晶屏(电脑配置网 www.023DN.com)

#### 1. AMVA 技术实现方案

AMVA 技术可以有效地改善以往 VA 模式实现大视角下存在的色差问题,在视角上表现更加。工艺实现方案如下。

(1) 在液晶屏的两块基板上形成聚酰亚胺取向层,并在液晶材料中加入少许聚合物单体(Monomer)。不加电压下液晶分子沿取向层的摩擦方向排列,如图 3.21(a)所示。

(2) 对液晶显示屏施加一定的电压,在电场的驱使下两块基板取向层表面附近的液晶分子有一定的预倾角,内部的液晶分子由于弹性常数的作用呈现一定的扭曲排列,如图 3.21(b)所示。

(3) 用紫外光照射,使聚酰亚胺取向层表面的液晶分子预倾角固定,且使聚合物单体稳定,如图 3.21(c)所示。

(4) 不加电压下,形成了液晶分子的有序排列,完成液晶分子的再配向,如图 3.21(d)所示。

#### 2. AMVA 技术与 MVA 技术的对比

MVA 技术采用阵列基板和彩膜基板分别增加 V 字型凸起物把每个子像素分成了 4 个区域,实现光学补偿获得广视角。AMVA 中,去掉了彩膜基板上的凸起物,在液晶分子

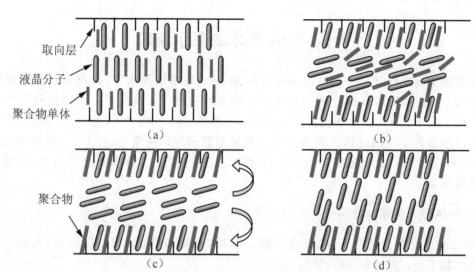

图 3.21 AMVA 技术的实现方案

中添加少量的聚合物，利用凸起物和聚合物的共同作用，把各个像素分成了 8 个区域，如图 3.22 所示。8 个区域分别是：①用凸出物形成类似 MVA 技术的 4 个区域的畴状；②利用聚合物的极性实现两方位角；③综合形成了 4×2 的 8 个区域的多畴取向，可以获得更好的视角特性。AMVA 技术的像素结构如图 3.23 所示。

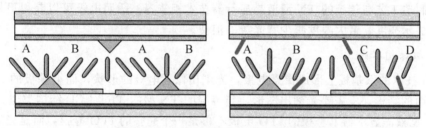

图 3.22 MVA 技术和 AMVA 技术对比

图 3.23 AMVA 技术的 8 畴像素结构（评测中心 IT 168.com）

## 3.5 PVA技术的显示原理

图案化垂直排列（Patterned Vertical Alignment）技术缩写为PVA技术，是三星公司在富士通MVA面板的基础上进一步改善，推出的一种广视角技术，大幅提升了显示效果，获得了优于MVA技术的亮度和对比度。同时在MVA和PVA技术的基础上，又发展了改进型S-PVA和P-MVA两种类型液晶显示器面板，视角可达170°，响应时间控制在20ms以内。对比度可超过700∶1的高水准，三星公司的大多数产品都为PVA型液晶显示器面板。

### 3.5.1 PVA技术的器件结构

PVA技术是垂直排列VA技术的一种，跟MVA极其相似，可以说是MVA的一种变形。但结构不同，显示原理也不同。

**1. 凸起物不同**

MVA技术的上、下基板上间隔分布着三角棱状的凸起物，经垂直取向后，液晶分子在凸起物表面附近及上下基板表面上垂直取向。增加的微小三角棱状的凸起物工艺复杂，成品率低。

PVA技术直接改变了液晶显示器单元像素结构，采用透明的ITO层代替MVA中的凸起物，制造工艺与传统的TN型液晶显示器技术相兼容。透明电极可以获得更好的开口率，提高显示亮度，最大限度减少背光源的浪费。

**2. 电极结构不同**

MVA技术的下基板上形成像素电极，光刻出像素电极的形状，而上基板的ITO电极是一个整面的结构，不需要光刻出图形，与传统的TN型的TFT-LCD结构类似。

PVA型液晶显示器上基板的ITO电极不再是一个完整的ITO薄膜，而是光刻出一道道平行的缝隙。上、下基板上的ITO电极的缝隙并不对应，而是依次交错排列。交错、平行的ITO电极之间恰好可以形成一个倾斜的电场，对入射光进行调制。

### 3.5.2 PVA技术的显示原理

PVA和MVA技术毕竟一脉相承，在实际性能表现上两者是相当的。PVA型液晶显示器也属于常黑模式，上下基板的偏振片光轴垂直。

不加电压下，液晶分子跟VA模式一样，液晶分子长轴方向垂直基板表面，且相互间平行排列。入射光经上偏振片，变成平行上偏振片光轴方向的偏振光，穿过液晶层时，偏振方向不变。到下偏振片时，正好垂直于下偏振片的光轴，不透光呈现暗态，如图3.24(a)所示。

加电压后，液晶分子在交错的ITO电极形成的电场作用下，使液晶分子平行于电场方向排列，相当于倾向于水平方向排列。PVA技术在电场下液晶分子的排列方式，与带有凸起物的MVA技术相同，光可以通过各层，由于双折射产生干涉，透光呈现亮态，如图3.24(b)所示。

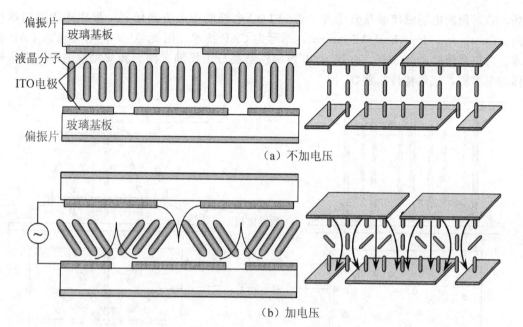

图 3.24 PVA 技术的显示原理

### 3.5.3 PVA 技术的优点

**1. 降低了出现"亮点"的可能性**

在性能上，PVA 技术与 MVA 技术基本相当。PVA 技术也属于常黑模式的液晶显示器，不加电场下，屏幕为黑色。同样在生产制作中，如果有一个 TFT 坏点，也同样不会产生"亮点"，大大降低了液晶显示器面板出现"亮点"的可能性。

**2. 各个方向均有相应的补偿**

PVA 技术在各个方向均有相应的液晶分子作补偿，在视角上表现出除了水平和垂直两个方向外，在其他倾斜角也有不错的显示效果，具有很好的视角特性。

因此，PVA 技术在对比度、水平视角、垂直视角、色彩还原、成本和响应时间上都处于 LCD 行业的前沿。

## 3.6 ASV 技术的显示原理

先进的超视角技术，Advanced Super View，缩写为 ASV 技术，又称为 Axially Symmetric Vertical(ASV)Alignment 技术，轴对称垂直排列技术，由夏普公司开发的。

### 3.6.1 ASV 技术的显示原理

不加电压的关态下，液晶分子垂直基板排列，是 VA 模式的一种。下基板的子像素大面积连续覆盖着像素电极，上基板在子像素电极中心有一个面积更小的共用电极。加电压的开态下，在子像素电极 ITO 和另一面基板上的共用电极 ITO 之间，形成一个对角的电场。该对角的电场驱使液晶分子向子像素 ITO 电极的中心方向倾斜，形成连续火焰状排列，Continuous Pinwheel Alignment，缩写为 CAP 技术。因此 ASV 技术又称为 CAP 技术。方位角连续旋转 360°，如图 3.25 所示。液晶分子长轴方向旋转成完整的圆，视角锥体均匀对称，视角特性非常好。

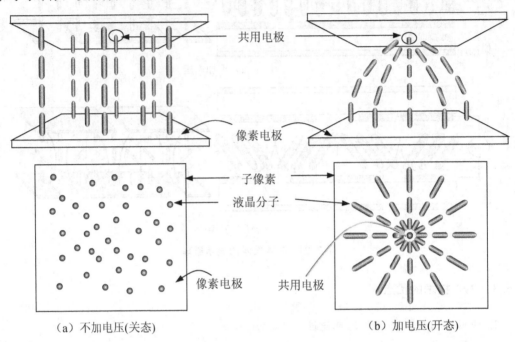

图 3.25 ASV 显示的原理图

### 3.6.2 树脂隔离墙

ASV 模式的另一个特点是在每一个子像素周围运用了聚合物树脂隔离墙，如图 3.26(a) 所示。关态下液晶分子垂直排列。施加电压后，在子像素上会出现一种纤维状结构，如图 3.26(b) 所示。

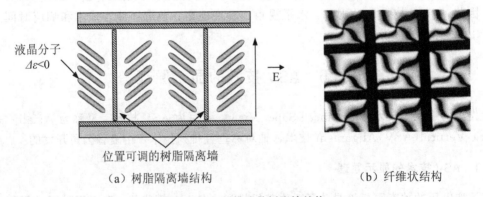

图 3.26 ASV 模式的树脂墙结构

夏普的 ASV 技术采用了 TN+Film、VA 和 CAP 广视角技术的结合。针对光线的反射与透射问题而设计的,在屏幕表面加入数层带有特殊化学涂层的光学物质薄膜对外来光线进行处理,构成了类似 TN+Film 的技术。一方面把光线折射成不同的比例,反射的光线得以改变方向并相互抵消;另一方面能最大限度地吸收外来光线,改变光线传播的波长和反射。液晶分子朝着中心电极呈放射的焰火状排列,像素电极上的电场是连续变化的。通过缩小像素间距,调制蜂窝一样的液晶分子排列,令色彩更为均匀,提高响应时间、视角及色彩对比度,是一项能给显示效果带来很大提升的技术。ASV 模式的产品与 MVA 和 PVA 基本相当,如图 3.27 所示。可以实现 170°的视角,对比度大于 10∶1,响应时间为 15ms。最近,夏普展示了百万级对比度 ASV 模式的优质液晶显示器,对比度为 100 万∶1,是液晶显示行业中最高的对比度。但 ASV 面板价格比较昂贵。目前,ASV 技术的手机也越来越多,最热销的当属魅族 M9 和夏普 SH72198U。

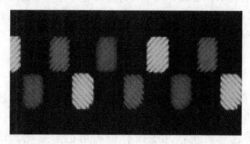

图 3.27 夏普的 ASV 面板(右)(WXIU.com)

**夏普的 ASV 技术与一般液晶技术对比**

夏普的 ASV 技术被认为是非常优秀的一种液晶显示器的面板技术,旗下的手机产品大多都采用优秀的 ASV 技术。比一般液晶显示器的色彩对比度、视角好,没有反射的影响,如图 3.28 所示。用 ASV 技术的夏普 9020c 与采用 AMOLED 面板的三星 S8003 的屏幕色彩饱和度非常接近,非常鲜艳,明显超过了普通手机屏幕的效果。

(a) 有暗红色差　　　　(b) 有反射影响　　　　(c) 视角窄

(d) 色彩对比度　　　　(e) 无反射影响　　　　(f) 视角宽

图 3.28 一般液晶电视(上)与夏普的 ASV 模式的液晶电视(下)的对比(天极网 www.yesky.com)

## 3.7 IPS技术的显示原理

共面转换(In-Plane Switch)技术缩写为IPS技术,也是目前主要的一种LCD的广视角技术。利用液晶分子平面转换的方式,即液晶分子平行于基板旋转而不是垂直基板旋转,并通过调控液晶盒厚度、摩擦强度,利用横向电场驱动改变让液晶分子排列方向来增加视角。IPS技术减少了液晶盒中光线的散射,可获得较宽的视角和良好的色彩再现性。

**引例: IPS技术的应用**

IPS技术最早由日本日立公司于1996年推出。松下、LG、三星等面板制造商也广泛采用IPS技术来制作液晶显示器。第一代IPS技术,已经实现了较好的可视角度,视角为160°左右,响应时间缩短到50ms以内。第二代IPS技术,引入了一些新的技术,来改善IPS模式在某些特定角度的灰阶逆转现象,视角提升到178°左右,响应时间缩短到5ms。

### 3.7.1 IPS技术的发展

1996年日立公司为了提高TN面板的视角和解决较差的色彩还原性,发明了共面转换技术。早期的IPS技术响应时间比较慢、对比度低。经过不断的优化和改进,IPS技术获得了较宽的视角和精确的色彩再现,几乎没有偏离角色彩变化。IPS技术广泛应用在专业绘图人员使用的高端显示设备上。最近价格已下跌,被视做市场的主流。原日立公司的IPS技术已经出售给了松下公司。

根据日立公司和LG公司IPS技术的发展,IPS技术有多种,见表3-2和3-3。日本日立公司是IPS技术的始祖,按照日立公司的发展可以把IPS技术分为四个发展历程,IPS(称为Super TFT,缩写为S-TFT)、S-IPS、AS-IPS、IPS-PRO。其中S-IPS,像素呈鱼鳞状分布,如图3.29所示。"《"状排列状态,开口方向左右都有。通过导入人字形电极和双畴模式,消除了某些特定角度上的灰阶逆转现象,水平/垂直视角由原来的160°提升到178°。大部分S-IPS面板响应时间在8ms左右。由软屏变成了硬屏,手指轻压,屏幕不会出现模糊及水波纹现象。IPS-α是在IPS-PRO技术的基础上发展起来的下一代技术。

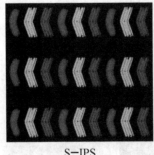
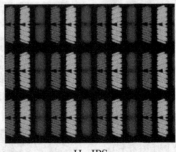

S-IPS　　　　　　　　　　H-IPS

图3.29 典型IPS技术的液晶面板像素排列(来源于维基百科网)

韩国LG公司在S-IPS技术基础上开发了H-IPS技术,液晶分子排列,如图3.29所示。解决S-IPS的对比度和大角度下发紫等问题,大幅度提高响应时间,减小了色彩漂移,提升色彩还原度。E-IPS是增强型的S-IPS,是H-IPS的经济版,又称为Economic IPS,经济型的 IPS 液晶显示器。H-IPS 和 E-IPS 面板响应时间可以达到 5ms。

三星电子推出超级 PLS 技术,Super PLS(Plane-to-Line Switching,面线转换)技术。最初的意图是取代传统的 IPS 技术称为超级 PLS 技术,是和 LG 的 IPS 相似的一种技术。超级 PLS 技术优点是①进一步提高了视角;②亮度增加 10%;③生产成本降低 15%;④更好的画面质量;⑤适合于柔性面板。

表 3-2 日立公司 IPS 技术的发展

| 名称 | 简称 | 年 | 优点 | 透光率/对比度 | 描述 |
|---|---|---|---|---|---|
| Super TFT | IPS | 1996 | 广视角 | 100/100 性能一般 | 特点:支持 8 bit 彩色图像。缺点:响应时间长,最初响应时间约为 50ms;IPS 面板也非常昂贵的 |
| Super-IPS | S-IPS | 1998 | 颜色自由变换 | 100/137 | S-IPS 取代了 IPS,具有 IPS 技术所有的优点,还能提高像素的刷新时间 |
| Advanced Super-IPS | AS-IPS | 2002 | 高透光率 | 130/250 | 在 S-IPS 面板基础上进一步提高了对比度,仅次于一些 S-PVAs 技术 |
| IPS-Provectus | IPS-PRO | 2004 | 高对比度 | 137/313 | IPS-α 技术的早期面板,具有更广的色域,对比度比得上 PVA 和 ASV 面板,没有偏离角发光 |
| IPS-alpha | IPS-α | 2008 | 高对比度 | | IPS-PRO 的下一代 |
| IPS-alpha next gen | IPS-α | 2010 | 高对比度 | | 从日立到松下的技术转让 |

表 3-3 LG 公司 IPS 技术的发展

| 名称 | 简称 | 年 | 描述 |
|---|---|---|---|
| Horizontal IPS | H-IPS | 2007 | 通过电极的平面排布提高对比度。引入 NEC 先进的真白光偏振片,使白色看起来更加自然,用于专业/图像液晶显示器上 |
| Enhanced IPS | E-IPS | 2009 | 透过性更强,功耗更低,可使用低廉的背光源。对角线方向的视角提高,响应时间进一步降低到 5ms |
| Professional IPS | P-IPS | 2010 | 可实现 10.7 亿色彩(30 bit 的色彩深度),每个子像素有 1024 级灰度,而不是 256 级灰度,可产生一个更好的真色彩深度 |
| Advanced IPS | AH-IPS | 2011 | 提高色彩精度,增加分辨率和 PPI,更大的透光率,功耗更低 |

### 3.7.2 IPS 技术的器件结构

**1. 电极都制作在一块基板上**

传统的 TN 型液晶显示器,控制液晶分子的两个电极像素电极和共有电极分别制作在上下两块基板上,在电场作用下液晶分子垂直基板排列。IPS型液晶显示器中,像素电极和共用电极都制作在同一块基板上,在另一块基板上没有电极,如图3.30。利用梳妆数字电极构成单元像素,电极间距为L,电极宽度为W,在共用电极和像素电极之间加上横向电场来控制液晶分子的排列,因此IPS模式又称为横向场模式。

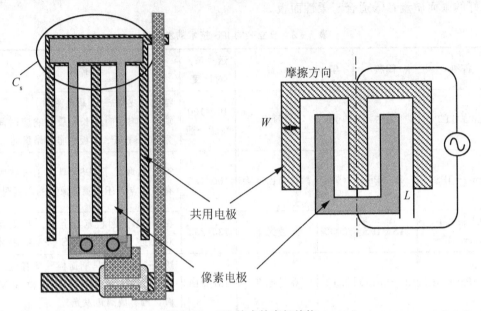

图3.30 IPS技术的电极结构

2. p型液晶的IPS技术原理

IPS技术的液晶材料可以采用正性液晶(p型),也可以采用负性液晶(n型)。两种材料的IPS技术,不管在任何状态下,液晶分子始终在平行基板的在水平面方向排列以及旋转。在传统的TN型显示的基础上,先介绍p型液晶的IPS技术原理,如图3.31。

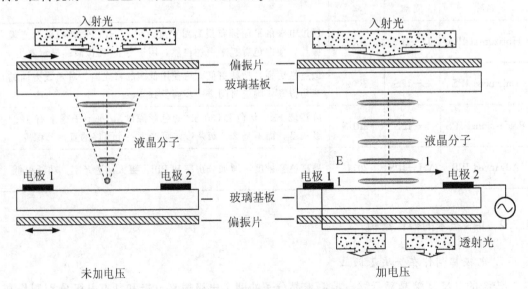

图3.31 p型液晶的IPS技术原理

上下两个偏振片光轴方向平行。下基板内部的摩擦方向与电极方向平行，上基板内部的摩擦方向与上偏振片的光轴方向平行，上下基板的摩擦方向正好成90°。在未加电压下，液晶屏内的液晶分子从上到下扭曲90°的向列相排列。这种液晶分子的排列方式与常黑模式 TN-LCD 的结构是相同的。然而，像素电极（电极1）和共用电极（电极2）的排列是不同的，在同一平面内且在同一块玻璃基板上，产生的电场（E）基本上平行于基板。注意，图不是按照比例绘制的，液晶分子层只有几个微米厚，电极1和2之间的间距是非常小的。

p 型液晶具有正的介电各向异性，液晶分子的长轴方向与电场方向一致。在未加电压下，入射光通过上偏振片的线性偏振光在液晶屏内从上到下旋转90°后，到下偏振片时，正好与偏振片的光轴方向垂直，不透光，呈现黑态（或关态）。在电极1和2之间施加一个足够的电压，会相应的产生一个电场 E，使液晶分子重新排列后，沿电场方向排列，透过上偏振片的线偏振光经过液晶分子到下偏振片后，与下偏振片的光轴平行，透光，呈现亮态（或开态）。

3. n 型液晶的 IPS 技术原理

上下两个偏振片光轴方向垂直。下基板内部的摩擦方向与电极方向成45°，与下偏振片光轴平行。上基板内部的摩擦方向与下基板一样。液晶屏内部为 n 型向列相液晶材料，具有介电各向异性的 $\Delta\varepsilon<0$ 作用下，液晶分子倾向于转向电场垂直方向。不加电压下，液晶分子沿基板表面摩擦方向，平行于基板排列。加电压下，n 型液晶垂直于电场排列。在横向电场的作用下，液晶分子在水平面平行旋转到垂直电场方向排列，如图3.32所示。

不加电压时，入射光通过下偏振片时，透过的偏振光刚好与液晶分子长轴方向平行，线偏振光透过液晶层，不会发生旋转。到上偏振片时，刚好与上偏振片的光轴垂直，不透光，呈现黑态。

加电压时，由于梳形共用电极和像素电极之间的横向电场作用，液晶分子倾向与垂直电场方向排列。在上下两基板附近的液晶分子沿摩擦方向排列，中间的液晶分子正好垂直电场排列，在电场作用的介电各向异性和摩擦取向的共同作用，液晶屏内的液晶分子从上到下呈扭曲排列。但始终平行基板排列。在液晶屏内构成了双折射的条件，出现相延迟 $\Delta n \cdot d$，输出椭圆偏振光，一部分光从上偏振片光轴透出，呈现亮态，如图3.32所示。通过改变液晶分子的长轴方向在平行于基板平面内的方位角控制透光率。处于开态光透过率为：

$$T=T_0 \sin^2(2\theta)\sin^2(\pi\Delta nd/\lambda) \tag{3.6}$$

式中，$\theta$ 代表液晶分子长轴与偏振片偏振方向的夹角；$d$ 是上下基板间的距离；$\Delta n$ 是液晶双折射率。因此，当液晶分子 $\theta=\pi/4$，或者 $\Delta nd=\lambda/2$ 时，透光率最大。为了得到较好的透光率，应使相延迟 $\Delta n \cdot d=\lambda/2$。

在不加电压的关态 $\theta=0$ 时，透光率为0，呈现黑态。当电压增加，高于阈值电压时，液晶分子在电场作用下开始旋转。负介电常数的液晶分子倾向垂直电场排列，$\theta$ 值开始增加，透射光的透光率开始增加。因此，透光率随着液晶分子在电场下在平行基板的平面内旋转角度的增大而增大，中间的液晶分子刚好旋转45°，垂直电场排列时，透光率为最大。由于液晶分子始终在平行基板的平面内旋转，没有在垂直液晶屏的方向上旋转，所以液晶分子在屏幕上投影的表观长度不变，视角相依性较小，从而实现宽视角。

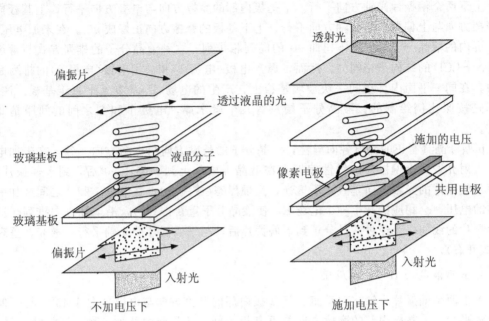

图 3.32 n 型液晶的 IPS 技术显示原理

### 3.7.4 IPS 技术的特点

1. 避免上下基板间的交叉串扰

IPS 技术的液晶显示器有一块基板上面没有电极，本身不导电可以更好地避免上下基板间的交叉串扰。

2. 极好的视角特性

IPS 技术采用梳状电极或者侧向电极，消除了 TN 型液晶显示器从水平到垂直旋转的排列状态。采用独特的分子水平转换结构改善视角，不需要额外加补偿膜，就可以实现在任何角度观看显示出的一致精确的色彩。

3. 有硬屏之称

IPS 技术的液晶屏内液晶分子排列呈水平状。当遇到外界压力时，分子结构向下稍微下陷，但整体分子还是呈现水平状排列。比较硬，没有闪光现象，用手轻轻按或划不容易出现水纹样变形，有硬屏之称，如图 3.33(a)所示。但 VA 型液晶屏内液晶分子垂直排列，轻按后出现大面积明显的闪光区域，就是俗称的水纹现象，如图 3.33(b)所示。IPS 硬屏的分子复原速度更快，消除了敲击软屏时难以避免的残影，显示效果清晰。IPS 技术的液晶屏稳定性、抗压性高，动态画面表现好。

4. 开口率及透光率低

梳状电极制作在同一块基板上，电极密度增大，降低了开口率，透光率降低。并且处于电极中心位置的液晶分子不发生旋转，也会降低透光率。为了增加亮度，需要高亮度背光源，增加功耗，驱动电压高。

5. 工作温度范围受限

IPS 技术对液晶屏的盒厚均匀性要求严格，为不降低成品率，需要使用介电各向异性

$\Delta n$ 大的液晶材料。但这种液晶材料的清凉点较低,限制了工作温度范围。

6. 响应速度慢

IPS 技术响应时间较慢和对比度较难提高,存在色移等缺陷。

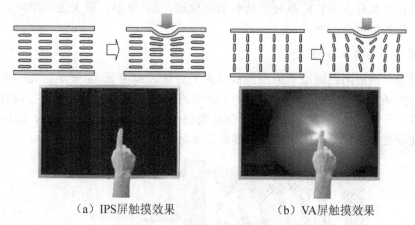

(a) IPS屏触摸效果　　　　　　(b) VA屏触摸效果

图 3.33　IPS 屏和 VA 屏触摸效果对比

### 3.7.5　提高响应速度的技术方案

在 IPS 型液晶显示器中,液晶屏盒厚、旋转的黏度系数、扭曲的弹性常数和取向摩擦的角度是影响共面转换液晶显示器响应速度的重要因素。通过解决这些影响因素,提高响应速度的技术方案有如下 4 种。

1. 减小盒厚

减小液晶屏的盒厚是提高 IPS 技术响应速度的最直接方法。但是盒厚太薄,对制作工艺提出严峻的考验和挑战。

2. 改变摩擦角度

改变基板取向摩擦角度是提高 IPS 技术响应速度的最简单方法。摩擦角度从 7°增加到 17°,响应速度提高了两倍。

3. 采用单面摩擦的 IPS 技术

采用单面摩擦的 IPS 技术可以得到宽的视角、高的对比度、高的灰度级、较快的响应速度,并且可以消除共面转换模式的色移现象。

4. 加入液晶聚合物

在液晶材料中加入一定浓度的液晶聚合物。利用紫外光处理形成聚合物网络可以对液晶分子起到锚定的作用,大大改善 IPS 型液晶显示器的响应速度。

### 3.7.6　改善色移的技术方案

1. 色移产生的原因

IPS 技术在偏离垂直方向,特别是在平行于 IPS 模式的液晶分子指向矢和垂直于指向矢方向上有色移。从透光率公式(3.6)可以看出，当 $\Delta n$ 变化时与 $\Delta n \cdot d$ 和 $\lambda$ 对应的透光率会发生变化。双折射率 $\Delta n$ 的大小与视角的方向有关，随着视角的变化会发生色移。当观察方向和液晶分子的短轴一致时，$\Delta n$ 减小，最大透光率对应的入射光波长变短，将发生蓝色色移；当观察方向和液晶分子的长轴一致时，$\Delta n$ 增加，最大透光率对应的入射光波长变长，将发生黄色色移。

2. 改善色移的技术方案

为了解决色移的问题提出了采用楔形电极的方法，如图 3.34 所示。在一个像素上有两种不同的电场方向。加电压时，上下两个畴中的液晶分子分别沿顺时针方向和逆时针方向旋转。减少了 $\Delta n \cdot d$ 随视角的变化，使视角特性得到有效的相互补偿，解决了色相随方位角变化而变化的问题。但采用这种楔形电极会使制作过程变得复杂。

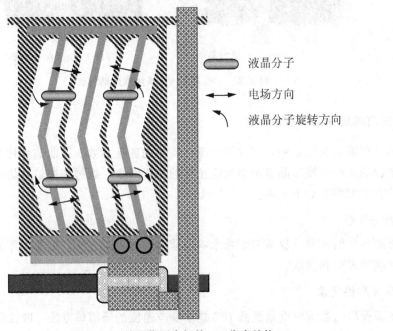

图 3.34　使用楔形电极的 IPS 像素结构

### 3.7.7　共面转换的扭曲向列相技术

共面转换的扭曲向列相(In Plane Switching Twisted Nematic，IT)技术使用 n 型液晶，液晶分子长轴方向从下基板到上基板扭曲 90°。上下两偏振片光轴方向垂直，分别与基板表面液晶分子长轴方向平行，其原理如图 3.35 所示。不加电压时，入射光可以透过液晶屏；加电压时，液晶分子在电场驱动下成平行排列，不能透光，为常白模式。

IT 模式所有液晶分子指向矢的旋转都平行于基板，比 TN 型液晶显示器的视角宽。液晶屏的误差不会影响透光率，不使用任何补偿膜就可以解决色移。使用 n 型液晶材料是为了抑制电极附近液晶分子的杂乱排列。加入手性剂是为了液晶分子均匀扭曲排列提高响应速度。

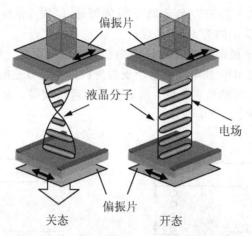

图 3.35　共面转换的扭曲向列相技术显示原理

## 3.8　FFS 技术的显示原理

IPS 模式中电极上的液晶分子在加电压时不旋转，且梳形电极一个电极采用金属材料，开口率比 TN 型液晶显示器的开口率低。为了提高开口率，提出了边缘场开关模式。边缘场开关（Fringe field switching，FFS）模式具有与 IPS 模式一样的广视角特性，电极上的液晶分子一样可以在电场下旋转，电极间距小，并采用透明电极，具有高的开口率。

### 3.8.1　FFS 技术发展

第一代 FFS 技术使用同 IPS 技术相同的负性液晶材料（$\Delta\varepsilon<0$）。在边缘电场作用下垂直于电场排列，光透过率高，如 15.0″ 的 XGA，解决了 IPS 技术的开口率低、透光少的问题，并降低了功耗。但负性液晶材料旋转黏性高、存在色偏、驱动电压高、响应速度慢，且有残像，价格贵。

渐渐开发正性液晶材料的 FFS 模式，如 18.1″ 的 SXGA，21.3″ 的 UXGA，15.0″ 的 XGA 等。正性液晶（$\Delta\varepsilon>0$）响应速度快，驱动电压低，饱和电压低，残余直流电压低，价格便宜。缺点是正性液晶分子在边缘电场作用下有可能倾斜排列，光利用率低。

第二代 FFS 技术为超边缘场模式，Ultra-FFS TFT-LCD，双畴像素结构，解决了色偏的问题，缩短了响应时间。第三代 FFS 技术通过利用电动力学原理，实现了先进的 FFS（Advanced-FFS，AFFS）技术。AFFS 技术解决了由于电场畸变导致的灰阶逆转现象，具有高亮度、真彩色、超宽视角的优点。水平和垂直视角都可以达到 180°。

### 3.8.2　IPS 与 FFS 技术对比

**1. 电场不同**

IPS 模式中一个电极是金属电极，另一个电极是 ITO 像素电极，电极间距大。电极间距 $L$ 大于液晶屏的盒厚 $d$ 和电极宽度 $W$。加电压时，水平电场主要存在于电极之间，电极中心处是近似垂直的电场。在加电压下，电极上方的液晶分子不旋转，如图 3.36（a）所示。ITO 电极厚度为 400Å 左右，与金属电极的间距 $L$ 为 $10\mu m$ 左右，电极宽度 $W$ 为 $6\mu m$ 左右，液晶屏的盒厚 $d$ 约为 $4\mu m$ 左右。

在 FFS 模式中两个电极都是透明的 ITO 电极，电极间距小。电极间的距离 $L$ 小于液晶屏的盒厚 $d$ 和电极宽度 $W$。加电压时整个液晶屏内的电场线呈抛物线形状。电极上方有电场的水平分量，又有电场的垂直分量，液晶分子也可以旋转，从而增大了开口率，提高了液晶屏的透光率，如图 3.36(b) 所示。

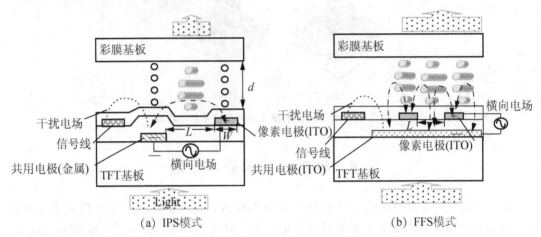

图 3.36　IPS 模式和 FFS 模式电极和电场不同

**2. 存储电容面积不同**

IPS 模式用 ITO 的像素电极和金属材料的共用电极作为横向电场的正负两个电极。同时构成了存储电容的上下两个电极，中间是钝化膜。共用电极做成条形结构，存储电容面积小，如图 3.37(a) 所示。

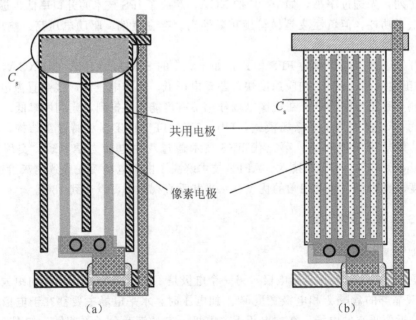

图 3.37　IPS 和 FFS 模式单元像素不同

FFS模式上下两层ITO电极分别形成像素电极和共用电极，构成横向电场的正负两个电极，并且作为存储电容的上下两个电极，中间用1500Å的$SiO_2$钝化膜隔开。第一层ITO的共用电极制作成矩形，第二层像素电极ITO制作成长条形，宽度是$3\mu m$，存储电容面积大，如图3.37(b)所示。

3. 交叉串扰不同

FFS模式的存储电容面积大，$C_s$电容大，可以很好地存储图像，并且可以避免交叉串扰。交叉串扰定义为不应该参加显示的信号影响到显示画面，画面出现失真的现象。FFS模式存储电容$C_s$引起耦合作用减小，因此交叉串扰小。

$$\Delta V_p = (\frac{C_{dp}}{C_T}) \cdot \Delta V_s \quad (3.7)$$

总电容$C_T$为：

$$C_T = C_s + C_{LC} + C_{gs} \quad (3.8)$$

式中，$\Delta V_s$为实现不同画面显示的信号电压的变化值；$C_{dp}$为数据线与像素电极之间的耦合电容，会引起干扰电场；$C_{LC}$为液晶电容；$C_{gs}$为栅极和源极之间的栅源寄生电容。为避免跳变电压引起的显示缺陷，跳变电压越小越好。FFS模式的$C_s$大于IPS模式的$C_s$。FFS模式的总电容$C_T$更大，跳变电压$\Delta V_p$更小，交叉串扰小。

FFS模式在垂直方向上，数据线和像素电极之间的电场方向与摩擦方向一致，数据线的耦合电容$C_{dp}$引起的干扰电压不会改变液晶分子排列状态，垂直方向的交叉串扰消失。在水平方向上，由于栅极交叠电容$C_{gs}$存在，有交叉串扰现象。因此，数据线侧的黑矩阵可以做得小些，栅线侧的黑矩阵要做得相对大些，避免交叉串扰现象。

### 3.8.3 FFS技术的显示原理

FFS技术是从IPS技术发展而来，显示原理与IPS技术类似。上下基板的偏振片光轴相互垂直。下基板内部的表面取向层$45°$摩擦，上基板与下基板的摩擦方向相反成$180°$。下基板的偏振片光轴平行于下基板的摩擦方向，并且垂直于上基板偏振片的光轴方向。早期采用的同IPS技术一样的负性液晶（$\Delta\varepsilon < 0$），改进后采用的是正性液晶（$\Delta\varepsilon > 0$）材料。本节以正性液晶为例，说明FFS技术的原理和特点。

不加电压下，液晶分子沿取向层摩擦方向排列，液晶分子与下偏振片光轴平行。通过下偏振片的偏振光，透过液晶层，光偏振方向不变。到上偏振片刚好与光轴垂直，不透光，为暗态。

加电压下，当电压高于液晶材料的阈值电压$V_{TH}$时，产生的边缘场驱动液晶分子在平行基板的平面内旋转。正性液晶材料在电场下倾向于平行电场排列。光的偏振方向会发生变化，有光透出上偏振片，为亮态。由IPS技术和FFS技术的透光率公式(3.6)，不同角度下会有不同程度的透光率。

在电场驱动下，液晶分子的扭转力为：

$$N = \frac{1}{2} \cdot \Delta\varepsilon \cdot E^2 \cdot \sin^2 2\phi \quad (3.9)$$

式中，$\Delta\varepsilon$为液晶材料的介电各向异性；$E$为电场强度；$\phi$为扭转角度，液晶分子长轴与电场方向的夹角。由式(3.9)看出，当增加$\phi$时，扭转力会增加，响应速度也会得到提高。

在不加电压的关态下,液晶分子在锚定力的作用下恢复到沿取向层摩擦方向排列。在加电压下,液晶分子在扭转力作用下按照电场相应方向排列。相邻的液晶分子之间依靠弹性力作用,牵动着相应排列。

### 3.8.4 FFS 技术的工艺方案

FFS 技术采用 1+5 次光刻的工艺,如图 3.38 所示。第一次光刻形成共用电极。共用电极采用溅射方法制备氧化铟锡 ITO 薄膜,光刻后形成矩形的盒状结构。

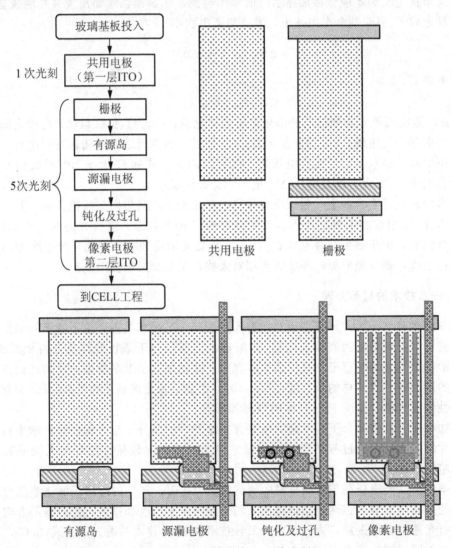

图 3.38　FFS 模式的 1+5 次光刻

共用电极制作完成后,采用 5 次光刻的工艺技术制作薄膜晶体管的阵列,详细工艺在第 7 章和第 8 章中介绍。5 次光刻的第一光刻形成栅极,其中一条线与共用电极直接接触,形成共用电极引线。另一条线为 TFT 的栅线,同时作为 TFT 的栅极。第二次、第三次光刻形成有源岛、源漏电极。第四次光刻形成 TFT 的保护膜,同时形成与像素电极连接的孔,称为钝化及过孔工艺。第五次光刻形成像素电极,像素电极也为透明的 ITO 材料,FFS 技术中光刻成楔形,不同于传统 TFT 的矩形像素电极结构。

### 3.8.5 双畴 FFS 技术

1. 色差的问题

传统的 FFS 技术中存在色差的问题,不同的观看方向会有不同的色彩,如图 3.39 所示。色差产生的原因是,随着视角的变化,液晶分子双折射导致的光程差 $\Delta n \cdot d$ 发生了变化。$\Delta n \cdot d$ 不同,相位延迟 $2\pi\Delta nd/\lambda$ 不同,观看到的光波长不同。因此,透射光的波长与光程差 $\Delta nd$ 一起波动。平行液晶分子长轴时,$\Delta n$ 最小;垂直液晶分子长轴时,$\Delta n$ 最大。平行于液晶分子长轴观看到的波长偏小,色彩偏蓝色;垂直液晶分子长轴观看到的波长偏大,色彩偏黄色。

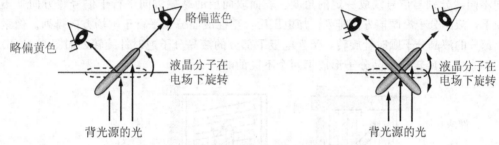

图 3.39 单畴(左)和双畴(右)FFS 技术的色差

FFS 技术中由于 $\Delta n \cdot d$ 的不同,使得从平行和垂直于液晶分子长轴方向观看到的色彩不同。解决色差的办法是采用双畴像素的结构,又称 Ultra FFS,缩写为 UFFS。利用液晶分子在电场下不同的旋转方向实现自补偿。从各个方向观看,都可以获得几乎相同的色彩,提高了视角。

2. 相邻像素的双畴 FFS 模式

2002 年 Kim 和 Lee 等在美国申请一种双畴 FFS 模的专利,改善了传统的 FFS 中的色移问题,且提高了响应速度,如图 3.40 所示。

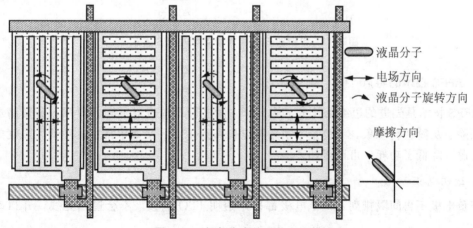

图 3.40 相邻像素的双畴 FFS 模式

在相邻的两个像素上，一个形成平行于信号线的横向边缘电场，另一个形成平行于栅线的横向边缘电场，两个像素边缘场的方向相互垂直。相邻的两个像素之间液晶分子的旋转方向不同，实现了自补偿，有效地解决了色移的问题。不加电压下，液晶分子沿摩擦方向排列。加电压下，正性液晶分子平行电场排列，第一个像素逆时针旋转，第二个像素顺时针旋转，依次排列。

3. 单像素的双畴 FFS 模式

单畴的 FFS 结构中，条形像素电极平行信号线或者垂直信号线。像素电极平行信号线结构如图 3.41(a) 所示。表面取向层的摩擦方向与基板成 45°。不加电压下，液晶分子沿摩擦方向排列。加电压下，液晶分子在电场作用下，正性液晶分子平行电场方向排列，液晶分子逆时针旋转。

双畴的 FFS 结构中，共用电极线在中间，把像素电极分成上下两部分。条形电极的方向不同，分别与信号线成一定的角度。表面取向层的摩擦方向平行于信号线方向。不加电压下，液晶分子沿摩擦方向排列。加电压后，正性液晶分子平行于电场方向排列。像素电极上部分的液晶分子顺时针旋转，像素电极下部分的液晶分子逆时针旋转，如图 3.41(b) 所示。两个方向旋转的液晶分子形成了两个不同的畴。

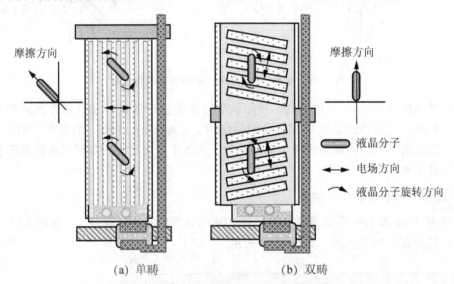

(a) 单畴  (b) 双畴

图 3.41 单畴的 FFS 模式和双畴的 FFS 模式

### 3.8.6 AFFS 技术的特点

AFFS 技术是先进的边缘场技术，从 5 个方面进行了改进，提高开口率，获得高透光率，消除了灰阶逆转现象，无色差，视角可以提高到 180°，交叉串扰小，且最大限度的利用背光源，降低了功耗，可以更加环保。

1. 透明电极

正负电极不再间隔排列，两个电极都采用透明 ITO 电极，不会遮挡光线，开口率固然增大。

## 2. 电极上的液晶分子可以旋转

AFFS 模式改变第二层 ITO 的边缘，控制两层 ITO 的线宽变化。由于边缘电场作用，在电极上的液晶分子也可以发生旋转，开口率进一步增大，透光面积大于 IPS 模式。

## 3. 参数控制

通过改变各种参数增大透光率，如电极宽度、电极间距、液晶屏盒厚、液晶材料性质、摩擦角度等。

## 4. 减小黑矩阵宽度

通过优化像素电极的楔形的形状，消除像素边缘由于楔形变形引起的暗态区域，即消除了信号线与像素电极间的漏光，降低了信号线侧黑矩阵的宽度，开口率可增大到 70%。

## 5. 黑矩阵自对准

自对准黑矩阵结构抑制光泄露，省掉了彩膜基板侧的黑矩阵，进一步提高了光透过率。

总之，AFFS 模式透光率高于 IPS 模式，可达 TN-LCD 的 95%。3 种模式下的透光率对比曲线如图 3.42 所示。事实上，AFFS 技术除了响应时间稍逊色外，其他方面都非常出色，兼有高画质和广视角的特点。

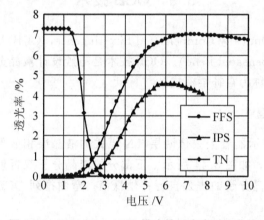

图 3.42　TN、IPS、AFFS 模式的透光率对比曲线

### 3.8.7　双面边缘场开关模式(DSFFS)

边缘场开关模式 FFS 由于在上基板上面没有边缘场，结构的不对称性限制了视角的进一步增大。2003 年，C. Y. Xiang 和 X. W. Sun 提出一种增大视角并提高响应速度的 DS-FFS(Double side fringe field switching, 双面边缘场开关)模式，如图 3.43 所示。

DSFFS 模式 $B_1$ 和 $B_2$ 分别是下基板和上基板上的条形电极，相互垂直。$A_1$ 和 $A_2$ 是下基板和上基板上的两个平板电极。条形电极和平板电极之间用 $SiO_2$ 隔开。因此，DSFFS 模式是将上、下两个边缘场拼凑到一起形成的。

聚酰亚胺取向层与两块基板的条形电极成 45°摩擦，使负性液晶分子排列均匀。上下基板的偏振片与光轴垂直。不加电压时，不透光，呈现黑态；加电压时，透光，呈现白态。

上下基板的顶部和底部的边缘场共同驱动液晶分子旋转。液晶屏的盒厚控制与 FFS 模式共同作用下，DSFFS 只需要扭曲从底部或者从顶部到液晶屏中间的液晶分子。FFS

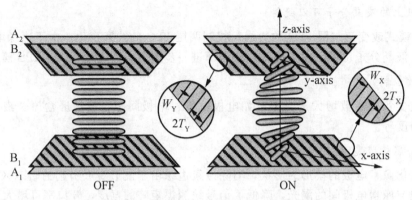

图 3.43 双面边缘场开关模式的显示原理

模式需要扭曲从底部到顶部的所有液晶分子。所以，DSFFS 型的液晶屏上升时间和下降时间都比 FFS 模式更短。液晶分子的长轴方向相对中心平面呈对称分布，扭曲角的变化是 FFS 型液晶屏的两倍。因此，双面边缘场开关模式具有更快的响应速度和更宽的视角。

## 3.9 OCB 技术

光学补偿双折射（Optically Compensated Birefringence，OCB）技术又称为光学补偿弯曲排列（Optically Compensated Bend）。OCB 技术是巧妙设计液晶分子排列方式来实现自我补偿视角的技术，又称为自补偿模式。

### 3.9.1 OCB 技术的原理

OCB 模式的液晶显示器看上去像两层 TN 模式的液晶层相叠形成的。液晶分子排列上下对称，成弯曲排列，如图 3.44 所示。下部分的液晶分子双折射性导致的相位偏差正好可以利用上部分的液晶分子的排列自行补偿抵消。弯曲排列 OCB 工艺相对于扭曲排列的 TN 工艺要更简单些。

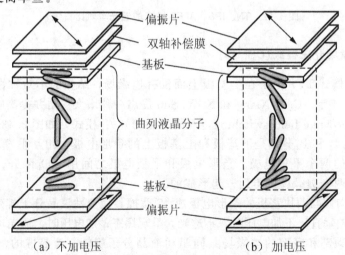

(a) 不加电压　　　　　　(b) 加电压

图 3.44 OCB 技术的显示原理图

在弯曲排列的液晶分子中,中间液晶分子在不加电压和加电压下始终处于与基板垂直排列的状态。内部液晶分子紧密排列在一起。不加电压下不透光,为暗态;加电压后输出椭圆偏振光,为亮态。

加电压后,液晶分子平行电场排列,在中间液晶分子的牵动下,能促使整个液晶屏内的液晶分子加速平行电场排列。在不加电压和加电压下,液晶分子长轴方向始终在一个平面内变化,呈弯曲变化。不像TN模式液晶分子长轴方向从上到下基板需要扭曲排列。因此,OCB模式响应速度快。

### 3.9.2 OCB技术的特点

**1. 无灰阶逆转现象**

在自补偿和双轴光学补偿膜的补偿下,OCB模式的液晶显示可以实现很好的视角,且视角均匀性非常好,在不同的方位不会出现TN模式固有的灰阶逆转现象。

**2. 对比度高**

OCB模式在不加电压下为暗态,属于常黑模式液晶显示器。出现亮点的几率很低,还原的黑色特别纯。在黑色显示时,各个方位观看都不会出现漏光,对比度高。

**3. 响应速度快**

OCB模式的响应速度非常快,即使加了双轴补偿膜,响应时间也不超过10ms,目前已经有1ms到5ms的产品,适合于动态图像的显示应用。

**4. 需要开机预置时间**

OCB模式在不加电压下,液晶分子是平行于基板排列的,要实现液晶分子的弯曲排列,每次开机都需要一定的预置时间来让液晶分子扭动到合适位置才能正常工作。

# 本 章 小 结

液晶显示器本身不能发光,液晶分子的排列方式及扭曲的角度不同,以及材料的各向异性等导致液晶显示器存在视角的问题。本章主要针对液晶显示器存在的视角问题,讲述了为提高视角特性提出的多种广视角技术。从传统的液晶显示器的视角产生的原因开始,分别概述了各种广视角技术的结构特点、实现方案、显示原理及各种广视角技术的优缺点。

**1. 膜补偿技术**

膜补偿技术(TN+Film)是在原有TN模式的基础上,在液晶盒外部粘贴一些各向异性的光学膜,以补偿由于液晶分子状态不同而产生的光学性质不同来改善视角的。膜补偿技术是一种简单易行、最廉价的方法,有效地提高了视角。但由于补偿膜固定贴在液晶屏上,不能对任意灰阶、任意观察角度进行补偿,提高视角的幅度有限。

**2. MVA技术**

垂直取向(Vertical Alignment,VA)技术在目前的显示器产品中应用较为广泛。VA技术有两种:一种为MVA技术,另一种为PVA技术。

多畴垂直排列(Multi-Domain Vertical Alignment, MVA)技术通过在阵列基板和彩膜基板依次交错排列V字型直条三角棱状凸起物, 把液晶显示器的每一个子像素分成4个取向不同的畴, 实现广视角。上下和左右的总视角分别可以达到160°, 从任何方向都可以看见清晰的画面。生产效率高, 但制作成本也会有所提高。

超广视角MVA(Advanced MVA, AMVA)技术以MVA技术为基础, 在液晶材料中添加聚合物稳定取向材料, 每一个子像素形成了8个取向不同的畴, 消除了MVA技术暗态下的漏光, 可以获得色阶平顺、清晰而锐利的影像。

3. PVA技术

图案化垂直排列(Patterned Vertical Alignment, PVA)技术通过采用透明的ITO层光刻出依次交错平行的缝隙, 代替MVA中的凸起物。视角可达到170°, 且可以获得更好的开口率, 提高显示亮度, 最大限度地减少背光源的浪费。PVA技术在对比度、水平视角、垂直视角、色彩还原、成本和响应时间上都处于LCD行业的前沿。

4. ASV技术

先进的超视角(Advanced Super View, ASV)技术也是一种垂直排列的VA技术。下基板子像素大面积连续覆盖着像素电极, 上基板在子像素电极中心有一个面积更小的共用电极, 上下基板上的ITO电极形成一个对角的电场。连续变化的电场使得液晶分子整体上看起来像是放射状的连续火焰方式排列。连续焰火状排列又称为CAP技术(Continuous Pinwheel Alignment, CAP)。

5. IPS技术

共面转换(In-Plane Switch, IPS)技术不同于传统液晶显示器, 共用电极和像素电极都同时制作在阵列基板上, 彩膜基板上没有电极, 很好地避免了交叉短路。液晶分子始终在平行基板的平面内旋转, 视角可以提升到178°, 有硬屏之称。

6. FFS技术

边缘场开关(Fringe field switching, FFS)技术是在IPS技术的基础上发展起来的广视角技术。采用两层ITO薄膜, 分别作为横向电场的共用电极和像素电极, 有效地提高了开口率。电极间距做得很小, 电极上面的液晶分子也可以在电场下旋转。采用单像素双畴模式的FFS技术后, 视角可以提高到180°, 交叉串扰小, 最大限度地利用背光源, 降低了功耗, 可以更加环保。

7. OCB技术

光学补偿双折射(Optically Compensated Birefringence, OCB)技术巧妙地排列液晶分子, 实现自我补偿广视角的同时, 响应速度很快。

## 本章习题

一、填空题

1. 一般用液晶显示器的3个参数来衡量画面不失真下视角的大小: _____、色差和_____。

2. 提高广视角技术有很多种，MVA 技术是指_____、PVA 技术是指_____、IPS 技术是指_____、FFS 技术是指_____、OCB 技术是指光学补偿双折射技术，ASV 技术是指先进的广视角技术等。

3. 目前垂直取向广视角技术（VA 技术）有两种，_____和_____。

4. MVA 技术的 TFT-LCD 一般采用_____次光刻的工艺。

5. MVA 技术的_____状的凸起物分别制作在_____基板和_____基板上。

6. 超广视角 MVA 技术（AMVA），在传统的 MVA 技术中增加了_____技术，可以轻易达到超高对比度，画面显示更立体、更锐利。

7. CAP 技术是一种_____技术，是垂直排列 VA 技术的一种。

8. IPS 技术中为了解决色移的问题，提出了采用_____电极的方法。

9. FFS 技术的横向电场的两个电极分别是_____和_____材料。

10. FFS 技术解决色差的问题，采用了_____技术。

二、判断题

1. 一台液晶显示器标注的视角为 176°/176°，指的是左视角为 176°，右视角也为 176°。（　　）
2. 膜补偿技术中，正性补偿膜用于补偿负性双折射率的液晶显示器。（　　）
3. 双面补偿膜技术是在液晶屏的两侧贴上补偿膜，外面再贴上偏振片。（　　）
4. MVA 型液晶显示器主要是常白模式的。（　　）
5. IPS 技术中液晶分子是垂直取向的。（　　）
6. IPS 技术和 VA 技术都是常用的硬屏技术。（　　）
7. FFS 技术是从 IPS 技术发展起来的。（　　）
8. FFS 技术可以采用正性液晶，也可以采用负性液晶材料。（　　）
9. FFS 技术的存储电容小。（　　）
10. 相邻像素的双畴 FFS 模式中，横向电场平行。（　　）

三、名词解释

视角、灰阶逆转、色差、漏光现象、水平视角、垂直视角、补偿膜技术

四、简答题

1. 简述视角产生的原因。
2. 简述 VA 技术是如何实现光学补偿的。
3. 简述 MVA 技术的显示原理。
4. 描述 MVA 技术的工艺方案。
5. 简述 PVA 技术和 MVA 技术的主要不同。
6. 简述 IPS 技术的器件结构。
7. 描述 IPS 技术的显示原理。
8. 简述 FFS 技术与 IPS 技术的差别。
9. 简述单像素双畴 FFS 模式的实现原理。
10. 简述 FFS 技术中电极和电场的特点。

五、计算题与分析题

1. 描述FFS技术的工艺流程,并绘制平面图形。
2. 描述MVA技术如何实现广视角。
3. 举例说明多畴模式的作用。
4. 举例说明色差问题产生的原因。
5. 分析漏光产生的原因。

六、思考题

1. IPS技术为什么有硬屏之称?通过与其他广视角技术对比举例说明。
2. 通过举例说明广视角技术的设计原则及实现原理。
3. 你认为最有前景的广视角技术是哪一种?为什么?
4. 为什么说PVA技术有降低亮点的可能性?还有哪些技术可以降低亮点呢?

# 第4章
# 液晶显示器的制屏和模块工艺技术

液晶显示器的制作工艺分为三大部分，阵列工艺、制屏工艺、模块工艺。阵列工艺就是指在玻璃基板上有规则地排列薄膜晶体管的工程，将在第7章和第8章介绍。本章重点介绍制屏和模块的工艺技术。通过本章的学习，可以清楚地知道液晶显示器的液晶屏和模组到底是怎么制作出来的，主要包括哪些工艺，关键工艺技术和特点是什么。

**教学目标**

- 了解制屏工艺的工艺流程；
- 了解制屏工艺的工艺原理及设备；
- 掌握制屏工艺使用的材料及要求；
- 了解模块工艺的种类及工艺流程；

**教学要求**

| 知识要点 | 能力要求 | 相关知识 |
|---|---|---|
| 制屏工艺流程 | (1) 掌握制屏工艺各工序的作用及特点<br>(2) 了解制屏工艺使用的设备及相应参数 | 液晶材料的性质 |
| ODF 工艺 | (1) 了解 ODF 工艺的特点<br>(2) 掌握 ODF 工艺的流程和作用 | |
| 传统的液晶注入工艺 | (1) 了解传统的液晶注入方法<br>(2) 掌握传统的液晶注入工艺的流程和作用 | |
| 模块工艺流程 | (1) 了解模块工艺的种类<br>(2) 掌握 COG 工艺流程和特点<br>(3) 掌握 COF 工艺流程和特点 | 驱动 IC 的作用 |

**推荐阅读资料**

　　[1] David J. R. Cristaldi, Salvatore Pennisi, Francesco Pulvirenti, Liquid Crystal Display Drivers Techniques and Circuits[M]. Springer, 2009.
　　[2] 范志新. 液晶器件工艺基础[M]. 北京邮电大学出版社, 2000.

**基本概念**

制屏工艺：把阵列基板和彩膜基板经过表面处理后，贴合组装、注入液晶材料，并进行封装的工艺。

模块工艺：将液晶屏、驱动电路、柔性线路板（FPC）、印刷电路板（PCB）、背光源等组件绑定组装在一起的工艺。

 **发现故事：扭曲向列型液晶显示器**

1970年12月4日，由瑞士罗氏（Hoffmann—La Roche）公司的 Wolfgang Helfrich 和 Martin Schadt 等人制作出的第一个扭曲向列型液晶显示器（TN-LCD）是最早实用的液晶显示器，如图4.1所示。

Helfrich 最早在美国 RCA 公司的液晶组工作。在1969年，他提出了一个基于 p 型液晶分子扭转的新想法，并认为这种液晶可以开始一类不同的显示。但是当时由于需要两个偏振片，他的新想法没有被重视。后来，Helfrich 离开了 RCA 公司，在1970年10月，加入瑞士罗氏 H.Roche 公司，与同事 Schadt 等人一起在几周内制作出扭曲向列相型液晶显示器，从此，掀开了液晶显示时代惊人的序幕。

图4.1 Helfrich 和 Schadt 制作的第一个 TN LCD 的显示样机

## 4.1 制屏工艺简介

液晶显示器可以分成有源矩阵和无源矩阵两类。按照液晶显示器的发展，先出现的是无源矩阵液晶显示器，制作工艺可以分为制屏工艺和模块工艺。有源矩阵液晶显示器是包含了有源器件的液晶显示器，制作工艺还包含阵列工艺。两种显示器在制屏工艺和模块工艺有很多相似的地方，因此本章侧重于有源矩阵液晶显示器的制屏工艺和模块工艺。

有源矩阵电极都作在阵列基板一侧，彩膜基板上的 ITO 只是共用电极，在整个基板上是一个完整的 ITO，制屏工艺没有图形光刻工艺。无源矩阵液晶显示器不同的是两个电极分别制作在上下两个基板上，制屏工艺包含有 ITO 图形光刻工艺。ITO 图形光刻工艺与阵列工艺的光刻工艺类似，这里不再介绍，详见第8章。

随着液晶显示器时代的发展，为制作高精度、高品质、大尺寸的液晶显示器，制屏工艺也在不断地发展。根据液晶填充的方式分，有液晶注入式工艺和液晶滴下式的 ODF 工艺（One Drop Filling）。传统采用的是液晶注入式工艺，5代线之后采用的是液晶滴下式的ODF工艺，整个工艺流程如图4.2所示。本章的制屏工艺侧重于液晶滴下式的ODF工艺，不包括虚线框内的工艺。为对比，用虚线框写出了传统的液晶注入工艺的步骤。除了液晶注入方式的不同，传统的制屏工艺流程中没有ODF工艺，采用的是虚线框内的液晶注入流程，其他工艺两者有很多相同的地方。

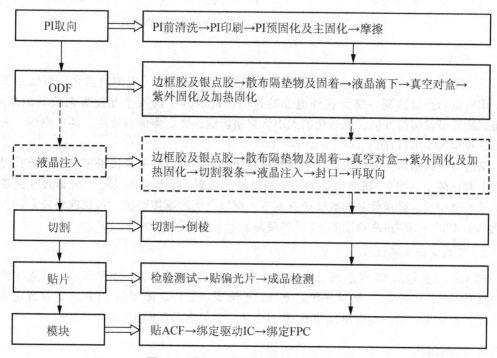

图4.2 有源矩阵的制屏和模块工艺流程

## 4.2 PI取向工艺

在液晶显示器中为使液晶分子有规律地排列，首先要在基片上涂上一层表面取向层，如聚酰亚胺、聚丙烯酸树脂、聚乙烯醇等，其中聚酰亚胺是最常用的取向材料。聚酰亚胺英文是Polyimide，缩写为PI。

### 4.2.1 PI层的作用

PI层有两个主要的作用：液晶分子取向和形成预倾角。

1. 取向

在玻璃内表面涂上PI后，经过一定的表面处理，使液晶屏内的液晶分子可以按照某个方向排列，形成取向一致的畴。向列相液晶材料接近基板表面的液晶分子通常展现出三种取向方式：平行取向，表面的液晶分子长轴方向平行于基板表面；垂直取向，表面的液晶分子长轴方向垂直于基板表面；倾斜取向，表面的液晶分子长轴方向与基板表面构成一定角度的倾斜取向，如图4.3所示。

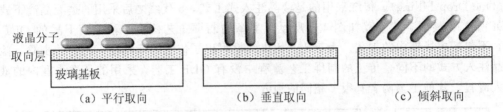

图 4.3 向列相液晶分子在取向层上的排列取向方式

**2. 预倾角**

取向工艺同时可以使注入的液晶分子在基板表面上形成一定的预倾角。预倾角的作用：①可以防止反倾斜，避免在外电场的作用下液晶分子向两个相反方向旋转的现象；②可以防止带状畸的发生，预倾角的大小将直接影响到显示器的对比度、阈值电压、响应时间、视角大小等特性。

液晶分子的扭曲角度越大，要求摩擦的预倾角也越大。普通的聚酰亚胺薄膜能获得的预倾角都比较小，如 90°扭曲角度的 TN 型液晶显示器，预倾角为 1°~2°。通过在聚酰亚胺分子长链中引入强极性基团或长烷基侧链，配以适当的摩擦强度，可以获得稳定的大预倾角，如 180°~270°扭曲角度的 STN 型液晶显示器，预倾角为 2°~20°。

**3. PI 取向的工艺流程**

PI 取向工艺包括 PI 前清洗、PI 印刷、PI 预固化及主固化、摩擦工艺。首先清洗基板，然后在 CF 或者 TFT 玻璃基板之上均匀地形成一层特定图案的 PI 膜，通过固化后形成稳定的取向层，最后经过摩擦使 PI 层具有统一的取向和预倾角。

### 4.2.2 PI 前清洗

PI 前清洗就是对需要印刷的基板进行清洗，除去污染物，避免对液晶显示器性能造成不良的影响。一般基板上的污染物主要来源于 ITO 膜层、TFT 阵列等制备工艺，以及玻璃基板的搬运、包装、运输、存储过程。污染物有尘埃粒子、纤维、矿物油和有机油脂等油垢、氧化铝、二氧化硅等无机颗粒、制备加工过程遗留的残留物、水迹、手指印等。随着液晶显示器制备工艺的条件越来越严格，对清除玻璃基板的污染物要求也越来越苛刻。

PI 前清洗还可以改善玻璃基板表面性能，增加玻璃基板上薄膜与 PI 材料之间的亲和力，印刷的 PI 膜有良好的附着性，获得良好的印刷效果，同时可保证工艺制作的精度极高的良品率。PI 前清洗的设备结构和工艺过程如图 4.4 所示。每一个组成部分均有很重要的作用。

图 4.4 PI 前清洗的设备结构

1. 刷洗

刷洗(Roll Brush wash)利用刷子去除玻璃基板表面的污垢。对于玻璃基板上的大于 $5\mu m$ 的无机物颗粒去除效果非常好。一般用柔软耐磨的尼龙材料制成毛刷，每一根刷毛的直径一般在 0.1mm 以下。使用清洗剂，如碱性的洗剂、表面活性剂等增加清洗的效果。刷洗的设备结构及原理如图 4.5 所示。

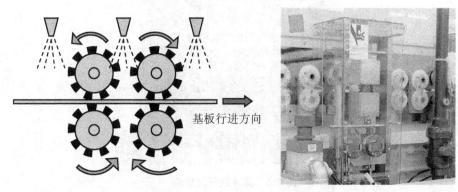

图 4.5 刷洗的原理及设备结构

2. 水洗和红外线干燥

水洗(water cleaning)是用喷头喷射出超纯水，液滴喷射到运动中的玻璃基板上时，附在玻璃基板上的灰尘会在清洗液的作用下去除。在冲击波作用、振动作用、高速喷射 3 种作用的共同作用下，去除附着在基板上的超微小颗粒。对于 $1\sim 3\mu m$ 的细微颗粒去除能力很好，对粒径在 0.1um 的微细颗的去除率达到 80% 以上。水洗的过程如图 4.6 所示。红外线干燥(IR Oven)是干燥水洗后的玻璃基板，避免水汽对后续工艺的影响。红外线干燥设备结构如图 4.7 所示。

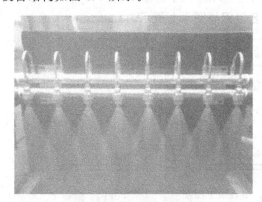

图 4.6 超声水洗的过程　　　　图 4.7 红外线干燥设备结构

3. 紫外照射清洗

紫外照射清洗(Excimer UV)是用 UV 灯发出的短波紫外线进行清洗的。紫外线具有较高的能量，波长越短的紫外线能量越高。当紫外线照射到污垢上时，污垢分子吸收光能处于高能量的激发状态，发生分子内的化学键断裂而分解。同时紫外线会使得基板表面的接触角大大降低，有利于 PI 的印刷。紫外照射清洗的设备结构如图 4.8 所示。该设备的特点是：①发光波长为 172nm，发光波长短，获得的能量高；②处理中基板温度在 40℃以下；③灯可以瞬时开关，电力消耗为低压水银灯的 1/3；④灯的价格较高。

图 4.8 紫外线照射结构

4. 冷却

冷却（cooling）是把经紫外照射清洗后 40℃左右的玻璃基板的温度进一步降低，避免温度对 PI 印刷造成不利的影响。冷却工艺是利用氮气进行风冷，对氮气、设备的洁净度要求很高，不可以造成二次污染。设备内部的洁净度要求达到 10 级。

### 4.2.3 PI 印刷

PI 印刷是在基板上形成所需要的 PI 层。通过 PI 聚合物和液晶分子之间的亲和力，使液晶分子能沿着摩擦沟槽有序地排列在取向层上。常用的 PI 层涂布的方式是采用带有所需要的图形柔性印刷版转印的方式。印刷的工艺过程如图 4.9 所示。

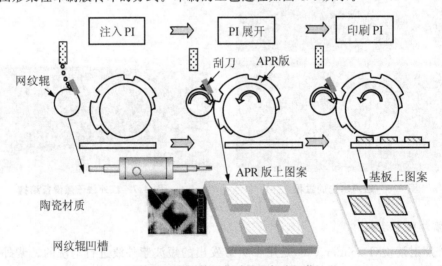

图 4.9 印刷的工艺过程及部分细节

印刷过程为：①注入 PI，就是将 PI 液滴在网纹辊上，网纹辊一般采用陶瓷材质，上面有很多的凹槽；②PI 展开，就是用刮刀将陶瓷网纹辊上的 PI 液整平，同时 APR 版上的凸出物与陶瓷网纹辊挤压，凹槽内的 PI 液粘到 APR 版上；③印刷 PI，APR 版与基板接触，粘有 PI 液的图形均匀地转印到基板上，形成带有图形的 PI 取向层。PI 取向层的厚度约为 700～800Å。印刷工艺的设备结构如图 4.10 所示。

图 4.10　印刷工艺的设备结构

### 4.2.4　PI 预固化和主固化

PI 印刷后溶剂尚未挥发完全，PI 的分子仍是聚酰亚胺酸，还没有形成所需要的聚酰亚胺聚合物。为了挥发溶剂并形成聚酰亚胺聚合物薄膜，必须进行 PI 预固化和主固化。

预固化可以均匀地挥发薄膜内的部分溶剂，聚酰亚胺酸转变为聚酰亚胺薄膜。预固化后要检查涂布的效果，良品进入主固化，不良品进行返修重新流品。主要的不良现象有针孔或者姆拉（mura）。

主固化是完全转变为聚酰亚胺薄膜。预固化和主固化的工作温度不同，预固化通常工作在 80℃～120℃，主固化温度在 200℃～250℃左右。两者的设备结构类似，均是用热板加热玻璃基板。热板表面温度均匀性很重要，当热板的温度均匀性良好时，基板温度才能够获得均匀的加热。预固化炉热板不同位置的温度差异范围要求小于 2℃，主固化炉热板差异要求小于 10℃。固化炉的设备结构如图 4.11 所示。

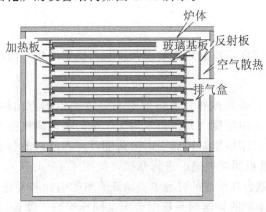

图 4.11　固化炉的设备结构

### 小知识：PI 膜的形成过程

在液晶显示器中，最常用的表面取向层材料是聚酰亚胺 PI，属于有机高分子材料，具有良好的高温性能、涂布性能、机械耐摩擦性能、化学稳定性等。在形成 PI 膜之前为聚酰亚胺酸，英文为 Polyimide Acid，缩写为 PIA。聚酰亚胺酸具有良好的溶解性，可以通过调整浓度和黏度来适应不同的工艺条件。经过高温固化，分子聚合反应后才会形成 PI 膜。PI 膜形成过程示意图如图 4.12 所示。

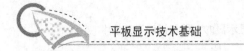

图 4.12 PI 膜形成过程

### 4.2.5 摩擦

在液晶显示器中，取向技术有摩擦取向、偏振紫外光诱发聚合的光取向等。其中摩擦取向是最简单最常用的取向技术。摩擦取向工艺有三步：超声（Ultra Sound，US）清洗、对位、摩擦。

**1. 超声清洗**

超声清洗是利用超声波振动来清洗去除基板上尘埃颗粒的过程。每片玻璃基板在摩擦之前必须经过严格地超声清洗，否则基板上存在的尘埃颗粒在摩擦的时候会造成 PI 层的划伤。

**2. 对位**

对位是根据视角的方向和扭曲角的要求调整基板确定摩擦方向的过程。

**3. 摩擦**

摩擦属于物理过程，是用绒布、毛毡或毛刷等以确定的方向轻轻擦拭固化完全的 PI 膜的过程。工业上一般采用细度均匀、长度均匀、毛的尖端成楔形且耐磨的纤维绒布作为摩擦布，裹在摩擦辊上。摩擦辊旋转到一定的角度后，在电机的带动下高速旋转，同时载台载着带有 PI 薄膜的基板缓慢前进，进行摩擦，如图 4.13(a)所示。摩擦工艺对整个机械设备的精度要求很高。载台在前进的过程中要保证绝对的匀速和平稳，任何微弱的振动都会导致不良品的产生。摩擦辊的转速和平稳度要求也同样很高。摩擦后在 PI 取向层上形成了一定的沟槽和一定的预倾角，如图 4.13(b)所示。摩擦的原理及设备结构如图 4.14 所示。

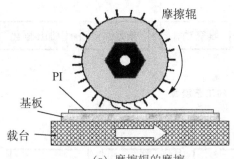
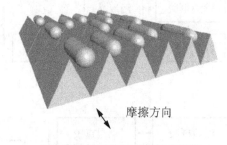

(a) 摩擦辊的摩擦　　　　　　　(b) 液晶分子沿表面沟槽的排列

图 4.13　摩擦辊的摩擦和液晶分子沿表面沟槽的排列

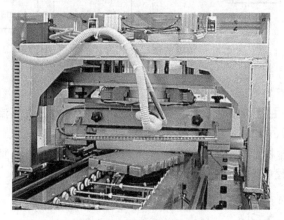

图 4.14　摩擦的设备结构

## 4.3　ODF 工艺

液晶滴下工艺(One Drop Filling 工艺，ODF 工艺)技术经过长时间的开发，成功应用于第 5 代的 TFT 生产线上。现在多数工厂采用的都是 ODF 工艺的制屏工艺。该工艺的液晶填充方式与传统的液晶注入方式不同，是一种新型的液晶滴下方法，适合于大尺寸、高品质的应用。

### 4.3.1　ODF 工艺简介

#### 1. 工艺流程对比

ODF 工艺是用液晶滴下机滴入液晶的，可以形成均一的液晶屏。滴下液晶后，在真空中把涂布有边框胶、滴有高精度量液晶的基板和均匀散布隔垫物的基板通过高精度的对位后贴合在一起，再经过 UV 照射和加热固化边框胶、液晶再取向等工艺技术形成液晶屏。工艺流程如图 4.15 所示。

传统的液晶注入工艺是对制好的液晶盒抽真空，注入口浸入到盛满液晶的液晶槽内，再放大气，利用毛细现象的原理，灌满整个液晶盒。工艺流程图如图 4.16 所示。

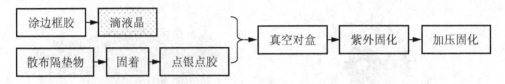

图 4.15 ODF 的工艺流程

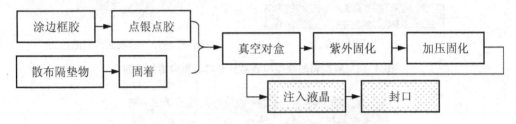

图 4.16 传统的液晶注入方式的工艺流程

**2. ODF 工艺主要设备**

ODF 工艺的设备主要包括边框胶涂布机(Seal Dispenser)、液晶滴下机(LC Dispenser)、散布隔垫物机(Spacer Spray)、隔垫物固着炉(Spacer Cure)、银点胶涂布机(Short Dispenser)、真空对盒机(Vacuum Aligner)、UV 固化机(UV Cure)和边框胶固化炉(Seal Oven)。按照工艺流程的设备示意图如图 4.17 所示。

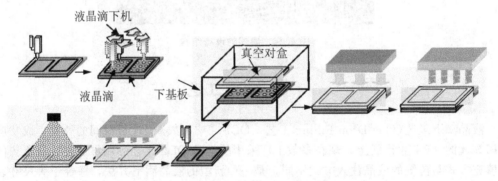

图 4.17 ODF 工艺流程的设备示意图

散布隔垫物及固着可以实现均匀地散布及固着隔垫物；银点胶可以实现上下基板的导通；边框胶能够保证液晶屏的密封性；液晶滴均匀地分布形成均一的液晶盒；真空对盒实现 TFT 和 CF 高精度对位；UV 固化和加热固化实现边框胶的固化，同时实现对液晶进行再取向。

### 4.3.2 散布隔垫物与固着

隔垫物散布和固着是将隔垫物(Spacer)均匀地散布于玻璃基板上并加热固着，以确保形成均一的液晶盒厚。隔垫物有两种类型：一种是球形隔垫物(Ball Spacer, BS)，如图 4.18(a)所示。球形隔垫物是液晶显示器中较早采用的隔垫物类型，具有材料成本低、稳定性高等优点，且液晶量不受隔垫物密度的影响，但是工艺产率低，抗振动能力差。

另一种是柱形隔垫物(Post Spacer，PS)，如图4.18(b)所示。在采用高品质、大尺寸的液晶显示器中开始使用柱形隔垫物。柱形隔垫物设备成本低、工艺流程少、图像质量优良，但是材料成本高，且易产生重力姆拉。

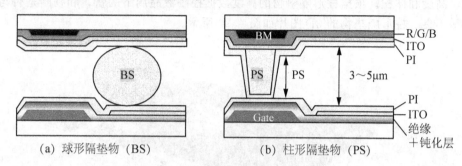

图4.18　球形隔垫物(BS)和柱形隔垫物(PS)

### 1. 球形隔垫物

球形隔垫物采用喷洒的方式散布到基板上，有湿式散布和干式散布两种。湿式散布是将隔垫物均匀地分散在酒精等挥发性液体中，再喷洒到基板上，主要应用于STN液晶显示器制作中；干式散布是利用干燥氮气或空气散布隔垫物，主要应用于TFT液晶显示器制作中。球形隔垫物的干式散布系统工艺流程如下。

步骤一，进料器供给一定量隔垫物，并控制隔垫物散布量，如图4.19(a)所示。隔垫物开封后从投料口放入进料器中，通过回转装置送至压送管口。通过调整管口和转辊的间距可以达到调整散布密度的效果。

步骤二，压送出去的隔垫物在SUS配管中受高速气流的作用，与管壁发生碰撞并带相同极性的静电，充分地分散开，防止结团的情况发生，如图4.19(b)所示。

步骤三，隔垫物通过散布腔室上部的喷嘴经过"Z"字轨迹均匀地散布到玻璃基板上，如图4.19(c)所示。

步骤四，进行隔垫物散布密度、均匀性及结团程度的检查。检查合格后的基板才能送入隔垫物固着炉进行加热固化固定到基板上。检查不合格的基板要进行返修。

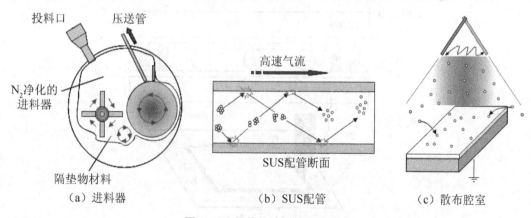

图4.19　隔垫物喷洒的工艺过程

### 2. 柱形隔垫物

高质量、大尺寸液晶显示器中采用的柱形隔垫物，要检查彩膜基板上柱形隔垫物分布的面积、高度和体积。根据柱形隔垫物的高度数据控制液晶滴下的量，和判断是否与彩膜基板接触不良。柱形隔垫物的3D图片如图4.20所示。

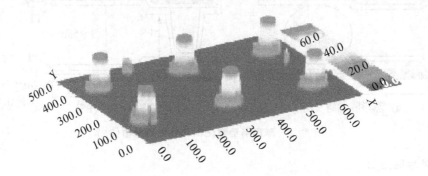

图4.20 柱形隔垫物的3D图片

### 4.3.3 边框胶及银点胶

边框胶和银点胶的涂布位置如图4.21所示。使用边框胶是为了使TFT基板和CF基板紧密黏合，切断液晶分子与外界的接触，并维持上下玻璃基板之间的盒厚。边框胶的主要成分为树脂，有热固化型和光(UV)固化型两种。热固化型粘着强度高，但固化时间长；光固化型粘着强度低，但固化时间短。很多生产线采用两种混合型如5代线。一般在边框胶中混合含有1%以下玻璃丝碱金属氧化物的玻璃纤维来维持液晶盒厚度，如图4.22所示。在一定氮气压力下通过与基板有固定间距的喷嘴涂布在玻璃基板上。

银点胶是一种导电胶，用于连接TFT基板和CF基板的共用电极(COM电极)，使CF基板上的ITO电极导通，主要成份为混入有导电金球，或者混入有Ag和树脂的胶。

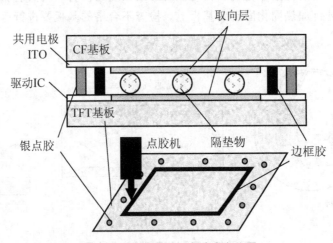

图4.21 边框胶和银点胶涂布位置

第4章 液晶显示器的制屏和模块工艺技术

图 4.22 玻璃纤维

### 4.3.4 液晶滴下

液晶滴下就是在 PI 涂布和摩擦结束的阵列基板或彩膜基板上指定位置滴下一定量液晶的工艺。用液晶滴下机对液晶的吐出和滴下量进行精确的控制，控制原理如图 4.23 所示。

步骤一，阀门处于原点。

步骤二，阀门切换至填充位置，导通液晶瓶和注射器，活塞运动，将瓶里的液晶抽到注射器中。

步骤三，阀门切换至滴下位置，导通喷嘴和注射器。

步骤四，精确的步进马达控制活塞运动，行进一滴液晶量对应的行程，滴出一滴液晶，完成一个工作循环。

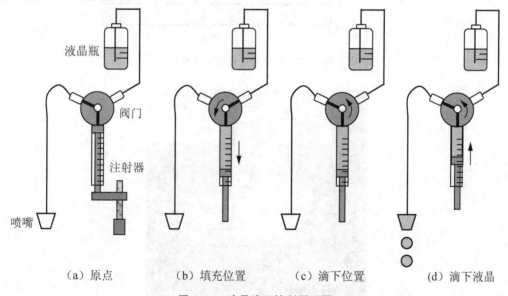

图 4.23 液晶滴下控制原理图

### 4.3.5 真空对盒

ODF工艺中的真空对盒是在真空条件下对阵列基板和彩膜基板进行对准(Alignment)及重叠(OverLay)的。上下两块玻璃基板在载台上的吸附不使用传统的真空吸附方式,而是通过静电吸盘(Electrostatic Chuck,ESC),利用库仑力的作用将两块玻璃基板固定在载台上。静电吸盘的结构示意图如图4.24所示。上面有交指结构的双电极,电极外面是一层聚合物薄膜,厚度约为0.70~1.0mm。ESC静电吸盘上面的正负电极可以与玻璃基板上面的ITO由于库仑力的作用相互吸附,这样基板就可以吸附在带有聚合物薄膜的ESC载台上了。ESC载台的照片如图4.25所示。

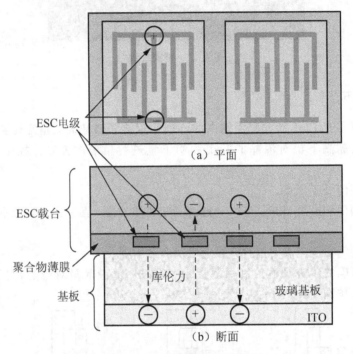

图4.24 静电吸盘结构示意图

图4.25 ESC载台的照片

ESC 载台分别吸附了上下玻璃基板，抽真空后进行对准和重叠，真空度为 $10^{-3}$ Torr。真空对盒的工艺流程如下：步骤一，粗对准上下基板，真空区域的间距为 $100 \sim 200 \mu m$；步骤二，细对准上下基板，让基板几乎接触；步骤三，真空腔体内部解除真空，上基板接触静电吸附解除，上下基板重叠在一起。由于基板内部是真空的，在外部大气压力的作用下上下玻璃基板紧密贴合在一起，如图 4.26 所示。

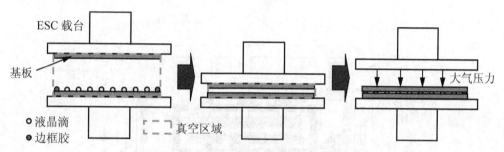

图 4.26　ODF 工艺真空对盒的工艺流程

### 4.3.6　紫外固化和加热固化

固化包括紫外固化和加热固化，分别对边框胶固化，保证很好地密封两片玻璃基板并紧密地粘接起来。紫外固化时采用的紫外光会对液晶、取向膜、TFT 产生不良影响，因此在照射时需要在制品基板和 UV 光之间加 UV 掩膜板，保护液晶屏显示区域不受 UV 光的照射，只在边框胶的部分留开口让 UV 光通过，如图 4.27 所示。紫外固化使用发射平台倾斜紫外扫描的方法固化，固化面积扩大，固化的可靠性高，减少液晶的污染。边框胶热固化是将基板加热到封框胶的固化温度让液晶超过清亮点，从而达到边框胶热固化和液晶再取向的双重目的。

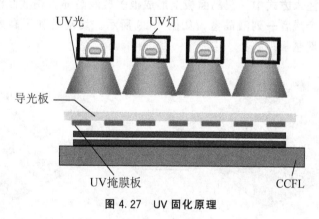

图 4.27　UV 固化原理

## 4.4　传统的液晶注入工艺

### 4.4.1　真空对盒

在传统的液晶注入工艺中，真空对盒是将涂有边框胶的基板和散布有隔垫物的基板在真空中经过对位后贴合在一起，设备结构如图4.28所示。

上下两片基板通过机械手臂送入设备中，由上下基板台吸着控制住。关闭真空腔室，上基板台静电吸盘加电压开始抽真空。接着进行粗对位和微对位。微对位完成后，上基板台下降进行贴合，贴合时的压力由设备来控制，一旦接触后关闭基板台静电吸盘的电压，进行大气开放。最后进行UV点照射，以防止在搬送过程中发生基板的错位。

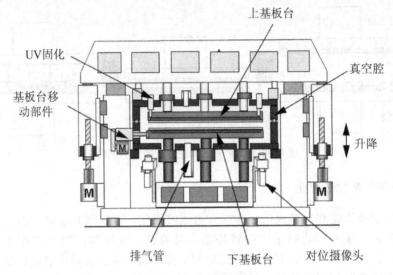

图4.28 对盒的装置结构

### 4.4.2 液晶注入

在传统的液晶注入方式中，液晶面板上形成很多粒液晶屏。在液晶注入前，需要通过切割工艺分离成单个或者一列液晶盒，如图4.29所示。切割是利用高渗透刀轮以一定的压力和速度切割玻璃基板。

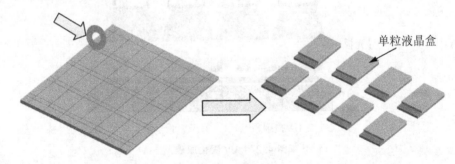

图4.29 切割的目的

液晶注入是在真空的状态下将液晶利用毛细现象的原理注入液晶盒内。有两种方法：针头式注入及浸泡式注入。针头式注入是将空盒抽真空后，用针头粘上液晶置放在封口处，使液晶完全覆盖封口处，之后通过气压将液晶充入盒内。该种方式液晶用量节省，适用于封口小的产品，但注入时容易产生气泡。

浸泡式注入是将空盒放置在注入室抽真空，盒中的空气被抽出，使注入口接触液晶，再向真空室内充气,液晶在外界气压作用下被充入空盒内,如图 4.30 所示。液晶用量多,适用于任何大小的封口,注入液晶时产生气泡少。

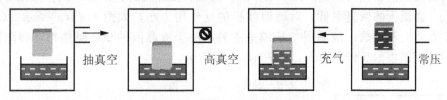

图 4.30 浸泡式液晶注入的原理

### 4.4.3 封口

注入完液晶的液晶屏要用封口材料将注入口封堵住。封口工艺有两种:一种是加压封口,让液晶盒内的液晶受热膨胀或受压力从盒内排出一少部分的液晶,然后点封口胶,让胶少量收缩再将胶固化,如图 4.31(a)所示。其设备复杂,但盒的均匀性好。另一种是减压封口,先用封口胶把封口封住。然后冷冻使液晶收缩,让封口胶恰当地收缩入封口内,再通过光或热的作用使其本身发生化学交联或聚合作用,形成牢固的封口。其操作简单,成本低,但盒均匀性差,如图 4.31(b)所示。

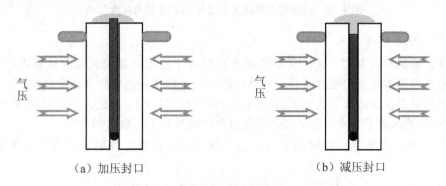

(a) 加压封口　　　　　　　　　(b) 减压封口

图 4.31 传统液晶注入方式的封口方法

### 4.4.4 再取向

液晶屏注入液晶之后通常液晶的排列取向达不到要求,需要进行再排列,称为再取向。将液晶盒放入加温箱内,在一定的温度下保持一定时间(如 30 分钟),依靠加热使液晶分子之间相互作用而调整液晶分子指向矢的排列状态,最后实现液晶屏内液晶分子按摩擦方向整齐规则地排列。

### 4.4.5 ODF 与传统液晶注入方式的比较

**1. 液晶填充原理**

传统的真空液晶注入方法利用的毛细现象和内外压力差将液晶注入盒内。液晶注入时间很长,盒厚越窄,液晶流动阻力越大,注入越困难;而 ODF 工艺利用的液晶滴填充的方法时间短、效率高。

## 2. 成盒方式

传统的真空液晶注入成盒采用热压方式,液晶屏受加压封口的影响大;热压时隔垫物变形量大,高温下的恢复率低,对玻璃基板的反作用力小,如图4.32(a)所示。ODF工艺,真空对盒时不加热,液晶屏的压缩率主要取决于液晶滴的量,隔垫物能够跟随着变形,但对玻璃基板的反作用力大,如图4.32(b)所示。

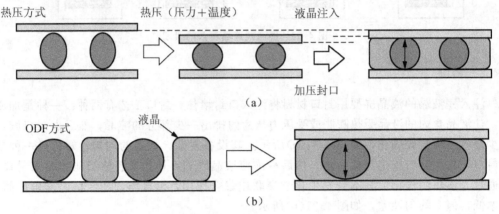

图4.32 传统的液晶注入工艺与ODF工艺的成盒区别

## 3. 封口和再取向

传统的液晶注入方式,注入后必须要进行封口才能把液晶密封在液晶屏内;而ODF方式的液晶滴下方式不需要注入口,对边框胶热压直接把液晶密封在液晶屏内。

传统的液晶注入方式,为达到再取向的目的往往在封口后再放入加温箱内再取向;而ODF方式的液晶滴下方式,边框胶热固化过程同时起到了再取向的作用。

总之,ODF工艺与传统液晶注入工艺原理不同,在产品性能及成本上有很大差别,见表4-1。

表4-1 ODF工艺与传统液晶注入工艺的对比

| 项目 | 液晶滴下(ODF)工艺 | 传统液晶注入工艺 |
| --- | --- | --- |
| 成本 | 液晶利用率高,设备及动力投入降低 | 液晶材料浪费多 |
| 工艺 | 工序减少一半,生产时间缩短 | 脱泡容易,高真空注入工艺复杂 |
| 产品 | 液晶用量精确,盒厚均匀,可以更薄,不受面板尺寸、取向膜性质限制 | 液晶污染小,边框胶接触强度高,玻璃的收缩/膨胀,导致错位 |
| 其他 | 实现全线的自动传送 | 全线自动化传送困难,不良反馈慢 |

## 4.5 切割工艺

在LCD制造工艺中切割工艺包括切割和倒棱。作用有:①去除短路环;②去除棱角处的玻璃毛边的细小裂纹,使玻璃的强度均匀;③棱角光滑,组装模块时边缘不易破损,且不会使柔性电路等造成划伤或破损,如图4.33所示。

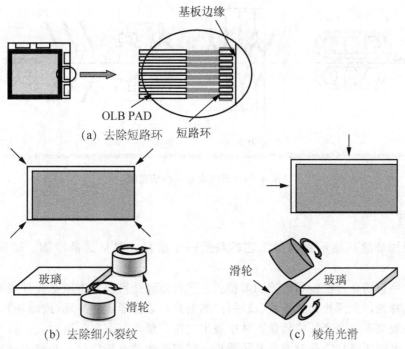

图 4.33 切割工艺的作用

切割就是利用高渗透刀轮以一定的压力和速度切割玻璃基板,在 C/F 和 TFT 贴合后的屏指定位置露出 PAD 电极,形成一个个独立的液晶屏。高渗透刀轮接触玻璃,使玻璃产生裂纹。由于玻璃压缩力的作用产生了肋状裂纹(Rib Mark),然后在玻璃内部张力作用下裂纹向下延伸产生平直的垂直裂纹(Median Crack)和水平裂纹(Lateral Crack),垂直裂纹生长到基板厚度的 80%~90% 使玻璃断裂。

切割后要进行倒棱。倒棱就是待加工的屏吸附在工作载台上,随着载台的移动与高速旋转的滑轮进行接触研磨。主要研磨玻璃基板的台阶处,防止产品在后续生产和使用过程中对外部连接物或人员造成伤害。研磨轮共有 4 个,向内移动分别研磨产品的边的 4 个上下面(可设定选择需要研磨的面);研磨后,转向 90°,研磨另外两边的 4 个上下面。

## 4.6 贴片工艺

贴片工艺就是在切割后的液晶屏外面要贴上偏振片,包括清洗、贴片、加压消泡等工艺。

### 4.6.1 清洗

清洗是在倒棱后和贴偏振片前,用摩擦带和去离子喷射水对面板上下表面自动清洗,用风干装置吹干。去除液晶屏表面残留的脏污,胶体、玻璃碎屑、纤维、颗粒等异物。洗净后的屏表面无脏污,不会残留超过 $30\mu m$ 的研磨粉粒或异物,且无划伤、刮痕和水滴等,保证后续贴偏光片的质量。清洗机主体部分主要由:传送滚轴、研磨带部分、高压喷淋部分、最终冲洗部分、风刀等单元组成,如图 4.34 所示。

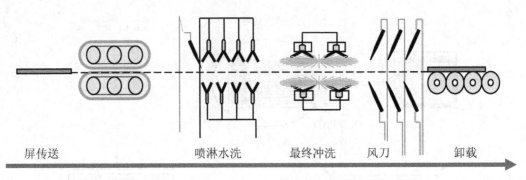

图 4.34 清洗设备结构示意图

### 4.6.2 贴片

贴偏振片是液晶显示器制屏工艺的最后一个阶段,包括成品检测、贴偏振片和包装等。

成品检测包括光台检验和电测图形检验。光台检验是目视检查液晶盒外观质量。根据液晶的旋光特性,在两片相互垂直(或平行)的偏光片之间形成的亮场(或暗场),通过检验人员的肉眼观察来检查产品的质量,从中挑出内污、指印、漏气、取向差、封口污染等废品的过程。电测图形检验是对液晶显示器加上交流驱动的电压信号,观察实际显示状态是否合格正常的过程。检查合格的液晶盒要贴偏光片。将偏光片贴附液晶屏上下面起偏光作用,使自然光变成线偏振光。

偏光板贴附机是用滚轮自动完成贴附和自动剥离偏光板的保护膜,如图 4.35 所示。外污和气泡发生率要降到最低,发生外污或其他坏品时用独立偏光板返工机进行返工。

在液晶盒两面贴上偏光片,完整的液晶显示屏就制成了。

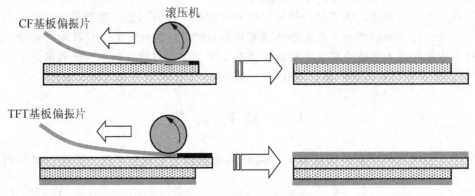

图 4.35 贴偏振片的过程

### 4.6.3 加压消泡

贴片完成后,偏光片和玻璃基板之间有微小气泡,要利用设备消除小气泡,同时增加偏振片的粘附性,如图 4.36 所示。用特殊的工具将贴完偏振片的液晶屏碾压一下或用加压设备进行加压处理,消除偏光片与玻璃之间的气泡。加压消泡的过程是将贴片后的玻璃

## 第4章 液晶显示器的制屏和模块工艺技术

基板放入密闭的环境(通常是锅炉状腔体),利用高压(5kgf/cm²)并加一定的温度(50℃左右)维持一定的时间(20~40分钟)可以消除小气泡,还可以增强玻璃面板与偏光片间的粘附性。

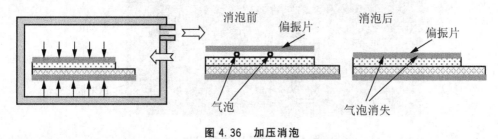

图 4.36 加压消泡

## 4.7 液晶显示器的模块工艺简介

液晶显示器在完成了制屏工艺后,还需要绑定驱动电路等部件才能实现显示。将液晶屏、驱动电路、柔性线路板(FPC)、印刷电路板(PCB)、背光源、结构件绑定组装在一起的工艺称为液晶显示器的模块工艺,又称为模组工艺。根据绑定驱动 IC 方式的不同,液晶显示模块工艺又可以分为:COB 工艺、TAB 工艺、COG 工艺和 COF 工艺。

**小提示**:模块工艺常用英文缩写的含义

COB:Chip On Board,驱动 IC 绑定在印刷电路板上。
TAB:Tape Automated Bonding,窄带驱动 IC 自动绑定。
COG:Chip On Glass,驱动 IC 绑定到基板上。
COF:Chip On Film,驱动 IC 绑定到柔性线路板上。
ACF:Anisotropic Conductive Film,各向异性导电胶膜。
FPC:Flexible Printed Circuit,柔性线路板(是 PCB 的一种)。
PCB:Printed circuit Board,印刷电路板。
TCP:Tap Carrier Package,带载封装包。

### 4.7.1 COB 工艺

COB 工艺是一种将驱动 IC 的裸芯片用粘片胶直接贴在 PCB 板指定位置上的模块工艺,如图 4.37 所示。通过焊接机用铝线将液晶屏的外引线与 PCB 板电极焊接起来,再用黑胶将液晶屏电极与铝线封住固化,实现液晶屏电极与 PCB 板电极之间的机械连接。该工艺包含有粘片、固化、压焊、测试、封胶、固化和测试等工序。COB 工艺采用小型裸芯片,设备精度较高,用以加工线数较多、间隙较细、面积要求较小的 PCB 板。芯片焊压后用黑胶固化密封保护,使焊点及焊线不受到外界损坏,可靠性高。但损坏后不可修复,只能报废,在液晶显示模块工艺中逐步被代替。

### 4.7.2 TAB 工艺

TAB 工艺是将封装有驱动 IC 的柔性电路 TCP 的两端用各向异性导电胶 ACF 分别固

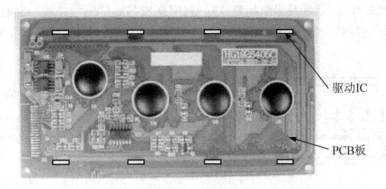

图 4.37 绑定 IC 的 PCB 板

定在印刷电路板 PCB 和液晶屏上，把两者连接起来的一种模块工艺，又称为窄带驱动 IC 自动绑定技术。在传统的液晶显示器中，液晶屏与驱动 IC、PCB 的连接大多使用 TAB 工艺的连接方式。封有驱动 IC 的柔性电路板称为 TCP，呈胶卷状，又称为带载封装包，如图 4.38 所示。TCP 是一种集成电路的封装形式。

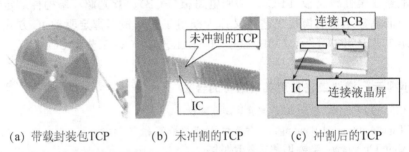

图 4.38 带载封装包 TCP、未冲割的 TCP 及冲割后的 TCP

TAB 工艺主要包含 ACF 热压、冲割、对位检查、热压粘接、焊接和检测工序，如图 4.39 所示。TAB 工艺流程是：①ACF 热压，在 TCP 的一侧用一定温度、压力、时间内热压上一层各向异性导电膜 ACF；②冲割，将卷盘上的 TCP 一个个分离冲断；③热压粘接，将切下来的 TCP 通过 ACF 热压粘接到液晶屏基板的外引线电极端；④焊接，将 PCB 的电极端热压上一层 ACF，然后将 PCB 焊接到 TCP 的另一端。

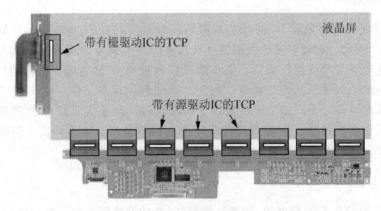

图 4.39 采用 TAB 工艺的液晶显示模块

TAB 工艺可减小液晶显示模块的重量、体积，安装方便、可靠性较好。但液晶屏的外引线连接处容易受损断裂，造成液晶屏与驱动 IC 的连接处接触不良。

## 4.8 COG 工艺

COG 工艺是采用各向异性导电薄膜 ACF 和热压焊工艺将精细间距的驱动 IC 直接绑定到液晶屏上的工艺，是比 COB 和 TAB 工艺更先进的工艺技术，具有绑定工艺简便、易于小型化等特点，特别适用高密度、大容量的液晶显示模块。COG 工艺适用于 STN-LCD、彩色 STN-LCD 及 TFT-LCD，具有广阔的发展前景。

### 4.8.1 COG 工艺连接原理

COG 工艺中驱动 IC 粘贴到液晶屏外引线很小的面积上，输出端与液晶屏的外引线电极直接相连，输入端与电极焊盘(Pad)左端连接，并用黑胶将驱动 IC 封住固化。柔性线路板(FPC)的左端与连接电极焊盘的右端、印刷电路板 PCB 与 FPC 的右端通过热压连接在一起。结构示意图和实物照片如图 4.40 所示。

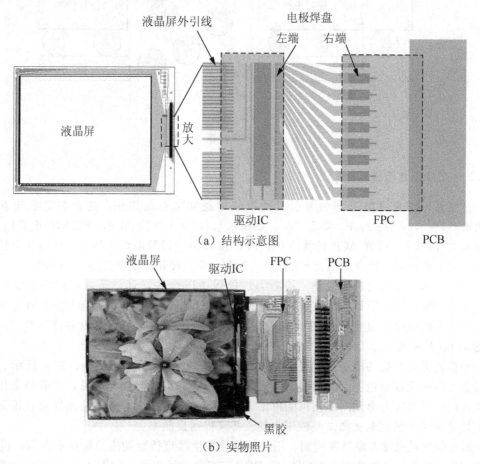

图 4.40 结构示意图和实物照片

COG工艺中各种连接组件是依靠各向异性导电胶膜(ACF)连接起来的。各向异性导电胶膜是将细微的金属粒子(镍Ni、焊剂等)或外部镀有金属的塑料小球的导电粒子分散在树脂粘着剂材料中,并以薄膜形式存在的一种胶膜,可当作双面胶看待。

ACF有热固化型,还有热可塑型。将ACF粘贴在要导通的电极和电极之间,在适当的压力、温度、时间下聚合物树脂开始流动,导电粒子则夹在组件电极与电极之间起导通的作用。由于导电粒子的粒径大小一定和添加量有限,电极和相邻的电极之间无法接触绝缘不导通,原理如图4.41所示。其具有在垂直方向导电,而在水平方向绝缘的性质。ACF的压合温度低于200℃,工艺简单,产率高,绿色环保。

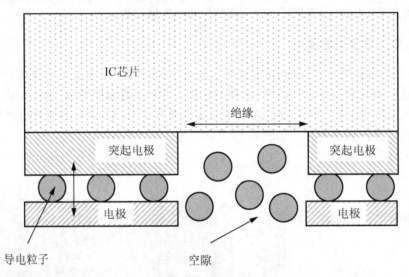

图4.41 ACF连接的原理

### 4.8.2 COG工艺流程

首先将ACF贴在液晶屏的外引线处提供导通和黏合的作用,接着绑定驱动IC,如图4.42(a)所示;再贴ACF,绑定FPC,如图4.42(b)所示。贴ACF,绑定印刷电路板PCB,如图4.42(c)所示。这样ACF把驱动IC、FPC和PCB通过导电粒子导通,从而让电流信号导通;ACF在一定的温度、压力下控制压合时间,聚合硬化提供足够的工作强度。

各组件绑定完成后进行检测。检测绑定过程中压合的好坏,同时要检测玻璃基板厚度、尺寸、平坦度等项目,检查玻璃的外观上是否有刮伤、阴影或表面上是否有任何的变化。还要用钠灯进行显色性色差检查,检查是否有彩膜正反面的不均匀性姆拉(Mura),如图4.42(d)所示。

经检测绑定合格的模块要组装上背光板、背光源及铁框等,如图4.42(e)所示。最后进行老化测试及成品检测。老化测试的目的是检查液晶屏可能性的故障,一般经老化测试后通过的液晶屏在寿命期间就不可能再出现问题了。出于效率考虑,液晶屏面板很薄,稍有不慎将破碎,因此老化测试要使用自动设备来提高良品率。

成品检测是通过人眼目视检测。用一组信号发生器直接驱动液晶屏显示图像,进行20多组画面的检查,主要检查是否有坏点、RGB三基色是否正常,如图4.42(f)所示。最后在恒温恒湿机内部,LCD显示屏要经过边发光边接收检查的温度湿度检测及耐压抗撞击测试。

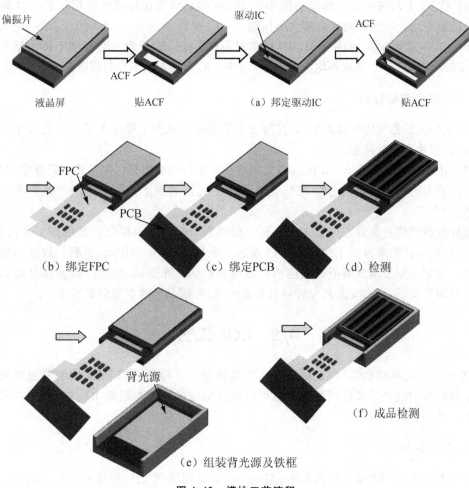

图 4.42 模块工艺流程

### 4.8.3 COG 工艺技术要点

COG 产品多为高密度产品，液晶屏与驱动 IC 连接处布线较密，要求 COG 的加工精度要足够高。液晶屏外引线的 Pitch 值(线宽加线间距)一般在 $50\mu m$ 以下，IC 接口线一般在 $40\mu m$ 以下。目前，国内已有部分厂家液晶屏的 Pitch 值控制在 $20\mu m$，意味着外引线或线间隙的加工精度已达到 $10\mu m$ 左右。

为满足高精密产品的要求，COG 工艺要满足以下条件。

（1）绑定驱动 IC 时，要求 IC 对位标志与液晶屏上的对位标志吻合。

（2）需用无尘布沾溶剂清除液晶屏外引线上的异物，再用紫外灯照射清除外引线上的有机物。

（3）要注意 ACF 的储存条件、有效使用时间、热压温度和压头的压力。ACF 从冰箱中取出后需在室温条件下放置 1 小时后使用。

（4）液晶屏需严格测试，必须严格控制外引线处的断路和短路，防止废品漏测造成材料浪费及品质不良。

(5) COG 工艺在外引线的线间隙小于 15μm 时，要增加涂覆绝缘层工艺，以避免短断路、显示不均、串扰和功耗电流大等问题。

(6) COG 成品必须 100% 检测，COG 常见不良品有：IC 异物、IC 压痕不良、ACF 贴附不良、IC 对位偏移、IC 厚度不均、IC 破裂/刮伤、IC 突出电极不良等都需要检测出来。

### 4.8.4 COG 工艺的特点

(1) COG 工艺直接将驱动 IC 芯片绑定到液晶屏上减少了焊接工艺，工艺简化，不存在驱动 IC 芯片变形的问题。

(2) 体积比 COB(Chip On Board)大大缩小，更易于小型化、简易化和高度集成化。

(3) 该工艺将柔性印刷电路 FPC 也直接绑定到液晶屏上，可广泛用于体积小的便携式产品。

随着便携式信息显示正向低工作电压、低功耗、轻薄、小型化、彩色显示方向发展，COG 工艺技术近年来得到了前所未有的发展。手机、PDA、MP3、手表、数字电话、智能电话、笔记本用显示屏等便携式应用产品越来越多，在驱动 IC 生产商及液晶显示器生产商的共同推动下，COG 工艺今后将会是驱动 IC 与液晶屏的主要绑定技术。

## 4.9 COF 工艺

COF 工艺是将驱动 IC 绑定到一个柔性电路板上，再用 ACF 将柔性电路板连接到液晶显示屏的外引线处，其他周边组件也可以高度集成的方法与驱动 IC 一起绑定在柔性电路板上，是一种新兴技术。

### 4.9.1 COF 的结构

COF 的结构类似于单层板的柔性电路板 FPC，是驱动 IC 的一种封装技术，如图 4.43 所示。在基层的聚合物薄膜上配制上铜线电路构成的柔性电路板作为驱动 IC 的载体。通过热压把驱动 IC 上的金凸块与柔性线路板上的铜线电路进行绑定连接起来。外面涂上绝缘的填充材料保护驱动 IC，增强 IC 的强度。COF 使用的铜线很细、很薄，其柔韧性远优于 FPC。

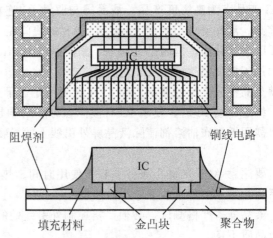

图 4.43 COF 的结构示意图

## 4.9.2　COF 工艺流程

COF 工艺完整的模块结构如图 4.44 所示。用各向异性导电胶 ACF 把液晶屏外引线和带有驱动 IC 的柔性电路板 COF 的外引脚连接起来。内引脚可以采用传统的焊接方式，或者插头方式连接到控制信号的印刷电路板上。其他周边组件采用回流焊接的方法焊接到 COF 上。

COF 的工艺流程为：用浇注法制作无胶柔性铜箔层压板、制作精细线路、涂覆焊接层、焊盘镀 Ni/Au、安装驱动 IC、回流焊接周边无源组件、绑定液晶屏等工艺。其中难度最大的工艺是制作精细线路和安装驱动 IC。

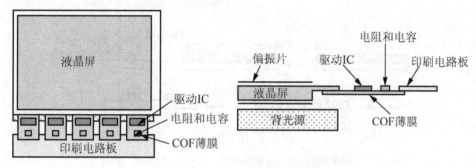

图 4.44　COF 工艺的模块示意图

**1. 制作无胶柔性铜箔层压板**

在 TAB 工艺中，采用的是传统的 3 层有胶柔性铜箔层压板，中间层为改性环氧或者丙烯酸粘接剂，耐热性和尺寸稳定性不好，且粘接剂中的离子杂质使线路间的绝缘电阻降低，无法满足高精度布线的要求。

在 COF 工艺中，大多采用的是两层无胶柔性铜箔层压板，仅采用聚酰亚胺膜和铜箔两层结构，中间没有粘接剂，具有可靠性高、尺寸稳定、绝缘电阻稳定、耐热性和耐化学腐蚀性高的优点，产品更轻、更薄。

**2. 制作精细线路**

随着驱动 IC 上的线间距减小和输入输出线数的增加，对柔性线路板上的精细线路图形的要求也在增加。引线的线宽从 2001 年的 $22.5\mu m$ 发展到 2005 年的 $15\mu m$，这种趋势仍在持续下降。COF 工艺中制作精细线路的方法有 3 种：减层法、半加层法、加层法。

减层法是传统的柔性电路制作方法，就是在铜箔上涂上光刻胶，然后通过曝光、显影、刻蚀、去胶形成所需要的线路图形，工艺流程如图 4.45(a)所示。由于铜箔偏厚，伴随着侧向刻蚀以及光刻胶分辨率和光刻胶散射的影响，使得减层法制作的线宽极限在 $20\mu m$。要获得更细的线宽，必须降低铜箔的厚度，缩短刻蚀时间，减小侧向刻蚀，无疑增加了工艺的难度。

半加层法采用 $5\mu m$ 厚的薄铜箔作为衬底材料，也可以采用常规的铜箔通过刻蚀减薄后作为衬底材料。采用同减法层的光刻工艺后，增加一层金属电镀层，称为图形电镀，然后再去胶和刻蚀，工艺流程如图 4.45(b)所示。半加层法避免了由于光刻胶过厚导致的光线散射对线路图形的不良影响，能制作出 $20\mu m$ 以下的线宽，是一种比较有前途的方法。

加层法是在聚酰亚胺的绝缘衬底上直接加工而成的电路图形，工艺流程如图 4.45(c) 所示。①聚酰亚胺制作到金属箔衬底上，用溅射的方法制作一层 Cr/Cu 薄膜，Cr 薄膜的作用是增加聚酰亚胺层和铜层之间的附着力，防止铜层在后面工艺加工中脱落；②涂胶、曝光、显影后形成光刻胶图形；③蒸镀 Cu/Ni/Au 后去胶，形成 Cu/Ni/Au 图形；④湿法刻蚀 Cr/Cu 薄膜图形。加层法可以制作出线宽为 3μm 的线路，并且可以运用厚的光刻胶把线路的厚度做大，抑制线路过细，电阻增大的问题。但工艺复杂，设备成本高。

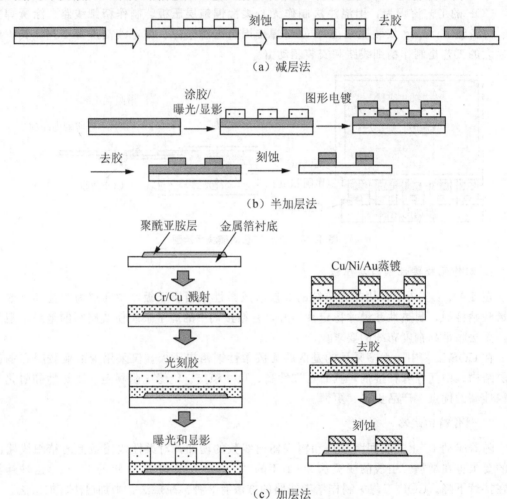

图 4.45 制作精细线路的工艺流程

3. 安装驱动 IC

安装驱动 IC 是 COF 工艺中一个关键的工艺，主要有 3 种连接方式：金－锡共晶连接工艺、各向异性导电胶（ACF）连接工艺、非导电胶连接工艺。

金－锡共晶连接工艺就是将驱动 IC 芯片上的金凸块与柔性电路上镀有锡的内引线通过加热加压法接触，在接触面上形成金－锡的共晶体实现连接的目的。其温度较高（325℃～330℃），现在采用较多的是 400℃，容易出现短路或者漏电，适用于线宽 20μm 以上的连接。

各向异性导电胶(ACF)连接工艺是将 ACF 贴于驱动 IC 的金凸块和柔性线路板之间导电连接的,仍然是 COF 工艺中主要的连接方式。

非导电胶连接工艺是利用树脂硬化收缩实现驱动 IC 和柔性线路电极的直接接触,达到电路导通的作用的。采用高温短时间固化的材料,如 20s,150℃～250℃,利用树脂硬化后的机械性质维持电极间接触导通所需要的压迫力量。该工艺要求驱动 IC 芯片的金凸块高度的平整性非常好,限制了该工艺的使用。

### 4.9.3 COF 工艺的特点

现今的电子产品,尤其是手携式产品,越来越趋向于向体积小、重量轻、功能多等方向发展。新的材料及模块工艺技术也不断推陈出新,COF 工艺就是在这个基础上发展起来的。非常适用于小尺寸面板,如手机或 PDA 等液晶显示产品的应用。

#### 1. 轻薄短小

COF 工艺在 COG 工艺和 TAB 工艺的基础上将液晶屏的驱动 IC 直接绑定到柔性电路板上,具有重量轻、柔韧度好、集成度高、可微细化、高量产以及高稳定的特性;非常薄,衬底厚度仅为 0.02mm,重量轻,适合便携使用;能使带背光源的液晶显示模块厚度降为 4.5mm 甚至更薄;柔韧的材料,能弯折 180°,以及卷对卷的生产特性,设计灵活性更高,是其他传统的模块工艺所无法达成的。随着 COF 材料和设备的商业化,毋庸置疑,COF 将成为便携显示器的未来之星。

#### 2. 适应于更大的分辨率

现在液晶显示器的多种模块工艺中,COG 及 COF 工艺能够做到体积较小、重量较轻。受到液晶屏布线的限制,COF 工艺的驱动 IC 芯片不占据液晶屏面积,同样大小的面板在 COF 工艺要比 COG 工艺更适合高分辨率的显示,如图 4.46 所示。

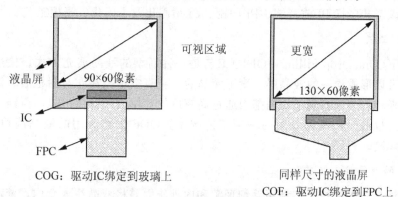

图 4.46 COF 工艺比 COG 工艺更适合高分辨率的显示

#### 3. 线间距很细

COF 工艺与传统的窄带驱动 IC 自动绑定的 TAB 工艺非常相似。由于 TAB 工艺要制作悬空引线,在目前线间距非常细、高引线密度的情况下,这种极细的悬空引线由于强度不够很容易变形甚至折断。COF 工艺没有这方面的问题,可以将线宽及间距做到非常精细,可以做到 35μm 的线距(pitch)。

#### 4. 节省空间

COF 工艺的驱动 IC 及周边组件都直接绑定在柔性线路板上，可节省 PCB 或者 FPC 的空间及厚度，成本也低，能承受回流焊接。设计时温度补偿或调压器等周边组件可随意安放在模块上。此外，输入线数大大减少了。

总之，COF 工艺除了可以连接液晶屏外，还可以承载驱动 IC 和周边组件，使产品更加轻薄。目前 COF 技术已经成功应用到手机、笔记本等液晶显示产品中，很快将成为未来市场的主流。COF 工艺解决了 COG 工艺在绑定中造成玻璃基板变形、难返修的困难；并且解决了 TAB 工艺采用 3 层有胶基板，柔韧性和稳定性差的问题，很可能成为取代 TAB 工艺和 COG 工艺的下一代模块工艺。产品也会从手机等小尺寸发展到各种大尺寸上，甚至应用到等离子体面板和未来的有机发光显示中。另外，在 COF 工艺中可以在柔性电路板上绑定不止一个驱动 IC 芯片，进一步提高封装密度。卷带式生产方式，可以大幅度节约成本，提高产率，减少人为操作误差，使 COF 生产迈上一个新台阶。

## 本 章 小 结

液晶显示器可以分成有源矩阵和无源矩阵两大类。本章从制作方法上重点讲述了制作一个完好的液晶屏的制屏工艺流程、技术方法及设备原理，同时讲述了将液晶屏、驱动电路、柔性线路板(FPC)、印刷电路板(PCB)、背光源等组件绑定组装在一起的模块工艺流程、技术方法及设备原理。

1. PI 取向工艺

在液晶显示器中为使液晶分子有规律地排列，要在彩膜基板和阵列基板上形成均匀的一层表面取向层，最常用的取向材料是聚酰亚胺(PI)。经过摩擦使 PI 层具有统一的取向和预倾角。该工艺包括 PI 前清洗、PI 印刷、PI 预固化及主固化、摩擦工艺。

2. ODF 工艺

液晶滴下(One Drop Filling，ODF)工艺是一种新型的液晶填充方式。使用液晶滴下机滴入液晶可以形成均一的液晶屏。滴下液晶后，在真空中把涂布有封框胶、滴有高精度量液晶的基板和均匀散布隔垫物的基板通过高精度的对位后贴合在一起，再经过 UV 照射和加热固化边框胶、液晶再取向的一项工艺技术。ODF 工艺利用的液晶滴填充的方法，时间短、效率高。

3. 传统的液晶注入工艺

传统的液晶注入方法工艺利用毛细现象和内外压力差将液晶注入盒内，液晶注入时间很长。盒厚越窄，液晶流动阻力越大，注入越困难。先制作液晶屏空盒，再对制好的液晶盒抽真空，注入口浸入到盛满液晶的液晶槽内再放大气，利用毛细现象的原理，灌满整个液晶盒。

4. 切割工艺和贴片工艺

切割工艺就是将液晶屏指定位置露出电极，切割形成一个个独立的液晶屏，并且进行倒棱形成棱角光滑的液晶屏。最后在液晶屏的外面贴上偏振片的工艺。

## 第4章 液晶显示器的制屏和模块工艺技术

### 5. COB 工艺和 TAB 工艺

液晶显示器在完成了制屏工艺后，要组装成模块。根据绑定驱动 IC 方式的不同，液晶显示模块工艺又可以分为：COB 工艺、TAB 工艺、COG 工艺和 COF 工艺。

COB 工艺是一种将驱动 IC 的裸芯片用粘片胶直接贴在 PCB 板指定位置上的模块工艺，由于损坏后不可修复，只能报废，在液晶显示模块工艺中逐步被代替。

TAB 工艺是将封装有驱动 IC 的柔性电路 TCP 的两端用各向异性导电胶 ACF 分别固定在印刷电路板 PCB 和液晶屏上连接起来的一种模块工艺。在传统的液晶显示器中，液晶屏与驱动 IC、PCB 的连接大多使用 TAB 工艺的连接方式。

### 6. COG 工艺

COG 工艺是采用各向异性导电薄膜 ACF 和热压焊工艺将精细间距的驱动 IC 贴直接绑定到液晶屏上的工艺，是比 COB 和 TAB 工艺更先进的工艺技术，工艺简便、易于小型化等特点，特别适用于高密度、大容量的液晶显示模块，具有广阔的发展前景。

### 7. COF 工艺

COF 将驱动 IC 绑定到有一个柔性电路板上，再用 ACF 将柔性电路板连接到液晶显示屏的外引线处。其他周边组件也可以高度集成的方法与驱动 IC 一起绑定在柔性电路板上，是一种新兴的模块工艺技术。目前 COF 技术已经成功应用到手机、笔记本等液晶显示产品中，很快将成为未来市场的主流。

## 本章习题

一、填空题

1. PI 层有两个主要的作用：_____ 和 _____。
2. 向列相液晶材料接近基板表面的液晶分子通常展现出 3 种取向方式：_____、垂直取向和 _____。
3. 常用的 PI 层涂布的方式采用 _____ 方式。
4. ODF 工艺中的真空对盒采用的是 _____ 的作用将两块玻璃固定到载台上的，上面有 _____ 双电极。
5. 切割工艺包括 _____ 和 _____，其作用有：①去除 _____；②去除棱角处的 _____，使玻璃的强度均匀；③ _____。
6. FPC 是 _____ 板，PCB 是 _____。
7. 安装驱动 IC 是 COF 工艺中一个关键的工艺，主要有 3 种连接方式：金－锡共晶连接工艺、_____、_____。其中 _____ 仍然是 COF 工艺中主要的连接方式。
8. COG 工艺直接将 _____ 绑定到液晶屏上，减少了焊接工艺，工艺简化。
9. COG 工艺中 FPC 和液晶屏电极间依靠 _____ 连接起来。
10. 在液晶屏工艺中，_____ 可以防止液晶分子的反倾斜。

二、判断题

1. 有源矩阵电极都作在阵列基板一侧，彩膜基板上的 ITO 只是共用电极，在整个基板上是一个完整的 ITO，没有图形光刻工艺。　　　　　　　　　　　　　　　　（　　）

2. PI 印刷后，溶剂尚未挥发完全，PI 的分子仍是聚酰亚胺酸，还没有形成所需要的聚酰亚胺的聚合物。（  ）

3. TAB 和 COF 工艺类似，采用的都是传统的 3 层有胶柔性铜箔层压板。（  ）

4. COG 及 COF 工艺都能够做到体积较小、重量较薄。但 COG 工艺要比 COF 工艺更适合高分辨率的显示。（  ）

5. 在 COG 工艺中，FPC 和 PCB 之间是依靠液晶屏上的电极连接起来的。（  ）

6. 在 COG 工艺中驱动 IC 的一端与液晶屏相连，另一端与 FPC 相连。（  ）

7. 各向异性导电胶具有水平方向导电，垂直方向不导电的特点。（  ）

8. ODF 工艺，真空对盒时不加热，隔垫物能够跟随着变形，对玻璃基板的反作用力大。（  ）

9. 浸泡式注入是利用毛细现象的原理注入液晶的。（  ）

10. 银点胶是一种导电胶主要成分是混入有导电金球，或者混入有 Ag 和树脂的胶。（  ）

三、名词解释

制屏工艺、模块工艺、COB 工艺、TAB 工艺、COG 工艺、COF 工艺、再取相、倒棱

四、简答题

1. 简述 ODF 的工艺流程。
2. 简述隔垫物的种类及优缺点。
3. 简述传统的液晶注入方式的工艺流程。
4. 简述银点胶和边框胶的作用。
5. 简述 ACF 的作用。
6. 简述 COF 的结构。
7. 简述 COF 工艺特点。
8. 简述 COG 工艺的连接原理。
9. 简述取向工艺的作用。
10. 简述 PI 膜的形成过程。

五、计算题与分析题

1. 描述采用 ODF 工艺的制屏工艺流程。
2. 用对比的方法描述 ODF 与传统液晶注入方式的主要差别。
3. 为什么 COF 工艺具有轻薄短小的特点？
4. COF 工艺和 COG 工艺哪种更适合高分辨率显示？为什么？

六、思考题

1. 你认为哪种模块工艺会成为市场的主流？为什么？
2. 哪种模块工艺更适合制作精细线路？为什么？
3. 为什么 ODF 工艺更适合 5 代线以上的生产线？

# 第5章 有源矩阵液晶显示器的结构

有源矩阵液晶显示器根据有源器件种类的不同又可以分为很多种,其中薄膜晶体管有源矩阵液晶显示器具有高清晰度、高分辨率、可以实现全彩色显示等特点,是当今时代的主流,主要用于智能手机、笔记本计算机、液晶电视等。本章以薄膜晶体管有源矩阵液晶显示器为例,从组成的结构出发,介绍几种主要的组成部件,背光源、彩膜和阵列基板的材料、结构、特点和作用,并从驱动原理上介绍有矩阵液晶显示器的优点及成为当今时代主流的原因。

**教学目标**

- 了解有源矩阵液晶显示器的结构;
- 了解背光源的种类及特点;
- 掌握彩膜的结构及作用;
- 掌握阵列单元像素的结构;
- 了解液晶显示器的驱动原理。

**教学要求**

| 知识要点 | 能力要求 | 相关知识 |
| --- | --- | --- |
| 有源矩阵液晶显示器的结构 | (1) 掌握有源矩阵液晶显示器的结构<br>(2) 了解各部件的作用及材料的种类 | 液晶材料的性质 |
| CCFL 和 LED 背光源 | (1) 了解背光源的种类<br>(2) 掌握背光源的结构和特点 | LED 基础 |
| 玻璃基板 | 了解玻璃基板的种类及性能要求 | |
| 彩膜 | (1) 了解彩色显示的原理<br>(2) 掌握彩膜的基本结构和工艺流程 | 阵列的工艺技术 |
| 阵列的单元像素 | (1) 了解单元像素的结构<br>(2) 掌握单元像素的等效电路 | 电路元件的基础 |
| 液晶显示器的驱动原理 | (1) 了解段码式显示及驱动原理<br>(2) 掌握无源矩阵的驱动及交叉串扰产生的原因<br>(3) 掌握有源矩阵的驱动原理 | 电路的基本原理 |

**推荐阅读资料**

[1] David J. R. Cristaldi. Salvatore Pennisi. Francesco Pulvirenti. Liquid Crystal Display Drivers[M]. Springer，2009.

[2] Yue Kuo. Thin Film Transistors-Materials and Processes[M]. New York：Kluwer Academic Publishers，2004.

 **基本概念**

有源矩阵液晶显示器：Active Matrix liquid crystal display，缩写为 AMLCD，是在液晶显示器的每一个像素上配置一个二端或三端的有源器件，独立控制每个像素的开关，可以实现高质量图像显示的液晶显示器。

 **发现故事：液晶显示器的发展**

从 1968 年 5 月，美国 RCA 公司在纽约召开的液晶显示器新闻发布会震撼了世界。但实现液晶显示器的实用化并不容易，更别提制造液晶电视了。当时的液晶在直流驱动下使用不到 1 小时显示就会消失，寿命和可靠性都很差。但随着技术的不断进步和发展，到今天液晶显示器经历了 4 个时代，如图 5.1 所示。

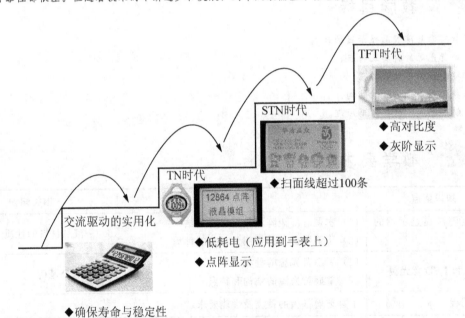

图 5.1　液晶显示器的发展

1973 年夏普公司采用动态散射模式（DSM）的液晶，在液晶材料中加入离子性杂质，采用交流驱动获得良好的显示特性，解决了稳定性和寿命的问题，制作出全球首款液晶应用产品——小型计算器，进入到交流驱动的实用化时代。但是 DSM 实现点阵显示方面困难，存在扫描线数量的限制。

1971 年瑞士 H. Roche 公司制作出第一个扭曲向列型液晶显示器（TN-LCD），可以实现点阵显示，用 ITO 行列电极交叉处控制光的开/关，扫描线数量大大增加，使液晶显示器真正实用化为 TN 时代。但 TN-LCD 的扫描线数增加到 60 条左右图像就会发生变形。日立制作所的川上英昭最初找到原因并提出了解决方案。

# 第5章 有源矩阵液晶显示器的结构

1982年，英国皇家信号与雷达研究院(RSRE)发明了超扭曲向列型液晶显示器(STN-LCD)，进入到STN时代。在1985年，瑞士的BrownBoveri公司(BBC)试制出扫描线数量达到135条的STN-LCD。但是即使引入了STN模式，对比度较低、很难显示细微灰阶的问题，还是很难制造液晶电视的。

1979年，英国邓迪大学试制出非晶硅TFT之后开始了大规模的TFT研究，进入到TFT时代。1986年，3英寸非晶硅TFT彩色液晶电视上市。1988年，夏普公司推出14英寸非晶硅TFT的彩色液晶电视，证实了实现大屏幕显示的可能性。有源矩阵液晶显示器有效地避免了交叉串扰现象，可以显示高对比度和精细灰阶的画面，使液晶显示器真正成为时代的主流。

## 5.1 有源矩阵液晶显示器的结构

采用薄膜晶体管作为开关器件的有源矩阵液晶显示器称为薄膜晶体管有源矩阵液晶显示器。在每个像素上都有薄膜晶体管(Thin Film Transistor，TFT)作为开关器件，独立控制一个小的TN型液晶显示器(TFT liquid crystal display，TFT LCD)。薄膜晶体管是一种以半导体薄膜制成的绝缘栅场效应晶体管。TFT LCD由阵列基板、彩膜基板、液晶屏部分、驱动IC和周边组件部分，以及背光源组成，基本结构如图5.2所示。与无源矩阵液晶显示器不同的是，在下玻璃基板上增加了薄膜晶体管开关器件组成的矩阵部分。

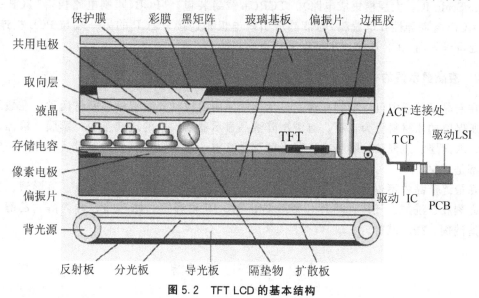

图 5.2　TFT LCD 的基本结构

### 5.1.1 组成部件介绍

**1. 背光源**

背光源用来给TFT LCD提供光源，是决定显示器亮度的关键部件，由多个特性不同的部件如冷阴极灯管、反射板、分光板、导光板和扩散板等组成。

**2. 彩膜基板**

TFT LCD有两块玻璃基板组成，其中一块玻璃基板是彩膜基板，是有规律整齐排列彩膜和黑矩阵的玻璃基板。彩膜基板上包含彩色膜、黑矩阵、保护膜、ITO共用电极。

#### 3. 阵列基板

TFT LCD 的另一块玻璃基板上有规律整齐排列薄膜晶体管称为阵列基板。每一个像素都由一个薄膜晶体管 TFT、存储电容和像素电极组成。

#### 4. 液晶屏部分

在阵列基板和彩膜基板制作完成后，两块基板要对盒制成液晶屏。在断面结构中可以看到液晶材料、取向层、隔垫物、偏振片。

TFT LCD 对液晶材料的性能要求更高、更严格。不仅要求液晶材料具有良好的光、热、化学稳定性，高的电荷保持率和高的电阻率，还要求液晶材料具有低黏度、高稳定性、适当的光学各向异性和阈值电压，很多高档 TFT LCD 的液晶材料都需要进口。

两块玻璃基板表面涂敷的取向层是用来控制液晶分子的取向排列的。隔垫物是用来控制液晶屏的厚度的。偏振片是用来形成偏振光控制光的透光率的。

#### 5. 驱动 IC 和周边组件部分

随着 TFT LCD 发展模块工艺不同，连接的模块组件也不同。如采用的 TAB 模块工艺(窄带驱动 IC 自动绑定)，TFT LCD 周边连接的模块组件主要有驱动 IC、驱动 LSI(Large Scale IC,大规模集成电路)、TCP(带载封装包)、PCB(印刷电路板)。TCP 一端通过 ACF(各向异性导电胶膜)与液晶屏引线电极相连接。TCP 的另一端与 PCB 板连接，连接处可以采用 ACF 连接，也可以采用直接焊接。

### 5.1.2 液晶显示器的材料

在液晶显示器中可以把制作液晶显示器所使用的材料分为直材和间材两种。在最终产品中所保留的原材料称为直材。有源矩阵液晶显示器结构中的玻璃基板、彩膜、液晶、偏振片、取向层、边框胶、隔垫物、背光源都是直材，还有银点胶、封口胶、制作电极的靶材等都是直材。

在最终产品中不保留的原材料称为间材。主要的间接材料有刻蚀液、显影液、去胶液、光刻胶、洗剂、气体、陪片、带电防止剂、PI 稀释剂、摩擦布、异丙醇、乙醇、丙酮、清洗剂、酸、碱等。

## 5.2 CCFL 背光源

液晶显示器本身不能发光，要用背光源作为光源，利用液晶的电光效应实现显示。背光源在一定程度上决定了液晶显示器的视觉效果。随着液晶显示器向着越来越轻、越来越薄、大尺寸、低价格的发展，背光源也需要满足轻量化、薄型化、低耗电、高亮度及降低成本的市场要求。液晶显示器要显示色彩丰富的优质图像，能够最大限度地展现自然界的各种色彩，要求背光源的光谱范围要宽，且接近日光色。

液晶显示器的背光源按光源类型主要有冷阴极荧光灯(CCFL)、发光二极管(LED)及电致发光片(EL)3 种背光源类型。目前，对于笔记本计算机及主流的液晶电视，一般采用光谱范围较好的冷阴极荧光灯作为背光源。一些新型白光 LED 背光源、EL 背光源发展十分迅速，垄断了小屏幕液晶显示器市场，并已开始向大屏幕液晶显示器背光源延伸。

## 5.2.1 CCFL 发光原理

冷阴极荧光灯（Cold Cathode Fluorescent Lamps，CCFL）是一种气体放电发光器件，其构造类似常用的日光灯，以冷阴极和超细管径为主要特征。灯管内部充有惰性气体和微量汞，并在玻璃管内壁涂有荧光粉。

发光原理是在两端电极上加高电压时电极开始放电。电极发射的电子激发汞原子电离，形成紫外辐射光和足够大的电流。紫外辐射光再激发管壁上的荧光粉涂层发出可见光。

## 5.2.2 CCFL 背光源的结构

CCFL 背光源由于是管状光源，使用时必须转换成面光源荧光灯或者形成片状荧光灯。为获得均匀的光，背光源由冷阴极灯管、导光板、反射板、扩散板、棱镜组、灯管反射罩、外框架构成，结构如图 5.3 所示。但冷阴极灯管的亮度损失较大。

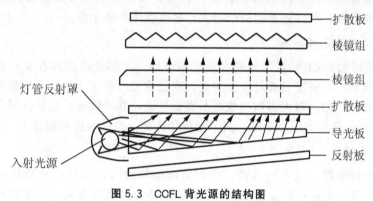

图 5.3 CCFL 背光源的结构图

## 5.2.3 CCFL 背光源的种类

根据光源分布位置不同分为直下式和侧置式。直下式背光源就是在液晶屏的后面并排排列 CCFL。早期的 TFT-LCD 背光源中，为了获得足够亮度，大部分采用多灯管直下式的方式。大屏幕显示器的液晶电视也常采用直下式结构，可以获得更高亮度和更高的发光效率，如图 5.4(a)所示。

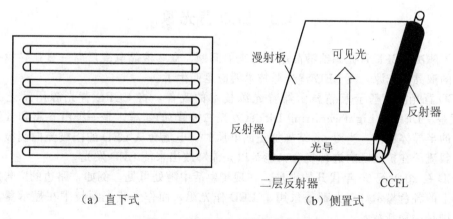

图 5.4 直下式和侧置式背光源

为降低液晶屏的厚度渐渐采用侧置式。侧置式背光源就是在液晶屏的边缘排列 CCFL，其中有单边背光源，还有双边和四边背光源。笔记本计算机和计算机显示器用的背光源多数都是侧置式，其结构如图 5.4(b)所示。光损失较大、亮度较差，通过在导光板上增加了提高散射能力的散射图案，大大提高了光源的利用率。

### 5.2.4 CCFL 背光源的特点

CCFL 背光源具有灯管细小、结构简单、表面温升小、表面亮度高、显色性好、发光均匀、价格低、易加工成各种形状(直管形、L 形、U 形、环形等)等优点，广泛应用于大多数液晶显示器中，主流的液晶电视的背光源采用也是 CCFL 背光源，但也有很多缺点。

#### 1. CCFL 不是平面光源

CCFL 属于管状光源，为了实现背光源均匀的亮度输出，光均匀散布到面板的每一个区域，需要为液晶屏的背光模组搭配扩散板、导光板、反射板等众多辅助器件。结构复杂，厚度也较难控制，而且随着面板的增大，必须使用多条光源。

#### 2. CCFL 亮度和色域不足

CCFL 要获得如 CRT 的均匀的亮度是很困难的。大部分液晶屏在显示全白或全黑画面时，屏幕边缘和中心亮度的差异十分明显。在图像显示效果上，CCFL 的液晶显示的色域表现还是明显不足的。对大多数传统液晶面板来说，能够覆盖的色彩范围只有 NTSC 标准的 65%～75%，具体表现为在绿、黄、红色彩区域，与标准值差别较大。

#### 3. CCFL 功耗大

CCFL 发光效率低、放电电压高、低温下放电特性差、加热达到稳定时间长。采用 CCFL 背光源的液晶电视功耗也比较大，且 CCFL 中含有有害金属，不符合环保要求。

#### 4. CCFL 寿命较短

绝大多数 CCFL 背光源在使用 2～3 年后亮度下降非常明显，许多液晶电视在使用几年后会出现屏幕变黄、发暗的现象，是由于 CCFL 寿命短性能逐渐衰减造成的。

#### 5. CCFL 超薄化困难

采用 CCFL 背光源的液晶面板体积无法再进一步缩小，超薄化困难。

## 5.3 LED 背光源

为了解决 CCFL 背光源给液晶电视带来的问题，众多液晶电视厂商一直在寻找一种更为优秀的液晶背光源，而 LED 背光源技术就应运而生了。

LED 背光源是基于液晶显示器背光源技术的改善，将 CCFL 背光源用发光二极管 LED 代替。LED 是 Light Emitting Diode(发光二极管)的缩写，是一种由 p 型和 n 型半导体组成的半导体器件。当对 pn 结施加正向电压时，电流会从 LED 的阳极流向阴极，少数与多数载流子在扩散区内进行复合，能量以光能释放出来使 LED 发光。

LED 在 20 世纪 60 年代开始出现，在现实生活中随处可见。例如，路边的广告牌、家用电器上的各色指示灯等大都是采用了 LED 作光源，而作为背光源技术在显示器产品上的应用则是一种新技术。

随着技术的不断发展与 LED 光源的日趋成熟，厂商们开始将 LED 背光源应用到显示市场中。据奥维咨询(AVC)数据显示，2011 年 LED 背光源的液晶电视产品在商用市场的渗透率已达 20%，其中 37 英寸以下的中小尺寸 LED 电视渗透率达 25%，40 英寸以上的大尺寸渗透率为 11%。本节重点以 LED 背光源的液晶电视来说明 LED 背光源的特点和发展。

资讯：2012 年 2 月 28 日，三星正式宣布将不会再在中国市场内出售 CCFL 背光源的液晶电视，以后销售的全线液晶电视产品都将配备 LED 背光源，标志着 LED 全面取代 CCFL 背光源的液晶电视时代很快就要到来。

### 5.3.1 概念的区分

LED 电视：常见的 LED 电视是一种采用了 LED 背光源的液晶电视，它实质上还是液晶显示器的一种，与传统的 CCFL 背光源的液晶电视相比仅仅是背光源种类的不同。

LED 显示：是一种将数个小 LED 点阵拼接排列组合起来的显示系统。如大家熟悉的大型演唱会的 LED 屏幕、室外广告的 LED 屏幕、火车站的电子时刻表的 LED 屏幕等，清晰度要差很多，与 LED 背光源的液晶电视不是一种技术。

真 LED 电视：每个像素都由 RGB 3 种颜色的 LED 自发光体组成，一个个做到像素级大小的 LED 点阵式电视，是完全不同于液晶显示器的一种真 LED 电视，又称为晶体 LED 显示(Crystal LED Display，CLD)。

 引例：索尼的"真 LED"电视

索尼在 CES2012 上所发布的机型"Crystal LED Display"就是采用了像素级大小的 LED 点阵式的真 LED 电视。这款 CLD 电视在 55 英寸上实现了 600 万个 LED 发光颗粒的点阵式排布，制造工艺十分高超，如图 5.5 所示。目前是索尼公司大力开发的下一代显示技术。

(a) 600万像素级大小的LED点阵　　(b) 55英寸的真LED电视

图 5.5　索尼公司的真 LED 电视(www.pconline.com.cn)

### 5.3.2 LED 背光源的结构

LED 具有光电转换效率高、彩色饱和度高、体积小、耐振动、耐冲击、不含有毒物质、低压供电、对人体安全、寿命超长等优点，可发出从紫外到红外不同波段、不同颜色的光线，为 LED 在显示领域的应用奠定了基础。LED 背光源主要有 LED 光源、导光扳、扩散板、光学膜片、驱动电路(PCB)、塑胶框等组成。结构示意图如图 5.6 所示。

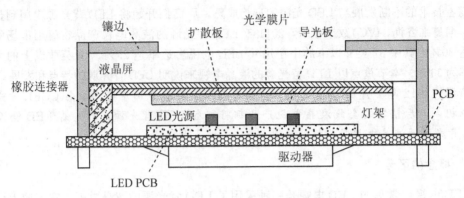

图 5.6 LED 背光源的结构示意图

### 5.3.3 LED 背光源的种类

LED 背光源从颜色上可分为白光 LED 和 RGB-LED(红绿蓝 3 色 LED)两种。从安装方式分有直下式、侧置式 LED 两种。

**1. 白光 LED**

白光 LED(White LED,WLED)背光源采用能发出白色光的 LED 光源代替原来的 CCFL 荧光管。结构与 CCFL 背光源基本一致,主要差别是,CCFL 是线光源,而 LED 是点光源。优点是:结构简单、亮度可动态调节、容易实现区域控制、对比度很高。由于白光 LED 不涉及背光源的调光,在电路结构方面要求不高。但在成本上比 RGB-LED 背光源低。缺点是:在色彩显示特性方面上不如 RGB-LED 电视,一般只能达到 NTSC 色域的 70% 左右。

**2. RGB-LED**

RGB-LED 背光源是诞生时间比较早的一种技术。RGB-LED 背光源的位置和以往的 CCFL 相比变化并不大,仍然在液晶屏正后方。在外观上和普通 CCFL 液晶电视没有很明显的差异。通过红色、绿色、蓝色三基色 LED 调制成白光,具有很好的光学特性。

RGB-LED 背光源的优点是:①高色彩表现力,由于采用了 RGB 三原色独立发光器件,能实现广色域,色域范围能达到 NTSC 的 120% 以上,部分经过良好调整的机型甚至可以达到 150% 左右,完全达到或者超越了等离子电视的水准,满足数字电视、大屏幕高清晰度电视色域的要求;②高动态对比度,RGB-LED 电视可以支持背光区域调光技术,亮度调节更容易实现,对比度能够达到千万:1级,提高了电视的图像质量。RGB-LED 背光源的缺点是:成本高;需要单独的调光电路和更好的散热结构;结构复杂,难以做到轻薄化。

3 种颜色组合时,由于每种颜色的 LED 在发光效率上存在一定差异。根据彩色电视亮度方程:$Y=0.30R+0.69G+0.11B$,在合成标准白色时,绿色光所占的比例多。因此,三基色 LED 不是完全按照 1:1:1 的数量组成的,而是要采用 1 个红色 LED、1 个蓝色 LED 和 2 个绿色 LED 组成。图 5.7 给出了索尼公司改进后的 RGB-LED 微结构示意图。

第5章 有源矩阵液晶显示器的结构

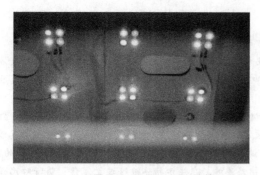

图 5.7 RGB-LED 结构(www.pconline.com.cn)

3. 直下式 LED

直下式 LED 背光源是在液晶面板下直接放置 LED 背光组件，可以使液晶电视的背光亮度更为均匀，直接照射获得更高的亮度，如图 5.8 所示。直下式与 RGB 三色 LED 背光源的成本都很高。直下式 LED 背光技术还衍生出一个很强大的区域调光技术。

图 5.8 直下式 LED 液晶电视的白色 LED 背光源组件(www.pconline.com.cn)

 小知识：区域调光技术

区域调光技术(local dimming)是将 LED 灯分为多个灯组，根据显示画面的明暗来控制不同区域灯组的明暗，降低局部暗画面区域的 LED 背光亮度来提高对比度的技术。该技术使得液晶屏幕拥有了类似 AMOLED 自发光屏幕所拥有的高对比度的优势，如图 5.9 所示。

图 5.9 区域调光技术(www.pconline.com.cn)

**引例：2007 年 SID 展会上三星采用区域调光技术**

韩国三星电子在 2007 年采用区域调光技术制作了全球最大尺寸 70 英寸 LED 背光源的全高清高画质的液晶电视，其对比度提高到 50 万：1，耗电量降低 50%。通过高速 LED 扫描模式，解决了大尺寸液晶电视常见的闪烁及拖尾问题。

许多旗舰机型品牌，如夏普 X50A 的"焕彩"技术、东芝 X1000C 的 512 区精确调光、索尼 HX920 的智能精锐 LED 背光源都采用了区域调光技术。东芝推出的 X2 系列液晶电视，官方宣称其动态对比度达到了 900 万：1。目前直下式 LED 的局域调光技术还不够完善，最多也就是 512 个分区的区域控制，相对全高清屏幕的分辨率而言 512 分区还是相差甚远。在显示物体边缘过于复杂、明暗对比强烈时就会出现光晕的现象。

**4. 侧置式 LED**

侧置式 LED 背光源技术在不断地提高，亮度与均匀性方面与直下式 LED 背光源差距也逐渐减小。目前能看到的机型中 95% 以上都是侧置式 LED 背光源，是多数厂商常用的 LED 背光源。在画质上没有超越 CCFL 背光源液晶显示器，但它轻薄的外观与较高的亮度是非常吸引人的。

侧置式 LED 被业界称为第三代 LED 背光技术，将 LED 背光源放置在电视的边框位置，大都紧挨液晶面板排列，非常节省空间。采用白光 LED 作为背光源，通过结构和特殊材料的应用，在提高了色域和对比度性能的同时，机身厚度大幅度下降，可以做到超薄型。直下式和侧置式 LED 背光源的对比如图 5.10 所示。目前市面上能够看到的三星的 LED 电视和索尼的侧置式 LED 电视都主打纤薄的外观。

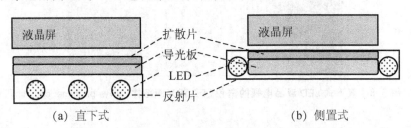

图 5.10 直下式 LED 背光源和侧置式 LED 背光源对比

侧置式 LED 的缺点：①必须使用特殊的导光板，侧置式 LED 发出的光并不像白光 LED 和 RGB-LED 背光源一样直接穿过液晶面板，必须使用特殊的导光板，导光板不仅具有改变光线传播方向的功能，还要能够尽量均匀地将光线分散开，否则电视图像将出现严重的边缘亮、中间暗的现象；②区域调光困难，侧置式 LED 的位置在液晶面板的侧面不是在液晶面板的正后方，难以实现背光源的区域调光，这也是侧置式 LED 电视需要解决的一个技术难题。

### 5.3.4 LED 背光源的优势

**1. 更轻薄**

采用 LED 背光源的电视厚度比 CCFL 背光源电视要轻薄一些，尤其是采用侧置式 LED 背光源的电视。

### 2. 光衰期长

LED 光衰期较 CCFL 更长，会长一倍左右。CCFL 背光源每年以 7％的速度递减，使液晶电视在使用 2～3 年后亮度会明显地降低，光色变暗，平均寿命在 2～3 万小时。LED 的平均寿命可以达到 5～6 万小时，与液晶面板的寿命近似，省去了更换背光源的麻烦。LED 光源结构简单，对于环境的耐受度较好。

### 3. 效率高，耗电少

传统液晶电视的 CCFL 背光源在原理上与白炽灯比较接近，必须要靠稳定的高电压来保证。因此，液晶电视的几百瓦功率在很大程度上是用于背光源的。LED 拥有更高的发光效率，工作电压相对低很多，节电效果明显。如 42 寸液晶电视采用 LED 背光源工作功率约 60W，采用 CCFL 背光源工作功率要高于 150W。在实现同样亮度的情况下，比 CCFL 的耗电量要小很多，最多情况下可减少 30％～50％的能耗。屏幕越大效果越明显。

### 4. 色域广

显示色彩中 CCFL 液晶电视的色域窄，不如等离子和 CRT 图像还原准确、色彩真实。采用 RGB 三色 LED 背光源的液晶电视可以轻松达到大于 105％的 NTSC 色域，如图 5.11 所示。有些研发的高端产品可以达到 150％色域轻松赶超 CRT。而 CCFL 无论是加入磷还是增加发光波长都达不到这个色域。

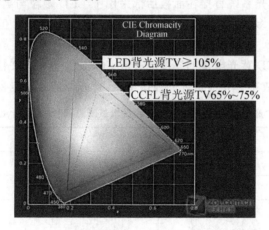

图 5.11　LED 超广色域(www.zol.com.cn)

### 5. 环保

CCFL 背光灯管在制造中必须要加入汞，是剧毒物质，虽然在使用中不会挥发，一旦搬运过程中发生碰撞使得背光灯损坏，对人身的伤害和环境的污染是相当大的，而且在电视"报废"后回收也是一件很麻烦的事。LED 通过半导体发光，对环境和节省资源的负面影响自然小很多。

## 5.3.5　LED 背光源技术的发展趋势

### 1. 减少 LED 背光源颗粒

随着 LED 背光源技术的逐渐成熟，近几年开始大规模引入电视市场，在提高 LED 背光源产品覆盖率的同时，也尽量降低成本。LED 背光源的液晶电视降低成本上所作的努力有：首先是采用较高发光效率的 LED 颗粒，大幅度降低 LED 颗粒的使用数量，并且采取双颗粒封装的方式降低系统成本；其次是简化结构，将过去主流的直下式变成侧置式结构，从而进一步降低 LED 颗粒的使用数量，来降低成本；最后是使用一定数量的增亮膜。

LED 的发光效率以每年 20%～30% 以上的速度提升，因此背光源中 LED 颗粒数将减少到 30%，从而降低成本。以一台 40 英寸的 LED 背光源液晶面板为例，说明 LED 背光源的技术发展。当采用直下式 LED 背光源时，需要 960 粒 LED；效率提高后，数量减少到 30%，这时需要 960×30%＝288 粒。当采用侧置式 LED 背光源时，需要 8 条 LED 灯条(Light bar)，所需 LED 数量为 288 粒，并采用双颗粒封装的方式，成本将大大降低；到 2010 年，由于采用更为高效的 LED 和更新的设计，其颗粒数将减少到 192 粒，灯条将下降为 4 条，并采用节能的区域调光技术来降低能耗和提升图像对比度。表 5-1 为大尺寸液晶电视的 LED 背光源的技术革新进程。

**2. 廉价直下式 LED 背光源**

侧置式 LED 背光电视将 LED 颗粒放置在面板侧面，通过导光板将 LED 发出的光均匀扩散至一整块液晶面板；直下式 LED 是将 LED 颗粒直接放置在液晶面板后部。为了进一步节省成本，一种新型的直下式 LED 背光系统开始崭露头角。

新型的直下式 LED 背光系统直接在面板后部采用了 LED 颗粒与高效率扩散板，省去了导光板。虽然 LED 数量多导致的成本上比侧置式 LED 要多两倍，但没有使用导光板，整体成本还是降低了 15%。为了使数量不多的 LED 颗粒均匀发光，虽然省去了导光板，但增加了扩散板，这种 LED 背光电视的厚度与一般 CCFL 差不多。在性能和成本竞争时，厂商优先考虑的还是降低成本，相信这种的廉价 LED 背光源的液晶电视将会大量上市。

表 5-1 大尺寸液晶电视的 LED 背光源的技术革新进程(www.verydtv.net)

| 时间/年 | 2008 | 2009 | 2010 |
| --- | --- | --- | --- |
| LED 类型 | 直下式 | 侧置式 | 先进的侧置式 |
| LED 布局 | 点阵 | 边缘灯条(×8) | 边缘灯条(×4) |
| LED 样式 | | | |
| LED 芯片(40″) | 960 | 576(120Hz) | 384(120Hz) |
| LED 数量(40″) | 960 | 288 | 192 |
| 区域调光 | 0D 及 2D 调光 | 0D 及 1D 调光 | 0D 及 1D 调光 |
| 导光板 | PC 扩散板 | PMMA 厚导光板 | PMMA 厚导光板 |
| 光学薄片结构 | 扩散板、反射片、DBEF、扩散板 | DBEF、棱镜、微镜头、导光板 | DBEF、棱镜、微镜头、导光板 |

注：DBEF(Dual Brightness Enhancement Film)增亮膜，属于回复反射式偏光板。

## 5.4 玻璃基板

玻璃基板是目前液晶显示器使用的主要材料，在液晶显示器领域占有相当重要的地位。玻璃的种类有：碱玻璃、低碱玻璃、无碱玻璃。不同种类的液晶显示器使用不同种类的玻璃，见表 5-2。

表 5-2 液晶显示器用的各种玻璃基板的特征和用途

|  | 碱玻璃 | 低碱玻璃 | 无碱玻璃 |
| --- | --- | --- | --- |
| 化学成分（碱含量） | 15.5 | 7.0 | 0 |
| 软化点/℃ | 510 | 535 | 593～667 |
| 热膨胀率/($\times 10^{-7}$/K) | 2.49 | 2.36 | 2.49～2.78 |
| 生产方法 | 浮法 | 浮法、拉伸法 | 熔融法、对辊压延法、拉伸法、浮法 |
| 用途 | 无源矩阵 | 有源矩阵 | 有源矩阵（如 TFT） |

无源矩阵液晶显示器制造工艺的温度方面要求不高，从成本角度考虑使用的是类似窗玻璃等的碱玻璃。碱玻璃的断面呈青绿色，又称青板玻璃，在应用到显示上时多半加上阻挡层 $SiO_x$ 膜。无源矩阵液晶显示器也有用无保护膜的低碱玻璃。

有源矩阵液晶显示器制造工艺的要求很高，因此使用的玻璃基板是无碱玻璃，同时要满足如下要求。

(1) 耐热性高，制作工艺过程中温度较高，要求耐热性高、热稳定性高的玻璃基板。

(2) 不含离子源的无碱玻璃，玻璃基板中钠离子等的渗透污染会引起薄膜晶体管的性能下降，因此要求使用不含离子源的无碱玻璃。

(3) 耐药性高，考虑到薄膜晶体管制作中要接触不同光刻的多种药液，要求耐药性高。

(4) 热收缩率要求严格，玻璃基板的热收缩会使画面内部的栅电容分布不均匀，引起闪烁和烧蚀等显示不良，也会引起 TFT 基板和 CF 基板的对位偏移，因此对玻璃基板的热收缩率要求严格。

(5) 表面平坦，为获得高性能的薄膜晶体管，要求玻璃基板低比重性、表面要平坦，表面缺陷及内部缺陷少。

## 5.5 彩 膜

液晶显示器是被动发光器件，本身无法发光，也不能实现彩色显示。因此，液晶显示器实现彩色显示的方法主要有两种：一种是场时序彩色显示（Field Sequential Color），不用彩膜，而是快速地把红、绿、蓝三色背光源的图像信息按照时间顺序分时显示在显示屏上，利用人眼的视觉暂留特性合成彩色图像的方法；另一种是彩色滤光膜（Color Filter），简称彩膜。在液晶屏的一块玻璃基板上制作出红、绿、蓝三种颜色的薄膜，当白光通过彩膜时，透射出来的光就会呈现出红、绿、蓝 3 种颜色，通过这 3 种颜色的混合，形成需要的各种颜色。本节主要介绍用彩膜实现彩色显示的方法。

### 5.5.1 颜色的本质

颜色的本质是由人眼看到光的波长决定的。国际照明学会在 1931 年用颜色的基本坐标描述光的颜色特征，称为 CIE 1931 色坐标。经常应用的 CIE 色坐标的色度用两个参数 $x$、$y$ 来表示，如图 5.12 所示。

CIE 色坐标的色纯度呈现马蹄形，越靠近马蹄形中央的颜色色纯度越低，越靠近马蹄形边缘的颜色色纯度越高。在自然界中存在的所有颜色都可以用这个马蹄形状的坐标来表示。R、G、B 三基色的点构成的三角形为彩色显示的色彩范围，三角形越大，意味着能彩色显示的颜色范围越大。为了描述显示器显示颜色的特性，美国国家电视系统委员会（National Television Systems Committee，NTSC）规定 $R=(0.67,0.33)$，$G=(0.21,0.71)$，$B=(0.14,0.08)$ 构成的三角形为电视的参照标准，NTSC 三角形的面积是 0.1582。显示器实际显示的三基色 RGB 构成的三角形与 NTSC 三角形的比值称为色阶（Color Gamut）。色阶越大，混合出的颜色越丰富，色彩越鲜艳。

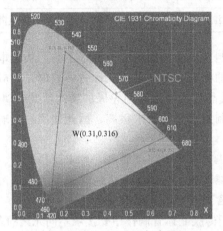

图 5.12　CIE 1931 色度图

### 5.5.2 混色的方法

混色的方法有两种，一种为加法混色，另一种为减法混色。加法混色是把颜色光叠加起来的混色方法，相当于两个位置矢量的加法。混合色的总亮度等于组成的各色光亮度的总和，如图 5.13(a)所示。红、绿、蓝为加法混色的三基色，用这 3 种光以适当比例的加法混合可以得到白色，改变其比例可得到许多不同颜色的光。减法混色与上述类似，只是加法变减法，如图 5.13(b)所示。红、黄、青为减法混色的三基色，用这 3 种光以适当的比例减法混色可以得到黑色。

目前使用红、绿、蓝彩膜技术属于加法混色。同一种颜色可以由不同种颜色混合形成为同色异谱现象。如同种颜色的白光，人眼是分辨不出哪一种白光是太阳光，哪一种是红、绿、蓝合成出来的。只有测试出光谱才能区别出来。

由于同色异谱现象，在液晶显示中要使背光源的光谱[图 5.14(a)]与彩膜的光谱[图 5.14(b)]特性匹配，也就是要调配好背光源的发光峰值与彩膜的光谱相匹配提高光的利用率，呈现鲜明的颜色[图 5.14(c)]，获得较大的色阶。

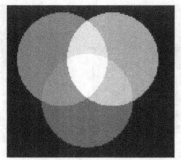

（a）加法混色　　　　　　　（b）减法混色

图 5.13　混色的方法

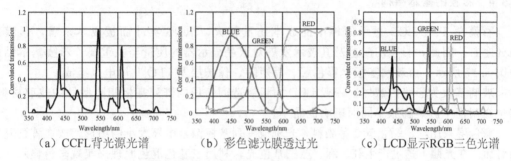

（a）CCFL背光源光谱　　　（b）彩色滤光膜透过光　　　（c）LCD显示RGB三色光谱

图 5.14　CCFL 背光源光谱、彩色滤光膜透过光、LCD 显示 RGB 三色光谱

### 5.5.3　LCD 彩色显示的原理

液晶显示器利用红、绿、蓝三色彩膜的加法混色法获得各种色彩。背光源的白光射入液晶层，通过不同程度地控制每个像素上液晶分子的扭曲，照射到彩膜上红、绿、蓝三基色染料的光不同程度地通过，形成不同颜色的光在人眼混合形成彩色图像，如图 5.15 所示。因此，彩膜决定液晶屏的彩色特性是液晶显示器的重要组成部分。

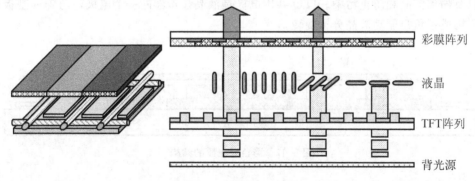

图 5.15　彩色显示的原理

彩膜的红、绿、蓝三色加法混色的配色方式有 3 种：条状方式、三角形方式和马赛克（或称对角）方式，如图 5.16 所示。由于条状方式布线简单，常采用这种形式，三角形方式在显示视频图像时，图像边缘更光滑，但要求驱动 IC 能够支持这种方式。

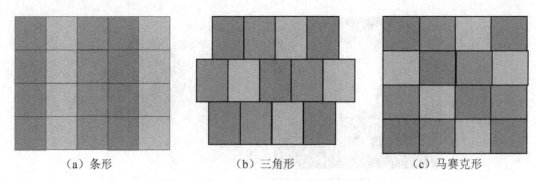

(a) 条形　　　　　　(b) 三角形　　　　　　(c) 马赛克形

图 5.16　子像素的排列方式

### 5.5.4　彩膜的基本结构

彩膜在 TFT-LCD 显示面板中的成本比重较大,以 15 英寸面板成本来看,彩膜占 24%左右。因此,彩膜的质量及其技术发展对液晶显示器的质量至关重要。彩膜基本结构如图 5.17 所示,由玻璃基板、彩色层、黑矩阵、保护层及 ITO 共用电极组成。

玻璃基板为彩膜的载体,一般 LCD 面板制造商使用同阵列基板相同型号的玻璃材料,避免在制程中因热膨胀不同而影响良品率。

彩色层采用红、绿、蓝 3 种染料,光刻成阵列基板像素电极大小的图形,放在阵列基板的对面。在光照下透过产生红、绿、蓝三基色光,利用三基色混色原理来实现彩色显示。为了保证光线在液晶显示器的像素电极和彩膜之间不发生偏移,彩膜都放置在液晶屏的内部。彩色层具有滤光的功能,一般需具备耐热性佳、色彩饱和度高与穿透性好等特点。

黑矩阵设置在三基色彩色层的间隙处,通过溅射或涂布方法制备的不透光材料,如 Cr、CrOx 及树脂等,光刻成相应的图形。黑矩阵有两个作用:一是分割各种颜色层提高对比度,防止混色和像素间串色;二是起遮光的作用,遮挡 TFT 防止光照产生光生电流,引起薄膜晶体管关态电流增大的问题。

保护层用来保护彩色层、增加表面的平滑性、作为黑矩阵与透明电极 ITO 层的绝缘层,以及隔离液晶和防止污染。ITO 共用电极是液晶显示器的一个电极,与阵列基板的像素电极构成正负极驱动液晶分子旋转。

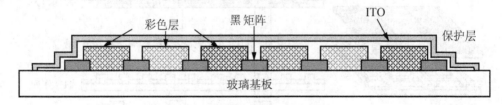

图 5.17　彩色滤光膜的结构

### 5.5.5　黑矩阵的种类

黑色矩阵(Black Matrix,BM)有单层 Cr BM、Cr/CrO 多层 BM 和树脂 BM,性能见表 5-3。单层 Cr BM 用溅射设备把金属 Cr 膜溅射到玻璃基板上,然后用光刻技术加工成图形。单层 Cr BM 的缺点是表面反射很大。采用 Cr 和 CrO 组成的两层或多层 BM 结构,利用干涉原理,实现光的相互抵消来降低反射率,解决了反射问题。但采用真空溅射成本高,铬材料对环境存在污染等问题,现在研究开发反射率低的树脂 BM 技术。

表 5-3  几种常见的黑矩阵的光学参数

| 参数种类 | 单层 Cr | Cr/CrO 的多层构造 | 树脂(新型) |
|---|---|---|---|
| 光学密度 | 4.0 | 4.0 | 4.0 |
| 膜厚 | $0.17\mu m$ | $0.23\mu m$ | $1.2\mu m$ |
| 反射率 | 50%~60% | 4% | 2% |

### 5.5.6 彩膜制作工艺流程

彩膜的制作方法是染料分散法,把染料分散于黏合剂树脂中形成着色树脂。彩膜图形是用光刻胶光刻法形成的,又称为刻蚀型染料分散法。制备的工艺流程如图 5.18 所示。

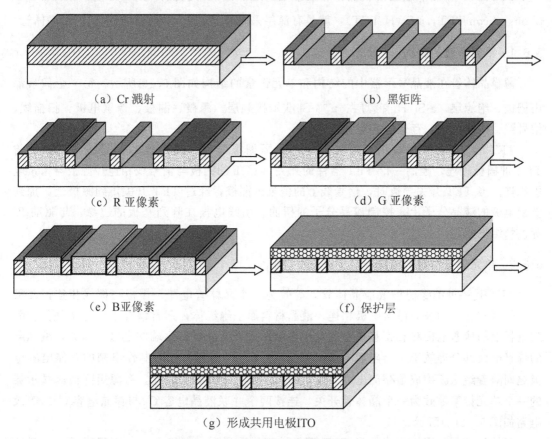

图 5.18  染料分散法制备彩膜的工艺流程

(1) 黑矩阵光刻。先在玻璃基板上溅射一层金属 Cr 等,形成遮光层,如图 5.18(a)所示。再经过涂正性光刻胶、曝光、显影、坚膜、刻蚀和去胶工艺,光刻出黑矩阵的图形,如图 5.18(b)所示。

(2) 彩色层(R、G、B)光刻形成 RGB 的三基色层。首先涂布彩色层红色 R 的亚像素，再涂上光刻胶，用掩模版曝光，显影，刻蚀彩膜层，去胶后形成了 R 像素，如图 5.18(c)所示。重复上面的过程，得到第二个颜色绿色 G 的亚像素，如图 5.18(d)所示。第三个颜色为蓝色 B，如图 5.18(e)所示。

(3) 形成保护层，保护层由明胶树脂、环氧树脂、聚酰胺树脂和硅胶树脂来形成。用旋涂等方法全面涂布后完全固化来形成保护层，如图 5.18(f)所示。

(4) 形成 ITO 共用电极，用溅射设备在保护层上溅射形成 ITO 膜，如图 5.18(g)所示。

(5) 检查。

## 5.6 阵列的单元像素

TFT LCD 阵列基板的薄膜晶体管最常用的是非晶硅薄膜晶体管(hydrogenated amorphous silicon TFT，a-Si∶H TFT)，就是有源层采用非晶硅半导体材料制成的薄膜晶体管。

### 5.6.1 单元像素的结构

薄膜晶体管在液晶显示器中的结构和单元像素的结构如图 5.19 所示。每一个像素都由栅极、绝缘层、a-Si∶H 有源层、$n^+$ a-Si 欧姆接触层、源极、漏极、像素电极、扫描线、信号线、引线电极、存储电容组成。

TFT 的栅极是开关电极，绝缘层用于分隔栅极与源、漏电极和信号线。扫描线与 TFT 的栅极相连，控制一行 TFT 器件的开关。TFT 的漏极与信号线相连，源极与像素电极相连。当 TFT 开关导通时，信号线上的信号由漏极，经过 TFT 开关传到源极上，加到像素电极的液晶分子上，控制液晶分子的扭曲。引线电极在阵列基板的边缘，与驱动 IC 等模块组件相连。

### 5.6.2 单元像素的等效电路

TFT 是一种绝缘栅场效应晶体管，等效为一个晶体管电路。栅极与栅线相连，源极与信号线相连，漏极与像素电极相连。液晶材料属于绝缘体，通常情况下电导率很低。阵列基板上的像素电极和彩膜基板上的共用电极形成了液晶材料两端的电极。因此，液晶屏的像素电极部分等效于一个电容 $C_{lc}$。同时，像素电极与栅极同时制作出来的存储电容电极之间隔着绝缘膜构成了存储电容 $C_s$，与液晶电容 $C_{lc}$ 并联。因此，有源矩阵液晶显示器的一个单元像素等效为一个晶体管开关，连接两个并联液晶电容 $C_{lc}$ 与存储电容 $C_s$ 的等效电路如图 5.19(c)所示。

开关的控制与栅线相连，当 TFT 栅极被扫描选通时，栅极上加一正高压脉冲，TFT 导通。源极有信号输入，导通的 TFT 通过开态电流 $I_{on}$，将图像信号传送到与导通 TFT 相连的液晶像素电容 $C_{lc}$ 和存储电容 $C_s$ 上后，两者同时充电，信号电压存储在液晶像素电容和存储电容上。液晶像素的信号电压驱动液晶分子旋转，实现相应的显示，存储电容起到保持图像显示的作用。

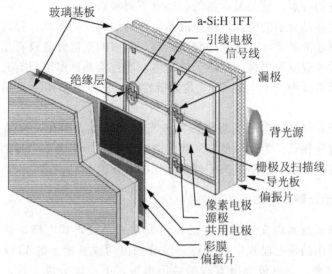

(a) 在液晶显示器中的部分

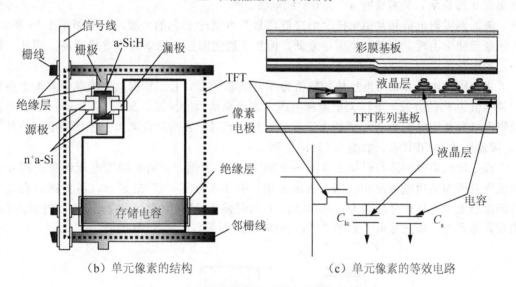

(b) 单元像素的结构　　　　　(c) 单元像素的等效电路

图 5.19　有源矩阵液晶显示器中单元像素的结构

## 5.7　液晶显示器的驱动原理

电场、磁场和热量都可以改变液晶分子指向矢的排列方向，从而改变液晶屏的光学特性。用外电场作用来改变液晶分子排列的过程称为液晶显示器的驱动。驱动方式分静态驱动和动态驱动两大类。静态驱动(static drive)方式是在每一个像素连接一个电极，直接施加电压驱动像素。电极之间相互独立，不会互相影响，但需要的电极引线数目多；动态驱动(dynamic drive)方式用时间信号分时驱动多个像素，又称为时间分割驱动。电极引线数目减少，但是相互之间会产生影响。动态驱动方式包括无源矩阵驱动和有源矩阵驱动两大类。

由于液晶本身的特点,液晶显示器的驱动有下列特点。

(1) 为了避免液晶分子的电离,防止液晶材料的结构受到破坏,提高液晶显示器的寿命,不能用直流驱动液晶屏,必须采用交流驱动,其中的直流分量只有几十个毫伏。

(2) 液晶屏的等效电阻很大,相当于绝缘体,而且液晶屏厚度只有几个微米。因此液晶屏的每一个像素等效为一个电容$C_{lc}$,是无极性的,正压与负压对液晶的作用效果是一样的。

(3) 液晶分子在外电场作用下重新排列改变光学特性。因此,液晶分子的响应时间长,特别是弛豫时间很长,为毫秒量级。当外电场工作频率小于$10^3\,Hz$时,交流驱动电压的作用效果不取决于峰值,而是取决于外加电压的有效值。

### 5.7.1 段码式显示及静态驱动

最早的液晶显示器实现文字和数字的显示采用的是段码式电极,是一种静态驱动方式。如计算器,采用的是七段式电极。每一段分别由两块基板上的ITO电极中间注入液晶材料组成一个像素。上电极为所有段的共用电极,下电极分成7段,如图5.20所示。要实现$n$段显示,就需要有$n+1$个引线电极。

施加到段码电极和共用电极上的交流信号为占空比50%的方波,波形如图5.21所示。为保证低功率消耗,刷新频率要尽量低,但为了避免闪烁,刷新频率要尽量高。因此,设一定的刷新频率为$1/T$。

当在段码电极和共用电极施加幅值为$V$的方波信号,且反相时,在液晶像素段上叠加的是幅值为$V$的方波,电压大于饱和电压,液晶显示为ON态,如图5.21(a)所示。当在段码电极和共用电极幅值为$V$的方波信号,且同相时,在液晶像素段上叠加的电压信号为0,液晶显示为OFF态,如图5.21(b)所示。

以七段式电极的静态驱动法显示一个数字"2"为例,说明驱动的电压信号。用0表示段码电极与共用电极同相,用1表示反相。要实现数字"2"的显示,需要施加在7个段码电极上的电压信号分别为:1011011。0的时候为OFF像素,为白态;1的时候为ON像素,为黑态,由此显示了数字"2",如图5.20所示。

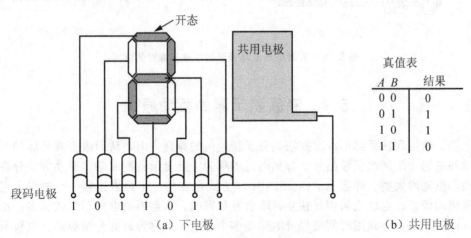

图 5.20 七段式液晶显示器

第5章 有源矩阵液晶显示器的结构

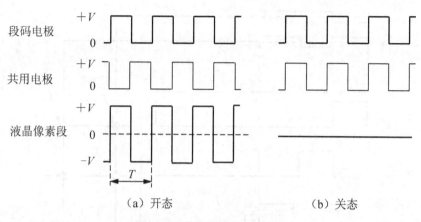

(a) 开态　　　　　　　　(b) 关态

图 5.21　静态驱动的典型波形

### 5.7.2　无源矩阵液晶显示器的点阵式驱动

无源矩阵液晶显示器是由两张带有ITO光刻图形玻璃板贴合并注入液晶材料构成的。一个基板的电极光刻成 $N$ 行，另一基板的电极光刻成 $M$ 列，形成 $N×M$ 的矩阵点阵。每一个交叉点就是一个像素，共 $N×M$ 个像素。电极引线数目从段码式寻址的 $N×M+1$ 条减少到 $N+M$ 条线。在两张玻璃板内表面的透明电极上施加电压，实现两电极交叉部分的像素显示，如图5.22(a)所示。

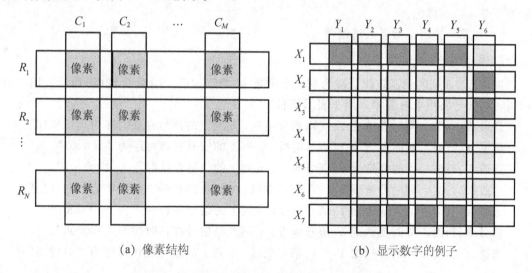

(a) 像素结构　　　　　　　　(b) 显示数字的例子

图 5.22　无源矩阵点阵的像素结构和显示数字的例子

#### 1. 驱动原理

1) 行电极逐行选通

行电极又称扫描电极，用 $X$ 表示，从 $X_1$，$X_2$，…一直到 $X_N$，共 $N$ 行。行电极施加扫描电压，依次从第一行扫描到最后一行，每行施加脉冲的高电压持续的时间是 $T/N$，低电压持续的时间是 $(N-1)T/N$，如图5.23所示。

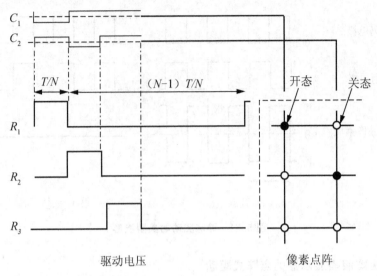

图 5.23 无源矩阵的行列波形

2) 列电极同时施加时序信号

列电极又称信号电极，用 $Y$ 表示，从 $Y_1$、$Y_2$、…一直到 $Y_M$，共 $M$ 列。在选通相应扫描电极的同时，在列电极上施加与显示内容相应的时序信号电压。当行电极的扫描信号和列电极的数据信号在某一时刻同相时，行列交叉的像素为关态，显示白色；反相时，像素为开态，显示黑色。

3) 完成一帧后，重复上述过程

**2. 显示实例**

以 7 行、6 列的无源矩阵点阵为例，显示数字"2"为例，如图 5.22(b) 所示。用 0 表示段码电极与共用电极同相，用 1 表示反相。

选通 $X_1$ 行时，同时要选通 $Y_1 \sim Y_5$ 信号电极，6 列上的信号在该时序为"111110"。

选通 $X_2$ 行时，同时要选通 $Y_6$ 信号电极，6 列上的信号在该时序为"000001"。

选通 $X_3$ 行时，同时要选通 $Y_6$ 信号电极，6 列上的信号在该时序为"000001"。

选通 $X_4$ 行时，同时要选通 $Y_2 \sim Y_5$ 信号电极，6 列上的信号在该时序为"011110"。

选通 $X_5$ 行时，同时要选通 $Y_1$ 信号电极，6 列上的信号在该时序为"100000"。

选通 $X_6$ 行时，同时要选通 $Y_1$ 信号电极，6 列上的信号在该时序为"100000"。

选通 $X_7$ 行时，同时要选通 $Y_2 \sim Y_6$ 信号电极，6 列上的信号在该时序为"011111"。

### 5.7.3 交叉串扰

交叉串扰是由于相邻或接近的电路之间的非正常耦合，导致电路的某一部分的信号特性影响到电路的另一部分，相邻或接近区域亮度与色彩的变化引起的。交叉串扰现象随着显示尺寸的增大、分辨率变得更高、液晶材料的响应变得更快而变得更加明显。

**1. 无源矩阵驱动方式**

无源矩阵液晶显示器的等效电路图如图 5.24 所示。由行的扫描电极 X 和列的信号电极 Y 构成，行电极 X 和列 Y 交点构成液晶显示像素。中间的液晶材料属于绝缘体，像素电极部分等效于一个电容 $C_{lc}$。

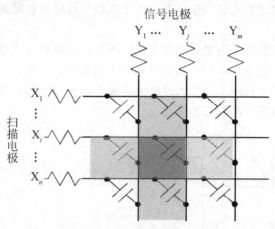

图 5.24　无源矩阵液晶显示器的等效电路

无源矩阵驱动方式导致在相同行或列上的像素会被同一电极线上电压影响。当要显示 $X_i$ 和 $Y_j$ 电极相交点的液晶像素时，$(X_i, Y_j)$ 为全选点像素。在 $(X_i, Y_j)$ 点相邻的点，$X_i$ 行或 $Y_j$ 列上的各像素为半选点像素。不在 $X_i$ 行，又不在 $Y_j$ 列的点为非选点像素。在全选点加上电压后，行列电极同时施加信号，影响半选点也获得一定的分压而被"点亮"，造成全选点和周围半选点间对比度降低，显示质量劣化引起交叉串扰，如图 5.25 所示。行数或者列数的增加会使得交叉串扰更加明显。

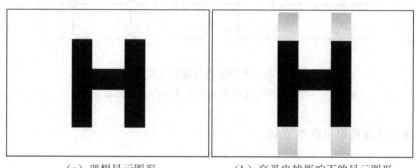

（a）理想显示图形　　　　（b）交叉串扰影响下的显示图形

图 5.25　交叉串扰现象

2. 时间延迟

液晶显示像素是一个无极性电容，具有双向导通性的特性。液晶材料的电容 $C$ 性质以及电极线的电阻 $R$ 性质是引起交叉串扰的另一个原因。无源矩阵的扫描线和信号线电极在交叉点同时又是显示像素的上下电极。由此电阻 $R$ 偏大，电容电阻的 $RC$ 时间常数导致脉冲驱动电压上有一个时间延迟，列延迟引起施加的脉冲波形在列传输过程中的劣化，显示效果出现纵向交叉串扰，如图 5.26 所示。

行列电压特性施加到相同列的连续 5 个像素上。理想状态下，第一个和最后两个为关态（白态），第二个和第三个像素为开态（黑态）。由于时间延迟，列传输的第一个结果是开态像素亮度的减小，关态像素亮度的增加。如第2行的像素比理想情况从驱动电压上获得了更少的电压，为不完全开态显示半黑态。第4行的像素比理想情况从驱动电压上获得了更高的电压，处于不完全关态显示半黑态。由于列信号传输存在时间延迟的情况下对比度下降，引起交叉串扰。

综上所述，交叉串扰现象的根本原因在于无源矩阵的驱动方式及液晶材料本身的无极性阻抗。交叉串扰现象随着矩阵行、列数目的增大而加剧。一般而言，TN-LCD显示最大容量不超过200行，而STN-LCD显示的最大容量不超过300行，主要用于移动电话、掌上计算机、文字处理器等产品的显示终端。

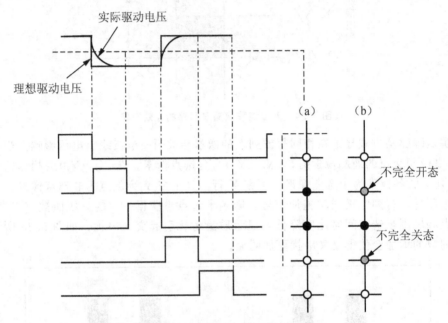

图 5.26　时间延迟引起的交叉串扰
(a) 理想的显示状态；(b) 实际的显示状态

### 5.7.4　有源矩阵液晶显示器的驱动

**1. 有源矩阵驱动特点**

有源矩阵上基板的电极和段码显示一样只有一个共用电极。下基板的电极上有行和列电极，分别为扫描电极和信号电极，行和列的交叉点处连接一个开关器件，每一个开关器件控制一个像素电极。开关器件控制着像素选通和非选通，有效地避免了交叉串扰。

采用TFT作开关器件的液晶显示器扫描行数从理论上可以达到无穷，可实现大容量信息显示。因此，TFT AMLCD使液晶显示器进入了高分辨、高像质、真彩色显示的新阶段，所有高档液晶显示中都毫无例外地采用了TFT有源矩阵。

**2. 逐行扫描的驱动原理**

1) 行电极逐行选通

有源矩阵液晶显示器的扫描电极从第一行开始依次扫描，在任意时刻，有且只有一行的所有 TFT 被扫描选通而开启，其他行的 TFT 都处于关断状态。

2) 列电极同时施加时序信号

信号线施加显示图像的信号电压，通过开启的 TFT 传到像素电极上，只会影响到该行的显示内容。对这一列上未选通行上的 TFT 处于断开状态，信号电压加不到像素电极上，对相邻像素没有影响。

3) 信号电压对液晶像素电容和存储电容充电

扫描行的 TFT 导通，信号电压对像素电容和存储电容充电，存储在两个电容上。在液晶电容 $C_{lc}$ 上的电位差驱动液晶分子扭曲实现显示。

由单元像素等效电路组成了 AMLCD 的等效电路，如图 5.27 所示。当扫描线 $X_i$ 上加高电压时，连接在 $X_i$ 上的 TFT 全部打开。与此同时在信号线（$Y_1 \sim Y_m$）上把所有要显示图像的时序信号送到各个信号电极上，加到 TFT 的源极上。信号电压同时给液晶电容 $C_{lc}$ 和存储电容 $C_s$ 充电。图像信号便通过该行上开启的 TFT 将信号电荷加在液晶像素上实现液晶显示。

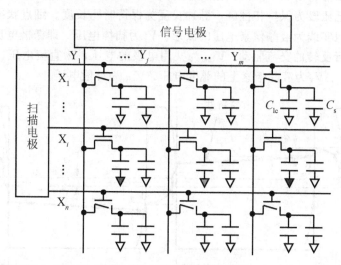

图 5.27 AMLCD 的等效电路

4) 存储电容放电维持画面显示

当扫描下一行时扫描线 $X_i$ 行扫描结束，变成为 0 或低电压，该行上所有 TFT 关闭。存储电容 $C_s$ 放电，给液晶像素电容 $C_{lc}$ 充电。维持液晶像素图像显示将保持一帧的时间，直至下一帧再次被选通后新的电压到来，$C_{lc}$ 和 $C_s$ 上的电荷才改变。

5) 完成一帧后，重复上述过程

从第一行扫描线依次扫描到最后一行所用的时间为一帧，扫描完一帧后，再重复前面步骤，便可显示出需要的图像。

因此，有源矩阵液晶显示器的驱动中扫描电压可以称为寻址的开关电压，信号电压又称为显示的驱动电压，可以实现寻址的开关电压和显示的驱动电压之间的分离，消除交叉串扰，达到电开关器件的开关特性和光开关器件的液晶像素电光特性最佳组合，获得高质量显示。

### 5.7.5 有源矩阵液晶显示器的驱动电压波形

有源矩阵液晶显示器的驱动方式除逐行扫描外，还有帧反转、行反转、列反转和点反转等。帧反转方式是把一帧的图像分为奇数帧和偶数帧两场栅信号电压进行扫描，又称为隔行扫描方式。由于一场的时间相对较长，帧反转容易产生图像闪烁和亮度不均的现象。行反转和列反转方式是信号电压的极性每隔一行或一列进行反转一次的驱动方式。不仅使图像闪烁现象得到很大改善，而且避免了长时间施加直流电压对液晶材料的不良影响。点反转方式是施加在每一个像素点上的信号电压的极性都进行反转的驱动方式，优于行和列反转的驱动方式，具有更好的显示效果。另外，上述驱动方式与共用电极反转结合还可以实现驱动电路的低电压化。

以帧反转且共用电极直流驱动方式为例，分析 TFT-LCD 的驱动电压波形，如图 5.28 所示。细实线为施加的扫描电压的驱动波形。外面为理想的矩形栅脉冲，内部为实际施加的矩形栅脉冲，存在上升沿和下降沿。栅脉冲的高压段为写入特性区，脉冲长度为写入时间长度；栅脉冲的低压段为保持特性区，脉冲长度为保持时间长度。细点状线为施加的数据信号电压波形。粗实线为液晶像素电压的波形。$V_g$ 为扫描电压，即栅极电压；$V_{sig.c}$ 为信号电压，每一帧进行反转的交流驱动；$V_{com}$ 为共用电极的电压，为直流电压；$V_p$ 为施加到液晶像素上的电压；$\Delta V_p$ 为液晶像素上的跳变电压；$V_{offs}$ 为补偿电压。

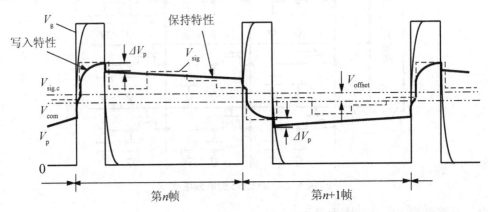

图 5.28 a-Si:H TFT AMLCD 驱动电压波形

液晶像素上的电压波形由写入特性、馈入特性和保持特性组成。为了防止长时间施加直流电压造成液晶材料的劣化，加在液晶像素上的电压经过一帧时间反转，实现对液晶像素的交流驱动。

**1. 写入特性**

写入特性是在行周期内完成信号电压对液晶像素的充电过程。帧反转方式的写入时间比逐点扫描长得多，所以对 TFT 的响应时间要求不高。a-Si:H TFT-LCD 写入特性与 TFT 的开态电流、液晶像素的存储电容量、充电时间以及信号电压有关。

提高 TFT 开态电流、适当设计液晶像素电容、增大信号电压等是获得较好写入特性的关键。优化 a-Si:H 和 $SiN_x$ 材料的制备工艺，提高 a-Si:H 材料的载流子迁移率，并改善 a-Si:H/$SiN_x$ 的界面特性可显著提高 TFT 的开态电流。在液晶材料确定后，优化设计存储电容的大小可获得合理的液晶像素的存储电容量。减小信号电压的写入时间，提高写入速度。

2. 保持特性

在保持时间内，液晶像素上的电压在一帧时间内基本保持不变，否则将出现图像显示混乱和闪烁现象。保持特性与 TFT 的关态电流、液晶像素的存储电容量和液晶材料本身的漏电流有关。

TFT 关态电流的大小是影响保持特性的重要因素。液晶像素存储电容量的大小应结合写入特性综合考虑。选择高阻、高纯度的液晶材料可减小液晶材料本身的漏电流。总之，TFT 的关态电流和液晶材料本身的漏电流越小，存储在液晶像素上的电荷越不容易释放掉，液晶像素上的信号电压才可以长时间保持且基本不变，直到下一帧图像信号到来。

3. 馈入特性

馈入特性是指栅脉冲由开态向关态转变过程中，加在液晶像素上的电压会产生一跳变，表示为 $\Delta V_P$。跳变电压产生的原因是栅极电压脉冲 $V_g$ 通过栅源交叠电容耦合到液晶像素上的电压，表达式为：

$$\Delta V_P = \frac{C_{gs}}{C_{gs}+C_{lc}+C_s} \cdot V_{gp-p}$$

式中 $V_{gp-p}$ 是施加的栅极电压脉冲 $V_g$ 的幅值。由于 $\Delta V_P$ 的存在，连续两帧加在液晶像素电极上的正负脉冲的电压中心 $V_{com}$，与信号电压 $V_{sig}$ 的电压中心 $V_{sig.c}$ 产生一电压偏移为补偿电压 $V_{off}$，其表达式为：

$$V_{off} = V_{sig.c} - V_{com} = \Delta V_P$$

当馈入电压 $\Delta V_P$ 是常数时，$V_{com}$ 很容易确定。但由于液晶像素电容 $C_{lc}$ 与液晶材料的介电常数 $\varepsilon$ 成正比，介电常数随液晶分子取向的变化而表现出各向异性。当信号电压在对液晶像素充电的过程中，液晶像素电容 $C_{lc}$ 将随着液晶分子取向的变化而变化，造成馈入电压 $\Delta V_P$ 的差异。导致的结果有：①在液晶像素上产生可变的直流分量 $V_{dc}$，造成液晶材料的劣化及显示图像的闪烁；②引起加在液晶像素上的均方根电压的变化，从而影响显示图像的灰度级；③$\Delta V_P$ 的差异很难通过调整 $V_{com}$ 来补偿。因此，馈入电压 $\Delta V_P$ 的减小是十分必要的。

# 本 章 小 结

有源矩阵液晶显示器有薄膜晶体管的电开关和液晶像素的光开关，可以很好地避免交叉串绕，实现高清晰度、高分辨率、全彩色显示，是目前液晶显示器市场中高档次的产品、当今时代的主流。本章重点讲述了有源矩阵液晶显示器的结构，介绍几种主要的组成部件，并从驱动原理上介绍有矩阵液晶显示器的优点及成为当今时代主流的原因。

1. 有源矩阵液晶显示器的结构

有源矩阵液晶显示器（Active Matrix liquid crystal display，AMLCD）是在每一个像素上都配置有源器件，可以独立控制开关的高质量图像显示的液晶显示器，由阵列基板、彩膜基板、液晶屏部分、驱动 IC 和周边组件部分，以及背光源组成。

2. CCFL 背光源

冷阴极荧光灯(Cold Cathode Fluorescent Lamps，CCFL)是一种气体放电发光器件，其构造类似常用的日光灯，具有灯管细小、结构简单、表面温升小、表面亮度高、显色性好、发光均匀、价格低、易加工成各种形状等优点，广泛应用于大多数液晶显示器中。

3. LED 背光源

LED 是 Light Emitting Diode(发光二极管)的缩写，是一种由 p 型和 n 型半导体组成的半导体器件。作为背光源技术在显示器产品上的应用是一种新的技术，具有更轻薄、光衰期、长效率高、耗电少、色域广、环保的优点，LED 全面取代 CCFL 背光源的时代很快就会到来。常见的 LED 电视是一种采用了 LED 背光源的液晶电视。实质上还是液晶显示器的一种，与传统的 CCFL 背光源的液晶电视相比仅仅是背光源种类的不同。

4. 玻璃基板

玻璃基板是目前液晶显示器使用的主要材料，在液晶显示器领域占有相当重要的地位。玻璃的种类有：碱玻璃、低碱玻璃、无碱玻璃。有源矩阵液晶显示器使用的是无碱玻璃。

5. 彩膜

液晶显示器是被动发光器件本身无法发光，也不能实现彩色显示，彩膜技术是当前实现彩色显示的主要方法。彩膜由玻璃基板、彩色层、黑矩阵、保护层及 ITO 共用电极组成。利用红、绿、蓝三色彩膜层的加法混色法获得到需要的各种色彩。

6. 阵列的单元像素

TFT LCD 阵列基板的薄膜晶体管最常用的是非晶硅薄膜晶体管，每一个像素都由栅极、绝缘层、a-Si:H 有源层、n$^+$ a-Si 欧姆接触层、源极、漏极、像素电极、扫描线、信号线、引线电极、存储电容组成。有源矩阵液晶显示器的一个单元像素等效为一个晶体管开关，连接两个并联液晶电容 $C_{lc}$ 与存储电容 $C_s$ 的等效电路。

7. 液晶显示器的驱动原理

段码式显示的静态驱动方式需要的电极引线数目多。而无源矩阵点阵式驱动的动态驱动方式无法避免地存在交叉串扰的现象，随着矩阵行、列数目的增大交叉串扰现象而加剧。一般而言，TN-LCD 显示最大容量不超过 200 行，而 STN-LCD 显示的最大容量不超过 300 行。有源矩阵的点阵式驱动很好地解决了交叉串扰现象，使液晶显示器进入到高分辨、高像质、真彩色显示的新阶段，成为当代显示的主流。

## 本章习题

一、填空题

1. 薄膜晶体管有源矩阵液晶显示器在每个像素上都有_____作为开关器件，独立控制一个小的_____。

2. 液晶显示器的背光源按光源类型主要有_____、_____及电致发光片(EL)3 种背光源类型。

3. 根据 CCFL 光源分布位置不同，分为_____和_____。
4. 玻璃的种类有：_____、_____、_____。
5. 液晶显示器实现彩色显示的方法主要有两种：_____和_____。
6. 目前液晶显示器使用红、绿、蓝彩膜技术属于_____混色。
7. 段码式显示的驱动，要实现 n 段显示，就需要有_____个引线电极。
8. 交叉串扰现象随着矩阵行、列数目的增大而_____。
9. 有源矩阵液晶显示器上基板的电极是一个_____。下基板的电极上有行和列电极，分别为_____和_____，行和列的交叉点处连接一个_____，每一个_____控制一个像素电极。
10. 有源矩阵液晶显示器中，有_____开关和_____开关。图像信号通过薄膜晶体管传送到与其相连的_____电容和_____电容上实现显示和存储。

二、判断题

1. CCFL 属于平面光源，可实现背光源均匀的亮度输出。（    ）
2. 市场上可以买到的 LED 电视是一种采用了 LED 自发发光显示的电视。（    ）
3. 直下式 LED 背光技术可以采用区域调光技术。（    ）
4. 无源矩阵液晶显示器制造工艺的温度要求低，使用的是无碱玻璃。（    ）
5. 段码式驱动的显示器中，上电极和下电极都有光刻出需要的段数。（    ）
6. 采用 TFT 作开关器件的液晶显示器扫描行数从理论上可以达到无穷，可实现大容量信息显示。（    ）
7. TFT 的栅极是开关电极，用绝缘膜与源、漏电极和信号线分开。（    ）
8. 在当今的液晶显示器市场上大多数都是采用了非晶硅薄膜晶体管的有源矩阵液晶显示器。（    ）

三、名词解释

有源矩阵液晶显示器、区域调光技术、静态驱动方式、动态驱动方式、交叉串扰

四、简答题

1. 简述有源矩阵液晶显示器的主要组成部件。
2. 简述 LED 背光源的优势。
3. 简述 LED 背光源技术的发展趋势。
4. 简述彩色显示的原理。
5. 简述彩膜的基本结构及各部分的作用。
6. 简述彩膜的工艺流程。
7. 简述液晶显示器的驱动的特点。
8. 描述无源矩阵的点阵式驱动的原理。
9. 分析交叉串扰产生的原因。
10. 简述有源矩阵的驱动原理。

五、计算题与分析题

1. 分析常见的 LED 电视、LED 显示和真 LED 电视的区别,哪一种显示是大多数厂商极力推出的产品?

2. 分析 LED 背光源采用的是白光 LED 还是 RGB 三基色 LED,哪种更有优势?

3. 画出阵列基板单元像素的平面图形及等效电路,简述其结构。

4. 分析要用七段式显示一个数字"2"需要加的波形信号,并说明段码式驱动的缺点。

5. 采用动态驱动法,分析显示一个数字"2",行和列的驱动波形。

# 第6章 薄膜晶体管的工作原理

薄膜晶体管液晶显示器是使用薄膜晶体管作开关器件驱动每个像素上的液晶分子进行显示的技术。目前已经进行大规模的生产，形成了产值超过3000亿美元的产业，并且每年以百亿美元的速度递增，已经成为液晶显示的主流产品。薄膜晶体管（Thin Film Transistor，TFT）已经成为电子显示行业的核心器件。那么，什么是薄膜晶体管呢？薄膜晶体管是怎样工作的呢？关键性能及性能参数都有什么？

**教学目标**

- 了解薄膜晶体管的半导体基础知识；
- 了解 MOSFET 场效应晶体管的原理；
- 掌握薄膜晶体管的工作原理；
- 了解薄膜晶体管的直流特性及参数。

**教学要求**

| 知识要点 | 能力要求 | 相关知识 |
| --- | --- | --- |
| MOSFET 的工作原理 | (1) 掌握晶体管的种类和结构特点<br>(2) 了解 MOSFET 的工作原理 | 半导体的性质 |
| 薄膜晶体管的工作原理 | (1) 了解非晶硅半导体的特点<br>(2) 掌握薄膜晶体管的工作原理<br>(3) 了解 TFT 与 MOSFET 的区别 | 半导体器件的结构及特点 |
| 薄膜晶体管的直流特性 | (1) 了解沟道夹断的原理<br>(2) 掌握线性区和饱和区的漏极电流 | |
| 薄膜晶体管的主要参数 | (1) 了解主要参数的种类及影响因素<br>(2) 掌握主要参数的提取方法 | |

**推荐阅读资料**

［1］刘恩科，朱秉升，罗晋生. 半导体物理学［M］. 北京：国防工业出版社，1997.
［2］曹培栋. 微电子技术基础［M］. 北京：电子工业出版社，2001.

### 基本概念

薄膜晶体管：Thin Film Transistor，缩写为 TFT，是一种以半导体薄膜制成的绝缘栅场效应晶体管。

### 发现故事：有源矩阵液晶显示器

1930 年 Lilienfeld 首先提出了场效应晶体管的原理。1960 年 Kahng 和 Atalla 制作出第一个硅基的金属-氧化物-半导体场效应晶体管(MOSFET)，是一个历史性的突破。1962 年 Weimer 采用硒化镉 CdSe 材料研制了世界上第一个薄膜晶体管。1973 年 Brody 等采用 CdSe TFT 和向列相液晶制作了历史上第一个有源矩阵液晶显示器。1979 年 Lecomber 等用 a-Si：H 作有源层，制作了非晶硅薄膜晶体管。

## 6.1 薄膜晶体管的半导体基础

薄膜晶体管是一种以半导体为核心的场效应晶体管。因此，薄膜晶体管涉及半导体的能带、载流子、输运现象及器件知识，为了能够更好地掌握薄膜晶体管的性质，本节先介绍一些与薄膜晶体管有关的半导体基础知识。

### 6.1.1 半导体的种类

半导体材料是一类导电特性介于金属和绝缘体之间的固体材料，可分为本征半导体和杂质半导体。本征半导体是完全纯净的、没有缺陷的半导体。杂质半导体是在半导体中掺入一定杂质后的半导体。半导体材料在获得一定能量(如光照、热等)后，少量价电子可挣脱共价键的束缚，称为自由电子，同时在共价键中就留下一个空位称为空穴。自由电子和空穴总是成对出现的，同时又不断复合。半导体材料中用得最多的是硅或锗，都是 4 价元素，以硅为例说明自由电子和空穴，如图 6.1 所示。

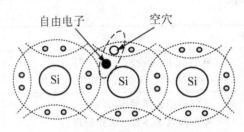

图 6.1 半导体中的自由电子和空穴

在外电场的作用下，自由电子逆着电场方向定向运动形成电子电流。带正电的空穴吸引相邻原子中的价电子来填补，而在该原子的共价键中产生另一个空穴。空穴被填补和相继产生的现象，可以看成空穴顺着电场方向移动形成空穴电流。在半导体中运载电荷而引起电流的导带电子与价带空穴统称为载流子，在半导体中，自由电子和空穴两种载流子都能参与导电。

本征半导体中由于载流子数量极少，导电能力很低，如果掺入微量的杂质(某种元素)形成杂质半导体，导电能力将大大增强。在硅或锗的晶体中掺入 5 价元素磷，当某一个硅原子被磷原子取代时，磷原子的 5 个价电子中只有 4 个用于组成共价键，多余的一个电子很容易挣脱磷原子核的束缚而成为自由电子。自由电子的数量大大增加，形成了半导体材料的多数载流子，而空穴是少数载流子，这种半导体称为 n 型半导体。在硅或锗的晶体中掺入 3 价元素硼，在组成共价键时，将因缺少一个电子而产生一个空位，相邻硅原子的价电子很容易填补这个空位，在该原子中便产生一个空穴，使空穴的数量大大增加，成为多数载流子，电子是少数载流子，这种半导体称为 p 型半导体，如图 6.2 所示。

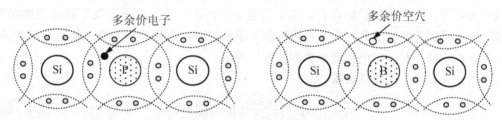

图 6.2　n 型半导体和 p 型半导体

## 6.1.2　费米能级

半导体中大量电子的集体可以看成是一个热力学系统。费米能级表示系统处于热平衡状态也不对外界做功的情况下，系统中增加一个电子所引起系统自由能的变化，也就是等于系统的费米能级。热平衡状态的系统有统一的费米能级，体系中的自由载流子浓度——电子和空穴保持动态的平衡。用费米能级 $E_F$ 表示。

费米能级的物理意义：①费米能级标志了电子填充能级的水平，费米能级位置较高，意味着有较多的能量较高的量子态上有电子；②费米能级以上的量子态被电子占据的几率很少，费米能级以下的量子态几乎都被电子填满；③费米能级的位置由半导体材料的掺杂浓度和温度决定，反映了载流子在半导体内能带上的分布情况。

不同种类的半导体材料，费米能级的位置不同。在未掺杂质的本征半导体中，费米能级居于禁带中央($E_i$)(见图 6.3)。n 型半导体费米能级在禁带中心线之上，掺杂越多，费米能级的位置越高，越接近导带($E_c$)，甚至可以进入导带之内，变成简并的重掺杂 n 型半导体。p 型半导体费米能级在禁带中心线之下，掺杂越多，费米能级的位置越低，越接近价带($E_v$)，甚至可以进入价带之内，变成简并的重掺杂 p 型半导体。

图 6.3　半导体材料的费米能级

**小提示：非晶硅半导体材料**

非晶硅半导体材料是一种没有掺杂的半导体材料，但是由于制作的原因，必然存在一些缺陷。因此，也不是完全纯净的、没有缺陷的本征半导体，属于弱 n 型半导体材料。费米能级接近禁带中心线，偏向禁带中心线。

### 6.1.3 电导现象

载流子运动过程中不断与振动的原子、杂质和缺陷等碰撞，运动的速度发生无规则的改变称为散射。正因为散射的存在，电子与电子之间、电子与原子之间不断地交换能量，构成一个热平衡的统计体系。在半导体样品两端加电压，内部产生电场。载流子在电场下加速漂移运动将引起一定电流的现象称为电导现象。

载流子在电场中的漂移速度：

$$v_d = \frac{(\pm q)\tau_p}{m^*}E = \mu E \quad (6.1)$$

式中，$\tau_p$ 是载流子的寿命；$q$ 是电量；$m^*$ 是载流子的有效质量；$E$ 外加到半导体的电场。

载流子在电场下的漂移方向与外电场 $E$ 平行，漂移速度 $v_d$ 与外电场大小成正比。比例系数定义为载流子的迁移率，单位是 $cm^2/Vs$。迁移率直接决定载流子漂移运动的快慢，反映了半导体材料导电能力的强弱，而且决定材料是否适合做高频器件。由式（6.1）可知，空穴和电子的迁移率为：

$$\mu_p = \frac{q\tau_p}{m_p}(空穴) \qquad \mu_n = \frac{q\tau_n}{m_n}(电子) \quad (6.2)$$

一般情况下，电子的有效质量 $m_n$ 小于空穴的有效质量 $m_p$，因此电子的迁移率比空穴的大。电导率反映半导体材料导电能力的物理量，由载流子密度和迁移率来决定，空穴和电子的电导率可以表示为：

$$\sigma_p = q \cdot p \cdot \mu_p (空穴) \qquad \sigma_n = q \cdot n \cdot \mu_n (电子) \quad (6.3)$$

**小提示**：薄膜晶体管的半导体现象

薄膜晶体管中主要的半导体现象是电导现象，在电场的作用下载流子会定向地运动，导电能力由载流子密度和迁移率来决定。非晶硅半导体材料没有进行掺杂，载流子密度很低。因此，决定薄膜晶体管性质的主要参数是迁移率，如何制作高迁移率的半导体材料是薄膜晶体管研究的主要课题。

## 6.2 MOS 场效应晶体管

### 6.2.1 晶体管种类

晶体管是三端半导体器件，按工作原理可以分为两大类：一类是双极型晶体管；另一类是场效应晶体管。

**1. 双极型晶体管**

双极型晶体管是由两个 pn 结组成的，一个薄层 p 型半导体夹在两层 n 型半导体中间，或者一个薄层 n 型半导体夹在两层 p 型半导体中间称为 npn 晶体管和 pnp 晶体管，如图6.4所示。注入的非平衡少数载流子由另一个pn结收集，参加导电的不仅有少数载流子也有多数载流子，称为双极型晶体管。

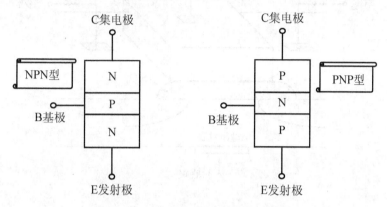

图6.4 双极性晶体管的结构简图

### 2. 场效应晶体管

场效应晶体管（Field-Effect Transistors，FET）是利用垂直于导电沟道的电场强度来控制沟道导电能力的一种半导体器件。场效应晶体管的沟道内只有一种载流子运动形成电流，称为单极型晶体管。

按结构和工艺特点分，场效应晶体管又分为三类。第一类是表面场效应晶体管，通常采取绝缘栅的形式称为绝缘栅场效应晶体管（Insutated Gate Field-Effect Transistors，IG-FET）。金属-氧化物-半导体场效应晶体管（Metal Oxide Semiconductor Field-Effect Transistors，MOSFET）是一种最重要的绝缘栅场效应晶体管。

第二类是结型场效应晶体管（Junction Field-Effect Transistors，JFET）是用pn结势垒电场来控制导电能力的一种体内场效应晶体管。

第三类是薄膜晶体管（Thin Film Transistors，TFT）是利用半导体的薄膜材料制成的绝缘栅场效应晶体管。结构与原理和MOS场效应晶体管相似，差别是所用的材料及工艺不同，TFT采用真空蒸发、化学气相沉积、溅射等工艺先后将半导体、绝缘体和金属沉积在绝缘衬底上。

### 3. MOSFET的结构

金属-氧化物-半导体场效应晶体管是超大规模集成电路的基础。大多数的存储器和微处理器使用的是n沟道和p沟道的MOSFET对称组合的CMOS器件。

MOSFET是一种4端子的单极晶体管，只靠一种极性的载流子（电子或空穴）传输电流。MOSFET的4个端子是栅极、衬底极、源极和漏极，分别用G、B、S和D表示。n型Si为衬底的p沟道MOSFET的结构，如图6.5所示。衬底是n型Si半导体材料，上面是金属栅极，在衬底与栅极之间是一层半导体表面热生长的高质量二氧化硅$SiO_2$层为栅氧化层。栅极对应的氧化层下面的半导体表面称为沟道区。两个$p^+$区引出的金属电极为源极和漏极。源区与衬底间的pn结称为源pn结，漏区与衬底间的pn结称为漏pn结。在半导体表面，源区、漏区和沟道区一起组成有源区。

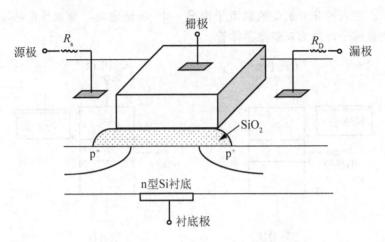

图 6.5　n 型衬底的 p 沟道 MOSFET 的结构图

### 6.2.2　MIS 结构

**1. MIS 结构定义**

MOSFET 的工作是以半导体的表面电场效应为基础的。从图 6.5 可以看出，MOSFET 在源区和漏区之间的中心部分是一个金属（栅）-氧化物（$SiO_2$）-半导体（Si）的结构，是一种金属-绝缘层-半导体的结构（Metal-Instulator-Semiconductor，MIS）。MIS 结构是在半导体衬底上制作绝缘材料，再制作金属电极形成的，由中间以绝缘层隔开的金属和半导体组成，如图 6.6 所示。

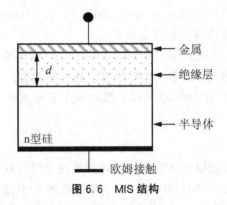

图 6.6　MIS 结构

**2. MIS 结构表面电荷的变化**

MIS 结构是场效应晶体管的基本组成部分，分析在外加电场作用下 MIS 结构是理解 MOSFET 和 TFT 工作原理的基础。

MIS 结构实际上是一个电容，当在金属与半导体之间加电压后，在金属和半导体相对的两个面上被充电，带上等量异号的电荷。两者载流子密度不同，电荷分布情况亦不相同。在金属中自由电子密度很高，电荷基本上分布在一个原子层的厚度范围之内；在半导体中，自由载流子密度要低得多，电荷必定分布在一定厚度的表面层内，这个带电的表面层称为空间电荷区。在空间电荷区内的电场逐渐减弱,到空间电荷区的另一端电场减小到零。空间电荷区内电荷的分布情况随金属与半导体间所加的电压 $V_g$ 而变化,基本上可分为积累、耗尽、反型 3 种情况。

以 n 型半导体为例,说明随外加电压变化半导体表面电荷的变化,如图 6.7 所示。随栅压的不同,表面空间电荷的载流子不同。当在栅极上加正压时,$V_g>0$,在 n 型半导体表面感应出等量异号的负电荷,电子被吸引到半导体表面,形成多数载流子电子积累的状态,如图 6.7(a)所示。这一过程在半导体体内引起的变化并不很显著,只是使多数载流子浓度在表面附近较体内有所增加。当在栅极上加负电压,$V_g<0$,将在 n 型半导体表面附近感应出正电荷,电场的作用使得多数载流子电子被排斥而远离表面,在半导体表面只剩下带正电的电离施主时,形成表面空间电荷区,称为耗尽层,如图 6.7(b)所示。如果进一步向负方向增加栅压,$V_g\ll 0$,由于外加电场的作用,半导体中多数载流子被排斥到远离表面,而少数载流子空穴被吸引到表面。少数载流子在表面附近聚集至足够数量后,将成为表面附近区域的多数载流子,称为反型载流子。反型载流子在表面构成一个反型的导电层,如图 6.7(c)所示。

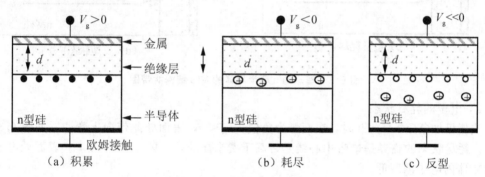

图 6.7　半导体表面电荷的变化

**小提示:MOSFET 工作区间**

MOSFET 工作在反型区。n 型衬底的 MOSFET 在栅极上加负电压下反型,形成空穴积累的 p 型导电沟道,称为 n 型衬底的 p 沟道 MOSFET。正好相反,p 型衬底的 MOSFET 在栅极上加正电压反型,形成电子积累的 n 型导电沟道,称为 p 型衬底的 n 沟道 MOSFET。

3. MIS 结构能带的变化

在理想的情况下,不加电压下器件内能带处于平直的状态,如图 6.8(a)所示。在外加电场的作用下,空间电荷区内的电势也随距离逐渐变化,半导体表面相对体内产生电势差,称为表面势,以 $V_s$ 表示。同时能带也发生弯曲,不同的栅极电压能带弯曲也不同。以 n 型半导体为例来说明。

1) 电子的积累状态

当栅极加正压,$V_g>0$ 时,表面势 $V_s$ 为正值,表面势高于体内电势,表面处能带向下弯曲,如图 6.8(b)所示。在热平衡情况下,半导体内费米能级保持定值,随着向表面接近,导带底将逐渐移近费米能级,同时导带中的电子浓度也随之增加,表面层内就出现电子的积累而带负电荷。

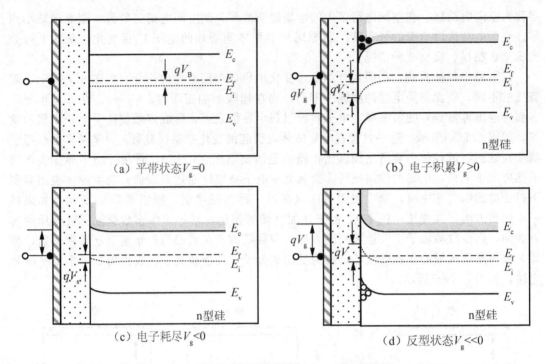

图 6.8 理想的 n 型半导体的 MIS 结构能带图

2) 电子的耗尽状态

当栅极加负压，$V_g<0$ 时，表面势为负值，$V_s<0$，表面处能带向上弯曲，如图 6.8(c) 所示。耗尽状态的临界是禁带中心线是否高于费米能级，$|V_s|<|V_B|$。表面处电子浓度将较体内电子浓度低。

3) 反型状态

当栅极往负方向进一步加大时，$V_g\ll0$，$V_s<0$，能带进一步向上弯曲，表面处禁带中心线高于费米能级，如图 6.8(d) 所示，$|V_s|>|V_B|$。意味着表面空穴浓度将超过体内电子的浓度，形成与原来半导体导电类型相反的反型层。

### 6.2.3 MOSFET 的工作原理

**1. MOSFET 的两个电场**

MOSFET 的中心是由栅极、绝缘膜、半导体构成的一个 MIS 结构。两边由源漏电极与半导体材料形成了 pn 结。在栅极与半导体衬底之间加电压，在 Si/SiO$_2$ 界面垂直方向上将形成垂直的电场。在源漏电极之间加电压，在 p$^+$/n/p$^+$ 水平方向上将形成水平的电场。

**2. MOSFET 的关态**

n 型衬底 MOS 结构中，当栅极加正压，$V_g\geqslant0$ 时，电场吸引电子或者说排斥空穴，沟道内积累电子，与源极和漏极高掺杂的 p$^+$ 区形成 p$^+$/n/p$^+$ 的形式，也就是说源极和漏极形成了两个 pn 结。在源接地，漏接负，$V_{ds}\leqslant0$，漏 pn 结为零偏或反偏，这时没有电流在沟道内流动，只有近似于反偏 pn 结的极小的泄漏电流在源到漏之间流动，MOSFET 处于关态，又称截止态，如图 6.9(a) 所示。同样，当漏接地，源接负时，$V_{sd}\leqslant0$，源 pn 结为零偏或反偏，MOSFET 处于关态。

当在栅极上不加电压时，在源到漏之间的沟道没有形成，MOSFET 也处于关态。

 **小知识：pn 结的反偏电流**

MOSFET 在关态或者截止区，电流的大小由 pn 结的反偏电流决定。pn 结的电流表示为：

$$I = I_{so}\left[\exp\left(\frac{qV}{kT}\right) - 1\right] \tag{6.4}$$

式中，$I$ 为 pn 结的电流；$I_{so}$ 为 pn 结的反向饱和电流；$q$ 为电子电量；$k$ 为波尔兹曼常数；$T$ 为温度；$V$ 为加到 pn 结上的电压，在 MOSFET 中，$V$ 相当于源漏电压 $V_{ds}$。当 pn 结反偏，p 接负，n 接正，式(6.4)的电压 $V \ll 0$ 时，pn 结的电流 $I \approx I_{so}$。而反向饱和电流 $I_{so}$ 由半导体材料的性质、高的 pn 结势垒和宽的势垒区限制非常小。对于硅 pn 结，反向饱和电流一般在 $10^{-10} \sim 10^{-14}$ A。

**3. MOSFET 的开态**

栅极的电压往负方向增加，半导体表面将陆续经历平带、耗尽、反型等状态。形成反型层所加的电压为 MOSFET 的阈值电压 $V_{TH}$。

当栅压达到阈值电压，$V_g \geqslant V_{TH}$，表面形成反型层。继续增大栅压，半导体内反型的载流子增加，形成空穴的强反型层称为 p 沟道，即 n 型衬底的 p 沟道 MOSFET。空穴的反型层导电沟道将使漏区与源区连通，相当于在水平方向上形成了 $p^+/p/p^+$ 的形式。在漏源电压 $V_{ds}$ 作用下形成明显的漏极电流，漏极电流的大小依赖于栅极电压，如图 6.9(b)所示。因此，MOSFET 是利用反型层工作的器件。

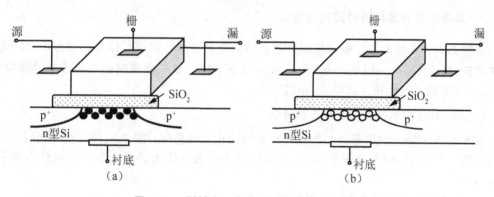

图 6.9　n 型衬底 p 沟道 MOSFET 的工作原理

当 $V_{ds} < 0$ 时：(a)$V_g \geqslant 0$，电子积累，pn 结反偏，截止状态；(b)$V_g \ll 0$，空穴积累的反型层，源漏区连在一起，形成导电沟道

## 6.3　薄膜晶体管的工作原理

### 6.3.1　TFT 与 MOSFET 在结构上的差别

薄膜晶体管是利用半导体的薄膜材料在玻璃等绝缘衬底上制成的绝缘栅场效应晶体管，如图 6.10 所示。在特性与结构上与 MOS FET 有很多不同点。

(1) TFT 的衬底为玻璃基板等绝缘材料，没有衬底端子的三端子器件。

(2) MOSFET 常用 $SiO_x$ 作为绝缘层，TFT 有很多种绝缘膜也可以采用两种不同材料的复合绝缘层。

(3) 普遍采用的是非晶半导体材料，载流子迁移率低且受温度影响。

(4) 积累层导电沟道，很难形成反型层。

(5) 关态主要决定于半导体材料的暗电导率，关态泄漏电流大。

(6) 由于存在局域态，不加栅压下器件的能带也发生弯曲，阈值电压比 MOSFET 高。

(7) 阈值电压受外加电压应力及温度影响。

(8) 栅源、栅漏的电容依赖于频率。

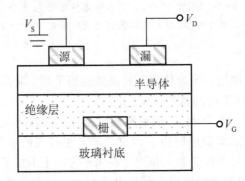

图 6.10　底栅型薄膜晶体管的结构简图

### 6.3.2　非晶硅半导体材料的结构与特点

市场上大多数液晶显示器采用的薄膜晶体管都是非晶硅薄膜晶体管，有源层材料是氢化非晶硅（Hydrogenated amorphous Silicon，a-Si：H），是一种典型的非晶态半导体材料，决定了 TFT 的某些性质不同于 MOSFET。

**1. 晶体与非晶体材料在结构上的差别**

图 6.11 以硅为例说明晶体与非晶体材料在结构上的差别。图 6.11(a) 为非晶硅(a-Si)的结构模型，图 6.11(b) 为晶体硅(c-Si)的结构模型，圆点代表晶格原子，短线代表原子间配位键。

1) 非晶硅材料长程无序，短程有序

晶体的结构特点是原子在空间的排列具有周期性或平移对称性称为长程有序。非晶材料在电学及光学性质上也是具有一定禁带宽度的半导体材料。在物理结构上原子在空间的排列不具有周期性，但在近邻和次近邻等极小的范围内原子的相对位置有一定的规律，存在长程无序，短程有序的特点的半导体称为非晶半导体。非晶硅是由一些稍被扭曲的单元随机连接而成的，单元与单元之间不存在固定的位形关系。

2) 配位数相同，非晶硅的键长和键角略有改变

用配位数、键长及键角等结构参数来对比非晶硅与晶体硅两种材料。两者具有相同的配位数。晶体硅材料的键长和键角在任意位置都相等及相同。非晶硅材料键长和键角略有改变，且键角在不同的观察点有一定的涨落。非晶材料中原子排列长程周期性和对称性的消失，正是由于键角畸变和单元间随机连接的结果。

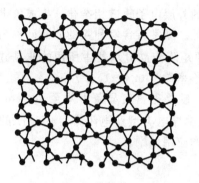
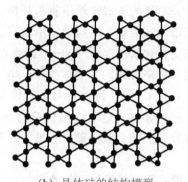

(a) 非晶硅　　　　　　　　　　(b) 晶体硅的结构模型

(c) 非晶硅中的主要缺陷

图 6.11　非晶硅和晶体硅的结构模型以及非晶硅中的主要缺陷
1-悬键；2-弱键；3-空位；4-微孔

 **小知识：配位数、键长、键角的定义**

配位数是指任意选定的一个参考原子的最近邻原子数目。键长是指参考原子与其最近邻原子的距离。键角是确定各最近邻原子分布位置的方位角。

3) 非晶硅中存在一些缺陷

非晶硅材料中存在着几种常见的缺陷，如悬键、弱键、空位、微孔等，如图 6.11(c) 所示。悬键是指非晶硅的正常配位数未得到满足时的一种成键状态，是非晶硅网络中最简单，也是最重要的结构缺陷。硅有 4 个价电子，按 $(8-N)$ 法则正常配位数为 4。当某个中心硅原子的周围只有 3 个电子与之形成共价时，有一个电子没有形成共价键就会产生一个悬键。非晶硅中也会出现各种空位和微孔。空位和微孔不仅仅是多个悬键的简单聚集，还为弱键的产生以及弱键与悬键间的转化创造了条件。弱键是由同一空位或微孔中的两个相邻悬键配对而成的。

**2. 非晶硅的缺陷态密度**

非晶硅半导体中含有大量的缺陷态密度，其中缺陷态的主要来源是悬键的非晶硅原子，大量的悬挂键等缺陷态密度一般高达 $10^{19}\,cm^{-3}$，而一般掺杂浓度约在 $10^{17}\sim10^{18}\,cm^{-3}$ 之间。于是一般的掺杂方法无法改变非晶硅薄膜的导电类型，费米能级发生"钉扎效应"。
降低缺陷态密度的有效方法是在无规网络中引入某一种重配位的原子来补偿悬键，如氢和氟等。硅原子的未成键轨道将与补偿原子的外层电子轨道相杂化，生成价带深处的成键态和导带边的反键态，从而使缺陷态密度降低。通常将含氢和氟的非晶硅称为氢化非晶硅(a-Si:H)和氟化非晶硅(a-Si:F)。通常在有源矩阵液晶显示器中所用的非晶硅均是氢化非晶硅，是一种弱n型的半导体材料，电子迁移率约为 $0.4\sim 1\mathrm{cm}^2/\mathrm{Vs}$。

用 H、F 或 Cl 等一价元素与悬挂键结合，缺陷态密度显著下降至 $10^{16}\mathrm{cm}^{-3}$ 或更少，为实现掺杂提供条件，也可以用掺杂的方法控制导电类型及电阻率。a-Si:H 的掺杂是非晶硅材料在技术上的一大突破，扩展了非晶硅的应用范围。

### 小知识：费米能级的钉扎效应

在半导体材料中，费米能级的位置随掺杂而变化。费米能级的钉扎效应是半导体物理中的一个重要的概念，是指费米能级的位置不随掺杂而变化的效应。产生费米能级钉扎效应的原因是半导体材料中存在很多的缺陷，即使掺杂很多的施主或者受主，杂质也不能被激活不能提供载流子，费米能级位置始终不变。如宽禁带半导体(GaN、SiC等)、非晶态半导体等往往存在费米能级的钉扎效应。

**3. 非晶硅的状态密度**

状态密度也是半导体物理中的一个重要的概念，是指在能带中能量 E 附近每单位能量间隔内的量子态数。每个能量状态有两个自选方向相反的量子态，而每个量子态最多只能容纳一个电子。导电底附近单位能量间隔内的量子态数目随着电子的能量增加，按照抛物线关系增大。电子能量越高，状态密度越大。价带顶也一样。

晶态半导体导带和价带的状态密度 $g(E)$ 如图 6.12(a)所示，两个能带中的状态均为扩展态(布洛赫态)，$E_c$ 和 $E_v$ 分别表示导带底和价带顶。处于扩展态中的电子可以在整个材料中运动，可参与导电并有较高的迁移率。

非晶硅是一种非晶态半导体，属于无序系统，电子的本征波函数不是布洛赫函数。安德森在 1958 年关于无序系统电子态的论文中证明，无规势可以导致电子状态的局域化。莫特也提出当无序程度低于临界值时，局域状态的存在。因此，非晶硅能带中的状态可以分为两种，一种是位于带顶和带底附近形成带尾的状态(局域态)；另一种是位于能带中部的态(扩展态)，如图 6.12(b)所示。

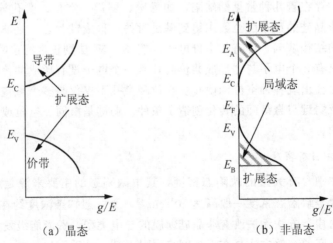

（a）晶态　　　　　　　　（b）非晶态

图 6.12　晶态和非晶态半导体的状态密度分布

价键饱和的理想非晶态半导体的状态密度 $g(E)$ 中，$E_c$ 和 $E_v$ 分别表示导带底和价带顶。而 $E_A$ 和 $E_B$ 分别表示导带和价带的迁移率边，两者之间的能量间隙称为迁移率隙，带尾占迁移率隙的一小部分。迁移率隙内的电子状态都是局域态，在 0K 时迁移率为零。局域态的波函数局限在某一中心附近，电子从一个局域态到另一个局域态的转移需要声子的协助，运动是跳跃式的，这种跳跃式导电的迁移率很低。非晶硅薄膜晶体管大多数情况下都是利用处于局域态的载流子跳跃式导电的。

**4. 晶体与非晶材料在导电上的差别**

非晶硅材料的特点决定了非晶硅在载流子导电上与单晶硅不同。

(1) 非晶硅中费米能级通常是"钉扎"在带隙中，不随掺杂而变化，也基本上不随温度变化。

(2) 非晶硅的迁移率比单晶硅低 2~3 个数量级。

(3) 非晶硅在氢化后，禁带宽度将随着氢化程度的不同可在 1.2~1.8eV 之间变化，而单晶硅具有确定的禁带宽度。

(4) 非晶硅存在扩展态、带尾局域态、带隙中的缺陷态，这些状态中的电子都可能对导电有贡献。

(5) 非晶硅的光吸收边有很长的拖尾，而单晶硅的光吸收边很陡。

### 6.3.3 薄膜晶体管的工作原理

非晶硅属于弱 n 型半导体，主要处于局域态，跳跃式导电迁移率低，使得薄膜晶体管的工作原理类似 MOSFET，但不同于 MOSFET。

**1. TFT 的两个电场**

TFT 的中心也是由栅极、绝缘膜、半导体构成的一个 MIS 结构。两边的源漏电极通过欧姆接触层与半导体材料接触。在栅极与半导体之间加电压形成垂直的电场。在源漏电极之间加电压，在半导体层上形成水平的电场。

**2. TFT 的关态**

当栅极上不加电压时，在源到漏之间沟道没有形成，TFT 处于关态。

当栅极施加负电压，$V_{GS} \leqslant 0$ 时，弱 n 型半导体中排斥电子，沟道内依然没有载流子，即使在源极和漏极加电压，在沟道内也没有电流流动，仍处于关态，如图 6.13(a) 所示。

由此，TFT 的关态由半导体薄膜决定。a-Si:H 薄膜是一种弱 n 型半导体，没有掺杂，半导体的费米能级也不在禁带中心而是在禁带中央稍微高点的地方，导致了材料本身有一定的电导率称为暗电导率。由暗电导引起的电流称为关态电流。由此，关态电流与费米能级的位置有关，费米能级的位置越高，关态电流越大。同样，降低 a-Si:H 薄膜的暗电导率可以减小 TFT 的关态电流。

**3. TFT 的开态**

当栅极施加正电压，$V_{GS} \geqslant 0$ 时，在绝缘层与 a-Si:H 层的界面附近，非晶硅半导体一侧感应出等量异号的负电荷形成电子的积累，如图 6.13(b) 所示。当栅压增加到足够大，积累的电子增多可以形成导电沟道，这个电压称为阈值电压。当 $V_{GS} \geqslant V_{TH}$，漏源加电压

$V_{DS}$时,就会有电流从沟道流动为TFT的开态。

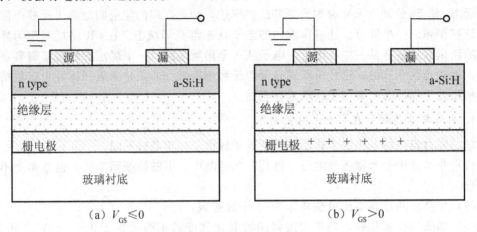

图6.13 TFT的工作原理

由于非晶硅在禁带中存在大量的缺陷态,致使a-Si TFT的迁移率很低,开态电流很小,阈值电压高。一般非晶硅TFT开态电流比MOSFET低了3~4个数量级。表6-1列出了显示器件中非晶硅TFT、低温多晶硅TFT和MOSFET的特性对比。

表6-1 在显示器件中常用的TFT与MOSFET性能的对比

| | 参数 | 非晶硅TFT | 低温多晶硅TFT | MOSFET |
|---|---|---|---|---|
| 特性 | 晶格结构 | 短程有序,掺氢 | 晶粒间界 | 完整的晶格 |
| | 阈值电压 | 1V | 1.2V | 0.7V |
| | 迁移率 | 0.5~1cm²/Vs | >100cm²/Vs | >250cm²/Vs |
| | 工作电压 | 15~25V | 5~15V | 5.5V |
| 工艺 | 设计规则 | 5μm | 1.5μm | 0.25μm |
| | 光刻数目 | 4~5次 | 5~9次 | 22~24次 |
| | 栅绝缘层厚度 | 300nm | 80~150nm | 7.8nm |

4. TFT与MOSFET工作原理的不同

1)关态不同

TFT源和漏极处没有形成pn结,关态电流是源漏之间的泄漏电流,主要是由非晶硅半导体的暗电导率引起的,关态电流大。而MOSFET的关态是pn结的零偏状态或反偏状态,关态电流小。

2)源极和漏极没有正负之分

TFT源极和漏极正常工作情况下没有正负之分;而MOSFET为保证pn的反向偏置,有严格的源漏电极正负之分。

3)表面导电层状态不同

当栅极加正压达到一定程度时,TFT沟道积累电子形成n型导电沟道。源漏电极之间加上电压就会有电流在源漏电极之间流动。因此,TFT是n型半导体,能形成n型导电沟道，是积累层导电而不是反型层导电。MOSFET 是反型层导电，n 型衬底形成了 p 型导电沟道。

## 6.4 薄膜晶体管的直流特性

TFT 在 TFT-LCD 中起着开关的作用，器件性能的优劣直接影响 TFT-LCD 图像显示的质量。对 TFT 器件性能的深入了解是 TFT 有源矩阵液晶显示器开发及阵列优化设计的基础和理论依据。

### 6.4.1 直流特性种类

#### 1. 直流特性的要求

直流特性是指薄膜晶体管的输出电流随着施加电压变化的特性，又称静态特性。从实用的角度考虑，在显示器中应用的薄膜晶体管的直流特性应当满足下列 3 条基本要求。

1）较高的开关比

开关比 $I_{on}/I_{off}$ 指的是开态电流和关态电流的比值，要求越高越好，其值一般须 $\geqslant 10^6$。

2）较高的迁移率

电子的迁移率定义为单位场强下电子的平均漂移速度，单位为 $cm^2/Vs$，其值一般须 $\geqslant 0.1 cm^2/Vs$。

3）亚阈值斜率要陡峭

亚阈值斜率是指从关态到开态的电流上升的斜率，要求越陡峭越好。

用现有的工艺设备和工艺条件满足以上 3 条是比较容易的。但需要注意的是，在薄膜的制备过程中，应尽量避免杂质玷污和缺陷的生成，是制备高开关比、高迁移率以及低阈值电压的 a-Si:H TFT 器件的关键。

#### 2. 直流特性的种类

栅极电压 $V_{GS}$ 控制着薄膜晶体的沟道是否有载流子，决定着沟道的开关。源漏电压 $V_{DS}$ 控制着沟道电流的流动。由此，根据栅极电压和源漏电压的控制情况，TFT 的直流特性分为转移特性和输出特性曲线。转移特性曲线是指在恒定源漏电压 $V_{DS}$ 下，漏极电流 $I_{DS}$ 随栅源电压 $V_{GS}$ 变化的曲线。输出特性曲线是指在恒定栅源电压 $V_{GS}$ 下，漏极电流 $I_{DS}$ 随源漏电压 $V_{DS}$ 变化的曲线。

### 6.4.2 TFT 的输出特性

#### 1. 两个区域

按照漏极电流 $I_{DS}$ 随漏源电压 $V_{DS}$ 变化的规律，可以将输出特性曲线分为线性区和饱和区，如图 6.14 所示。当 $V_{GS}$＝常数条件下，从 $V_{DS}=0$ 开始，$I_{DS}$ 随 $V_{DS}$ 线性增加的区域称为线性区；当 $V_{DS}$ 增加到一定数值以上时，$I_{DS}$ 上升速率逐渐变小，漏极电流几乎不随漏源电压变化的区域称为饱和区。

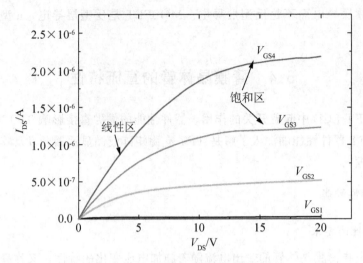

图 6.14　a-Si:H TFT 的输出特性曲线

**2. 沟道夹断原理**

定义 $x$ 表示垂直于沟道的电场方向，$y$ 表示平行于沟道的电场方向。栅极加电压 $V_{GS}>V_{TH}$（$V_{TH}$ 是阈值电压）时，源漏间形成 n 型的导电沟道。$V_{GS}$ 一定时，由于栅压 $V_{GS}$ 作用到沟道 $x$ 方向的电场为 $V_{GS}-V_{TH}$。施压源漏电压 $V_{DS}$ 后，垂直方向的电场沿 $y$ 方向从源端到漏端是不同的，逐渐减小的。在源端，$x$ 方向的电场为 $V_{GS}-V_{TH}$ 最大；在漏端为 $(V_{GS}-V_{TH})-V_{DS}$ 最小。不同的垂直方向电场，沟道内的载流子数量不同。

当 $V_{DS}$ 很小时，垂直沟道的电场沿 $y$ 方向的变化很小，即源端和漏端的电场差别不大。漏源之间存在贯穿全沟道的导电沟道为线性区，如图 6.15(a)所示。随漏端电压增大，$V_{DS}$ 增大，漏端垂直方向的电场 $(V_{GS}-V_{TH})-V_{DS}$ 变小，那么漏端的感生载流子减少。出现源端和漏端不平衡的现象，但仍为线性区，如图 6.15(b)所示。

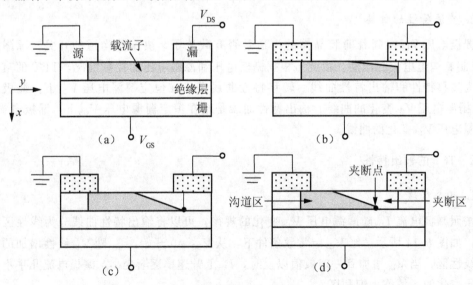

图 6.15　TFT 的输出特性线性区和饱和区原理分析

当 $V_{DS}$ 进一步增大，$V_{DS}=V_{GS}-V_T=V_{sat}$ 时，$V_{sat}$ 为饱和电压，漏端垂直方向的电场为零，漏端沟道电荷减少到零，为沟道夹断，器件进入到饱和区，如图 6.15(c)所示。

当 $V_{DS}$ 继续增大，$V_{DS}>V_{sat}$ 时，夹断点向源极移动，夹断区变大，沟道区变小。夹断区是已耗尽空穴的空间电荷区，对沟道电流没有贡献。增加的 $V_{DS}$ 电压将降落到夹断区上，用于增强载流子的漂移运动。在夹断区，载流子从夹断点漂移到漏端。而沟道区内的电压始终保持 $V_{sat}$，沟道电流几乎不变，为饱和区，如图 6.15(d)所示。

### 6.4.3 线性区的漏极电流

薄膜晶体管的直流特性也可用 MOSFET 的模型来得出。假设存在缓变沟道近似，其中 $x$ 表示垂直于沟道的方向，$y$ 表示平行于沟道的方向，$z$ 表示沟道水平的方向。用 $L$ 代表沟道长度，$W$ 代表沟道宽度，如图 6.16 所示。

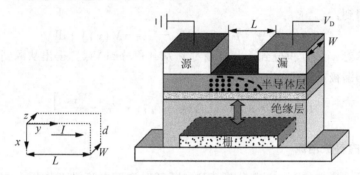

**图 6.16 薄膜晶体管的立体结构图**

**1. 欧姆定律**

在导体两侧加电压 $V$，内部就会形成电流，$R$ 为导体的电阻，电流强度为：

$$I=\frac{V}{R} \tag{6.5}$$

$V-I$ 关系是直线的时候就是熟知的欧姆定律。电阻为 $R=\rho\frac{L}{s}$，电导率为 $\sigma=\frac{1}{\rho}$，电流密度为 $J=\frac{I}{s}$，由此得到：

$$J=\sigma\cdot\frac{V}{L} \tag{6.6}$$

其中电导率为：

$$\sigma=\mu\cdot q\cdot n \tag{6.7}$$

**2. 沟道可动电荷密度**

用 $Q_m=q\cdot n$ 表示沟道表面的电荷密度。当栅压大于阈值电压时，在沟道感生的可动电荷 $Q_m$ 与栅压 $V_{GS}$ 有关，沿 $y$ 方向变化。可动电荷面密度为：

$$Q_m(y)=C_{ox}[V_{GS}-V_{TH}-V(y)] \tag{6.8}$$

其中 $C_{ox}$ 为绝缘层的单位面积电容。在源端接地时，$V(y)=V_S=0$，有最大的可动电荷。沿 $y$ 方向向漏端，可动电荷密度逐渐减少。在漏端，$V(y)=V_D$，有最小的可动电荷密度。

**3. 沟道电流密度**

假定缓变沟道近似成立，沟道电场只是 $y$ 的函数，与 $z$ 无关，沿 $y$ 方向的单位长度的电场强度表示为 $dV/dy$。由沟道感生的多数载流子形成的电流密度为：

$$J = \sigma \cdot \frac{dV}{dL} = \mu \cdot q \cdot n \cdot \frac{dV}{dL} = \mu \cdot C_{ox}[V_{GS} - V_{TH} - V(y)] \cdot \frac{dV}{dy} \tag{6.9}$$

**4. 沟道电流**

感应出的载流子积累到半导体的表面，厚度 $d$ 很小。假设欧姆定律采用一维形式，电流为：

$$I = J \cdot W = W \cdot \mu \cdot C_{ox}[V_{GS} - V_{TH} - V(y)] \cdot \frac{dV}{dy} \tag{6.10}$$

分离变量得到：

$$I \cdot dy = W \cdot \mu \cdot C_{ox}[V_{GS} - V_{TH} - V(y)] \cdot dV \tag{6.11}$$

对上式左端对 $y$ 从 0 积分到 $L$，右端对 $V$ 从 0 积分到 $V_{DS}$，得出从源到漏极的线性区的沟道电流，即漏极电流 $I_{DS}$ 为：

$$I_{DS} = \frac{W}{L} \cdot \mu \cdot C_{ox}\left[(V_{GS} - V_{TH}) \cdot V_{DS} - \frac{V_{DS}^2}{2}\right] \tag{6.12}$$

### 6.4.4 饱和区的漏极电流

进入饱和区，增加的 $V_{DS}$ 一部分降落到夹断区对沟道电流没有作用，沟道区的电压降始终保持为饱和电压 $V_{Dsat} = V_{GS} - V_{TH}$。漏极电流不随 $V_{DS}$ 变化。把沟道漏端夹断时的饱和电压代入到线性区电流公式(6.12)可以得到饱和区的漏极电流为：

$$I_{DS} = \frac{W}{2L} \cdot \mu \cdot C_{ox}(V_{GS} - V_{TH})^2 \tag{6.13}$$

式中，$I_{DS}$ 为漏极电流，单位是安培(A)；$W$、$L$ 分别是 TFT 沟道的宽和长，单位是微米($\mu m$)；$\mu$ 是半导体材料的场效应迁移率，单位是 $cm^2/Vs$；$C_{ox}$ 是绝缘层电容，单位是 $F/cm^2$；$V_{DS}$ 和 $V_{GS}$ 分别为施加的漏源电压和栅源电压，单位是 V；$V_{TH}$ 为阈值电压，单位是 V。

实际器件的饱和都是不完全的，随 $V_{DS}$ 的增加，漏极电流 $I_{DS}$ 略有上升。当 $V_{DS}$ 大于 $V_{Dsat}$ 时，沟道夹断点的电压始终都等于 $V_{Dsat}$ 不变，超过 $V_{Dsat}$ 的那部分外加电压 $V_{DS} - V_{Dsat}$ 都降落到夹断区上。当 $V_{DS}$ 继续增大时，夹断区长度扩大，有效沟道长度 $L'$ 缩短，由式(6.13)实际沟道电流随着 $L'$ 的减小而略有增大。

### 6.4.5 TFT 的转移特性

当栅极施加电压 $V_{GS}$ 时，在绝缘层两边会感应出等量异号的电荷。对于 a-Si:H TFT，加正压绝缘层与半导体界面的 a-Si:H 层一侧会感应产生负电荷。当漏源加电压时，沟道内就会有电流流过。负压沟道内没有载流子。那么，测试在恒定源漏电压 $V_{DS}$ 下，漏极电流 $I_{DS}$ 随栅源电压 $V_{GS}$ 变化的转移特性曲线会经历关和开的状态。关态和开态的电流差别很大，一般用半对数图表示，如图 6.17 所示。该半对数图是横坐标为线性，纵坐标为对数的曲线图。

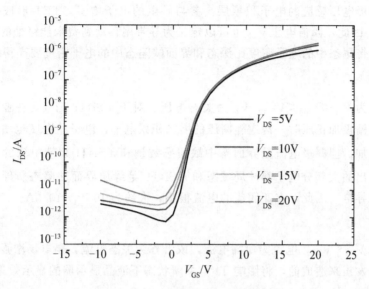

图 6.17 a-Si:H TFT 的转移特性

根据栅极电压的变化,转移特性曲线可以分为 4 个区域:截止区、亚阈值区、饱和区、线性区,如图 6.18 所示。

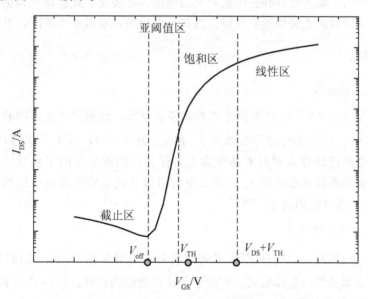

图 6.18 转移特性区域的划分

1. 线性区和饱和区

线性区和饱和区的划分来源于输出特性。在输出特性上,$V_{DS}<V_{GS}-V_{TH}$ 时为线性区;$V_{DS} \geqslant V_{GS}-V_{TH}$ 时为饱和区。在转移特性上,线性区为 $V_{GS}>V_{DS}+V_{TH}$,饱和区为 $V_{TH} \leqslant V_{GS} \leqslant V_{DS}+V_{TH}$。其中,$V_{TH}$ 为阈值电压。

高于阈值电压进入到饱和区,TFT 是开态,导电沟道形成。导带尾更接近费米能级,导带中形成栅极电压感应的电子积累层，参与导电的电子增多，TFT 形成一个很高的漏极电流($\mu$A)。因此，阈值电压 $V_{TH}$ 也可以定义为导带尾移动到费米能级处的栅极电压。在这个区域，导带尾态中的电子密度比深态和界面缺陷态中的电子密度要高得多。

2. 亚阈值区

亚阈值区为 $V_{off} < V_{GS} < V_{TH}$。$V_{off}$ 为关态电压。对于 a-Si:H TFT，在亚阈值区，高于关态电压，如栅极加正压时，沟道随栅压的增加积累电子，电子的密度也增加，电流呈指数形式急剧增加。但漏极电流受界面态中缺陷态数量和 a-Si:H 禁带中深的类受主局域态的影响，感应出的大部分电子都被局域态和 a-Si:H/绝缘层界面缺陷态所俘获，只有一小部分电子参与导电，因此，在亚阈值的电流很小，大约为 $10^{-12} \sim 10^{-8}$ A。

3. 截止区

截止区为 $V_{GS} \leqslant V_{off}$，电流为泄漏电流，或者称为关态电流，是电场增强使得深缺陷态中的载流子激发出来造成的，将影响 TFT 关断状态下液晶显示器的显示效果。

## 6.5 薄膜晶体管的主要参数

薄膜晶体管的主要参数有开态电流、关态电流、开关比、迁移率、阈值电压、亚阈值斜率等都可以从器件的直流特性中获得，且每个参数的影响因素也不同，下面分别介绍。

### 6.5.1 开态电流

1. 开态电流的提取

用于视频显示的 TFT-LCD 有两个重要的显示参数：像素的充电速率和像素电荷的保持率。充电速率与 TFT 器件的开态电流 $I_{on}$ 有关，在 a-Si:H TFT 开关器件处于开态时，要求图像信号能快速地写入到对液晶像素上，保证对图像信号的正确显示。因此，TFT 开关器件要具有较高的开态电流 $I_{on}$。开态电流可以从转移特性曲线中的线性区获得。如图 6.17 所示，开态电流约为 $10^{-6}$ A。

2. 开态电流的影响因素

从公式(6.12)可知，a-Si:H TFT 开态电流与沟道宽长比 $W/L$、绝缘层电容 $C_{ox}$、半导体的迁移率 $\mu$ 以及外加电压有关。实际上与器件的结构设计、a-Si:H 材料性能等有关。

1) 载流子迁移率的影响

从材料特性的角度看，TFT 器件的载流子迁移率越大，开态电流越大。迁移率的大小与 a-Si:H 材料中的隙态密度分布、$SiN_x$/a-Si:H 界面态特性有关。因此，优化 a-Si:H 和 $SiN_x$ 材料的制备工艺，获得隙态密度低、缺陷少的优质薄膜材料，改善 $SiN_x$/a-Si:H 的界面特性可使开态电流得到有效的提高。同时，a-Si:H 材料隙态密度的降低以及 $SiN_x$/a-Si:H 界面特性的改善，会使 a-Si:H TFT 器件的阈值电压降低，也有利于开态电流的提高。

2) 绝缘层电容的影响

开态电流的大小与栅绝缘层的电容大小有关，栅绝缘层电容与 $SiN_x$ 绝缘层的介电常数成正比关系。N/Si 比的变化对 $SiN_x$ 材料的性能影响很大，对 $SiN_x$ 绝缘材料的介电常数一般影响很大。

3) 结构设计的影响

优化器件结构也可以提高开态电流。宽长比 $W/L$ 越大，开态电流越大。大的宽长比要求设计短而宽的沟道，但是沟道长度的缩小受到工艺条件的限制，而沟道宽度的增大又会影响到像素的开口率。

从 $C_{ox}$ 的定义可知，增大绝缘层面积和减小绝缘层厚度可提高 $C_{ox}$，进而提高开态电流。但是绝缘层面积增大使 TFT 器件面积增大像素开口率降低；绝缘层厚度的减小同时受到绝缘层绝缘性能和击穿强度的限制。因此通过器件结构的设计来提高开态电流应综合考虑各方面的因素，在不影响其他性能的情况下尽可能提高器件的开态电流。

### 6.5.2 关态电流

**1. 关态电流的提取**

TFT-LCD 另一个重要的显示参数是像素电荷的保持率。像素电荷的保持率与 TFT 器件的关态特性有关，TFT 关态电阻越大，关态电流 $I_{off}$ 越小，像素电荷的维持时间越长。关态电流可以从转移特性曲线中截止区获得。如图 6.17 所示，关态电流约为 $10^{-12}$ A。开态电流与关态电流之比称为开关比，如图 6.17 所示，开关比 $>10^6$。

**2. 关态电流的影响因素**

TFT 关态电流是栅极不加电压或者加相反电压下沟道内的泄漏电流，是决定保持特性的重要因素，与很多因素有关，如图 6.19 所示。

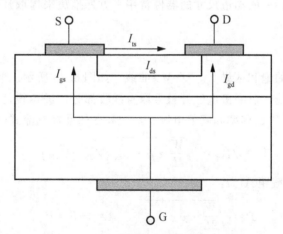

图 6.19　TFT 中关态泄漏电流影响因素

1) 有源层上表面的泄漏电流

$I_{ts}$ 为有源层上表面的泄漏电流，由 ITO 膜刻蚀不均匀而形成的残留物所致。另外，有源层表面清洗不干净以及灰尘污染也是 $I_{ts}$ 的一个主要来源。因此，$I_{ts}$ 可通过良好的清洗和刻蚀工艺加以减小和避免。

2) 有源层的暗态泄漏电流

$I_{ds}$为有源层的暗态泄漏电流，与 a-Si:H 材料的暗态电导率有关。优化制备工艺条件，制备出低隙态密度、缺陷少、宽带隙、低电导激活能的 a-Si:H 材料可有效降低本征电导率。还与器件结构的设计有关，如宽长比 $W/L$、有源层的厚度 $d$ 等，减小 $W/L$ 的比值以及采用较薄的有源层厚度有利于降低电导率，是减小关态电流的有效途径。

3) 栅绝缘层的泄漏电流

$I_{gs}$ 和 $I_{gd}$ 分别为栅与源、漏电极之间通过栅绝缘层形成的泄漏电流，是由 $SiN_x$ 绝缘层内过多的缺陷态以及 a-Si:H/$SiN_x$ 界面处应力不匹配而产生的界面态导致的。因此制备优质的 $SiN_x$ 薄膜和改善 a-Si:H/$SiN_x$ 的界面特性是减小 $I_{gs}$ 和 $I_{gd}$ 的有效手段。同时，采用双栅绝缘层也可以起到降低栅绝缘层的泄漏电流，降低 TFT 的关态电流。

### 6.5.3 迁移率和阈值电压

**1. 迁移率和阈值电压的提取**

迁移率和阈值电压都可以从转移特性曲线中利用线性外推法或平方外推法提取。线性外推法是利用线性区的漏极电流公式(6.12)对转移特性曲线的线性区拟合，从外推曲线的斜率可以提取出迁移率 $\mu$，从外推曲线与栅电压轴的交点可以提取阈值电压 $V_{TH}$。

平方外推法是利用饱和区的漏极电流公式(6.13)对转移特性曲线的饱和区做 $I_{DS}^{1/2} \sim V_{GS}$ 曲线，并对直线段进行拟合，从外推曲线斜率可以提取出迁移率，从外推曲线与栅电压轴的交点可以提取阈值电压 $V_{TH}$。

在转移特性曲线的线性区，栅压较大，载流子迁移率受到其他因素的影响很大，所以用线性外推法提取的误差要大些。但平方外推法不适用短沟道器件。这两种方法都要受到源漏接触电阻的影响。一般沟道尺寸的器件常用平方外推法来提取迁移率和阈值电压。这里只介绍平方外推法。

**2. 平方外推法**

对转移特性曲线的饱和区做 $I_{DS}^{1/2} \sim V_{GS}$ 曲线，如图 6.20 所示。取测试获得的固定 $V_{DS}$ 下的一条转移特性曲线，对漏极电流开根号取直线段部分，进行线性拟合，从拟合曲线的斜率 $B$ 和截距 $A$ 来提取迁移率和阈值电压。对饱和区的漏极电流式(6.13)开根号得到：

$$\sqrt{I_{DS}} = \sqrt{\frac{W}{2L} \cdot \mu \cdot C_{ox}}\,(V_{GS} - V_{TH}) \qquad (6.14)$$

因此，斜率 $B$ 和截距 $A$ 为：

$$B = \sqrt{\frac{W}{2L} \cdot \mu \cdot C_{ox}} \qquad A = -B * V_{TH} \qquad (6.15)$$

由此，迁移率和阈值电压为：

$$\mu = \frac{2B^2}{(W/L)C_{ox}} \qquad V_{TH} = -\frac{A}{B} \qquad (6.16)$$

式中，$B$ 和 $A$ 是从拟合曲线中得到的；$W$ 和 $L$ 是器件的沟道宽和长，是设计值；$C_{ox}$ 是绝缘层电容，是设计值。

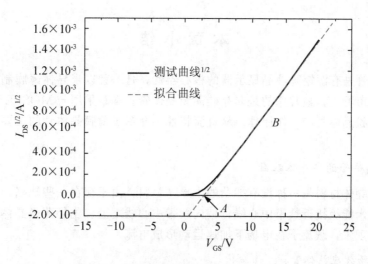

图 6.20 转移特性曲线的 $I_{DS}^{1/2} \sim V_{GS}$ 曲线

**3. 影响因素**

a-Si:H 为弱 n 型半导体，载流子为电子。由于电场的作用，载流子受到的散射作用加强，不同的散射机理都同时影响载流子的迁移率。目前工业化的 a-Si:H TFT 器件的迁移率为 $0.4 \sim 1 \mathrm{cm}^2/\mathrm{Vs}$。

a-Si:H TFT 的阈值电压 $V_{TH}$ 为 TFT 开启时的栅极电压，也是 a-Si:H TFT 作为开关器件的一个重要参量。a-Si:H TFT 器件的阈值电压一般为 3V 左右。

### 6.5.4 亚阈值斜率

亚阈值区是 TFT 从关态过渡到开态的一个过渡区，漏极电流呈指数形式从低的关态电流(pA)到高的开态电流($\mu$A)过渡。用亚阈值斜率表示，从关态到开态的指数变化部分斜率的倒数，单位是 V/dec，是漏电流增加一个数量级对应的栅压大小。要求越小越好，越小曲线越陡，从关态到开态变化的过程就越短。

**1. 亚阈值斜率的提取**

亚阈值斜率($S$)可以从对数坐标下的转移特性曲线中提取。在对数坐标下，对亚阈值区进行直线拟合，拟合的直线斜率为 $B$，亚阈值斜率 $S$ 为直线斜率的倒数，即：

$$S = \frac{1}{B} = \frac{dV_{GS}}{d(\log I_{DS})} (\mathrm{V/dec}) \tag{6.17}$$

**2. 亚阈值斜率的影响因素**

亚阈值斜率与绝缘层电容、界面态电容及耗尽层有关，可以表示为：

$$S = \left(1 + \frac{C_d + C_{it}}{C_{ox}}\right) \cdot \frac{kT}{q} \cdot \ln 10 \tag{6.18}$$

式中，$kT/q$ 代表热电压，在室温下为 0.026eV；$C_{ox}$ 为绝缘层电容；$C_d$ 为半导体的耗尽层电容；$C_{it}$ 为绝缘层与半导体的界面陷阱电容。要使亚阈值斜率的值很小，那么需要器件良好的界面，降低 $C_d$、$C_{it}$。

## 本 章 小 结

薄膜晶体管是有源矩阵液晶显示器的核心器件，是一种以半导体薄膜制成的绝缘栅场效应晶体管。市场上，最常用的是非晶硅薄膜晶体管。本章采用与 MOSFET 对比的方法，重点讲述了薄膜晶体管的工作原理。从直流特性上介绍了薄膜晶体管的主要性能参数及提取方法。

1. 薄膜晶体管的半导体基础

非晶硅半导体材料是一种没有掺杂的半导体材料，由于存在一些缺陷，属于弱 n 型半导体材料。费米能级接近禁带中心线，偏向禁带中心线之上。主导薄膜晶体管工作的半导体现象是电导现象，载流子在电场下加速运动形成电流。

2. MOS 场效应晶体管

薄膜晶体管是绝缘栅场效应晶体管，结构与原理和 MOS 场效应晶体管相似。MOSFET 是栅极、衬底极、源极和漏极构成的 4 端器件。中心部分是一个金属(栅)-氧化物($SiO_2$)-半导体(Si)组成的 MIS 结构。开态时利用反型层的载流子导电，关态时利用源漏 pn 结为零偏或反偏关闭。

3. 薄膜晶体管的工作原理

非晶硅材料具有长程无序，短程有序的特点，结构中存在一些缺陷，缺陷态密度高。大多数情况下都是处于局域态的载流子跳跃式导电的，迁移率低。当栅极施加正电压，形成电子的积累，为开态；栅极上不加电压时，没有形成沟道，为关态。

4. 薄膜晶体管的直流特性

TFT 的直流特性分为转移特性和输出特性曲线。输出特性曲线分为线性区和饱和区。根据栅极电压的变化，转移特性曲线可以分为 4 个区域：截止区、亚阈值区、饱和区、线性区。

5. 薄膜晶体管的主要参数

薄膜晶体管的主要参数有开态电流、关态电流、开关比、迁移率、阈值电压、亚阈值斜率，都可以从器件的直流特性中提取。

## 本 章 习 题

一、填空题

1. TFT 是_____，是一种以半导体薄膜制成的_____。
2. 非晶硅半导体材料属于_____。费米能级接近禁带中心线，偏向禁带中心线_____。
3. MOSFET 工作在_____层，n 沟道 MOSFET 衬底材料是_____型衬底。

4. TFT 工作_____层，主要的半导体现象是_____现象。

5. MIS 结构实际上是一个_____，当在金属与半导体之间加电压后，在金属和半导体相对的两个面上就被充电，带上_____电荷。

6. TFT 的中心是由栅极、绝缘膜、半导体构成了一个_____。

7. 非晶硅材料具有_____无序，_____有序的特点。

8. 非晶硅材料中存在着几种常见的缺陷，_____、_____、空位、微孔等。

9. TFT 的转移特性曲线可以分为 4 个区域：截止区、_____、_____、_____。

10. TFT 器件要求亚阈值斜率越_____，从关态到开态变化的过程就越_____。

二、判断题

1. MOSFET 也是非常适合作为液晶显示器的开关器件的。（　　）
2. 非晶硅薄膜晶体管的迁移率比 MOSFET 更高，更适合应用到液晶显示器中。（　　）
3. MOSFET 在关态或者截止区，电流的大小由 pn 结的反偏电流决定。（　　）
4. 非晶硅半导体中含有大量的缺陷态密度，掺入氢和氟等可以降低缺陷。（　　）
5. 非晶硅半导体的导电主要是处于局域态中的电子跳跃式导电。（　　）
6. 非晶硅的迁移率比单晶硅高 2～3 个数量级。（　　）
7. TFT 的关态电流是由非晶硅半导体的暗电导率引起的，关态电流大。（　　）
8. 从 TFT 转移特性曲线可以提取迁移率、阈值电压、亚阈值斜率参数。（　　）
9. TFT 的输出特性曲线可以明显分为线性区、饱和区、截止区。（　　）
10. 沟道宽长比越大，TFT 器件的开态电流越高。（　　）

三、名词解释

薄膜晶体管、MOSFET、本征半导体、掺杂半导体、载流子、电导现象、MIS 结构、钉扎效应、阈值电压、沟道夹断、开关比、亚阈值斜率

四、简答题

1. 简述 MOSFET 与薄膜晶体管工作原理上的不同。
2. 简述非晶硅薄膜晶体管的工作原理。
3. 简述 TFT 在液晶显示器中的作用。
4. 非晶硅是哪种半导体？其能带的特点如何？
5. 非晶硅半导体有什么特点？非晶硅是哪种半导体？
6. 简述 MIS 结构表面电荷的变化。
7. 简述晶体与非晶材料在导电上的差别。
8. 简述 MOSFET 的两个电场。

五、计算题与分析题

1. 分析一下主导 TFT 器件工作的半导体现象是什么？它的物理意义和主要影响参数

是什么？为提高 TFT 器件在液晶显示器中的开关作用，从半导体的角度应该提高什么？降低什么？

2. 从电导率的角度思考，如何能制作出高性能的薄膜晶体管？提高载流子浓度可以吗？

3. 假设下图 TFT 器件的宽长比为 30，绝缘层电容为 $10nF/cm^2$，求该器件的阈值电压、迁移率、开态电流、关态电流、开关比、亚阈值斜率，以及判断该器件的半导体是 n 型还是 p 型？

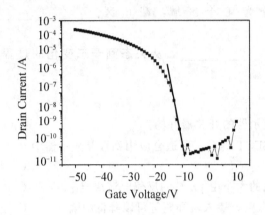
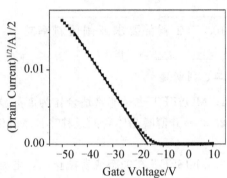

# 第 7 章
# 薄膜晶体管的结构与设计

薄膜晶体管在工作原理上类似 MOS 场效应晶体管,但是为适应驱动液晶显示器的要求以及降低成本,有其独特的结构和设计方法。本章重点讲述薄膜晶体管的常用结构、工艺流程和特点。最后,给出薄膜晶体管阵列版图的设计原理及简单的设计方法。通过本章的学习可以掌握当前液晶显示器中使用的薄膜晶体管采用的是哪种结构?工艺流程是什么?并且掌握薄膜晶体管是怎样设计的?

**教学目标**

- 了解薄膜晶体管的基本结构;
- 掌握背沟道刻蚀结构的 5 次光刻的工艺流程及特点;
- 了解背沟道保护结构的工艺特点;
- 了解薄膜晶体管阵列的设计。

**教学要求**

| 知识要点 | 能力要求 | 相关知识 |
| --- | --- | --- |
| a-Si:H TFT 结构概述 | (1) 了解各种结构的优点和缺点<br>(2) 了解各种结构的断面图形 | MOSFET 的结构和特点 |
| 背沟道刻蚀结构的 a-Si:H TFT | (1) 了解背沟道刻蚀结构的特点<br>(2) 掌握 5 次光刻的工艺流程<br>(3) 了解 4 次光刻的实现方案 | 微细加工技术基础 |
| 背沟道保护结构的 a-Si:H TFT | (1) 了解背沟道保护结构的特点<br>(2) 掌握背沟道保护结构的工艺要点 | 微细加工技术基础 |
| 薄膜晶体管阵列的设计 | (1) 了解 L-Edit 软件的使用<br>(2) 掌握单元像素版图的设计 | 集成电路基础 |

**推荐阅读资料**

[1] 王大巍,王刚,李俊峰,等. 薄膜晶体管液晶显示器件的制造、测试与技术发展[M]. 北京:机械工业出版社,2007.

[2] 廖裕评,陆瑞强.Tanner Pro 集成电路设计与布局实战指导[M].北京:科学出版社,2004.

### 基本概念

底栅结构:是栅极制作在器件下面的一种结构。由于栅极制作在下面,沟道在栅极的上面,与 MOSFET 相比正好相反,又称为背沟道结构。

光刻次数:在薄膜晶体管的制作中,每一层图形的形成都要经历成膜、涂胶、曝光、显影、刻蚀和去胶等工艺的多次循环,循环的次数称为光刻次数。

### 发现故事:第一个薄膜晶体管的结构

1962 年 Weimer 采用硒化镉 CdSe 材料研制了世界上第一个薄膜晶体管。采用顶栅结构,用金作为源电极、漏电极、栅电极,并利用掩膜蒸发的方法把各层薄膜依次沉积在一个玻璃衬底上,结构如图 7.1 所示。

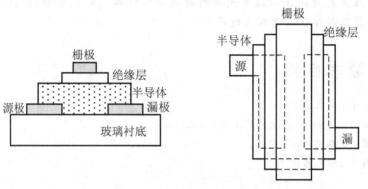

图 7.1 第一个 TFT 的结构图

### 小知识:掩膜蒸镀

掩膜蒸镀就是用漏板做掩膜,把不需要成膜的地方遮挡住,需要成膜的地方在蒸发设备内蒸镀上薄膜的过程,是一种选择性成膜的过程,不需要再光刻图形,工艺简单,但图形精度不够,只在大图形制作或者实验室中使用。

## 7.1 a-Si:H TFT 结构概述

根据栅极的位置,a-Si:H TFT 器件结构可分为两类,顶栅结构和底栅结构。顶栅结构是栅极在上面的一种结构,又称为正交叠(Normal Staggered)结构,如图 7.2(a)所示;底栅结构是栅极在下面的一种结构,又称为反交叠(Inverted Staggered)结构。底栅结构根据沟道的形式又可以分为背沟道刻蚀型(Back—channel etched)和背沟道保护型(Back-channel stop),如图 7.2(b)和图 7.2(c)所示。

1. 顶栅结构

顶栅结构类似于 MOSFET 的结构,栅电极制作在上面,源极和漏极制作在下边,沟

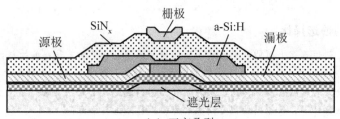

(a) 正交叠型

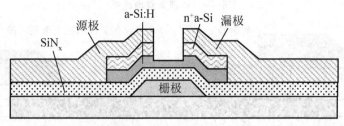

(b) 背沟道刻蚀型

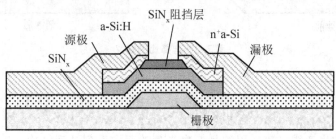

(c) 背沟道保护型

图 7.2　a-Si:H TFT 器件结构

道处要制作遮光层。优点是栅极可以使用低电阻率的 Al 电极材料，大幅度降低成本、改善光刻技术、响应速度快；缺点是为避免非晶硅材料受光照导致性能下降的问题，沟道处要制作遮光层，增加材料及光刻次数；有源层与绝缘膜不能连续生长，界面性能不好；而且源漏电极与有源层不易形成良好的欧姆接触，开态电流低。

2. 背沟道刻蚀型结构

在 a-Si:H TFT-LCD 中，普遍采用的是底栅结构，其中多数都是背沟道刻蚀型结构的 a-Si:H TFT。该结构就是在源漏电极形成的同时，通过刻蚀形成沟道，不必增加单独的光刻工艺。优点是光刻次数少，材料成本低，工艺节拍短；缺点是刻蚀选择比小，a-Si:H 层相应要做得厚些，一般为 1500~2000Å，工艺难度大，厚度控制要求严格。

3. 背沟道保护型结构

背沟道保护型结构就是在沟道形成前，增加一次刻蚀阻挡层的光刻，保护沟道处 a-Si:H 层。优点是 a-Si:H 层可以做得比较薄，一般厚度是 300~500Å，薄膜的生产性好，关态电流很小；刻蚀选择比大，刻蚀条件宽松，工艺简单；缺点是比背沟道刻蚀型结构要多增加一次光刻，成本增加，节拍时间长。

**小知识：刻蚀选择比**

在刻蚀过程中，刻蚀薄膜上面的光刻胶和下面的相邻薄膜也会受到某种程度的刻蚀，如图7.3所示。

刻蚀选择比（Selectivity），是刻蚀工艺非常重要的一个概念，是指在某一刻蚀条件下，两种相邻薄膜刻蚀速率的比值，分为对光刻胶的选择比以及对相邻薄膜的选择比。一般要求选择比越高越好。高选择比意味着在某一刻蚀条件下，只能刻蚀需要刻蚀的薄膜。选择比表示为：

$$选择比 = \frac{刻蚀薄膜的速率}{相邻薄膜的速率}$$

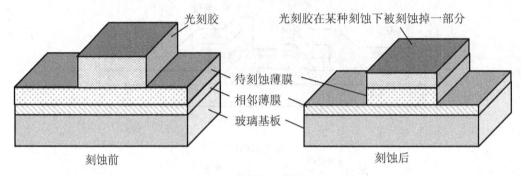

图 7.3 选择比的定义

## 7.2 背沟道刻蚀结构的 a-Si:H TFT

2代线以上的生产线多数采用的是5次光刻的背沟道刻蚀型结构。5次光刻分别是栅线、有源岛、源漏电极、钝化层及过孔和像素电极，工艺流程及特点如下。

### 7.2.1 采用5次光刻的工艺流程

**1. 第一次光刻栅线（Gate）**

第一次光刻形成薄膜晶体管的栅线及栅极，存储电容的一个金属电极如图7.4所示。栅线用于连接一行的TFT，并用于给一行的TFT施加扫描电压。栅极为每个TFT的栅

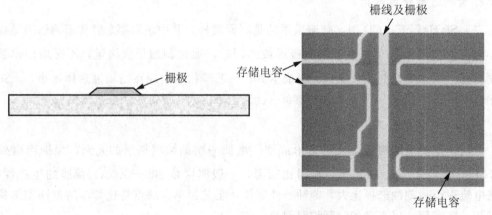

图 7.4 第一次光刻断面图形和平面图形

极部分，为节省空间，也有用栅线直接作为栅极的。存储电容是由两个电极中间加绝缘膜构成的，在第一次光刻中形成了存储电容其中的一个电极。

2代以上的生产线，第一次光刻的栅线金属材料一般有复层材料铝钕和钼（AlNd/Mo），铝钕和掺氮钼（AlNd/MoN$_x$）等。要求有较好的热稳定性，物理、化学稳定性，为减小栅信号延迟电阻率要足够低，为增大开口率栅极，宽度越窄越好。工艺流程是：溅射前清洗→AlNd/Mo 溅射→涂胶→曝光→显影→显影后检查→湿法刻蚀→刻蚀后检查→去胶→O/S 检查。其中 O/S 是 Open 和 Short 的缩写，为断路和短路。经过光刻刻蚀后形成完好的第一次光刻的图形，断面必须刻蚀出具有一定角度的坡度角，否则容易出现跨断。

2. 第二次光刻有源岛（ACT）

第二次光刻形成 a-Si:H 有源岛，形成薄膜晶体管的有源层和欧姆接触层，在栅极的上面形状像一个小岛，如图 7.5 所示。工艺流程是：成膜前清洗→3 层 CVD（SiN$_x$，a-Si:H，n$^+$a-Si）→3 层后清洗→涂胶→曝光→显影→显影后检查→干法刻蚀→刻蚀后检查→去胶。其中 CVD 是 Chemical Vapor Deposition 的缩写，为化学气相沉积。

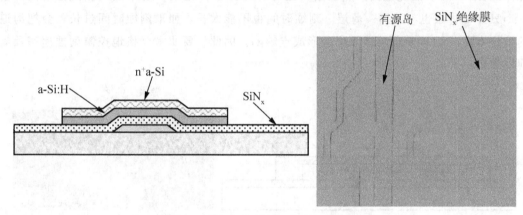

图 7.5 第二次光刻断面图形和平面图形

在 a-Si:H 有源岛形成前，先后连续沉积 SiN$_x$、a-Si:H、n$^+$a-Si 3 种薄膜。SiN$_x$ 是氮化硅薄膜，作为绝缘层；a-Si:H 是氢化非晶硅薄膜，作为半导体层；n$^+$a-Si 是掺杂了磷的非晶硅薄膜，作为欧姆接触层，用于降低源漏电极与半导体层之间的接触电阻。这 3 层膜是在等离子体化学气相沉积设备中连续成膜的，可以形成良好的层间接触，降低界面态密度。

为保证沟道切断时沟道间的 n$^+$a-Si 刻蚀干净，一般都在干法刻蚀时过刻蚀一些，多刻蚀掉一些 a-Si:H 薄膜。因此，a-Si 膜要做得厚些，一般在 1500～2000Å。

3. 第三次光刻源漏电极（SD）

第三次光刻形成薄膜晶体管的源极、漏极及沟道，如图 7.6 所示。铝（Al）的电阻率很低，是很好的源漏电极材料，但铝材料存在很多问题，实际应用中常采用加钼（Mo）的复层材料作源漏电极。2代线以上源漏电极采用的材料一般都是复层材料 Mo/Al/Mo、Mo/AlNd/Mo、MoN$_x$/AlNi/MoN$_x$ 等。工艺流程是：溅射前清洗→MoAlMo 溅射→MoAlMo 后清洗→涂胶→曝光→显影→显影后检查→MoAlMo 湿刻→刻蚀后检查→n$^+$ 切断 PE 刻蚀→刻蚀后检查→去胶。其中 PE 是 Plasma Etching 的缩写，为等离子体刻蚀。第三次光刻的核心工艺作用如下。

1) 下层 Mo 的作用

Al 直接与 a-Si 接触很容易向 a-Si 扩散，使漏电流增大，影响 TFT 的关态特性，所以在 Al 层下面要增加一层 Mo。

2) 上层 Mo 的作用

Al 容易产生小丘，表面粗超度不好，且 Al 与上面层 ITO 直接接触，容易还原 ITO 材料，降低 ITO 的电阻率，引起接触不良，因此要在 Al 的上面增加一层 Mo。

有的工厂采用铝钕合金 AlNd 及铝镍合金 AlNi 材料，主要都是为了更好地抑制小丘。还有的工厂在 Mo 溅射时通入少量 $N_2$ 形成 $MoN_x$ 材料，以形成很好的刻蚀台阶。

3) 沟道切断的作用

在源漏电极湿法刻蚀完后，要进行沟道切断。利用源漏电极作掩膜，把沟道上的 $n^+$ a-Si 切断，防止沟道之间的短路，是一道很关键的工艺。刻蚀时间不能太短，沟道切断为保证切断干净，避免短路的点缺陷，在沟道切 $n^+$ a-Si 之后，要增加一些刻蚀时间，把 a-Si:H 半导体层也刻蚀掉一薄层。刻蚀时间也不能太长，如果刻蚀时间过长，会把沟道的半导体膜 a-Si:H 全部切掉，也会形成点缺陷。因此，要非常严格地控制刻蚀速率及刻蚀选择比。

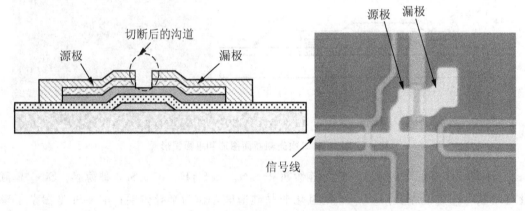

图 7.6　第三次光刻断面图形和平面图形

**4. 第四次钝化层及过孔（Hole）**

第四次光刻形成 P-$SiN_x$ 钝化层的图形，同时还要形成过孔，如图 7.7 所示。钝化层，英文是 Passivation，其材料一般是氮化硅 $SiN_x$，表示为 P-$SiN_x$，起到保护薄膜晶体管、信号线和栅线的作用。工艺流程是：P-$SiN_x$ 前清洗→P-$SiN_x$ CVD→涂胶→曝光→显影→显影后检查→P-$SiN_x$ PE 干法刻蚀→刻蚀后检查→去胶。

过孔是把引线和需要连接的部分刻蚀出来。有两种过孔，一个是信号金属上过孔。漏极上的孔就是一处信号金属过孔，如图 7.7(a) 和图 7.7(c) 所示。漏极上孔内的 P-$SiN_x$ 被刻蚀掉，露出了下面的金属电极，通过这个孔可以让漏极与下道光刻的像素电极相连。除孔内其他部分都有 P-$SiN_x$ 膜覆盖。另一个过孔是外引线及短路环处的孔，如图 7.7(b) 和图 7.7(d) 所示，包含栅金属上过孔和信号金属上过孔两种。栅金属上过孔是把栅线上的绝缘层和钝化层的 SiN$_x$ 薄膜要刻蚀干净，露出下面的栅线，便于施加扫描信号和短路环的连接；信号金属上的过孔只需要刻蚀钝化层的 SiN$_x$ 薄膜，露出下面的信号层的金属，便于施加数据信号和短路环的连接。

第四次光刻是工艺的难点，要求一是刻蚀时间不能太长。在 TFT 漏极上过孔，如图 7.7(a) 和 (c) 所示，需要刻蚀的钝化层 P-SiN$_x$ 约为 2500 Å，形成良好的接触环，并且不能刻蚀漏极上面的顶 Mo 膜层。否则在 ITO 接触的时候，ITO 会把 Al 还原，所以刻蚀时间不能太长。要求二是刻蚀时间又不能太短。在外引线过孔时，如图 7.7(b) 所示，需要刻蚀钝化层和绝缘层两层 SiN$_x$，钝化层的 P-SiN$_x$ 约 2500Å，绝缘层 SiN$_x$ 约 3500Å，共 6500Å，所以刻蚀时间不能太短。很多工业都采用干法刻蚀来形成钝化层及过孔的图形。

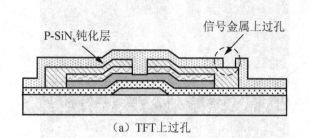

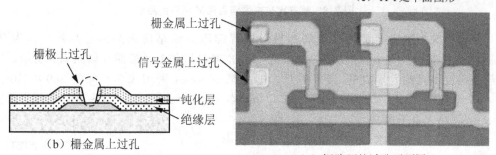

图 7.7 第四次光刻断面图形和平面图形

5. 第五次像素电极(ITO)

第五次光刻形成像素电极，如图 7.8 所示。采用的材料是氧化铟锡(ITO)。其工艺流程是：溅射前清洗→ITO 溅射→ITO 后清洗→涂胶→曝光→显影→显影后检查→ITO 湿刻→刻蚀后检查→去胶→退火→阵列终检→激光修复。

这次光刻形成的 ITO 有 3 个作用。①TFT 处 ITO，作像素电极用，如图 7.8(a) 所示，与彩膜基板上的共用电极一起形成液晶像素的上下电极，控制液晶分子的旋转实现显示；②存储电容上的 ITO 为存储电容的另一个电极，如图 7.8(b) 所示，与第一次光刻的金属电极一起形成了存储电容的上下电极，两个电极之间的介质层为绝缘层和钝化层；③外引线处的 ITO 为栅线和信号线金属的保护层，如图 7.8(c) 所示。为防止金属电极直接曝露在大气下氧化，在外引线曝露金属电极的部分覆盖上 ITO 起到保护的作用。

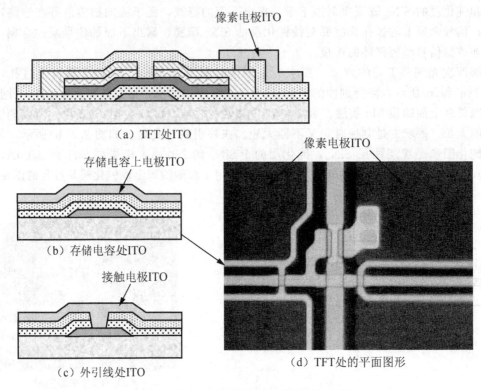

图 7.8　第五次光刻的断面图形和平面图形

经过 5 次光刻工艺流程在玻璃基板形成背沟道刻蚀型薄膜晶体管矩阵,作为 TFT LCD 的一块基板。多个像素的第一光刻和第五次光刻后的显微镜照片如图 7.9 所示,根据分辨率确定了光刻后形成的 TFT 数目。如苹果 iPhone4 采用 3.5 英寸的 960×640 分辨率,那么这样的 TFT 数为 184 万个 TFT(960×640×3＝1843200,其中乘 3 为每个像素包含 R、G、B 3 个子像素)。

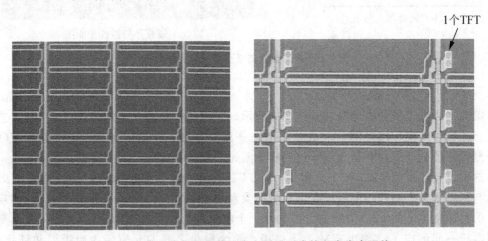

图 7.9　第一次光刻和第五次光刻后形成的多个像素照片

## 7.2.2 采用4次光刻的工艺流程

为了节省材料降低成本和工艺周期，一直在努力降低光刻次数，从而4次光刻就应运而生了。4次光刻分别是栅线、有源岛及源漏电极、钝化层及过孔、像素电极，也是一种背沟道刻蚀型结构。

与5次光刻不同的是，在4次光刻中把5次光刻的第二次光刻有源岛和第三次光刻的源漏电极合为一次光刻，为4次光刻的第二次光刻。4次光刻把有源岛和源漏电极合为一次光刻了，光刻次数减少，但工艺难度大大增大，目前还在试验中。

这里重点介绍4次光刻的第二次光刻有源岛及源漏电极，其他光刻同5次光刻。第二次光刻的工艺流程概括为：连续沉积薄膜→涂胶→多段式调整掩膜版曝光→显影→湿法刻蚀→干法刻蚀及灰化→再湿刻和再干法刻蚀。

### 1. 连续沉积薄膜

第一次光刻后带有栅极的基板，进行连续沉积薄膜，从下到上依次为：氮化硅（$SiN_x$）绝缘膜、非晶硅（a-Si:H）半导体层、掺磷的非晶硅（$n^+$a-Si:H）欧姆接触层、源漏电极的信号金属层，如图7.10所示。

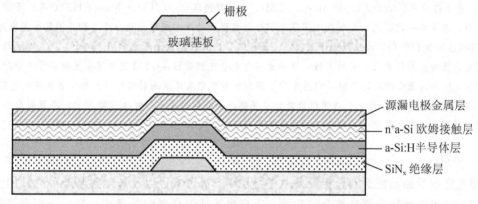

图7.10　第一次光刻后基板和连续沉积薄膜后基板

### 2. 多段式调整掩膜版曝光

4次光刻使用的掩膜光刻为多段式调整掩膜版技术。以灰色区域调整掩膜版（GTM）和半调整掩膜版（HTM）相结合为例，说明源漏电极、沟道及有源岛形成的原理。

在设备上装上多段式调整掩膜版，GTM上带有狭缝，HTM上有半透明薄膜，两者相结合，可以形成高精度的图形。把涂上光刻胶的带有多层薄膜的基板装进曝光机内进行曝光。由于掩膜版上特殊的图形，曝光后在光刻胶层形成了不同的区域，有曝光区域、半曝光区域和未曝光区域，如图7.11所示。有源岛处为未曝光区域，显影后光刻胶保持不变；沟道处为半曝光区域，显影后光刻胶部分去掉；其他地方为曝光区域，显影后光刻胶可以全部去掉。

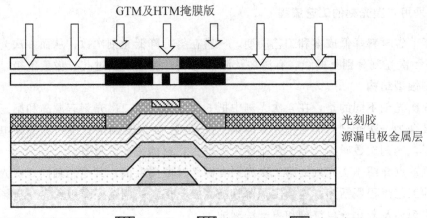

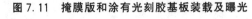

图 7.11　掩膜版和涂有光刻胶基板装载及曝光

 **小知识：多段式调整掩膜版**

多段式调整掩膜版（Multi Tone Mask，MTM）又可以分为灰色区域调整掩膜版（Gray Tone Mask，GTM）、叠成掩膜版（Stacked Layer Mask，SLM）、半调整掩膜版（Half tone Mask，HTM）等。不管是哪种掩膜版，都是在一次曝光中同时表现出曝光部分、半曝光部分和未曝光部分等 3 种不同的曝光程度的。

GTM 上细微的图形设计依赖于曝光机，必须将分辨率的设计低于曝光机的分辨率。而且掩膜版上狭缝形成时，要有高精度的尺寸及均匀性，曝光的条件也要达到最佳。GTM 可以用曝光设备形成分辨率达到 3～4μm 的细微圆形图形，光刻时利用光的干涉和折射效应来减少透射过掩膜版的光量构成灰色区域。

SLM 用不同膜溅射，再与半透明膜形成叠成薄膜，光刻后形成不同的掩膜版图形。掩膜版内形成透过率均匀的膜层，以及采用 2 次溅射工程是非常必要的。

3. 显影

曝光完成后的基板送到显影设备中进行显影。显影液可以显掉经过曝光后改性的光刻胶。这样曝光区域的光刻胶被全部显掉；半曝光区域的光刻胶被显掉一半；未曝光区域一点也没有掉，形成了光刻胶的图形，如图 7.12（a）所示。

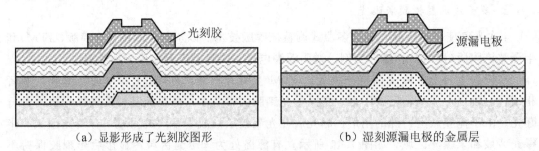

图 7.12　显影和湿法刻蚀

4. 湿法刻蚀

显影后的基板用光刻胶的图形遮挡进行湿法刻蚀。湿法刻蚀使用刻蚀液与薄膜进行化学反应,把没有光刻胶遮挡部分的金属薄膜刻蚀掉,有光刻胶遮挡部分的金属薄膜留下,形成与光刻胶图形一样的信号金属图形,如图 7.12(b)所示。

**5. 干法刻蚀及灰化**

湿法刻蚀后没有光刻胶覆盖的区域暴露出半导体的薄膜,进行干法刻蚀形成有源岛。干法刻蚀连续刻蚀掉 $n^+$a-Si 和 a-Si:H 层,形成有源岛的图形。同时进行灰化,去掉沟道处一半未曝光的光刻胶,如图 7.13 所示。

灰化就是用氧气等与光刻胶反应,以去掉一部分光刻胶。有源岛上面中间部分的光刻胶比较薄,在灰化的过程中,经灰化去掉。当然,其他部分未曝光的光刻胶经过灰化也去掉一半,但还留下另一半厚度的光刻胶遮挡。

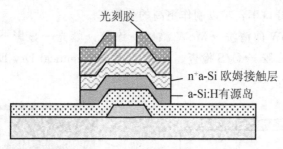

图 7.13　干法刻蚀及灰化

**6. 再湿刻和再干法刻蚀**

利用光刻胶做掩膜进行湿法刻蚀可以把沟道处的金属薄膜刻蚀掉,形成源漏电极的图形,如图 7.14(a)所示。接着去胶,去胶后进行干法刻蚀,进行沟道切断,把沟道处的 $n^+$a-Si 层刻蚀掉。

这样,经过特殊的曝光技术,以及连续多次的刻蚀,有效在一次光刻内形成有源岛、源漏电极以及沟道的图形,减少一次光刻。工艺中要控制光刻的精度、均匀性以及刻蚀的时间等。

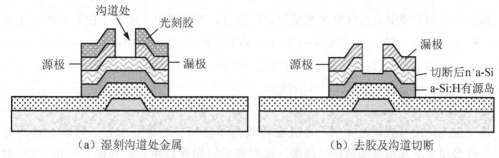

(a) 湿刻沟道处金属　　　　(b) 去胶及沟道切断

图 7.14　沟道处金属薄膜的湿法刻蚀以及沟道切断的干法刻蚀

## 7.3　背沟道保护型结构的 a-Si:H TFT

2 代以上的生产线采用的都是背沟道刻蚀型结构的 a-Si:H TFT,是当前产品的主流结构，工艺难度高，但成本低，光刻次数少。1代生产线采用的是背沟道保护型结构，也是最早实用化的结构，具有制作简单、生产性好等优点。流程复杂，目前已不再使用，但具有代表性，了解该结构为开发新材料及新器件设计具有指导意义。

### 7.3.1 采用7次光刻的工艺流程

**1. 第一次光刻栅线**

第一次光刻形成薄膜晶体管的栅线及栅极、存储电容的一个金属电极，如图7.15所示。1代生产线采用的栅金属材料一般有Al、MoW、Ta、MoTa等，制作容易，但电阻率稍高。因此，为了增大存储电容，在1代生产线采用大面积、线宽宽的"工"字形存储电容，但这样降低了开口率，难以制作更高的分辨率。

工艺流程为：MoW前清洗→MoW溅射→涂胶→曝光→显影→显影后检查→MoW CDE→刻蚀后检查→去胶→O/S检查。其中CDE是Chemical Dry Etching的缩写，为化学干法刻蚀。

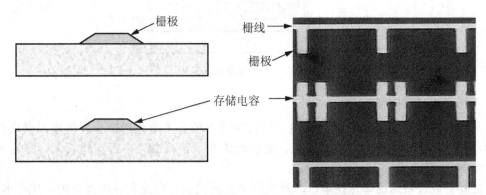

图7.15 第一次光刻断面图形和平面图形

**2. 第二次光刻阻挡层**

第二次光刻形成薄膜晶体管的绝缘层及阻挡层，是不同于5次和4次光刻的。工艺流程为：$SiO_x$前清洗→$SiO_x$ AP CVD→4层CVD前清洗→4层CVD($SiO_x$, g-$SiN_x$, a-Si, i/s $SiN_x$)→4层后清洗→$O_2$灰化→涂胶→背曝光→曝光→显影→显影后检查→i/s $SiN_x$湿法刻蚀→刻蚀后检查→去胶，如图7.16(b)所示。

1) 绝缘层

第二次光刻要形成栅绝缘层，是决定薄膜晶体管特性的重要工艺，要减少针孔等缺陷，一般采用多层薄膜叠加的栅绝缘膜，还有许多采用连续生长的办法。采用CVD的方法制备的两层栅绝缘膜有两层$SiO_x$膜或两层$SiN_x$膜。

1代生产线的双层绝缘膜采用的是常压化学气相沉积法（Atmospheric-Pressure Chemical Vapor Deposition，AP CVD）制备的第一层$SiO_x$绝缘膜和等离子体化学气相沉积法（Plasma Enhanced Chemical Vapor Deposition，PECVD）制备的第二层$SiO_x$绝缘膜。两层绝缘膜厚度大约3000Å左右。

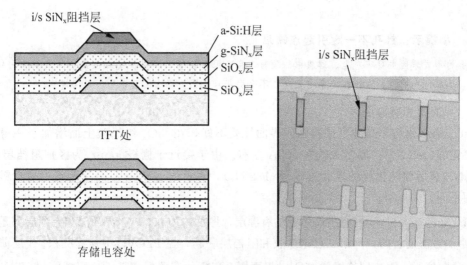

图 7.16　第二次光刻断面图形和平面图形

2) 层间清洗

第一层 AP CVD 的 $SiO_x$ 绝缘膜制作完成后加了一道清洗。在下道连续沉积 4 层 CVD 之前，称之为 4 层 CVD 前清洗。两层绝缘膜之间加的这次清洗称为层间清洗，作用是减少针孔。

假设在制作第一层绝缘膜，如 $SiO_x$ 膜时，$SiO_x$ 膜内包入了一个灰尘，那么这个灰尘在后续工艺的加工中很容易脱落，这个位置处便留下了一个缺少薄膜的孔称为针孔，如图 7.17(a) 所示。针孔的存在是非常严重的缺陷，将引起栅极与源漏电极之间的短路等点缺陷，这样的薄膜晶体管是不能起到开关的作用的。

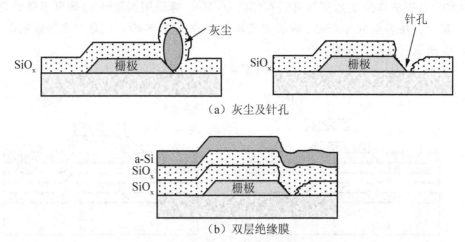

图 7.17　层间清洗及双层绝缘膜的作用

层间清洗的作用就是清洗掉第一层绝缘薄膜内以及第一层绝缘薄膜制作后的灰尘。灰尘洗掉后，在第一层薄膜内留下了一个针孔，接着再在上面生长第二层绝缘膜。那么第二层绝缘膜会把第一层绝缘膜留下的针孔填满，避免针孔处短路的缺陷，如图 7.17(b) 所示。

**小提示：针孔不一定引起点缺陷**

针孔的形成原因主要有灰尘、薄膜中的颗粒，在采用了连续成膜以及优化膜质后，绝缘膜内针孔已经很少。如果针孔的位置发生在像素电极处，不会引起点缺陷。那么，可以不用层间清洗。

3）界面层和有源层

$SiO_x$ 绝缘膜与非晶硅直接接触的界面性质不好，在 $SiO_x$ 绝缘膜上面增加了一薄的界面层氮化硅（g-$SiN_x$），厚度大约在 500Å 左右。由于接近于栅极 gate，为区别阻挡层 $SiN_x$（i/s $SiN_x$）和后面钝化层的氮化硅薄膜（P-$SiN_x$），表示为 g-$SiN_x$。三者是同一种材料，只是作用不同。

氢化非晶硅 a-Si：H 是薄膜晶体管的有源层，厚度约为 500 Å。界面层和有源层都是采用 PECVD 的方法制备的，与第二层绝缘膜和阻挡层一起，在 PECVD 中连续沉积。4 层薄膜沉积的先后顺序为：第二层绝缘膜 $SiO_x$、界面层 g-$SiN_x$、有源层 a-Si：H、阻挡层 i/s $SiN_x$。

4）阻挡层

阻挡层采用的是氮化硅 $SiN_x$ 膜，作用是防止 $n^+$ a-Si 切断时刻蚀到下面的 a-Si：H 层。岛刻蚀阻挡层（island stop），这层 $SiN_x$ 表示为 i/s $SiN_x$，由此该结构称为背沟道阻挡型 TFT。

5）$O_2$ 灰化

第二次光刻阻挡层形成的 i/s $SiN_x$ 的图形很小，如图 7.16 所示。要形成图形时，上面形成的光刻胶图形也一样非常小，这样小的光刻胶图形在后面显影或者刻蚀的湿法作用下，非常容易出现光刻胶脱落的浮胶现象，如图 7.18 所示。

为避免出现浮胶现象，在 4 层 CVD 之后，阻挡层 i/s $SiN_x$ 膜的上面进行疏水化处理。疏水化处理的作用就是把具有亲水性的 i/s $SiN_x$ 薄膜用氧气（$O_2$）等离子体处理，又称为 $O_2$ 灰化，使表面的 i/s $SiN_x$ 薄膜变成疏水性的 $SiO_x$ 薄膜，增强与光刻胶的附着性，如图 7.18 所示。反应方程为：

$$SiN_x + O_2 \rightarrow SiO_x + N_2$$

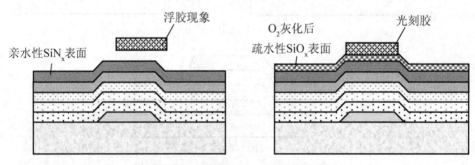

图 7.18　浮胶现象和 $O_2$ 灰化的作用

6）背曝光和一次曝光结合

在 1 代线的背沟道阻挡型结构中，第二次光刻阻挡层的图形中还有一个关键的工艺，就是曝光。其目的是为了形成精确对准且能够恰好在栅极上面的 i/s $SiN_x$ 阻挡层小图形，采用连续两次曝光，先背面曝光再一次曝光相结合的光刻工艺如图 7.19 所示。

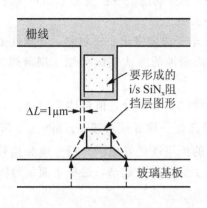
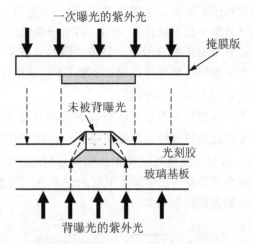

图 7.19 背曝光和一次曝光的过程图

背曝光是一种自对准的光刻工艺，不需要掩膜版，是利用栅线和栅极的金属图形作掩膜进行曝光的工艺。经背曝光后第一次光刻形成的栅线、栅极、存储电容等有金属薄膜的地方上面的光刻胶都没有曝光。其他没有遮挡的地方都被背曝光的紫外光照到，光刻胶的性质发生改变，如图 7.20(a)所示。

一次曝光需要一块和阻挡层图形大小相当的掩膜版。掩膜版图形可以稍大些，精度要求不必特别高。在一次曝光的掩膜版遮挡下，从基板上面进行紫外光照射。经一次曝光后，栅线和存储电容上面的光刻胶被一次曝光的紫外光照射到，性质发生改变。没有图形的地方，经历了背曝光又被一次曝光的两次照射。而一次曝光的掩膜版下面可以分成两个部分，一部分是经历了背曝光照射到的地方，一部分是未背光照射的部分，如图 7.20(b)所示。

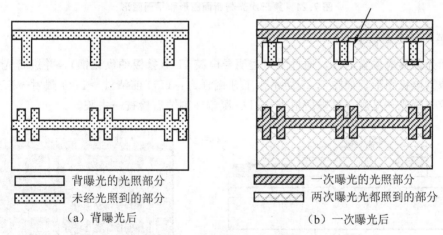

（a）背曝光后　　　　　　　　　　（b）一次曝光后

图 7.20 曝光后的光刻胶图形

在经历显影之后，被背曝光、一次曝光和同时经历两次曝光的光刻胶被显影液溶掉，留下了未经光照到的精确的 i/s $SiN_x$ 阻挡层小图形。

**3. 第三次光刻有源岛**

第三次光刻形成非晶硅的有源岛。采用 PECVD 的方法沉积 $n^+$ a-Si 层后，经过光刻、刻蚀后形成 a-Si 岛，如图 7.21 所示。工艺流程为：$n^+$a-Si 前清洗→$n^+$a-Si CVD→涂胶→曝光→显影→显影后检查→3 层 CDE→刻蚀后检查→去胶。

$n^+$a-Si 是欧姆接触层，是掺杂磷的 n 型半导体，电子浓度多于 a-Si 材料，导电性也较好，介于金属与半导体之间。3 层 CDE 是用化学干法刻蚀的方法连续刻蚀 3 层薄膜：g-$SiN_x$、a-Si:H 和 $n^+$a-Si 层。

平面图形中在栅极上面的有源岛部分是 TFT 器件的核心部分。值得注意的是，在信号线交叠处和信号线的下面位置处，也留下了同有源岛处一样 3 层薄膜：g-$SiN_x$、a-Si:H 和 $n^+$a-Si 层。交叠处的作用是利用 g-$SiN_x$、a-Si:H 的绝缘性更好地隔开栅金属和信号金属，避免交叉短路。信号线下面的作用是让交叠处从上到下连接起来，避免上面信号线覆盖后在断面的跨断现象。

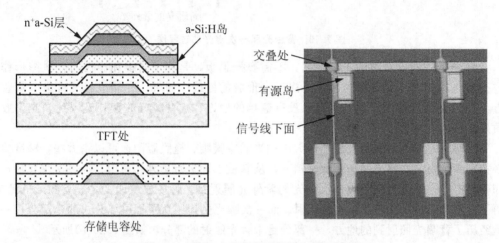

图 7.21　第三次光刻断面图形和平面图形

4. 第四次光刻像素电极

第四光刻形成像素电极，通过溅射透明导电膜 ITO(掺锡的氧化铟)，并进行光刻形成需要的像素电极图形，如图 7.22 所示。工艺流程为：ITO 前清洗→ITO 溅射→ITO 后清洗→涂胶→曝光→显影→显影后检查→ITO 湿刻→刻蚀后检查→去胶。

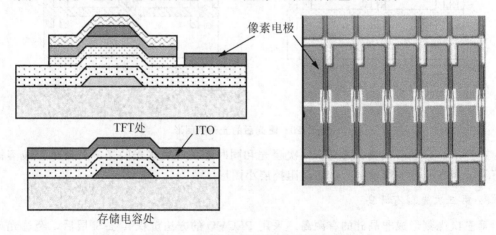

图 7.22　第四次光刻断面图形和平面图形

## 5. 第五次光刻过孔

第五次光刻形成过孔，就是把基板边缘栅线金属等上需要引线、测试和短路环部分的 $SiO_x$ 等绝缘膜刻蚀掉，暴露下面金属的过程，如图 7.23 所示。工艺流程为：涂胶→曝光→显影→显影后检查→$SiO_x$ 湿刻→刻蚀后检查→去胶。

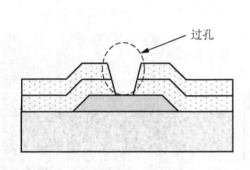

图 7.23　第五次光刻断面图形和平面图形

## 6. 第六次光刻源漏电极

第六次光刻形成薄膜晶体管的信号线、源极和漏极，同时要刻蚀形成源漏电极之间的沟道。采用的材料一般用电阻率低的 Al、Ti 等，但 Al 容易产生小丘，而且 Al 容易向 a-Si:H 扩散，使得漏电流增大，影响 TFT 的开关特性，所以用复层材料，如图 7.24 所示。工艺流程为：MoAlMo 前清洗→MoAlMo 溅射→MoAlMo 后清洗→涂胶→曝光→显影→显影后检查→MoAlMo 湿刻→刻蚀后检查→$n^+$ 切断刻蚀→刻蚀后检查→去胶。

$n^+$ 切断刻蚀的作用就是把沟道处的 $n^+$ a-Si 薄膜刻蚀掉，避免沟道短路。$n^+$ a-Si 是掺杂的非晶硅薄膜，导电性很高，只在源漏电极下面留有 $n^+$ a-Si，起到欧姆接触的作用。

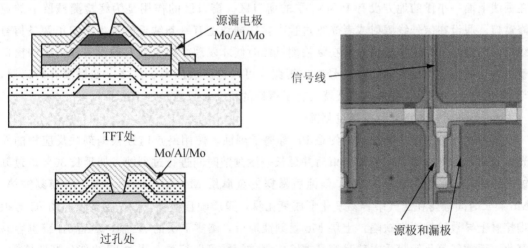

图 7.24　第六次光刻断面图形和平面图形
（注：第六次光刻的平面图形上面已做完第七次光刻图形）

### 7. 第七次光刻钝化层

第七次光刻形成 TFT 的钝化层，保护 TFT 以防止受到灰尘、潮湿的影响，如图 7.25 所示。工艺流程为：P-SiN$_x$ 前清洗→P-SiN$_x$ CVD→涂胶→曝光→显影→显影后检查→P-SiN$_x$ PE 干法刻蚀→刻蚀后检查→去胶→退火→阵列终检→激光修复。

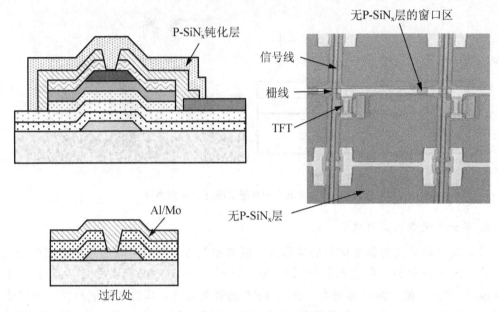

图 7.25　第七次光刻断面图形和平面图形

1) P-SiN$_x$ 层的窗口区

平面图形中在栅线、信号线、TFT 上面都覆盖有 P-SiN$_x$ 的保护层，值得注意的是，在栅线上面一小段的地方没有 P-SiN$_x$ 层的窗口区。窗口区的作用是为终检测试留下的返修窗口。假设在信号线溅射或者光刻过程中，在栅线上有一条绒毛的灰尘引起了两条信号线之间的短路，而这个短路只有在终检测试的时候才发现，那么留有的没有保护膜的窗口就可以返回去进行再刻蚀切断信号线的短路，可以提高成品率。反之，如果没有窗口层，都被 P-SiN$_x$ 的保护层覆盖，那么就没有了返修的机会，只能是一个废品。

2) 干法刻蚀的终点监控与过刻蚀

第七次光刻的干法刻蚀采用的是 PE 等离子刻蚀。使用终点监控根据刻蚀反应物的发光波长来判断刻蚀终点。刻蚀结束后并延长一段刻蚀时间进行过刻蚀，如延长 30%。过刻蚀的作用是为了把引线处 P-SiN$_x$ 刻蚀后暴露的金属层 Mo/Al/Mo 的上层 Mo 膜刻蚀掉。Mo 膜长时间曝露在空气中容易氧化形成氧化膜，膜质硬且绝缘，测试探针及驱动 IC 等很难接触上导致接触不良缺陷。上层 Mo 膜刻蚀掉后，曝露下层的 Al 膜，尽管 Al 膜也容易氧化，但薄层氧化铝膜质柔软且容易擦除，测试探针可以扎透，驱动 IC 也能良好地接触。

#### 7.3.2　等效电路图

经历 7 次光刻后形成了背沟道阻挡型的薄膜晶体管的矩阵，也同时形成了完整的等效电路。1代线采用的单元像素等效电路图和采用的相应材料如图7.26所示。通过栅极MoW控制a-Si:H岛半导体层的导电情况,形成薄膜晶体的开关。当a-Si:H岛半导体层积累了电子后,信号可以通过信号线MoAlMo传到源极,经导电沟道传到漏极,给像素电极处的液晶电容和存储电容充电,控制液晶分子的旋转和维持一帧的显示。

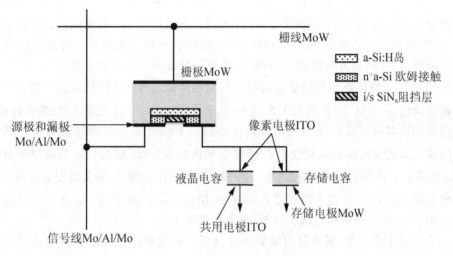

图7.26 材料与等效电路对应图

### 7.3.3 不同光刻的工艺对比

用掩膜版的数量决定了光刻的次数,光刻的次数越多,经历的工序越多,成本越高,受灰尘影响的几率也越高,成品率也越低。但光刻次数高,制作加工的工艺难点小。因此,在技术发展的前期,如1代线采用的是背沟道阻挡型TFT的7次光刻。随着技术的发展,光刻次数逐渐减少,当前2代线以上采用的是背沟道刻蚀型TFT的5次光刻的工艺技术,并在逐步研究和开发4次光刻的工艺技术。7次光刻、5次光刻、4次光刻对比见表7-1。

表7-1 底栅结构TFT的光刻对比

| 光刻数 | 7次光刻 | 5次光刻 | 4次光刻 |
| --- | --- | --- | --- |
| 1 | 栅极 | 栅极 | 栅极 |
| 2 | 阻挡层 | a-Si:H有源岛 | a-Si:H有源岛、源漏电极、$n^+$a-Si沟道切断 |
| 3 | a-Si:H有源岛 | 源漏电极、$n^+$a-Si沟道切断 | $SiN_x$保护膜、过孔 |
| 4 | ITO像素电极 | $SiN_x$保护膜、过孔 | ITO |
| 5 | 过孔 | ITO | — |
| 6 | 源漏电极、$n^+$a-Si沟道切断 | — | — |
| 7 | $SiN_x$保护膜 | — | — |

## 7.4 其他结构的 a-Si:H TFT

### 7.4.1 顶栅结构的 a-Si:H TFT

顶栅结构的 a-Si:H TFT 只需要 2~3 次光刻。栅极在上面、源漏电极在下面的一种结构如图 7.27 所示。工艺流程为：第一次光刻源漏电极→第二次光刻有源岛及过孔→第三次光刻为栅极。源/漏金属电极和 $n^+$ a-Si 欧姆接触层在同一次光刻中也可以在两次光刻中实现。a-Si:H 岛、栅绝缘层和栅极金属层可以用相同的或两个不同的光刻实现。

顶栅结构的 a-Si:H TFT 关键工艺之一是 $n^+$ a-Si 与 a-Si:H 之间要形成良好的接触。第一次光刻的源漏电极及 $n^+$ a-Si 图形制作完成后，上层的 $n^+$ a-Si 暴露在外面，非常容易被环境的空气氧化成薄层的氧化硅，在接触半导体的 a-Si:H 层时，容易接触不好。采用的处理方法有：①在 a-Si:H 层沉积之前，用 $PH_3$ 等离子体处理源/漏金属图形上面的 $n^+$ a-Si 层，把表面氧化的 $n^+$ a-Si 膜去掉；②在 a-Si:H 层沉积前，采用同一设备，通过选择性沉积工艺，把 $n^+$ a-Si 层选择性地沉积在源/漏电极图形上。

另一个关键工艺是源/漏电极边缘要形成良好的坡度角，否则很容易在边缘的断面出现跨断引起的交叉短路。

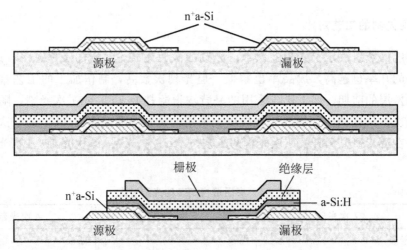

图 7.27 顶栅结构 a-Si:H TFT 的工艺流程

### 7.4.2 垂直结构的 a-Si:H TFT

在顶栅和底栅结构的 a-Si:H TFT 中，源极和漏极之间的距离为沟道长度，由曝光机和其他光刻的设备精度决定，必然不能做得太小，一般沟道长度为 $4\sim5\mu m$。沟道长度太小会出现沟道刻蚀不干净的沟道短路等缺陷，必然限定 TFT 的应用。为了让薄膜晶体管也能有很短的沟道长度，如小于 $1\mu m$，也能适用于高频应用，设计了一种垂直结构的 a-Si:H TFT，如图 7.28 所示。

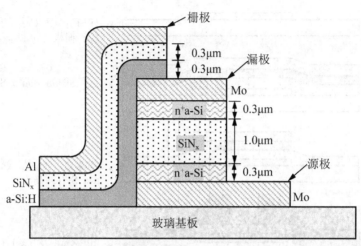

图 7.28 垂直结构的 a-Si:H TFT 示意图

用 3 次光刻实现,工艺流程为:第一次光刻为源极→第二次光刻漏极→第三次光刻为栅极。第一次光刻在衬底上溅射源金属 Mo,光刻图形形成源极。连续沉积欧姆接触 $n^+$a-Si 层、沟道层 $SiN_x$、欧姆接触 $n^+$a-Si 层、溅射漏金属 Mo,光刻 4 层的图形,形成沟道和漏极。连续沉积半导体层 a-Si:H、绝缘层 $SiN_x$、溅射栅金属 Al,光刻 3 层的图形形成有源岛及栅极图形。

垂直结构的 a-Si:H TFT 的优点是:①不受曝光设备分辨率的限制,沟道的长度由沟道层 $SiN_x$ 薄膜的厚度决定,厚度为 $1\mu m$ 时,源漏电极之间的沟道长度为 $1\mu m$,当然还可以更小;②适用于高频应用,频率和沟道长度的平方成反比。沟道长度越小,应用频率越高。沟道长度由沟道层 $SiN_x$ 的绝缘性决定,厚度也不能太薄。当低于 $0.5\mu m$ 时,绝缘性下降,沟道之间的泄漏电流($I_{off}$)会随着沟道长度的降低而剧烈地增加。

### 7.4.3 自对准型底栅结构的 a-Si:H TFT

**1. 利用栅极图形的自对准结构**

自对准型底栅结构的 a-Si:H TFT 采用 2 次光刻工艺,也是一种背沟道刻蚀型结构,如图 7.29 所示。因为有源岛是利用栅极图形做掩膜的背曝光方式形成的,称为自对准型结构。工艺流程为第一次光刻栅线及有源岛→第二次光刻源漏电极及像素电极。

第一次光刻为栅极及有源岛。首先溅射金属 Cr,并光刻形成栅线、栅极及存储电容。接着沉积绝缘膜 $SiN_x$、半导体层 a-Si:H、欧姆接触层 $n^+$a-Si,旋涂光刻胶后利用栅极图形掩膜背曝光,连续刻蚀 $n^+$a-Si 和 a-Si:H 层形成有源岛的图形。第二次光刻为源漏电极及像素电极。溅射 ITO 薄膜,光刻出源漏电极及像素电极的图形,进行沟道切断。

自对准型底栅结构的优点是:①有源岛是相对于栅极自对准的,图形精度高;②沟道和半导体层都位于栅极图形上面,晶体管占据的面积小,开口率大。缺点是:①源漏电极采用的是和像素电极相同的 ITO 材料,由于 ITO 的电阻率低,不适合高分辨、大尺寸的应用;②采用的是背沟道刻蚀结构,需要有厚 a-Si:H 层和 $n^+$a-Si 对 a-Si:H 高刻蚀选择比;③栅极与源漏电极的寄生电容 $C_{gs}$ 依赖于第二次光刻掩膜版的对位精度。

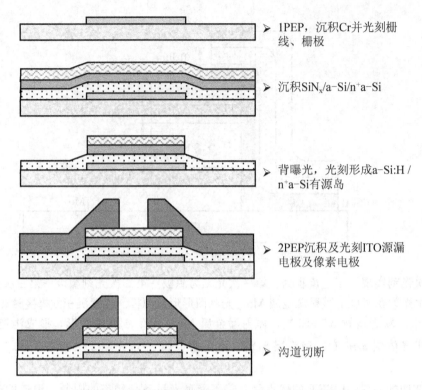

图 7.29 自对准型底栅结构的 a-Si:H TFT 的工艺流程

**2. 采用剥离工艺的自动准结构**

剥离工艺也是一种图形加工方法，不是利用刻蚀形成薄膜的图形，而是利用光刻胶光刻出图形后，再沉积薄膜，通过去胶工艺去掉光刻胶的同时，带掉不需要的薄膜的工艺。

采用剥离工艺的自动准结构相当于一种背沟道阻挡型结构，如图 7.30 所示。剥离工艺的自动准结构第一次光刻的工艺流程为栅极刻蚀→刻蚀阻挡层刻蚀→剥离工艺形成源漏电极。

1) 栅极刻蚀

溅射栅金属 NiCr，光刻形成栅极的图形。

2) 刻蚀阻挡层刻蚀

连续沉积 $SiO_2/a$-Si:H$/SiO_2$，第一层 $SiO_2$ 为绝缘层，a-Si:H 为半导体层，第二层 $SiO_2$ 刻蚀阻挡层。再旋涂光刻胶，利用栅极图形进行背曝光，栅极上面的光刻胶没有被光照射到，进行显影后，被光照射到的地方的光刻胶经显影后去掉，只留下了栅极上面的光刻胶。湿法刻蚀刻蚀阻挡层 $SiO_2$，形成与光刻胶一样的刻蚀阻挡层图形。

3) 剥离工艺形成源漏电极

$SiO_2$ 薄膜刻蚀完后，先不去胶，而是先沉积 $n^+$a-Si 薄膜，再溅射 NiCr 薄膜。两层薄膜都沉积完成后，进行去胶，光刻胶图形上边的 $n^+$a-Si 薄膜和 NiCr 薄膜会随着光刻胶一起剥离掉，由此形成源漏电极图形。源漏电极之间也就直接形成了沟道，不用再做沟道的 $n^+$a-Si 薄膜切断。

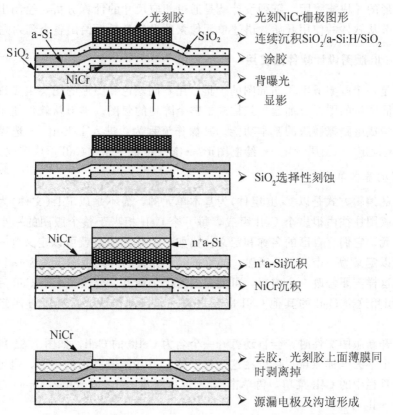

图 7.30 采用剥离工艺的自动准结构 a-Si:H TFT 的工艺流程

采用剥离工艺的自对准结构优点是：①不需要沟道切断，自动形成沟道，不影响到沟道处的 a-Si:H 薄膜，可以做得比较薄；②源漏电极是利用自对准形成的，和栅极没有交叠，源漏和栅极交叠的寄生电容 $C_{gs}$ 非常小；③源漏电极采用金属材料；④沟道处有 $SiO_2$ 薄膜的保护，不需要另作保护层。缺点是带着光刻胶图形的基板要送入 PECVD 设备中沉积 $n^+$ a-Si 薄膜，会污染设备，是工艺中忌讳的。

 **小提示：图形加工工艺**

图形加工工艺有光刻工艺、掩膜蒸镀工艺、剥离工艺。光刻工艺是最常用的图形加工工艺，先用光刻形成光刻胶的图形，再刻蚀形成薄膜的图形，精度高、选择性好、污染小。掩膜蒸镀工艺利用漏版进行遮挡性成膜，直接形成了薄膜的图形，工艺简单，薄膜受药液影响小，但是精度不高，且漏版需要经常清洗。剥离工艺也是用光刻胶形成图形，但不用刻蚀薄膜，而是用去胶带掉光刻胶上薄膜的工艺，存在对成膜设备及薄膜的污染。

## 7.5 薄膜晶体管阵列的设计

前面的 4 节介绍了薄膜晶体管的各种结构，不管是哪种结构，都必须进行相应结构的阵列设计。每一次光刻需要一块掩膜版，对应一层图形。如背沟道刻蚀结构的 5 次光刻需要有 5 层图形的 5 块掩膜版。阵列设计就是通过相应尺寸的计算分析，绘制出各层掩膜版的图形。本节从软件的使用开始，讲述单元像素的设计到最后给出整个阵列完整的设计。

### 7.5.1 L-Edit 版图设计软件的使用

L-Edit 是一个画集成电路布局图的工具，用不同颜色和图形的图层组成每一块掩膜版的图形。不同图层的图形叠加起来就构成了整个阵列的版图。本节从软件使用开始，介绍常用的绘制集成电路掩膜版的基本功能。其操作流程为：进入 L-Edit → 选择编辑的基本单元 → 环境设定 → 图层设定 → 绘制图形 →修改对象→插入 Cell 形成阵列。

**1. 编辑的基本单元**

L-Edit 的编辑方式是以 Cell(组件)为基本单元的，而不是以 File(文件)为单元。一个完整的阵列版图往往由很多个 Cell 组成，每一个 Cell 相当于整个版图的一小部分，或者是一个小单元，它们有自己的名称和定义。比如一个单元像素就可以定义为一个 Cell，对版标记也可以定义为一个 Cell。当然，如果把一个完整的阵列版图定义为一个 Cell 也是可以的，但是这样需要修改一个内容，可能需要若干个地方。分成若干个 Cell 后，修改一个 Cell，那么引用这个 Cell 的其他 Cell 也会跟着一起自动修改，这样既方便修改，又方便检查。

每次打开新版图文件时，会自动打开一个名为 Cell0 的 Cell，如图 7.31 所示。其中编辑画面中的十字为坐标原点。可以在这个打开的 Cell 中绘制基板的图形，也可以用用鼠标单击上面工具栏中的 Cell 菜单，再单击 New 选项新建 cell，或者单击 Open 选项打开以前存储的某个 cell。

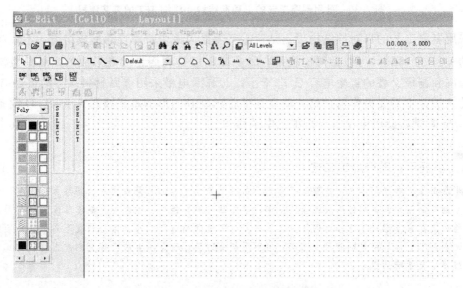

图 7.31 编辑的基本单元的画面

**2. 环境设定**

在开始绘制版图前，要对编辑的环境进行设定，主要是对绘图的最小单位进行设定，如图 7.32 所示。如以 1μm 为单位，那么鼠标跳动(或移动)的最小单位为 1μm，绘制图形

的最小长度也是 $1\mu m$。环境设定的方法是：单击工具栏中的 Setup 菜单→ 单击 Design 选项，打开 Setup Design 对话框。单击 Technology，在 Technology units 选项组处选择绘图的基本单位，比如选择 Microns 为微米，并设定如下参数。

$$\text{One Internal} = \frac{1}{1000} \text{Microns}$$

然后，单击 Grid 标签，在 Locator units 选项组处和 Mouse grid 选项组处设定如下参数。

$$1 \text{ Locator} = 1000 \text{ Internal}$$

$$\text{Mouse snap} = 1 \text{ Locator}$$

式中，Internal 为版图内部单位，Locator 为版图中最小的隔点，Mouse snap 为鼠标跳动的距离。1 个内部单位为 $1/1000\mu m$，而 1 个隔点为 1000 个内部内部单位，那么一个隔点为 $1\mu m$。由此，鼠标跳动的距离为 $1\mu m$。设定后，图中的小隔点间距为 $1\mu m$，大隔点间距为 $10\mu m$。

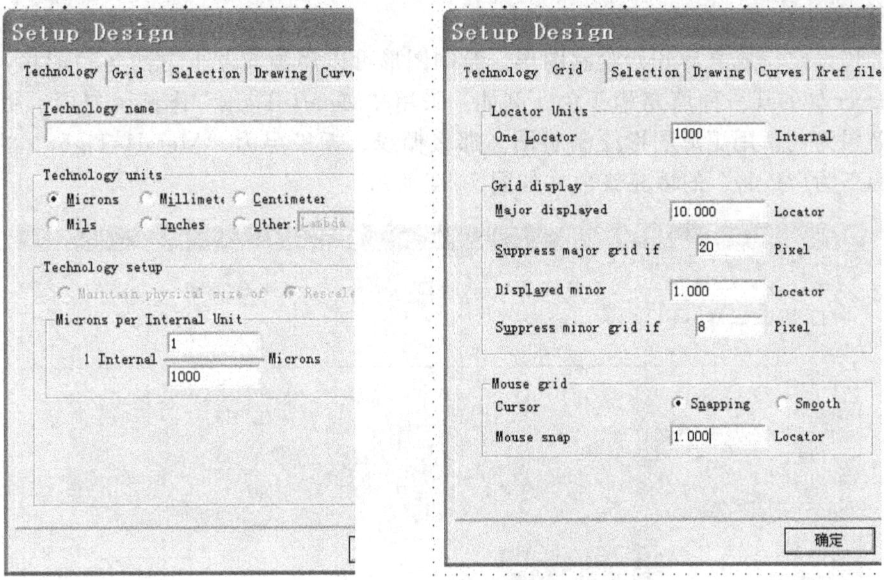

图 7.32 环境设定画面

### 3. 图层设定

图层为 Layers，用不同的颜色和填充图案表示每一图层。每一个图层就是一块掩膜版，那么一个完整的阵列设计包含了几个图层，或者几块掩膜版。如 5 次光刻的工艺流程，要有 5 块掩膜版，就是至少要有 5 个图层。当然，有些图层是为了绘制版图而增加的辅助参考，也可以不制作成真正的掩膜版。

在画面左边有一个图层 Layers 面板，如图 7.33 所示，有一个下拉列表，可从中选取要绘制的图层。例如，选择名为"Poly"，Layers 面板选取的是红色的图层，绘制的这一块掩膜版的版图内图形都为填充红色的图形。用鼠标右击图层 layer 内的红色，执行 Setup 命令，再单击 Rendering 标签，在其选项卡中可以改变 Poly 图层的填充颜色、图案、边框线条等。

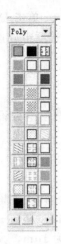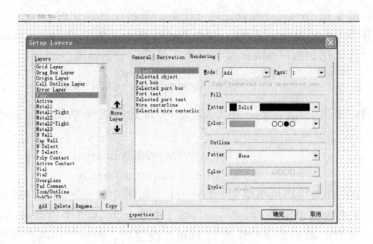

图 7.33 不同图层的色彩和填充图案

4. 绘制图形

在各种设定完成之后开始绘制图形。绘制图形可以用画面左上方的各种形状，图层可以选择 layer 处的某一种填充和颜色。例如：采用"Metal1-Tight"作栅金属层，用"Poly"作有源岛层为例，用矩形图形绘制版图。那么栅线、栅极层为"Metal1-Tight"的填充蓝色，有源岛为"Poly"的填充红色，如图 7.34 所示。

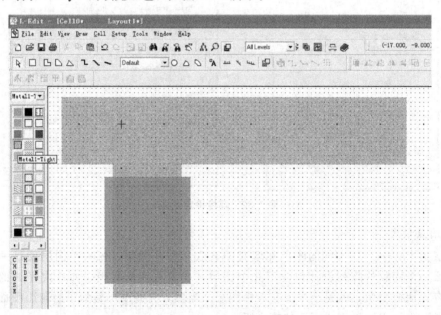

图 7.34 绘制栅线栅极及有源岛

 **小提示：同一次光刻要用同一图层的填充颜色**

栅线和栅极是在一次光刻中光刻出来的，那么同为填充蓝色的图层，而有源岛为另一光刻形成的，那么要用另一种颜色和填充的图层。不同的光刻不能用同一图层的颜色和填充来表示。

5. 修改对象

绘制完图形后，可以根据设计要求修改图形大小。单击要修改的图形，如要修改栅线的宽度和长度，单击栅线后栅线周围出现黑色边框，意味着已经选中。单击工具栏中的 Edit→Edit Object(s)选项，打开 Edit Object(s)对话框，在 Show box coordinates 下拉列表框处选择相应的修改内容。比如选择 Center and dimensions 是修改图形的中心位置，以及矩形图形的宽度和高度。最后单击 OK 按钮，修改完成。栅线设计宽度是 $80\mu m$，高度是 $16\mu m$，如图 7.35 所示。

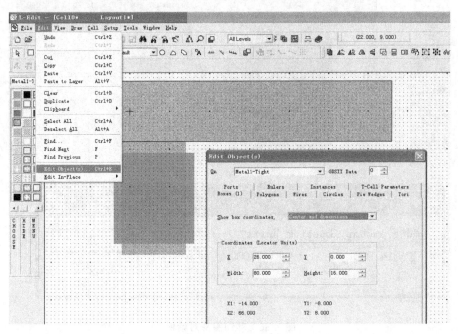

图 7.35 修改对象

6. 移动图形

把绘制的图形移动到指定的位置可以选择移动功能，如图 7.36 所示。单击工具栏中的 Draw→Move By 选项，设定移动的尺寸→单击 OK 按钮。例如，需要把绘制的图形左上角移动到坐标原点"+"处，那 $x$ 方向需要向左移动 $14\mu m$，$y$ 方向向下移动 $8\mu m$，那么在 Move By 对话框中的 $x$ 和 $y$ 列表框中分别设定为 14 和 -8，确定后就把需要的图形移动到了相应位置。

7. 插入 Cell 形成阵列

工具栏中 Cell 菜单内有一个非常重要的功能是 Instance，即插入 cell，如图 7.37 所示。当若干个小 cell 绘制完成，需要组成一个完整的阵列版图时，需要用插入 cell 来组成完整的阵列图形。插入 Cell 的方法是先新建一个 Cell，在这个新建的 Cell 内单击 Instance 选项。例如，需要把绘制完的 Cell0 插入到 Cell1 中，单击 Cell0 选项后，单击 OK 按钮。

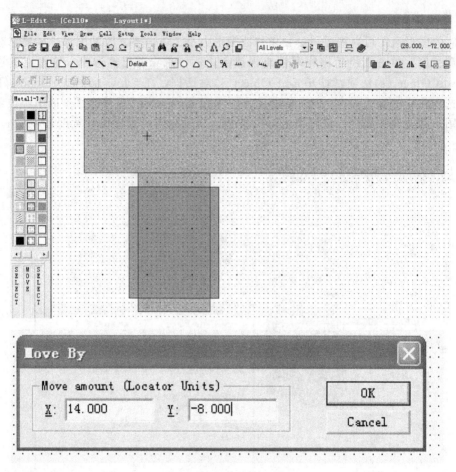

图 7.36 移动图形对话框

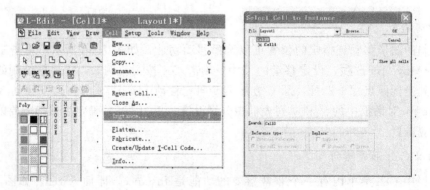

图 7.37 插入 Cell

插入后的图形可以整体编辑、移动,还可以设计成点阵等。单击插入图形 Cell0,单击工具栏的 Edit 菜单,选择 Edit Object(s)选项,进入到对插入图形进行编辑的窗口,如图 7.38 所示。在这个画面可以设定插入图形的旋转角度 Rotation angle、位置 Translation、间距 Delta,以及阵列的重复单元数量 Array parameters Repeat count。在这里设定的旋转角度为 $0°$,位置为 $x=0$、$y=46$,意思是在两个图的原点距离。$x$ 方向和 $y$ 方向的间距分别为 $80\mu m$ 和 $80\mu m$,重复单元数为 1 个和 1 个。当在 Repeat count 处设定 $x=4$、$y=3$ 时,可以形成相应的点阵,如图 7.39 所示。

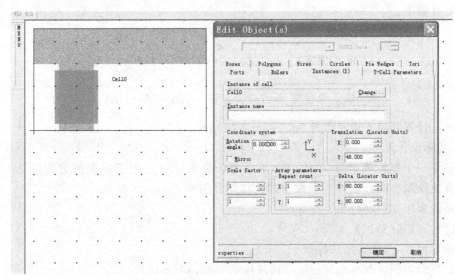

图 7.38  插入 Cell 及对插入图形编辑

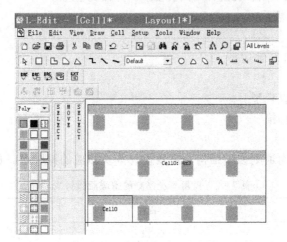

图 7.39  重复排列形成点阵

## 7.5.2  单元像素的设计

一个完整的阵列由很多部分组成,其中单元像素是核心的基本单元。以背沟道刻蚀的 5 次光刻为例,在一个 $10cm\times10cm$ 的玻璃基板上设计一个 3.0 英寸的 QCIF $176\times3\times220$ 分辨率的 a-Si:H TFT AMLCD,通过设计实例的分析,给出设计方法和最终阵列版图。

1. 基本设计参数

为了满足液晶显示模块驱动的要求,首先要确定实际显示器的画面尺寸、分辨率、基板尺寸。

1) 单元像素尺寸的计算

在 10cm×10cm 的玻璃基板上设计一个 3.0 英寸的 QCIF 176×3×220 分辨率的 TFT AMLCD 的阵列版图。基板尺寸和分辨率已知,并假设画面尺寸的长:宽=4:3,计算单元像素尺寸如下。

$$对角线 = 3.0\text{英寸} = 3.0 \times 2.54 = 76200(\mu m)$$

$$单元像素长 = 76200 \times \frac{4}{5} \div 220 = 277(\mu m)$$

$$单元像素宽 = 76200 \times \frac{3}{5} \div 176 = 260(\mu m)$$

由此,计算的单元像素尺寸为 $277\mu m \times 260\mu m$。

2) 实际设计尺寸

由于每一个单元像素分为 R、G、B 3 个子像素,每一个子像素的宽度为 $260/3\mu m$,为取整方便绘制版图,设计为子像素的长和宽分别为 $264\mu m \times 88\mu m$。

单元像素尺寸:$264\mu m \times 264\mu m$

子像数:176(S)×3×220(G)

子像素尺寸:$88\mu m \times 264\mu m$

有效显示面积:$264\mu m \times 176 = 46464\mu m = 46.464mm$

$264\mu m \times 220 = 58080\mu m = 50.080mm$

TFT 器件沟道参数:$W/L = 20\mu m/10\mu m$

开口率:48.1%

液晶显示模式:TN 常白型

显示灰度级:8

显示方式:黑白直视型

驱动方式:逐行扫描

3) 工艺流程

采用 5 次光刻背沟道刻蚀型结构,需要设计 5 块相应的掩膜版,见表 7-2。

表 7-2 采用 5 次光刻的掩膜版设计内容

| PEP | 名称 | 内容 |
| --- | --- | --- |
| 1 | GATE | 栅线、栅极、存储电容 |
| 2 | ACT | 有源岛 |
| 3 | SD | 源漏电极、信号线 |
| 4 | Hole | 过孔 |
| 5 | ITO | ITO 像素电极 |

2. 单元像素宽长比的设计

TFT 器件一个非常中重要的参数为宽长比($W/L$),宽度 $W$ 相当于沟道上漏极的长度,长度 $L$ 相当于沟道的源到漏的距离。沟道的长度 $L$ 是载流子从漏到源传输的距离,是影响器件性能的关键参数。

1) 充电时间常数 $\tau_c$

在忽略各种寄生电容的情况下，当 TFT 处于开态时，相当于一恒流电源给像素电容 $C_p$（包括液晶电容和存储电容）充电，充电时间常数 $\tau_c$ 表示为：

$$\tau_c = R_{on} \times C_p \tag{7.1}$$

式中，$R_{on}$ 表示 TFT 的开态电阻；$C_p$ 表示像素电容。

2) 充电时间

在实际显示中，由于像素充电时间常数 $\tau_c$ 的限制，在行周期 $T_{on}$ 期间，加在像素上的实际电压值 $V_P$ 要小于信号电压 $V_s$。因此，要有足够长的充电时间，使电压 $V_P$ 的值接近 $V_s$，才能保证像素电容充电良好。

经验表明，当实际充电时间为 $\tau_c$ 值的 5 倍以上时，电压 $V_P$ 的值将达到信号电压 $V_s$ 值的 99% 以上。因此设计时多采用 $n=5$，充电时间 $T_e$ 可表示为：

$$T_e = n \times \tau_c = n \times R_{on} \times C_p \quad (n > 5) \tag{7.2}$$

并且要保证在扫描时间内充电完成，即满足：

$$T_e \leqslant \frac{T_f}{M} \tag{7.3}$$

式中，$M$ 为扫描行数，$T_f$ 为帧周期。$T_f/M$ 表示为每一行的充电时间。

3) 开态电阻 $R_{on}$

由于 TFT 工作于线性区，根据第 6 章线性区的电流电压特性 $I_{on}$ 为：

$$I_{on} = \frac{W}{L} \cdot \mu \cdot C_{ox} \cdot \left[ (V_{GS} - V_{TH}) V_{DS} - \frac{V_{DS}^2}{2} \right] \tag{7.4}$$

在 $V_{DS}$ 比较小的情况下，$I_{on}$ 可以简化为：

$$I_{on} = \frac{W}{L} \cdot \mu \cdot C_{ox} \cdot (V_{GS} - V_{TH}) V_{DS} \tag{7.5}$$

开态电阻 $R_{on}$ 为：

$$R_{on} = \left( \frac{\partial I_{DS}}{\partial V_{DS}} \right)^{-1} = \left[ \mu \frac{W}{L} C_{ox} (V_{GS} - V_{TH}) \right]^{-1} \tag{7.6}$$

式中，$V_{DS}$ 为 TFT 的源漏电压；$I_{on}$ 为 TFT 沟道电流的开态电流；$\mu$ 为场效应迁移率；$W$ 为 TFT 的沟道宽度；$L$ 为 TFT 的沟道长度；$C_{ox}$ 为单位面积栅绝缘层电容；$V_{GS}$ 为栅电压；$V_{TH}$ 为 TFT 的阈值电压。

4) 宽长比条件

把式(7.6)代入到式(7.2)中得到：

$$n \cdot \left[ \mu \frac{W}{L} C_{ox} (V_{GS} - V_{TH}) \right]^{-1} \cdot C_p \leqslant \frac{T_f}{M}$$

取 $n=5$，可以得到：

$$\frac{W}{L} \geqslant \frac{5 M C_p}{T_f \cdot \mu \cdot C_{ox} \cdot (V_{GS} - V_{TH})}$$

根据基本设计的 TFT AMLCD 的技术指标，在视频显示情况下，帧周期为 $T_f = 4$ ms（PAL 制），扫描行数为 $M=220$，半导体材料的迁移率为 $0.6 \text{cm}^2 \text{V}^{-1} \text{s}^{-1}$，$|V_{GS} - V_T| = 10\text{V}$，实验测试可得 $C_{ox} = 30 \text{nF/cm}^2$。将这些数值代入上式，得到 TFT 器件的宽长比与像素电容的关系为：

$$\frac{W}{L} \geqslant 1.02 \times 10^{12} C_P \tag{7.7}$$

**5) 像素电容**

像素电容 $C_p$ 可用下式表示：

$$C_p = \varepsilon\varepsilon_0 \left(\frac{A}{d}\right) \tag{7.8}$$

式中，$\varepsilon$ 和 $\varepsilon_0$ 分别是液晶介电常数和真空介电常数，大多数使用正性液晶，$\Delta\varepsilon>0$ 且 $\varepsilon=1\sim10$。取 $\varepsilon=10$，$A$ 为像素电极面积，$d$ 是液晶层厚度。若 $d$ 为 $5\mu m$，当 $A=88\times264\mu m^2$ 时，$C_p$ 约为 $0.4pF$。代入式(7.7)可得：

$$\frac{W}{L} \geqslant 0.408 \tag{7.9}$$

考虑到工艺条件，在满足开口率的情况下，可以把 TFT 器件的宽长比取得较大些，在设计中取为 $W/L=2$。

在 AMLCD 的设计中，一般要求 TFT 器件的沟道长度 $L$ 越短越好，短沟道可获得较大的开态电流，从而有利于信号对液晶像素电容的写入。但是沟道长度 $L$ 的大小同时要受到光刻及刻蚀工艺能力和成品率的限制。因此，在保证基板上所有沟道能够有效刻断的前提下，应综合考虑 TFT 器件的性能来加以确定。本设计中选取 TFT 器件的沟道长度为 $10\mu m$，由宽长比的大小可确定 TFT 器件的沟道宽度为 $20\mu m$。

**3. TFT 器件栅源交叠大小**

由于光刻精度的限制，在刻蚀源漏电极时，TFT 沟道处必然会有源、漏电极与栅电极之间的交叠部分，形成寄生电容 $C_{gs}$，这是产生加在液晶像素上的电压突变的原因，对显示质量影响极大，因此要求 $C_{gs}$ 越小越好。

栅电极与源、漏电极的交叠尺寸设计为 $6\mu m$，而 TFT 沟道的宽度确定为 $20\mu m$，计算栅源交叠电容 $C_{gs}$。

$$C_{gs} = \frac{\varepsilon_0 \varepsilon_s \varepsilon_{ox} S}{\varepsilon_{ox} d_s + \varepsilon_s d_{ox}} \tag{7.10}$$

式中，$\varepsilon_s$ 和 $d_s$ 分别代表半导体的相对介电常数和厚度，$\varepsilon_{ox}$、$d_{ox}$ 分别代表绝缘层膜的相对介电常数和厚度，$S$ 为栅源交叠面积，$\varepsilon_0$ 为真空介电常数。参数取值分别为 $\varepsilon_s=4$，$\varepsilon_{ox}=7$，$d_s=50nm$，$d_{ox}=200nm$，$S=6\times20\mu m^2$，代入上式求得栅源交叠电容 $C_{gs}$ 为 $0.025pF$。

TFT 单元器件的设计还包括各层薄膜的厚度设计，绝缘层和有源层的材料参数设计等都会影响到 TFT 器件的性能及显示质量。设计原则是综合考虑工艺条件、设备能力等，同时要保证阵列的开口率、成品率。

### 7.5.3 存储电容的设计

存储电容是 TFT 阵列单元像素设计中的另一个非常重要的部分。本节首先介绍存储电容的作用，然后研究存储电容方式的选择和存储电容大小的设计。

**1. 存储电容的作用**

存储电容在有源矩阵液晶显示中有两个作用：①维持液晶像素保持一帧的时间；②减少和消除图像闪烁。

1) 维持液晶像素保持一帧的时间

从有源矩阵液晶显示器的驱动中,扫描信号施加到阵列中的某一行后,该行的所有 TFT 器件都被打开,数据信号通过打开的 TFT 施加到液晶像素上。接着扫描信号扫描下一行,该行的所有 TFT 都关闭。从第一行扫描到最后一行完成一帧画面的显示。因此,写入该行上的液晶像素显示的画面需要保持到下一帧图像信号的到来。理想的情况下在一帧的时间里,液晶像素电容上的图像信号不发生任何变化。

但是,由于实际的 TFT 器件无法实现理想的开关状态以及液晶材料纯度的限制,施加到在液晶像素电容上的图像信号电荷在栅扫描信号结束后保持特性的时间内,会通过液晶材料自身和 TFT 器件组成的回路释放掉,从而使图像信号无法在帧周期内保持稳定。

因此,要在液晶像素电容上并联一个存储电容。在 TFT 处于写入特性的时间内,数据信号通过打开的 TFT 器件,同时写入液晶像素电容和存储电容上进行充电;保持特性的时间内,存储电容放电,给液晶像素充电,维持液晶像素稳定的显示。在 TFT 的写入时间很短,保持时间非常长,存储电容是非常重要的。

2) 减少和消除图像闪烁

a-Si:H TFT-LCD 显示单元的等效电路如图 7.40 所示。除 TFT 开关器件、液晶像素电容 $C_{lc}$,以及存储电容 $C_s$ 外,还有各种寄生电容:栅源、栅漏交叠电容 $C_{gs}$、$C_{gd}$,漏与源端寄生电容 $C_{ds}$,以及信号线与像素电极之间的寄生电容 $C_{sp}$ 等。

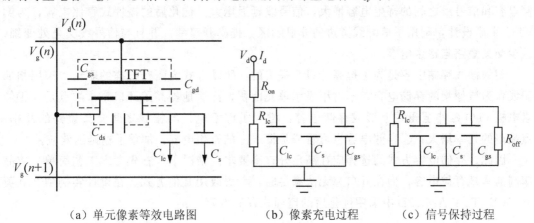

(a) 单元像素等效电路图　　(b) 像素充电过程　　(c) 信号保持过程

图 7.40　a-Si:H TFT-LCD 显示单元的等效电路图

由于寄生电容的存在将会引起在栅脉冲去掉后加在液晶像素电容上的电压 $V_p$ 跳变为馈入电压 $\Delta V_p$,引起图像闪烁。在没有引入存储电容 $C_s$ 的情况下,$\Delta V_P$ 表示为:

$$\Delta V_P = \frac{C_{gs}}{C_{gs}+C_{lc}} \cdot V_{gp-p} \tag{7.11}$$

式中,$V_{gp-p}=V_{gh}-V_{gl}$,为施加在栅电极上扫描电压的幅值,其中 $V_{gh}$ 和 $V_{gl}$ 分别为扫描电压的高压和低压的数值;$C_{lc}$ 为单元像素上的液晶像素电容。加在液晶像素上的电压由原来的 $V_p$ 变为 $V_p-\Delta V_p$,从而造成图像亮度的变化。当被人眼观察到时,表现为图像的闪烁。

减小 TFT 栅源、栅漏交叠量,进而减小寄生电容 $C_{gs}$ 和 $C_{gd}$,可有效地减小 $\Delta V_p$。采用自对准工艺技术是减小栅源交叠的有效手段之一,但由于 a-Si:H 材料本身不透明,

a-Si:H TFT 自对准工艺的实现较困难。提高液晶电容 $C_{lc}$ 也可减小馈入电压 $\Delta V_p$。但在选定液晶材料之后，液晶电容 $C_{lc}$ 的变化不大。为了减小和消除闪烁现象，引入与液晶像素电容并联存储电容 $C_s$ 后，跳变电压 $\Delta V_P$ 变为：

$$\Delta V_P = \frac{C_{gs}}{C_{gs}+C_{lc}+C_s} \cdot V_{gp-p} \tag{7.12}$$

由上式可见，$\Delta V_P$ 与存储电容 $C_s$ 成反比。$C_s$ 越大，跳变电压 $\Delta V_P$ 就越小，图像闪烁越不明显，引入存储电容是非常重要的。而且，提高液晶像素存储电容 $C_s$ 是减小馈入电压 $\Delta V_p$ 的一个非常有效的方法，同时也有利于 TFT-LCD 的保持特性。

总之，控制和减少 TFT-LCD 闪烁现象的方法有：①减小栅源交叠等寄生电容；②提高液晶材料电阻，增大液晶像素电容；③设置存储电容。

**2. 存储电容方式的选择**

在 a-Si:H TFT AMLCD 的设计中主要有 3 种存储电容 $C_s$：常规存储电容、掩埋式存储电容和相邻栅线存储电容，如图 7.41 所示。

常规存储电容比较简单，但开口率损失很大。掩埋式存储电容与常规存储电容相比，主要是充分利用了非显示区的信号线下方作为存储电容的一部分，开口率增大。缺点是：①增大了信号线与掩埋式存储电容之间交叉短路的机会，点缺陷或线缺陷几率增大；②存储电容和信号线之间的寄生电容增大，信号线延迟增大。优化后的掩埋式存储电容，为倒"工"字型设计，利用了信号线旁边的非显示区，提高开口率。并且与信号线交叠处变细，较少交叉短路与寄生电容。

相邻栅线存储电容是为了提高开口率提出的，驱动方式为隔行扫描的驱动。采用相邻栅线作为该像素的存储电容，不占用显示单元面积，显著地提高了开口率。缺点是：①像素电极 ITO 延伸至栅线上形成存储电容，增大了像素电极与栅线之间交叉短路的几率，点缺陷的几率增大；②存储电容也可看成是栅线上的寄生电容，加重了栅延迟效应。

因此，存储电容方式的选择应在满足开口率要求的情况下，首先考虑工艺简单、成品率高的常规存储电容，而在开口率无法满足时，考虑改用其他方式。在设计实例中 3.0 英寸 QCIF TFT AMLCD 中采用优化后的掩埋式存储电容。

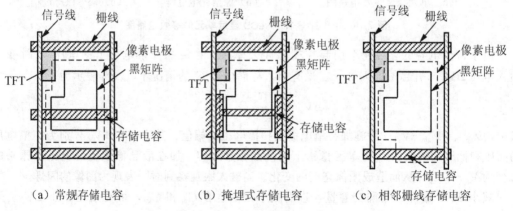

图 7.41 存储电容的种类

## 3. 存储电容大小的设计

存储电容的引入可以显著提高显示图像的质量，但是存储电容会使信号电压向液晶像素充电的时间变长。由原来的只给液晶像素电容充电 $R_{on} \times C_{lc}$ 增大到两者同时充电 $R_{on}(C_s + C_{lc})$。当存储电容太大时，会造成信号电压写入不足，图像亮度低和信号严重失真的问题。另一方面存储电容 $C_s$ 的大小与底电极栅金属的面积成正比，存储电容增大，底电极的面积增大，显示像素的开口率降低。因此，存储电容 $C_s$ 大小的设计要适当。

### 1) 跳变电压的限制

在灰度视频显示中，跳变电压 $\Delta V_P$ 大于单一灰度级电压时，会造成灰度级的错乱。因此，考虑了存储电容 $C_s$ 的跳变电压 $\Delta V_P$ 应小于单一灰度级电压的大小，即：

$$\Delta V_P = \frac{V_{gp-p} \times C_{gs}}{C_{gs} + C_{lc} + C_s} < \frac{1}{N_{gray}} \cdot (V_{max} - V_{th}) \quad (7.13)$$

式中，$N_{gray}$、$V_{max}$ 和 $V_{th}$ 分别代表显示屏的灰度级、加在液晶像素上的最大电压和液晶材料的阈值电压；$C_{gs}$、$C_{lc}$、$C_s$ 分别为交叠的寄生电容、液晶像素电容、存储电容；$V_{gp-p} = V_{gh} - V_{gl}$ 为施加在栅电极上的扫描电压的幅值，其中 $V_{gh}$ 和 $V_{gl}$ 分别为栅电压的高压和低压的数值。

在本实验 3.0 英寸 TFT AMLCD 设计中，灰度级 $N_{gray}$ 为 8；一般液晶材料的 $V_{max}$ 和 $V_{th}$ 可取为 10V 和 2V，栅脉冲电压的峰峰值 $V_{gp-p} = 25V$，液晶单元像素电容 $C_{lc} = 0.4pF$。代入上式可得到存储电容的下限为：

$$C_s > 0.2pF \quad (7.14)$$

### 2) 足够高的充电电压

信号电压要完成对液晶像素的写入过程必须有足够高的充电电压。视频显示要求在行周期 $T$ 时间内，TFT 开态电流对液晶像素的充电电压应高于液晶电光特性曲线的饱和电压 $V_{sat}$ 有：

$$\frac{I_{on} \cdot T}{C_{lc} + C_s} > V_{sat} \quad (7.15)$$

式中，$I_{on}$ 为 TFT 的开态电流。本设计实例中制备的 TFT 器件，开态电流 $I_{on}$ 约为 $1 \times 10^{-6}A$；对于 PAL 制电视系统，行回扫周期 $T$ 为 $12\mu s$；液晶电光特性曲线的饱和电压 $V_{sat} = 3V$。由此可得：

$$C_s < 3.6pF \quad (7.16)$$

根据上述讨论结果，3.0 英寸 TFT AMLCD 的存储电容取值范围应在 $0.2 \sim 3.6pF$。本实验中的设计中，存储电容面积 $A$ 为 $6412\mu m^2$，绝缘层电容 $C_{ox} = 30nF/cm^2$，因此，$C_s = C_{ox} \times A = 1.92pF$。

### 7.5.4 单元像素 5 次光刻的掩膜版及参数

利用 L-Edit 软件和根据设计参数尺寸，绘制 TFT AMLCD 阵列掩膜版图，如图 7.42 所示。5 次光刻的 5 块版图分别为：栅线、栅电极与存储电容版版；有源层岛版；源、漏电极及信号线；封装及过孔版；ITO 像素电极版。并给出完整的单元像素版图是 5 次光刻叠加后的版图如图 7.42(f)所示。设计参数及尺寸见表 7-3。

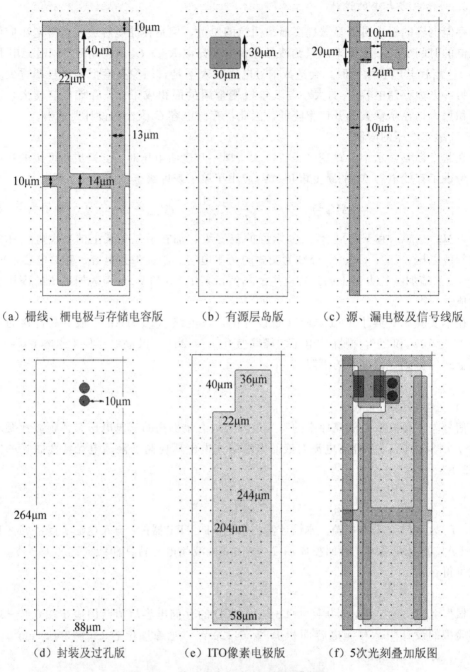

图 7.42　单元像素 5 次光刻的掩膜版图

存储电容选择优化的掩埋式存储电容，倒"工"字型设计。利用了信号线旁边作为存储电容的一部分，实际上利用了彩膜版上黑矩阵遮挡的非显示区部分，增大了开口率。在交叠处采用变细的状况，很好地避免了交叉短路和寄生电容的问题，又增大了存储电容。

表7-3 设计尺寸和参数

| 项目 | 设计内容 | 长/μm | 宽/μm |
|---|---|---|---|
| 设计尺寸 | 子像素 | 264 | 88 |
| | 栅线 | 88 | 10 |
| | 栅极 | 40 | 22 |
| | 存储电容面积 | $6412\mu m^2$ | |
| | 有源岛 | 30 | 30 |
| | 沟道长 | 10 | 20 |
| | 信号线 | 264 | 10 |
| | 过孔直径 | $10\mu m$ | |
| | 像素电极面积 | $13270\mu m^2$ | |
| 设计参数 | 绝缘层电容 $C_{ox}$ | $30nF/cm^2$ | |
| | 存储电容 $C_s$ | 1.92pF | |
| | 栅源交叠面积 | $120\mu m^2$ | |
| | 栅源交叠电容 $C_{gs}$ | 0.025pF | |

沟道的结构有：矩形沟道、U型沟道结构、交指沟道等。矩形的沟道结构是最常见和最简单的。为了增大沟道宽度，增大开态电流，又能兼顾小的TFT尺寸，大的开口率，优化设计也有采用U型的沟道结构，交指的沟道结构。本设计实例中采用的是矩形沟道结构。

本设计采用的是5次光刻工艺，第四次形成封装及过孔，在像素电极和漏极连接的地方要形成接触孔，保证孔处的封装薄膜要刻蚀干净，为此设计了两个孔，直径为$10\mu m$。为防止ITO在封装层的孔边接触时出现跨断现象，孔边缘要形成一定的坡度，照片上形成接触环。

### 第4次光刻掩膜版为反版

5次光刻的第4次光刻的封装层及过孔掩膜版为反版，是与其他4次光刻不一样的地方，要非常注意。第1、2、3、5次光刻的掩膜版的图形的填充色彩的地方，在基板上光刻及刻蚀后就是所要形成的薄膜。因此，掩膜版上图形与基板上图形一样的掩膜版为正版。而第4次光刻掩膜版的图形为过孔处，图中的两个圆形孔内的薄膜要刻蚀掉，让像素电极与漏极接触上，其他地方用封装层保护住，因此，其他大面积的地方的封装薄膜要保留下来，这样掩膜版的图形和基板上图形相反的掩膜版为反版。

正版和反版的区别就是绘制的掩膜版图形填充的意义不同。正版的图形填充处为保留下来的薄膜，其他部分为刻蚀掉的薄膜；而反版的图形填充处内为去掉的薄膜，其他大面积为保留下来的薄膜。

### 7.5.5 阵列版图

把设计完成的单元像素在$x$方向和$y$方向分别重复排列可以形成$M\times N$像素的阵列。3.0英寸的QCIF 176×3×220分辨率的a-Si:H TFT AMLCD，在$x$方向排列220个像素，y方向排列176×3个像素形成阵列。除了点阵的显示区域外，周边还有大量与制屏和模块工艺相关的设计。主要有扫描电极外引线和信号电极外引线设计、短路环及测试点的设计、各种应用标记设计、液晶注入口和封框胶口的设计等，在掩膜版上的位置分配将涉及TFT AMLCD阵列基板的整体布局。3.0英寸TFT AMLCD阵列基板的完整掩膜版图形如图7.43所示。

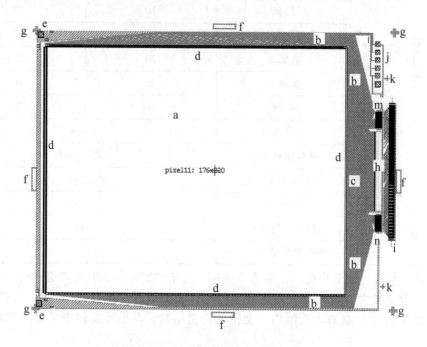

图7.43 阵列版图及整体布局说明

a—显示区域；b—扫描电极外引线；c—信号电极外引线；d—短路环；e—银点电极；
f—对版标记；g—液晶屏划片标记；h—信号IC引脚；i—FPC引脚；j—快检测试点；
k—彩膜版划片标记；m—奇栅IC引脚；n—偶栅IC引脚

扫描电极外引线和信号电极外引线设计主要包括IC引脚和FPC引脚等。引脚外露电极的部分为外引线焊盘(PAD)，宽度和间距设计也是非常关键的。设计依据为IC的型号和绑定工艺，同时要避免相邻的两条引线之间发生短路的缺陷。

在TFT LCD的制作中，阵列基板和彩膜基板要对盒，注入液晶和边框胶等，在阵列版图设计中都要相应考虑。外引线的位置要避开液晶注入口的地方；在显示区和外引线的引脚之间要预留出边框胶的位置。

阵列设计中还要考虑对版标记、对盒标记、划片标记及银点胶位置。对版标记的作用是为了让几次光刻的掩膜版图形能够很好地重叠，避免错位的短路、断路及点缺陷。对盒标记的作用是为了让阵列基板和彩膜基板能很好地对一起，三色彩膜对应像素电极部分，黑矩阵对应TFT部分，如果对偏很可能降低开口率，甚至不能正常显示。划片标记是为了让液晶屏分粒成单粒或者划掉多余的地方。银点胶位置处要让下电极和彩膜基板共用电极相连。

阵列基板的整体布局都要设计在光刻设备均匀曝光范围以内，以获得良好的掩膜版图形。

## 本 章 小 结

薄膜晶体管的结构决定了阵列的工艺流程,掌握其结构和工艺流程是非常重要的。根据栅极的位置,薄膜晶体管可分为顶栅结构和底栅结构。底栅结构根据沟道的形式又可以分为背沟道刻蚀型(Back-channel etched)和背沟道保护型(Back-channel stop)结构。本章重点讲述了两者结构的特点及工艺流程,并给出阵列的设计方法。

1. 背沟道刻蚀结构的 a-Si:H TFT

2代线以上的生产线多数采用5次光刻的背沟道刻蚀型结构,是当前产品的主流结构。5次光刻分别是栅线、有源岛、源漏电极、钝化层及过孔和像素电极。为降低成本,正在努力减少光刻,故又提出了4次光刻的背沟道刻蚀型结构,工艺难度大。

2. 背沟道保护型结构的 a-Si:H TFT

1代生产线采用的是背沟道保护型结构,也是最早实用化的结构,具有制作简单,生产性好等优点。采用7次光刻的制作工艺分别为栅线、阻挡层、有源岛、像素电极、过孔、源漏电极、钝化层。

3. 其他结构的 a-Si:H TFT

顶栅结构的 a-Si:H TFT 需要2~3次光刻。垂直结构的 a-Si:H TFT 可以制作成很短的沟道长度,也能适用于高频应用。自对准型底栅结构的 a-Si:H TFT 图形精度高,开口率大。剥离工艺的自动准结构不需要沟道切断,a-Si:H 薄膜可以做得比较薄。源漏和栅极交叠的寄生电容 $C_{gs}$ 非常小。每种结构都有自身的缺点,因此要结合各种实际应用整体考虑。

4. 薄膜晶体管阵列的设计

薄膜晶体管阵列的设计是根据计算分析和工艺流程设计出5次光刻等的几块掩膜版,叠加到一起构成了整个阵列版图。阵列版图的核心是用单元像素组成的点阵构成显示区域,并在周边设计上扫描电极外引线和信号电极、短路环及测试点、各种应用标记、银点胶、边框胶预留位置等,构成阵列基板的整体布局。

## 本 章 习 题

一、填空题

1. 根据栅极的位置,a-Si:H TFT 器件结构可分为两类,_____和底栅结构。底栅结构根据沟道的形式又可以分为_____和_____。

2. 在 a-Si:H TFT-LCD 中,2代生产线以上普遍采用的是背沟道_____的 a-Si:H TFT。

3. 在5次光刻的第一次光刻形成薄膜晶体管的_____及_____、_____的一个金属电极。

4. 在 5 次光刻的 a-Si：H 有源岛流程中，需要连续先后沉积_____，_____、_____三种薄膜。

5. 在 5 次光刻中，沟道切断是在_____次光刻中形成的。

6. 在 4 次光刻中把 5 次光刻的_____和_____合为一次光刻，为 4 次光刻的第二次光刻。

7. 背沟道阻挡结构因为有一次光刻形成_____而命名，其作用是_____。

8. 在 5 次光刻中，过孔是把引线和需要连接的部分刻蚀出来。一个是_____金属上过孔，另一种是_____金属上过孔。

9. 苹果 iPhone4 采用 3.5 英寸的 960×640 分辨率，那么 TFT 数为_____个。

10. 背沟道阻挡结构中，4 层 CVD 沉积的先后顺序为：_____、界面层 g-$SiN_x$、_____、_____。

二、判断题

1. 背沟道阻挡型结构中，非晶硅层要相应地做得厚些。　　　　　　　（　　）
2. 顶栅结构的栅电极制作在上面，沟道处下面要制作遮光层。　　　　（　　）
3. 5 次光刻的薄膜晶体管的保护层和过孔是在一次光刻中形成的。　　（　　）
4. 第 1 代生产线的 TFT 绝缘膜材料是 $SiO_x$。　　　　　　　　　　（　　）
5. 背沟道阻挡结构中阻挡层材料采用的是 $SiN_x$。　　　　　　　　　（　　）
6. 在薄膜晶体液晶显示中，TFT 的结构采用最多的是 4 次光刻的背沟道刻蚀结构。
　　　　　　　　　　　　　　　　　　　　　　　　　　　　　　　（　　）
7. 垂直结构的 a-Si：H TFT 可以把沟道长度做得很小，如小于 $1\mu m$。（　　）
8. 5 次光刻的工艺需要的是 5 块掩膜版。　　　　　　　　　　　　　（　　）
9. 跳变电压越大越好。　　　　　　　　　　　　　　　　　　　　　（　　）
10. 为避免产生寄生电容，栅源交叠面积越小越好。　　　　　　　　　（　　）

三、名词解释

顶栅结构、底栅结构、刻蚀选择比、背沟道结构、光刻次数、$O_2$ 灰化、自对准型结构、剥离工艺

四、简答题

1. 简述背沟道刻蚀型结构的优缺点。
2. 简述背沟道阻挡结构的优缺点。
3. 简述 5 次光刻的工艺流程。
4. 简述 7 次光刻的工艺流程。
5. 简述 4 次光刻的工艺流程。
6. 简述沟道切断的作用。
7. 简述 5 次光刻中第 5 次像素电极光刻形成的 ITO 的作用。
8. 简述层间清洗的作用。
9. 简述 7 次光刻的第二次光刻中 $O_2$ 灰化的作用。
10. 简述存储电容的作用。

## 五、计算题与分析题

1. 源漏电极很多工厂采用的复层材料 Mo/Al/Mo,试分析上下层 Mo 的作用。
2. 试分析背沟道刻蚀型的 5 次光刻中过孔的工艺难点。
3. 试分析 4 次光刻中第 2 次光刻的工艺方案。
4. 试分析如何减少绝缘膜的针孔及工业上采用的方法。
5. 在背沟道阻挡结构的第二次光刻中,采用了背曝光为什么还要采用一次曝光?直接使用一次曝光不行吗?
6. 试根据 5 次光刻的工艺流程绘制等效电路。

# 第8章
# 液晶显示器的阵列工艺技术

薄膜晶体管特定的结构要采用特定的工艺技术和设备。本章重点介绍薄膜晶体管阵列制作的各种工艺技术方法、设备结构，以及技术要点。最后简单介绍阵列工艺中的常见缺陷。通过本章的学习可以掌握液晶显示器的阵列都包括哪些工艺技术，每种工艺技术有哪些种类及特点，采用的设备结构及原理是什么。

教学目标

- 了解阵列工艺的基本流程；
- 掌握阵列工艺的种类及定义；
- 了解各工艺技术的原理；
- 了解各工艺技术的设备特点及结构。

教学要求

| 知识要点 | 能力要求 | 相关知识 |
| --- | --- | --- |
| 阵列工艺概述 | （1）了解阵列工艺的基本流程<br>（2）了解各种工艺技术的作用 | 微细加工技术 |
| 清洗工艺 | （1）了解清洗工艺的方法<br>（2）了解清洗设备的组成及作用 | 基本化学知识 |
| 成膜工艺 | （1）掌握成膜工艺的方法及定义<br>（2）掌握成膜的特点及设备原理 | 薄膜物理知识 |
| 光刻工艺 | （1）掌握光刻工艺流程及作用<br>（2）了解光刻方法及设备结构特点 | 基本光学知识 |
| 刻蚀工艺 | （1）掌握刻蚀工艺的方法及定义<br>（2）掌握刻蚀的原理及特点 | 基本化学知识 |
| 阵列工艺中的常见缺陷 | （1）了解阵列工艺常见缺陷种类<br>（2）了解缺陷产生的原因及解决办法 | |

# 第8章 液晶显示器的阵列工艺技术

**推荐阅读资料**

[1] Yue Kuo. Thin Film Transistors-Materials and Processes[M]. New York：Kluwer Academic Publishers，2004.

[2] 谷志华. 薄膜晶体管阵列制造技术[M]. 上海：复旦大学出版社，2010.

## 8.1 阵列工艺概述

薄膜晶体管的结构中，不同的结构采用不同的光刻次数，如 7 次光刻、5 次光刻、4 次光刻等。每次光刻几乎都要经历清洗、成膜、光刻（涂胶、曝光、显影）、刻蚀、去胶、检查等工艺，如图 8.1 所示。每次光刻形成的薄膜不一样，采用的清洗方法、成膜方法、光刻及刻蚀的方法都不同。阵列工艺实际上是不同薄膜、不同条件的几个工艺的循环，如 5 次光刻相应地循环 5 次。本章将分别介绍各工艺原理及设备。

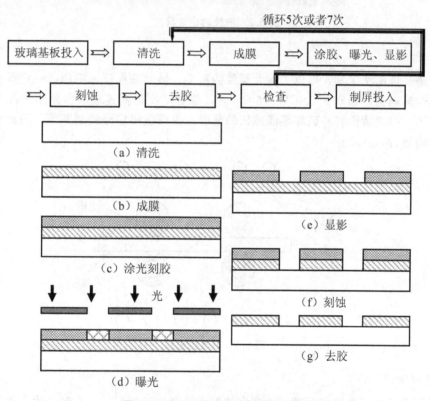

图 8.1 阵列工艺的基本流程示意图

## 8.2 清洗工艺

玻璃基板投入后，首先进行的清洗为初清洗。在成膜前和成膜后也有相应清洗。清洗工艺就是用物理与化学相结合的方法除去基板表面的灰尘、油污、污染物及自然氧化物，使基板保持清洁的过程。有些清洗还具有腐蚀的作用。清洗的方法有物理的方法，用毛刷、超声波、臭氧清洗等；化学的方法，用洗剂、酸等；或二者相结合的方法。清洗的设备一般由如下部分组成：刷洗、超声清洗、干燥、腐蚀等，设备照片如图 8.2 所示。

图 8.2　清洗的设备照片

1. 毛刷

毛刷是一种刷洗工具，可以去除大颗粒的灰尘。玻璃基板压入毛刷内一定量，并喷有表面活性剂来刷洗，如 0.3‰ NCW－601－A，随着毛刷的高速旋转很好地去除灰尘，如图 8.3 所示。毛刷清洗容易破坏膜质疏松的薄膜，也可能将信号线划断等，因此有些清洗不能用毛刷进行。

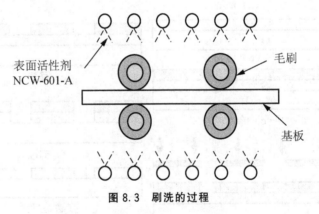

图 8.3　刷洗的过程

2. 超声清洗

超声清洗是利用共振的原理，由超声波发生器产生高频振动，在超纯水中加入超声波或兆声波，在振动过程中除去灰尘的过程，如图 8.4 所示。超声为 36kHz，兆声为 1.6MHz。过程为超声波或兆声波加到超纯水中后，从上往下喷出来，在基板表面形成微小气泡，这些小气泡具有超声或兆声的能量。微小气泡接触到玻璃基板时迅速破裂，会在基板表面形成冲击力，将较顽固的颗粒打掉。随着高频振动气泡不断破裂冲击，顽固灰尘从基板表面脱落，达到清洗的目的。

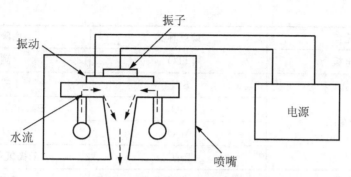

图 8.4 超声清洗中喷嘴的结构

**3. 臭氧清洗**

臭氧清洗是利用紫外线照射及臭氧分子去除基板表面油污的过程。紫外线照射是利用紫外灯通过原子激发,放射出一定波长的紫外线,照射到基板表面,使油污分解。紫外线照射的同时通入臭氧分子,利用其强氧化性与油污等有机物杂质反应从而去除油污。

**4. 干燥**

干燥就是将水洗后基板表面附着的超纯水去掉。清洗设备的干燥方法很多,有旋转干燥、气刀干燥、IPA 蒸汽干燥。旋转干燥要从中间吹入 $N_2$,把基板中心的水吹开,然后用离心力的方法把基板表面的水珠甩掉;气刀干燥就是用高压空气逆基板行走方向吹掉基板上的水珠;IPA 蒸汽干燥就是用 IPA 蒸汽与基板表面水分置换的方法。

**5. 腐蚀**

腐蚀是一种刻蚀的过程,就是把表面氧化的物质去掉。如 a-Si:H 在空气中很容易氧化,薄层氧化物的存在会造成半导体与金属接触不良,形成很多点陷。a-Si:H 的表面氧化物常用的刻蚀剂为 LAL-50($HF$:$NH_4F$:$H_2O$)。一般在 a-Si:H 成完膜后长时间暴露在空气中时用。

## 8.3 溅射工艺

### 8.3.1 成膜的种类

成膜就是在清洗后的基板上制作一层或多层薄膜。根据制作薄膜的种类不同,成膜的方法很多,有溅射、化学气相沉积、阳极氧化、蒸镀等方法。在 a-Si:H TFT 中的薄膜种类及成膜方法见表 8-1。阳极氧化和蒸镀在 a-Si:H TFT 中现在很少用。

表 8-1 在 a-Si:H TFT 中的薄膜种类及成膜方法

| 用途 | 薄膜种类 | 成膜方法 |
| --- | --- | --- |
| 栅电极 | Al、Ta、Cr、MoTa、MoW、AlNd/Mo、AlNd/MoNx | 溅射 |
| 源漏电极 | Mo/Al/Mo、MoNx/AlNi、MoNx、Mo/AlNd/Mo | 溅射 |

续表

| 用途 | 薄膜种类 | 成膜方法 |
|---|---|---|
| 像素电极 | ITO | 溅射 |
| 栅极绝缘膜 | $SiN_x$ | PECVD |
| | $SiO_x$ | PECVD、APCVD |
| | $Al_2O_3$ | 阳极氧化 |
| | $Ta_2O_5$ | 阳极氧化、溅射 |
| 半导体层 | a-Si:H | PECVD |
| 欧姆接触层 | $n^+$ a-Si | PECVD |
| | $n^+$ μc-Si | PECVD |
| 保护膜(钝化膜) | $SiN_x$ | PECVD |

### 8.3.2 溅射工艺

溅射就是在一定真空条件下,通过外加电、磁场的作用将惰性气体电离,用加速的离子轰击固体表面,离子和固体表面原子交换动量,使固体表面的原子离开固体并沉积在基板表面的过程。被轰击的物体是用溅射薄膜的源材料组成的固体,称为靶材,如图8.5所示。

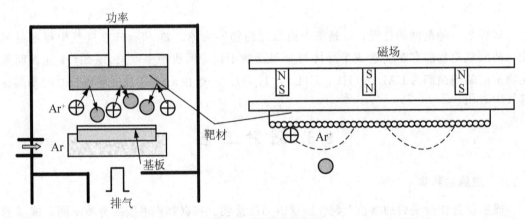

图8.5 溅射的原理图

为了防止轰击靶材的气体与靶材发生化学反应,常采用惰性气体,如Ar、Kr等。成膜时,大气中含有各种气体及杂质,易掺杂入薄膜中影响薄膜质量。成膜要在高真空下进行,真空度为 $10^{-3} \sim 10^{-4}$ Pa。成膜时,基板加热到一定温度下薄膜易附着在基板上。在TFT LCD生产线上普遍采用直流磁控溅射设备。在TFT LCD的制作中,栅线、像素电极、信号线的成膜使用溅射成膜。

1. 栅线溅射

早期采用的栅金属材料有工艺稳定性好的铬Cr、钼Mo、钽Ta等,电阻率大。目前大容量、高清晰度是液晶显示屏主要的发展方向之一。由于屏幕尺寸的增大和像素数目的增加，不可避免地加大了栅信号延迟，严重地影响着 TFT LCD 的显示质量。

因此，开始研究具有较低电阻率的纯 Al 或纯 Cu 作为栅电极材料。但纯 Al 在高温工艺中会出现小丘现象，同时纯 Al 和纯 Cu 的物理和化学稳定性较差，不适于在底栅结构中作为栅电极。Al 与 Cu 合金或 Al 与其他金属材料的双层结构电极可以避免小丘的出现。工业上栅线常用的钼钨 MoW、钼/铝钕 Mo/AlNd、铝钕/氮化钼 AlNd/MoNx 材料等。

1 代生产线采用的是钼钨合金 MoW 做栅金属材料。合金靶 MoW 靶材的成分为 Mo：W＝65：35，溅射的惰性气体是氪气（Kr）。采用 MoW 合金的优点是 Mo 的耐酸碱等化学药品性差，添加 W 可以提高耐化学药品性，但 W 量多膜的电阻率会上升，所以 W 的添加量定为 35％。不能使用 Ar 气，因为 Ar 会掺杂到 MoW 膜中，使 MoW 的电导率下降。膜厚 2000Å 左右，方块电阻为 $0.78 \pm 0.20 \Omega/\square$。

2 代以上的生产线采用的都是复层栅金属，如 AlNd/MoNx 的复层材料。复层材料可以很好地形成台阶防止跨断。第一层为 Al 材料加入镧系材料钕 Nd 形成的合金材料，钕 Nd 掺入量约 2％左右，是为了防止 Al 的小丘。第二层材料为氮化钼 MoNx 材料，为了形成更好的台阶，在 Mo 溅射时通入 $N_2$。

**2. 源漏电极溅射**

源漏材料有钼/铝/钼 Mo/Al/Mo、钼氮/铝镍/钼氮 $MoN_x$/AlNi/$MoN_x$、钼/铝钕/钼 Mo/AlNd/Mo 等 3 层材料。其工艺气体是氩气（Ar）。合金及复层的电极总膜厚为 4000Å 左右，方块电阻为 $85\Omega/\square$。

为改善纯铝薄膜在玻璃衬底上的热稳定性，以铝薄膜为基体，通过控制掺杂金属的相对含量，在保持其电学特性的基础上，获得无小丘铝合金薄膜。掺杂的材料有钽（Ta）、铬（Cr）、镍（Ni）、钕（Nd）等。

**3. 像素电极溅射**

ITO 薄膜是一种 n 型半导体材料，具有宽禁带、自由载流子浓度高的特点，且具有较高的可见光透过率，适当的电导率，广泛地应用在 AMLCD 器件中。

工艺气体为氩（Ar）和氧（$O_2$）混合气体，靶材有铟锡（In：Sn）的合金靶或氧化铟锡（$In_2O_3$：$SnO_2$）合金靶。常用氧化铟锡合金靶材，配比为 $In_2O_3$：$SnO_2$＝90：10。溅射的 ITO 薄膜的方块电阻为 $20\sim 100 \Omega/\square$ 之间，可见光透过率应高于 80％，膜厚在 400Å 左右。

## 8.4　CVD 工艺

CVD 是化学气相沉积（Chemical Vapor Deposition），可分为常压化学气相沉积（Atmospheric Pressure CVD，APCVD）、低压化学气相沉积（Low Pressure Chemical Vapor Deposition，LPCVD）、及等离子增强化学气相沉积（Plasma Enhanced CVD，PECVD 或 PCVD）。

常压化学气相沉积是最早研发的 CVD 系统，是一种在大气压环境下沉积的设备。利用化学蒸气均匀流向基板，在基板上发生化学反应成膜的过程。在 1 代生产线中，利用 APCVD 设备形成第一层栅绝缘层。APCVD 设备的优点是薄膜的沉积速度快、阶梯覆盖良好、层间绝缘性好。缺点是由于 APCVD 沉积速度快,生长薄膜的质地较为疏松;且基板在传送带上是水平摆放置的,太费空间。现在大型基板的 TFT 加工中已经很少用 APCVD 了。

### 8.4.1 PECVD 的设备结构及原理

**1. 设备结构**

等离子体化学气相沉积是目前在非晶硅薄膜晶体管的制作中常用的薄膜制备方法。PECVD 设备是真空设备,内部由两个平行电极板组成。下电极板为载台,接地且加热。上电极板使用耦合器连接到 13.65MHz 的射频发生器上,如图 8.6 所示。

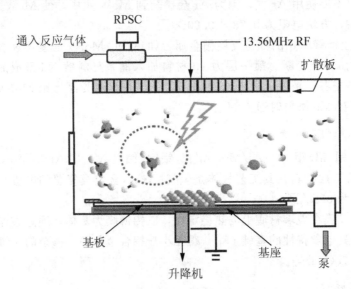

图 8.6 PECVD 成膜的原理图

**2. 薄膜的沉积原理**

在真空反应室中,射频发生器产生的高频电场辉光放电产生等离子体。等离子体中的热电子、正离子的能量促使反应气体 $SiH_4$ 等气体分解,生成 Si 原子、氢原子或原子团,沉积在温度较低的衬底上,从而获得所需要的薄膜。等离子体只能存在于 10~0.001 Torr 下,因此 PECVD 是真空反应设备。注:1 托(Torr)=1mm 汞柱(mmhg)=133.329 帕(pa)。

薄膜的沉积原理包括 3 个基本的过程:①等离子体反应,是指等离子体通过与具有能量的电子、离子或者基团等粒子碰撞,使通入到反应室中的气体分子分解的过程,其中等离子体包括自由基、原子和分子等中性粒子,以及离子和电子等非中性粒子;②输送粒子到基板表面,等离子体产生的粒子以扩散方式或离子加速的形式输运到基板表面,中性粒子受浓度梯度的驱动以扩散方式输运到基板表面,阳离子受等离子和基板间的电位差驱动而离子加速运动到基板表面;③在表面发生反应,当粒子达到基板表面时,通过一系列吸附、迁移、反应,以及中间产物的解吸附过程形成要沉积的薄膜。衬底温度对每一步都是至关重要的。

## 3. PECVD 设备的特点

PECVD 是目前 TFT-LCD 制造工程的核心,决定 TFT 特性的重要工艺。PECVD 成膜的优点:①可以大面积均匀成膜、生长性好、能在较低的温度下形成致密的薄膜;②可防止热产生的损伤及相互材料的扩散;③可生长需要低温成膜及反应速度慢的薄膜;④设备内的平行电极方便实现大面积化。

## 4. 设备种类

在 a-Si:H TFT 中,半导体与绝缘膜薄膜几乎都是用 PECVD 制成的。在生产上,为了获得良好的界面接触,栅绝缘层 $SiN_x$ 和半导体层 a-Si:H 间,以及 a-Si:H 和 $n^+$ a-Si 层间常采用在一台 PECVD 设备中连续沉积的方法。设备由多个反应室系统组成,方便大批量生产。根据反应室排列的方式 PECVD 设备有在线式和枚叶式两种。在线式设备是由几个反应室串联而成的,在反应室产生等离子体。用托架载送基板依次从第一个反应室传送到最后一个反应室,并且通过传送通道将基板送回到卸载处。设备占地面积大,成膜周期长。枚叶式设备又称为群聚型设备,如图 8.7 所示,由一个中心传送室,周围连接几个反应室组成,基板可以通过传送室在任意两个反应室间传送。设备占地面积小,不需要传送通道,用机械手取送基板送到各个反应室成膜。多室系统的多个反应室为封闭的真空室放在万级间。一个独立的装载室和卸载室放在百级间。

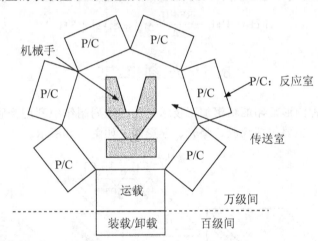

图 8.7 群聚型枚叶式 CVD 设备简图

## 8.4.2 CVD 制备薄膜的反应方程

### 1. APCVD 制备 $SiO_x$ 薄膜的反应方程

APCVD 制备 $SiO_x$ 薄膜使用的气体是 $SiH_4$、$O_2$。为形成良好的净化环境,通常要通入保护气体 $N_2$。基板在 430℃ 左右的温度下加热后,吹入 $SiH_4$、$O_2$,反应气体热分解,并在基板表面沉积形成氧化硅 $SiO_x$ 薄膜,厚度为 2000Å 左右。反应方程如下:

$$SiH_4 + O_2 \xrightarrow[\Delta]{N_2} SiO_x + 2H_2O$$

## 2. PECVD 制备 $SiO_x$ 薄膜的反应方程

PECVD 制备 $SiO_x$ 薄膜使用的气体是 $SiH_4$、$N_2O$、$N_2$，成膜温度大约为 200℃，反应方程为：

$$SiH_4 + N_2O \xrightarrow[\Delta]{RF+N_2} SiO_x + 2H_2O$$

## 3. PECVD 制备 $SiN_x$ 薄膜的反应方程

$SiN_x$ 使用的气体是 $SiH_4$、$NH_3$、$N_2$，g-$SiN_x$ 的成膜温度大约为 320℃，钝化 $SiN_x$ 的成膜温度大约为 260℃，反应方程为：

$$SiH_4 + NH_3 \xrightarrow[\Delta]{RF+N_2} SiO_x:H + 3H_2$$

## 4. PECVD 制备 a-Si:H 薄膜的反应方程

a-Si:H 使用的气体是 $SiH_4$、$H_2$，成膜温度大约为 315℃，反应方程为：

$$SiH_4 + H_2 \xrightarrow[\Delta]{RF} \text{a-Si:H}$$

## 5. PECVD 制备 $n^+$ a-Si:H 薄膜的反应方程

$n^+$ a-Si:H 使用的气体是 $SiH_4$、$PH_3$、$H_2$，成膜温度大约为 315℃，反应方程为：

$$SiH_4 + PH_3 \xrightarrow[\Delta]{RF+H_2} n^+\text{a-Si:H} + 3H_2$$

## 8.5 光刻工艺

光刻工艺是一种图形复印的精密加工技术，是在阵列制作中利用掩膜版在薄膜上形成光刻胶图形的工艺，主要包括涂胶、曝光、显影等，如图 8.8 所示。

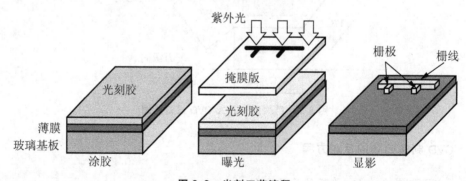

图 8.8 光刻工艺流程

**小提示**：光刻工艺形成了光刻胶的图形

光刻工艺利用掩膜版的遮挡对光刻胶选择性地曝光，最终形成了光刻胶的图形。光刻胶的作用是保护待刻蚀的薄膜，实现薄膜的选择性刻蚀。

光刻工艺除涂胶、曝光和显影外，还包括涂胶前清洗、前烘、后烘，以及打号等工艺。涂胶前清洗是在涂布光刻胶之前，用水洗、刷洗等方法去除基板表面的灰尘，防止有灰尘被覆盖到光刻胶的下面使光刻图形产生缺陷。清洗后用气刀吹干和烘干把基板表面的水分去除干净。

前烘是在光刻胶涂布之后溶剂挥发固化的过程。分为两步：步骤一是用低压干燥去除光刻胶内大约70%的溶剂，使基板上的光刻胶迅速固化；步骤二是利用高温去除光刻胶内剩余的30%的溶剂，使光刻胶溶剂完全挥发固化。后烘是在显影之后，去除清洗显影液的水分，增强光刻胶与基板薄膜之间的附着力。打号是在第一次光刻胶涂布后，用小型曝光机对基板边缘曝光为基板编号。一般打号用的曝光机与涂胶设备相连，可以为每块基板依次编号。

光刻工艺的质量直接影响器件的性能、成品率和可靠性。要求：①刻蚀的图形完整、尺寸准确、边缘整齐、线条陡直；②图形内没有灰尘、无小岛；③图形套刻准确、无偏移。

**小提示：只用高温固化，极易产生不均匀的姆拉**

在前烘过程中，如果没有低压干燥的过程，直接用高温的方法蒸发光刻胶内的溶剂极易产生不均匀的姆拉（Mula）。

### 8.5.1 涂胶

涂胶就是在基板的薄膜上面形成一层均匀的光刻胶层的过程。光刻胶有负性胶和正性胶两种。在未曝光的部分对某种溶剂是可溶的，曝光的部分为不可溶的，光刻胶的图形和掩膜版的图形相反，为负性光刻胶；在未曝光的部分对某种溶剂是不可溶的，曝光的部分是可溶的，光刻胶的图形和掩膜版的图形相同，为正性光刻胶。

**小知识：光刻胶**

TFT制作中多采用的是正性光刻胶，是一种含有感光剂的且碱性可溶的线型酚醛树脂，经过特殊加工精制而成。成份为：树脂、感光剂、溶剂、添加剂。分子结构如图8.9所示。添加剂常用的有4种：①界面活性剂，用于防止放射状姆拉和改善涂布特性；②增感剂，用于提高感光度；③附着增强剂，用于增强显影及刻蚀时的光刻胶附着性；④溶剂，用于增强涂布均匀性和线宽均匀性。

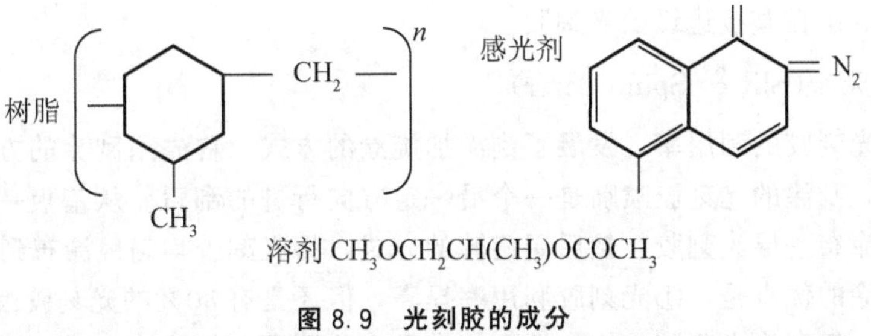

**图8.9 光刻胶的成分**

随着TFT-LCD产业的发展，玻璃基板尺寸从20世纪90年代初的$300\times400mm^2$的第1代发展到现在的$2880\times3080mm^2$的第10代，涂胶的方法也有了很大的改进，主要有旋涂、刮涂加旋涂和刮涂3种，如图8.10所示。

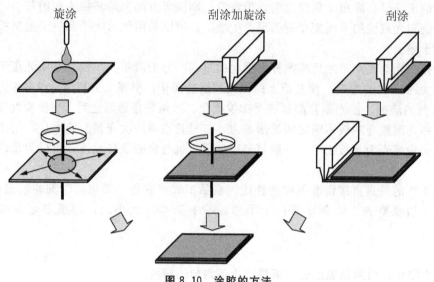

图 8.10 涂胶的方法

1. 旋涂(Spin Coater)

旋涂是 1 代线到 4 代线主要的光刻胶涂布方式。利用滴管在基板的中心部滴下一定量的光刻胶后，吹入 $N_2$，并同时高速旋转产生离心力，滴下的光刻胶从中间向四周散布，均匀涂布整个基板的过程。

旋涂的优点是涂布的均匀性好，且通过优化光刻胶的黏度、旋转速度可以调节涂布厚度及均一性。缺点是：①不适合大尺寸基板，随着基板尺寸的增大，旋涂方式需要更大功率的马达，需要更高的转速；②光刻胶浪费多，滴上的光刻胶大部分都在高速旋转中甩掉，只在基板上形成了一薄层光刻胶，浪费量高达 90%；③涂布厚膜困难，旋涂方式要想涂布比较厚的光刻胶，需要多次旋涂，浪费材料和产能低；④设备庞大，旋涂设备为方便基板高速旋转，设备往往比基板大得很多，占地面积庞大；⑤需要边缘清洗，在旋涂过程中，从基板边缘流下的光刻胶需要清洗掉，防止凝固后在后续工序中产生灰尘，降低成品率及影响其他设备的环境。

边缘清洗药液不同于去胶液，采用丙二醇单甲醚和丙二醇单甲醚乙酸酯一定比例的混合液去除旋涂后留在基板边缘的光刻胶。

2. 刮涂加旋涂(Slit & Spin Coater)

为了提高光刻胶的利用率，发展了刮涂加旋涂的方式。首先用刮涂的方式在基板上涂布一层光刻胶，刮涂的光刻胶喷嘴是一个沿一定方向行进的刮刀。从基板一边走到另一边后，基板上便涂布一层光刻胶。然后用旋转的方式，将光刻胶均匀地涂布到玻璃基板上。

刮涂加旋涂的优点是：①光刻胶利用率提高，但还是有 80% 的光刻胶浪费掉；②光刻胶的均匀性高，仅刮涂光刻胶的均匀性不能满足工艺要求，加旋涂之后，光刻胶的均匀性可以达到 ±2%~3%；③旋转的速度和马达功率比旋涂低；④刮涂和旋涂可以在一个工作室内进行也可以在多个工作室内进行。缺点是与旋涂方式一样，不能满足大尺寸基板的要求，产能低，也需要基板边缘清洗，且光刻胶利用率还是很低。

### 3. 刮涂(Slit Coater)

随着技术的进步和基板尺寸的大型化,刮涂方式是目前 TFT LCD 生产中主要的光刻胶涂布方式。现在一次扫描就可以在大尺寸基板上面涂布一层均匀的光刻胶,不需要基板边缘清洗,提高产能,设备占地面积小,且光刻胶利用率超过 95%,接近 100%。可以涂布 6 代以上,甚至更大尺寸的玻璃基板。

光刻胶性能的要求:高的分辨能力、感度高、附着性能好、耐腐蚀性好、成膜性和致密性好、针孔密度小、显影后的光刻胶易去除干净。涂胶工艺的要求:胶膜均匀、达到预定的厚度、附着性能良好、无灰尘、无杂物。

### 8.5.2 曝光

曝光是采用波长分别为 365、405、436nm 的紫外光照射,用掩膜版掩膜被光照射到的光刻胶部分使其性质发生改变的过程。TFT LCD 使用的曝光技术主要有接近式曝光(Proximity)、步进式曝光(Steppers)、光学投影扫描曝光(Mirror Projection Scanning)和透镜投影扫描曝光(Lens Projection Scanning)等。

TFT LCD 生产线的曝光设备主要是佳能和尼康的设备。彩膜生产线的曝光设备厂家较多,有佳能、DNS、日立、尼康等。曝光设备对环境的要求非常严格,一般温度控制在:23±0.5℃,湿度控制在 50%~55%。

#### 1. 接近式曝光

接近式曝光是掩膜版与玻璃基板非常接近的一种曝光方式,一般接近距离在 100~300μm。用高压水银灯发出紫外线曝光,将掩膜版上图形转移到光刻胶薄膜上。掩膜版比玻璃基板大,通过一次曝光可以将整个基板全部曝光,产能大。每片的节拍时间小于 1min。掩膜版与基板距离越近,曝光精度越高,但会带来灰尘的影响,而且掩膜版的寿命也会降低。距离越远,分辨率和对准精度都会降低,而且会出现边缘阴影,导致图形偏移、衍射等缺陷。基板尺寸增大时,一次曝光将整个基板都曝到非常困难,需要多次接近式曝光,产能降低,而且掩膜版价格也会提高。接近式曝光由于价格较低,主要应用在彩膜制作中和 STN LCD 的生产线中。

#### 2. 步进式曝光

步进式曝光是一种多次曝光技术,每次曝光大约投影透镜大小的区域,并平移基板到下一个曝光位置进行曝光,经过多次曝光技术完成整个基板的曝光。优点是:①精度高,每次曝光的区域小,精度和分辨率高,对准精度可以达到 0.4μm,且可以通过数值孔径较大的透镜获得更高的分辨率;②掩膜版寿命长,在小尺寸的 TFT LCD 和低温多晶硅的 TFT LCD 中,主要采用步进式曝光,在 4 代线以下的 TFT LCD 生产线多采用步进式曝光和光学投影扫描曝光。

缺点是:①曝光的次数多,产能低,曝光的次数由玻璃基板的大小和投影透镜的大小决定,以一个 5 英寸的透镜,面积约为 127cm²,要曝光一块 600mm×720mm 的基板需要曝光 30 多次,由于需要多次曝光,步进式曝光的产能小于接近式曝光;②透镜系统价格贵。

#### 3. 光学投影扫描曝光

光学投影扫描曝光是利用高压水银灯发出紫外光,利用光学系统形成均匀分布后,通过弧形狭缝射出狭缝光,同时移动掩膜版和玻璃基板,扫描照射基板上的光刻胶进行曝光的过程。曝光的区域由弧形狭缝的长度和扫描的距离决定。掩膜版载台和基板载台一起移动,也可以分开单独移动,并用激光干涉仪检测掩膜版载台和基板载台移动的位置,保证对位的精度。但是在5代线以上,由于受透镜尺寸和产能较低的限制,不再使用步进式曝光,主要采用光学投影扫描曝光和多镜头的透镜扫描曝光。

### 8.5.3 显影

显影就是用显影液除去经曝光后改性的光刻胶的过程。正性光刻胶经曝光后由中性变成酸性,显影液是碱性溶液,利用酸碱中和反应将曝光的光刻胶溶解,留下未曝光的中性光刻胶图形。显影的过程要包括显影、清洗及后烘。

显影采用喷淋的方式,使用几个喷管连接多个喷嘴左右摆动,随着基板的行进进行显影的过程。显影液使用的是四甲基氢氧化铵,分子式为$(CH_3)_4NOH$,英文为Tetramethyl Ammoniuw Hydroxide,缩写为TMAH,浓度范围是2.36%~2.40%。一般用显影液控制系统(DDS系统)来自动控制显影液浓度,保证严格地控制在规定范围内。

显影需要控制的参数:①与显影液浓度、温度有关的显影速度;②显影时间;③显影液温度。显影时间长或者显影液温度高会出现过显影,影响线宽大小和线宽的均匀性;显影温度低或者显影时间短会出现显影不足,引起后面刻蚀不净,出现短路等缺陷。

清洗采用带有一定压力的超纯水去除显影后留在基板上的显影液,清洗后用气刀吹掉基板表面大部分的水分。后烘是在一定温度的烘箱内通过高温蒸发掉基板表面的水分,形成牢固的光刻胶图形,冷却后进入到刻蚀工序。

**小知识:光刻工艺的环境**

光刻工艺中的涂胶、曝光、显影的工作环境为黄光区。白光中含有紫外线,会对涂胶、曝光、未显影后的基板进行不同程度的紫外线曝光,使图形发生变化。只有显影后的基板才能在白光区的环境下操作。

## 8.6 干 刻 工 艺

刻蚀就是用适当的刻蚀液或刻蚀气体对没有被光刻胶遮挡的部分进行完整、清晰、准确地去除薄膜的过程。被光刻胶覆盖部分的薄膜完整地保留下来获得所要求的图形。

**小提示:刻蚀工艺形成了薄膜的图形**

刻蚀工艺利用光刻胶的遮挡在不同的刻蚀条件下形成了薄膜的图形。

### 8.6.1 刻蚀的种类

1. 刻蚀种类及特点

刻蚀方法可分为湿法刻蚀和干法刻蚀两种。刻蚀效果对比见表8-2。

表 8-2 湿法与干法刻蚀效果的对比(○：好；△：普通；×：不好)

| 项目 | 湿法刻蚀 | | 干法刻蚀 | |
|---|---|---|---|---|
| 方向性 | 各向同性 | | 各向异性及各向同性 | |
| 图形控制 | 侧钻严重 | × | 易刻蚀台阶 | ○ |
| 均匀性 | 大型基板的刻蚀困难 | △ | 好 | ○ |
| 选择比 | 大 | ○ | 比较小 | × |
| 灰尘对刻蚀的影响 | 比较小 | ○ | 比较大 | △ |
| 工程损伤 | 小 | ○ | 大 | × |
| 处理能力 | 大，可批处理 | ○ | 小，枚叶处理 | × |
| 多层膜连续处理 | 困难 | × | 气体交换，可能 | ○ |
| 装置的价格 | 比较低 | ○ | 比较高(真空装置) | × |
| 运行成本 | 高价(药液) | × | 低价(气体) | ○ |
| 对环境的影响 | 有害物多 | × | 比较安全 | ○ |

湿法刻蚀(Wet Etching)是通过化学药液并利用喷淋和浸泡等方式与未被光刻胶遮挡的薄膜进行化学反应的过程。特点是：工艺简单、成本低、选择性好、损伤小、刻蚀均匀、各向同性、刻蚀终点掌握较难、废液难处理。

干法刻蚀(Dry Etching)是通过化学气体并利用辉光放电或者微波等方式，产生离子、电子等带电粒子，及高化学活性的中性原子、分子及自由基的等离子体进行薄膜刻蚀的过程。根据刻蚀的原理不同，干法刻蚀又分为等离子刻蚀、反应性离子刻蚀、化学干法刻蚀 3 种。

等离子刻蚀(Plasma Etching,PE)特点是：采用物理和化学方法刻蚀，化学作用更强些。设备结构上特点是射频(RF)电源在上电极，基板在下电极上。

反应性离子刻蚀(Reactor Ion Etching,RIE)特点是：采用物理和化学方法刻蚀，物理作用更强些。设备结构上特点是射频(RF)电源与基板都在下电极上。

化学干法刻蚀(Chemical Dry Etching,CDE)特点是：利用化学反应进行刻蚀，各向同性，可以连续刻蚀多层膜，对环境污染小，比较容易处理。

2. 刻蚀要素

TFT 的制作是多层薄膜、多次光刻叠加起来的，整个工艺中有多种薄膜，要刻蚀出相应图形，具体有 ITO 膜、$SiN_x$ 膜、a-Si 膜、$n^+$a-Si 膜、Al 膜等。刻蚀方法选择时要考虑关键刻蚀要素，如：刻蚀的均匀性、刻蚀方向性、刻蚀选择性和刻蚀速度。

刻蚀选择性是指对本次光刻要刻蚀的薄膜有完好刻蚀的能力，而对相邻或者下层薄膜不刻蚀。刻蚀选择比定义为待刻蚀薄膜的刻蚀速率与下层薄膜的刻蚀速率的比值，一般要求刻蚀选择比尽量大。

刻蚀方向性是指在横向与纵向两个方向上刻蚀速率的相对大小。不同的刻蚀层对刻蚀方向的要求不同。从控制线宽的角度考虑，要求纵向刻蚀速率大些，横向刻蚀速率小些，两者差异越大越好。从台阶覆盖的角度考虑，要求台阶有一定的斜坡，要有一定的横向刻蚀速率。

### 3. 各向同性刻蚀和各向异性刻蚀

根据刻蚀的方向性,刻蚀方法可以分为各向同性刻蚀和各向异性刻蚀两种,如图 8.11 所示。各向同性刻蚀(Isotropic Etching)是指各个方向的刻蚀速率相同,如横向和纵向,或者上下左右方向具有相同的刻蚀速率。特点是:①刻蚀后形成圆弧的轮廓;②在光刻胶下面的图形出现侧蚀现象;③线宽控制困难;④对相邻薄膜的选择比很好。

各向异性刻蚀(Anisotropic Etching)是指各个方向的刻蚀速率不同,在化学作用的同时又具有方向性离子撞击的物理作用,具有特定的刻蚀方向。特点是:①可形成垂直的轮廓;②可形成较细微的线宽。

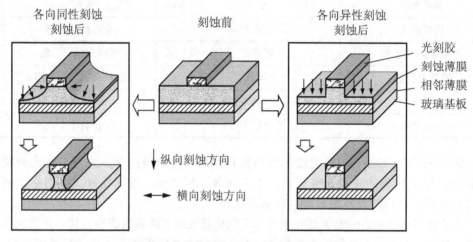

图 8.11 各向同性和各向异性刻蚀原理图

湿法刻蚀是利用化学药液与基板表面的薄膜发生化学反应的过程。化学反应没有方向性,因此湿法刻蚀是各向同性刻蚀,溶液在纵向刻蚀的同时,侧面的刻蚀也同时发生,容易出现侧蚀或浮胶现象,导致线宽失真。

PE 和 RIE 刻蚀是把反应气体通入到反应室中,然后在射频电源作用下产生等离子体,等离子体在电场下与基板表面的薄膜发生化学反应及轰击作用的过程。该过程有物理作用和化学作用,因此 PE 和 RIE 是各向异性刻蚀;CDE 刻蚀是反应气体在石英管中产生游离基,然后通入到反应室,与基板表面的薄膜发生化学反应的过程,是各向同性刻蚀。

#### 8.6.2 干法刻蚀机制

干法刻蚀中根据刻蚀的参数及设备的原理,干法刻蚀机制可以分为物理作用、化学作用、物理与化学相结合作用 3 种,如图 8.12 所示。

### 1. 物理作用

物理作用的刻蚀类似于溅射成膜的原理,利用惰性气体的辉光放电产生带正电的离子,在电场作用下加速吸引到下电极上面的基板上,轰击刻蚀薄膜的表面,将薄膜原子轰击出来的过程。常用的惰性气体有氦气(He)、氩气(Ar)等。作用过程完全是利用物理上能量的转移进行的,具有很强的刻蚀方向性,可以获得高的各向异性刻蚀断面,线宽控制非常好。其刻蚀特点如下。

(1) 各向异性刻蚀。
(2) 低刻蚀选择比。
(3) 轰击作用使刻蚀薄膜的表面损伤严重。
(4) 轰击产物多为非挥发性，易于积累在反应室内部。

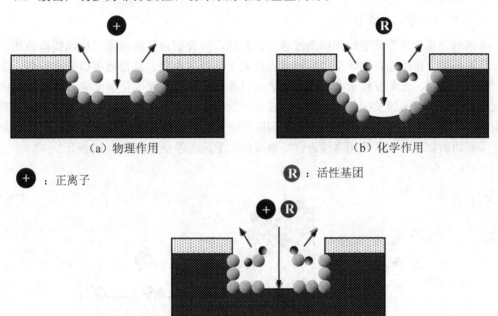

图 8.12　干法刻蚀机制

2. 化学作用

化学作用的刻蚀是一种纯粹的化学反应，利用各种源(如射频、微波等)将气体电离，产生化学活性极强的原子团、分子团等，扩散到刻蚀薄膜的表面与薄膜发生化学反应，生产易挥发的反应生成物，由真空泵抽离真空反应室。由于只有化学反应发生，所以称为化学反应刻蚀，类似于湿法刻蚀。只是反应物和生成物都是气态的，且由反应物的等离子体决定刻蚀速率。其特点如下。

(1) 各向同性刻蚀。
(2) 高刻蚀选择比。
(3) 高刻蚀速率。
(4) 低表面损伤。
(5) 反应室比较干净。

化学作用的刻蚀是一个连续进行的过程，不可逆且某一过程中断整个刻蚀过程就停止。刻蚀的过程依次为：刻蚀气体电离→游离基扩散→薄膜表面吸附→化学反应→气态生成物解吸附→生成物扩散抽走。

刻蚀气体通入到在反应室一个部位，如石英管内，在微波等作用下电离产生离子和自由基等游离基。游离基扩散、移动到基板薄膜表面，逐渐吸附并保持一定时间，进行化学反应，生成易挥发的生成物。生成物在真空抽力下解吸附脱离基板表面，扩散到气体中并排出。如果生成物不能在合理的气压下解吸附，那么整个反应就会终止。

3. 物理与化学相结合作用

单纯的物理作用和化学作用的刻蚀速率比较低，两者结合后刻蚀速率可以提高数倍。物理与化学相结合作用是在化学反应的同时进行离子的轰击作用。其过程可以分成三步：①离子轰击光刻胶层，光刻胶粒子会在侧面和底面附着；②游离基发生化学反应，吸附在刻蚀薄膜表面的游离基与薄膜发生化学反应，生成易挥发的生成物，部分生成物同样会在侧面和底面附着；③再次离子轰击，底面附着的光刻胶粒子和生成物被轰击脱离掉，露出刻蚀薄膜表面；④底面的物理和化学作用继续进行，侧面的化学反应停止，如图8.13所示。

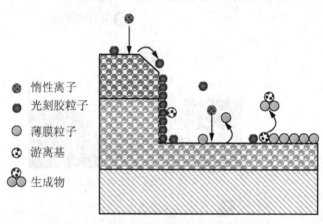

图8.13 物理与化学相结合作用的示意图

在两者结合作用中，离子轰击的作用：①薄膜表面先受到离子的轰击，破坏刻蚀薄膜表面的原子键及结构，加速化学反应速率，改善了单纯的化学作用；②将再沉积附着在基板表面的生成物打掉，增强薄膜与反应游离基的接触，促进了化学反应的进行；③轰击要刻蚀的薄膜，提高刻蚀方向性，实现各向异性刻蚀。

各向异性刻蚀的原因是化学作用的生成物及光刻胶粒子再沉积在要刻蚀的薄膜上，在侧面和底面都可以再沉积。而离子轰击可以打掉底面上的再附着物，继续化学反应。而侧面的附着物不受物理作用的离子轰击而保留下来，阻止薄膜与反应游离基的接触，化学反应停止。侧面不受刻蚀，物理与化学相结合可以实现各向异性刻蚀。因此，可以很好地控制线宽，又具有很好的选择比，是目前使用最多的一种刻蚀机制。

### 8.6.3 反应性离子刻蚀

反应性离子刻蚀（Reactor Ion Etching，RIE）是化学反应和物理离子轰击相结合作用的一种刻蚀技术，设备结构如图8.14(a)所示。反应室内上电极接地为阳极，下电极通过电容耦合器接13.56MHz的射频电源为阴极，并且基板放在下电极上面。电容耦合器具有隔直流的作用。在上下电极上加上高频电压后，通入到反应室的气体电离产生辉光放电区。辉光放电区发生在阳极附近，也就是说RIE在上电极附近产生等离子体。

等离子体在射频电场作用下运动。带负电的电子质量轻,先到达基板表面,但因为下电极连接了隔直流的电容耦合器,不能从下基板形成电流流走,附着在基板附近形成带负电的区域,使阴极电压进一步下降。带正电的离子沿着电场方向向阴极运动,垂直轰击基板表面的薄膜。电极间距大,正离子轰击距离长,在电场下加速后到基板表面的轰击力很强。加大表面化学反应的速率,促进生成物的脱离,可以获得较好的各向异性断面图形,但表面损伤也很严重,特点如下。

(1) 射频电源与基板都在下电极上。
(2) 辉光放电区在上电极附近。
(3) 物理作用强。
(4) 各向异性大,断面图形好。
(5) 基板表面损伤严重。

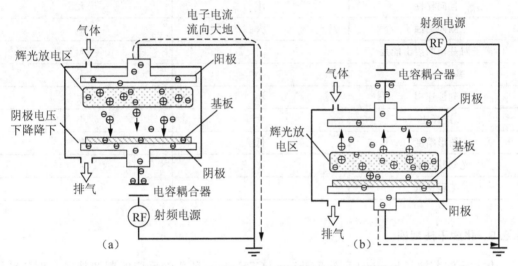

图 8.14 反应性离子刻蚀和等离子刻蚀设备原理图

### 8.6.4 等离子体刻蚀

等离子刻蚀(Plasma Etching,PE)也是化学反应和物理离子轰击相结合作用的一种刻蚀技术,设备结构如图 8.14(b)所示。与 RIE 设备结构在射频电源连接的电极不同,PE 的反应室内上电极通过电容耦合器接 13.56MHz 的射频电源为阴极,下电极接地为阳极,并且基板放在下电极上面。在上下电极上加上高频电压后,通入到反应室的气体电离产生辉光放电区。辉光放电区发生在阳极附近,也就是说 PE 在下电极附近产生等离子体。

由于 PE 的下电极接地,等离子体中带负电的电子质量轻,先到达基板表面,但下电极接地,电位为零,并不能使下电极电压下降,正离子接近基板不能在高电压下加速,因此离子的轰击作用相对较弱。其特点如下。

(1) 射频电源在上电极,基板都在下电极上。
(2) 辉光放电区在下电极附近。
(3) 物理作用弱。
(4) 各向异性小,断面图形好。

（5）基板表面损伤小。

总之，PE 刻蚀和 RIE 刻蚀在设备结构上的不同，使得两者的刻蚀特性不同。PE 设备的上电极与电容耦合器及 RF 电源相连，而基板在下电极上，辉光放电区产生在距离基板很近的区域，等离子体离基板很近，轰击能量小，物理作用弱。RIE 刻蚀设备的 RF 电源与下电极相连，基板也放在下电极上，辉光放电区产生在距离基板很远的上电极附近，等离子体离基板很远。阴极电压下降，进一步增强了电场，轰击能量加大。因此，在 RF 电场的作用下物理作用强。PE 和 RIE 刻蚀特性的对比见表 8-3。

表 8-3　PE 和 RIE 刻蚀特性的对比

| 刻蚀特性 | PE | RIE |
| --- | --- | --- |
| 各向同性 | 大 | 小 |
| 各向异性 | 小 | 大 |
| 侧向钻蚀 | 大 | 小 |
| 离子对基板的轰击能量 | 小 | 大 |
| 基板的损伤 | 小 | 大 |
| 刻蚀速率 | 小 | 大 |
| 选择比 | 大 | 小 |
| 图形精度 | 低 | 高 |
| 光刻胶的损伤 | 小 | 大 |
| 工程比重 | 大 | 小 |

### 8.6.5　化学干法刻蚀

化学干法刻蚀（Chemical Dry Etching，CDE）是一种化学反应的刻蚀技术，设备结构如图 8.15 所示。反应室上面连接一个石英管，在石英管内部用 2.45GHz 的微波产生低温的等离子体，再通入到反应室。反应室内有一系列支管，支管上有很多的小孔，等离子体通过这些小孔散布到反应室内，在反应室气压作用下与基板表面薄膜接触，进行化学反应，以刻蚀各种材料的薄膜。其特点如下：

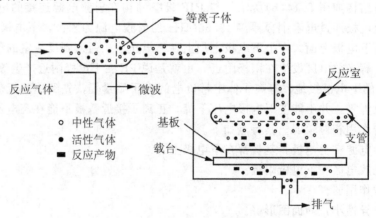

图 8.15　CDE 的刻蚀原理图

(1) 石英管内产生等离子体。
(2) 只有化学作用。
(3) 各向同性刻蚀。
(4) 反应生成易挥发的气体,对环境污染小,比较容易处理。

### 8.6.6 干法刻蚀反应方程

在 TFT LCD 的阵列工艺中有源岛的刻蚀、沟道切断、钝化层的刻蚀,甚至有的栅极刻蚀采用干法刻蚀,不同的工艺要求和薄膜特性采用不同的刻蚀方法。

**1. 沟道切断的 $n^+$a-Si 膜刻蚀**

沟道切断把源漏电极间连接的 $n^+$a-Si 膜切断。要求有很好的断面,并且对下层半导体层 a-Si:H 损伤小,常采用的刻蚀方法为 PE 刻蚀。刻蚀气体有氯化氢(HCl)、六氟化硫($SF_6$)、氦气(He)、氧气($O_2$)。其中 HCl、$SF_6$、He 是用于化学作用和物理作用的刻蚀气体,$O_2$ 是用于灰化光刻胶的气体。He 气的等离子起物理作用轰击薄膜表面,HCl 和 $SF_6$ 分别产生 $F^*$ 和 $Cl^*$ 游离子基,与薄膜发生化学反应,反应方程为:

$$Si + 4F^* \rightarrow SiF_4 \uparrow$$
$$Si + 4Cl^* \rightarrow SiCl_4 \uparrow$$

刻蚀要点如下。

(1) 反应气体中掺入 HCl 气体,可以提高沟道处 $n^+$a-Si 膜对下层薄膜 i/s $SiN_x$ 膜选择比。
(2) 高的功率可以保证刻蚀速率。
(3) 刻蚀后进行氧气 $O_2$ 灰化作用,除去光刻胶的表面硬化的一层,防止去胶时去不掉。
(4) 要保证刻蚀前基板的干净,如果有灰尘附着在沟道处,会引起的沟道处 $n^+$a-Si 膜残留,器件的关态电流会增大。

**2. 钝化层 $SiN_x$ 薄膜刻蚀**

钝化层的 $SiN_x$ 薄膜用于保护 TFT,但在引线等处要露出下面的金属层,需要刻蚀钝化层的 $SiN_x$ 薄膜。$SiN_x$ 薄膜的刻蚀可以采用 PE、RIE、CDE,以及湿法刻蚀等刻蚀方法,但考虑到钝化层 $SiN_x$ 是比较偏后的工艺,不能破坏下面形成好的薄膜,要选择刻蚀选择性强且损失性小些的刻蚀方法,常采用 PE 刻蚀。刻蚀气体有氯化氢(HCl)、六氟化硫($SF_6$)、氦气(He)、氧气($O_2$)。其中 $SF_6$ 提供的 $F^*$ 游离基是刻蚀的主要气体;He 离子起到离子轰击的作用;$N_2$ 为防止异常刻蚀的气体;$O_2$ 为灰化气体。其反应方程为:

$$SiN_x + 4F^* \rightarrow SiF_4 + N_2 \uparrow$$
$$Mo + 6F^* \rightarrow MoF_6 \uparrow$$

刻蚀要点如下。
(1) 通过终点监控来判断刻蚀终点,原理是检测等离子中的特定波长的发光强度,如 704nm 的 $F^*$。优点是能够自动控制刻蚀结束,不会出现刻蚀残留或者过刻蚀现象。
(2) 刻蚀后继续进行 $O_2$ 灰化工艺,除去光刻胶的表面硬化的一层,防止去胶时去不掉。同时,在光刻胶的灰化过程中有利用形成刻蚀的台阶。

(3) 下部电极的高温化和 $N_2$ 气体的掺入是为了防止异常刻蚀。

(4) 刻蚀中加较高的功率可以保证刻蚀速率。

(5) 刻蚀前要避免灰尘，防止引线处 $SiN_x$ 膜残留，出现接触不良的现象。

3. 灰化

灰化可以用臭氧进行，也可以用氧气等离子体进行。用 PE 设备通入氧气，产生等离子体可以进行 $O_2$ 灰化。

在背沟道阻挡型结构中，在 4 层 CVD 连续沉积后最上面的薄膜是 $SiN_x$，而作为刻蚀阻挡层的 $SiN_x$ 图形尺寸较小，可防止刻蚀时的浮胶现象，提高光刻胶的附着力。$SiN_x$ 灰化使用氧气把亲水性的 $SiN_x$ 变成疏水性的 $SiO_x$。反应方程为：

$$SiN_x + O^* \rightarrow SiO_x + N_2 \uparrow$$

灰化要点如下。

(1) 基板搬送时要预放电除静电过程，防止基板与载台分离时产生绝缘膜的静电击穿。

(2) 避免高功率产生异常放电。

**小知识：TFT 阵列工艺中的灰化**

在 TFT 阵列工艺中有多种灰化，如干刻后的灰化、去胶后面的灰化以及 4 层 CVD 后的 $SiN_x$ 灰化。其作用不同，但原理基本一致，都是采用氧气或者臭氧与薄膜或者光刻胶反应的过程。

去胶后面的灰化是为了除去湿法去胶后表面残留的光刻胶。干刻后面的灰化是为了去除干刻后表面变硬的光刻胶及形成坡度角。4 层 CVD 后的 $SiN_x$ 灰化是为了把表面的亲水性的氮化硅 $SiN_x$ 薄膜氧化成疏水性的氧化硅 $SiO_x$ 增强光刻胶的附着性。

4. 金属膜的刻蚀

栅极金属薄膜有时也采用干法刻蚀，如钼 Mo、钽 Ta、钼钨 MoW、铝 Al、铝钕 AlNd 等。主要利用干法刻蚀 RIE、PE、CDE 等方法来控制坡度角。PE 和 RIE 刻蚀 Mo、Ta、MoW 薄膜的气体有 $SF_6 + O_2$ 和 $SF_6 + O_2 + He$。$SF_6$ 在产生的 $F^*$ 游离基是主要的反应气体，$O_2$ 主要用于灰化光刻胶及形成坡度角。刻蚀 Al 和 AlNd 的气体有 $BCl_3$ 和 $Cl_2$。$BCl_3$ 主要用于去除 Al 膜表面的自然氧化物 $Al_2O_3$，$Cl_2$ 用于提供 Cl 游离基与薄膜发生化学反应。

CDE 刻蚀 Mo、MoW 薄膜的气体有四氟化碳 $CF_4$ 和氧气 $O_2$。以 1 代生产线为例给出工艺条件。气体流量比例为 1∶3。$O_2$ 添加是为了提高 $F^*$ 游离基的生成量。压力 30Pa，功率 800W 下，载台温度为 60℃，利用反应发光强度来检出刻蚀终点＋过刻蚀的 10%。过刻蚀就是为了控制刻蚀台阶，避免跨断的点缺陷。反应方程为：

$$Mo + 6F^* \rightarrow MoF_6 \uparrow$$
$$W + 6F^* \rightarrow WF_6 \uparrow$$
$$C_xH_yO_z(光刻胶) + O^* \rightarrow CO \uparrow$$
$$+ F^* \rightarrow HF \uparrow$$

刻蚀要点如下。

(1) 控制刻蚀台阶。

(2) 避免刻蚀残留。

(3) 控制刻蚀的均匀性,并防止线宽变细。
(4) 终点监控控制刻蚀终点。

5. a-Si 岛膜刻蚀

在 TFT LCD 的阵列中,有源岛的 a-Si:H 图形的刻蚀是非常关键的。一般连续刻蚀 3 层薄膜欧姆接触层 $n^+$ a-Si 、半导体层 a-Si:H、界面修饰层 g-SiN$_x$,可以采用的方法有 PE、RIE、CDE 多种刻蚀方法。

PE 方法采用的刻蚀气体有 HCl、SF$_6$、He,灰化气体用 O$_2$,同沟道切断的 $n^+$ a-Si 层刻蚀。

RIE 方法采用的刻蚀气体有 SF$_6$、Cl$_2$,灰化气体用 O$_2$。刻蚀气体提供 F$^*$ 和 Cl$^*$ 游离基进行化学反应。

CDE 方法采用刻蚀气体为 CF$_4$ 和 O$_2$,气体流量比例为 2∶1。O$_2$ 添加是为了提高 F$^*$ 游离基的生成量。压力 30Pa,功率 800W 下,载台温度为 60℃,利用反应发光强度来检出刻蚀终点+过刻蚀的 30%。反应方程为:

$$Si + 4F^* \rightarrow SiF_4 \uparrow$$
$$SiN_x + 4F^* \rightarrow SiF_4 \uparrow + N_2 \uparrow$$
$$C_xH_yO_z(光刻胶) + O^* \rightarrow CO \uparrow$$
$$C_xH_yO_z(光刻胶) + F^* \rightarrow HF \uparrow$$

刻蚀要点如下。
(1) 连续刻蚀多种薄膜。
(2) 用终点监控控制刻蚀终点。
(3) 断面要形成一定坡度角防止跨断。
(4) 刻蚀中要避免刻蚀残留、控制刻蚀的均匀性。

## 8.7 湿刻工艺

湿法刻蚀是利用化学药液通过喷淋和浸泡等方式与带有光刻胶图形的显影后基板上的薄膜进行反应的过程。没有光刻胶覆盖的部分薄膜与接触的药液发生化学反应溶解掉,光刻胶覆盖的部分保留下来。湿法刻蚀具有工艺简单、成本低廉、选择比高、刻蚀均匀、便于控制等优点。

### 8.7.1 湿刻设备

湿法刻蚀的过程可以分为 3 个阶段:步骤一,刻蚀液扩散到要刻蚀薄膜的表面;步骤二,刻蚀液与接触的薄膜化学反应;步骤三,反应生成物从刻蚀薄膜表面扩散到溶液中,并随溶液排出。湿法刻蚀设备主要包括刻蚀槽、水洗槽、干燥槽等部分,如图 8.16 所示。

刻蚀槽内要通入药液,用喷淋、浸泡,或者两者结合的方式进行刻蚀。喷淋是用几组细管,细管上有多个喷嘴,用喷嘴喷出药液。为刻蚀均匀,喷嘴在喷淋的过程中要左右摆动。浸泡是在刻蚀槽内充入一定量的刻蚀液,让基板浸泡到药液内,基板在行进方向前后移动进行刻蚀的过程。有的刻蚀为刻蚀干净,采用两种结合的方式。

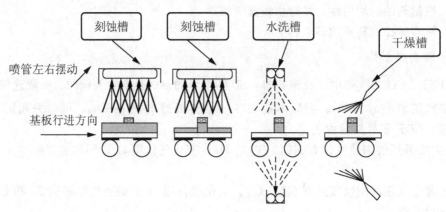

图 8.16　湿法刻蚀设备图

水洗槽内通入超纯水,浸在水中并在一定压力下上下喷淋超纯水去除残留刻蚀液,防止药液侧向腐蚀引起过刻蚀现象。干燥槽内用上下气刀在玻璃基板行进的过程是吹干基板上附着的超纯水的过程。

### 8.7.2　湿刻反应原理

不同薄膜需要采用不同的刻蚀药液及刻蚀条件,但刻蚀反应的过程基本包括 4 个过程:生成游离原子、生成中间体、中间体和酸反应、共存溶液去除。以硝酸刻蚀铝膜为例分析刻蚀反应原理。

**1. 生成游离原子**

硝酸($HNO_3$)在一定浓度下会分解,生产氧游离原子。浓度低时生产一个氧(O)游离原子;浓度高时生产 3 个氧(O)游离原子,反应方程为:

$$2HNO_3 \rightarrow 2NO_2+(O)+H_2O(浓度低时)$$

$$2HNO_3 \rightarrow 2NO+3(O)+H_2O(浓度高时)$$

**2. 生成中间体**

铝膜(Al)与氧游离原子(O)反应,没有醋酸的$[H^+]$情况下生产氧化铝($Al_2O_3$);有大量醋酸的$[H^+]$情况下生产中间体铝酸($HAlO_2^-$)。反应方程如下:

$$2Al+3(O) \rightarrow Al_2O_3(没有醋酸的[H^+]时)$$

$$Al+[H^+]+2(O) \rightarrow HAlO_2^-(有醋酸的[H^+]时)$$

氧化铝($Al_2O_3$)会堆积在金属薄膜的表面形成绝缘的隔离层,阻止刻蚀反应的继续进行。因此,在刻蚀液中要添加醋酸,在有大量醋酸的$[H^+]$存在下,使 Al 与氧游离原子(O)不能直接接触,三者结合后形成溶于药液的中间体铝酸,起到金属表面活性剂的作用。同时,添加醋酸还可以减慢反应速度,避免刻蚀过快起到缓冲作用。

**3. 中间体和酸反应**

中间体铝酸与溶液的酸成分反应生成溶于药液的生成物。与硝酸反应生成硝酸铝,反应方程如下:

$$HAlO_2^- + 3HNO_3 \rightarrow Al(NO_3)_3 + 2H_2O(硝酸反应)$$

### 4. 共存溶液去除

薄膜与溶液在逐渐反应的过程中生成反应生成物。反应生成物可溶于溶液中，在混酸溶液中混入反应生成物硝酸铝、磷酸铝，在溶液循环中而去除。因此，刻蚀液在刻蚀一定量要定期更换。

### 8.7.3 湿刻反应方程

在 a-Si:H TFT 中，常用湿法刻蚀来刻蚀 $SiN_x$、$SiO_x$、ITO、Mo/Al/Mo 或 AlNd/Mo 等薄膜。

#### 1. $SiN_x$ 膜、$SiO_x$ 膜

$SiN_x$ 膜、$SiO_x$ 膜的湿法刻蚀采用氢氟酸（HF），或者氢氟酸与氟化铵（$NH_4F$）的混合溶液。参考浓度约为 0.21％HF 或者 HF：$NH_4F$：$H_2O$＝0.17：17.10：82.73。氢氟酸能与二氧化硅（或氮化硅）反应生成溶于水的络合物。化学反应方程为：

$$SiO_2 + 2HF + 4NH_4F = H_2[SiF_6] + 2H_2O + 4NH_3 \uparrow$$
$$Si_3N_4 + 18HF = 3H_2[SiF_6] + 4NH_3 \uparrow$$

#### 2. Mo/Al/Mo 和 AlNd/Mo 膜

Mo/Al/Mo 和 AlNd/Mo 膜的湿法刻蚀采用硝酸（$HNO_3$）、磷酸（$H_3PO_4$）、醋酸（$CH_3COOH$）和水（$H_2O$）的混合溶液。参考浓度约为 $H_3PO_4$：$CH_3COOH$：$H_2O$：$HNO_3$＝76.8：15.2：5：3。加热到大约 40℃，采用摆动喷淋的方式对基板表面的薄膜进行刻蚀反应。刻蚀速率的调整可通过改变 $HNO_3$ 与 $H_3PO_4$ 的比例再配合添加醋酸或是水的稀释来控制。化学反应方程为：

$$HNO_3 + H_2O \rightarrow H_3O^+ + NO_3^-$$
$$2Mo + 6H^+ \rightarrow 2Mo^{3+} + 3H_2$$
$$2Al + 6H^+ \rightarrow 2Al^{3+} + 3H_2$$
$$H_3PO_4 + 2H_2O \rightarrow 2H_3O^+ + HPO_4^{2-}$$
$$2Mo^{3+} + 3HPO_4^{2-} \rightarrow Mo_2(HPO_4)_3 \rightarrow 2MoPO_4 + H_3PO_4$$
$$2Al^{3+} + 3HPO_4^{2-} \rightarrow Al_2(HPO_4)_3 \rightarrow 2AlPO_4 + H_3PO_4$$

#### 3. ITO 膜

ITO 膜的湿法刻蚀采用草酸（$H_2C_2O_4$）和水（$H_2O$）的混合溶液，或者盐酸（HCl）、硝酸（$HNO_3$）和水（$H_2O$）的混合溶液。参考浓度草酸约为 3.6％，或者采用混合溶液约为 HCl：$HNO_3$：$H_2O$＝20：1：10。加热到大约 45℃，采用喷淋的方式对玻璃基板表面的 ITO 膜层进行刻蚀反应。刻蚀速率的调整可通过水的添加来控制。化学反应方程为：

$$H_2C_2O_4 + 2H_2O \rightarrow 2H_3O^+ + C_2O_4^{2-}$$
$$SnO_2 + 4H^+ \rightarrow Sn^{4+} + 2H_2O$$
$$In_2O_3 + 6H^+ \rightarrow 2In^{3+} + 3H_2O$$
$$Sn^{4+} + 2H_2C_2O_4 \rightarrow Sn(COO)_2 + 4H^+$$
$$2In^{3+} + 2H_2C_2O_4 \rightarrow In_2(COO)_3 + 6H^+$$

### 8.7.4 检查

为保证图形制作的完整,在显影后和刻蚀后都要进行显微镜检查。以1代线的7次光刻为例说明每次检查的要求。

1. 1PEP 形成栅线、栅电极、存储电容

显影后检查标准:小线宽为 8 μm,大线宽为 10 μm,平均灰尘数小于 20 个、无共同缺陷。干刻 MoW CDE 刻蚀后检查要求:要求坡度角 30°~50°左右、无过刻、无残留。

2. 2PEP 形成阻挡层

显影后检查标准:对位精度 $X$、$Y$ 为 ±2 μm,线宽为 10.5 μm,无共同缺陷;刻蚀后要求:无过刻、残留。

3. 3PEP 形成硅岛

显影后检查标准:对位精度 $X$、$Y$ 为 ±2 μm,无共同缺陷;刻蚀后检查标准:无过刻、残留。

4. 4PEP 形成 ITO 像素电极

显影后检查标准:对位精度 $X$、$Y$ ±2 μm,无共同缺陷;刻蚀后检查标准:无过刻、残留。

5. 5PEP 形成基板过缘的过孔

显影后检查标准:对位精度 $X$、$Y$ ±3 μm,无共同缺陷;刻蚀后检查:过孔处露 MoW 为白色。

6. 6PEP 形成信号线、源漏电极

显影后检查标准:对位精度 $X$、$Y$ ±2 μm,线宽 11±1 μm,无共同缺陷;湿法刻蚀 Mo/Al/Mo 膜及干刻刻蚀 $n^+$ a-Si 沟道,刻蚀后要求:无过刻、残留、表面无姆拉。注意:6PEP 湿刻后易出现姆拉、亮线、表面花、残留、AL 须多种不良。

7. 7PEP 形成 TFT 的保护层

显影后检查标准:对位精度 $X$、$Y$ ±3 μm,无共同缺陷;刻蚀后要求:将引线处露白色 Al,因为 Mo 在大气中易氧化,形成很硬的氧化钼,Al 也易氧化但不很硬,探针易刺透,便于测试,所以将过孔引线处 Mo 刻掉。

### 8.7.5 去胶

在刻蚀之后需要把图形上面的光刻胶去掉的过程为去胶。去胶的方法有湿法去胶及干法去胶。湿法去胶采用去胶液在一定的温度下,渗透、溶解光刻胶去除大部分光刻胶。为保证光刻胶去除干净,在湿法去胶过程后要再使用干法去胶。干法去胶就是用紫外光加臭氧分解去除残余光刻胶的过程,又称为臭氧灰化。其作用同清洗过程中的臭氧清洗,是用紫外灯激发的紫外光分解和臭氧分子氧化有机的光刻胶生成水和二氧化碳的过程。

去胶液的成分为 65%二丁醚二甘醇+35%乙醇胺,药液温度控制在 60~80℃。

## 第8章 液晶显示器的阵列工艺技术

**小提示：稀释的去胶液容易腐蚀铝**

信号线采用金属为 Mo/Al/Mo 等含有铝层时，去胶过程中薄膜断面会接触去胶液。浓度高的去胶液不会腐蚀断面的铝膜，但用水稀释到一定浓度的去胶液时会腐蚀铝，造成缺陷，如图 8.17 所示。稀释的去胶液用 $R-NH_2+H_2O$ 表示，与 Al 膜反应方程式为：

$$R-NH_2+H_2O \rightarrow R-NH_3+OH^-$$
$$2Al+2OH^-+6H_2O \rightarrow 2Al(OH)_4^-+3H_2$$

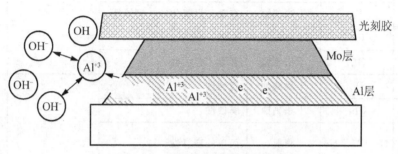

图 8.17 稀释的去胶液腐蚀铝膜

因此，含有 Al 层的刻蚀后去胶方法中，不能在去胶槽后直接进入水洗槽。而是在去胶槽后加一个 IPA 槽，用异丙醇(IPA)蒸汽置换及挥发去胶后残留的去胶液，再用水洗来清洗基板表面。从而避免了残留去胶液直接进入水洗槽的稀释过程。

### 8.7.6 有毒有害的化学气体和药品

在阵列工艺中有很多特气和药液是有毒有害的，需要特别警惕。特气有以下几类：①自燃性和易燃性；②有毒和剧毒性；③腐蚀性；④氧化剂；⑤惰性。如 CVD 使用的气体 $NH_3$、$SiH_4$、$PH_3$ 等都为特气，刻蚀工艺使用的药液等。为安全生产必须了解这些特气和药液。阵列中用到的特气及药液性质见表 8-4。

1. 氨气 $NH_3$

外观为无色气体，有刺激性恶臭味，是有毒、可燃、腐蚀性气体，易溶于水、乙醚、乙醇中。与空气混合达到 16%～28%，遇到明火会燃烧和爆炸。

吸入后会有严重危害。短期内吸入大量氨气后，会流泪、咽痛、声音嘶哑、咳嗽、痰带有血丝、胸闷、呼吸困难，且伴有头晕、头痛、恶心、呕吐和乏力等症状。严重者可发生肺水肿、急性呼吸窘迫综合症、支气管粘膜坏、窒息，并发气胸等。

2. 硅烷 $SiH_4$

硅烷为无色气体，剧毒气体，不溶于水。在空气中可以自燃，即使无火源积累到一定程度会爆炸。吸入后会刺激呼吸道、眼睛，出现头痛、恶心等症状。长时间吸入会导致人重伤，甚至死亡，着火的硅烷会引起灼伤。

3. 磷烷 $PH_3$

磷烷无色，有大蒜味的气体，剧毒；在空气中可以自燃，气体浓度高，易燃；吸入后会造成呼吸困难、咳嗽、呼吸急促、口渴、恶心、呕吐、胃痛、痢疾、背痛、发冷、昏迷等症状，且症状可能延迟发生，高浓度下长时间会导致死亡。

表 8-4 主要有毒有害化学品风险一览表

| 化学品名称 | 常用符号 | 使用工序 | 基本性质 | 危害途径 | 危害后果 |
|---|---|---|---|---|---|
| 磷烷 | $PH_3$ | CVD | 有毒、自燃 | 泄漏 | 吸入过量致死 |
| 硅烷 | $SiH_4$ | CVD | 有毒、自燃 | | |
| 三氟化氮 | $NF_3$ | CVD | 有毒、腐蚀性、氧化性 | | |
| 氨气 | $NH_3$ | CVD | 有毒、腐蚀性、易燃 | | |
| 氟气 | $F_2$ | 干法刻蚀 | 有毒、强氧化性、腐蚀性 | | |
| 氯气 | $Cl_2$ | 干法刻蚀 | 有毒、腐蚀性 | | |
| 氯化氢 | HCl | 干法刻蚀 | 有毒、腐蚀性 | | |
| 六氟化硫 | $SF_6$ | 干法刻蚀 | 腐蚀性 | 泄漏 | 昏迷 |
| 四氟化碳 | $CF_4$ | 干法刻蚀 | 腐蚀性 | | |
| 氮气、氩气、氦气 | $N_2$、Ar、He | 溅射 | 简单的窒息性 | | |
| 氢气 | $H_2$ | CVD | 易燃、窒息性 | 泄漏、高温、高压、明火 | 爆炸、火灾 |
| 一氧化二氮 | $N_2O$ | CVD | 强氧化性、麻木 | | |
| 去胶液 | — | 去胶 | 易燃、腐蚀性 | | |
| 稀释剂 | — | 涂胶 | 易燃、腐蚀性 | | |
| 光刻胶 | — | 涂胶 | 易燃、腐蚀性 | | |
| Al 刻蚀液 | — | 湿法刻蚀 | 腐蚀性、易挥发 | 溢出 | 灼伤人体 |
| ITO 刻蚀液 | — | 湿法刻蚀 | 腐蚀性、易挥发 | | |
| 显影液 | — | 显影 | 腐蚀性、易挥发 | | |

## 8.8 TFT 阵列工艺中常见缺陷

**1. TFT 特性不良**

在 TFT 阵列最终检查中,点缺陷有:ITO-自数据线短路、ITO-次数据线短路、ITO-$C_S$ 短路、过剩电荷、ITO-栅线短路、$I_{OFF}$、Low Vg 及其他的缺陷,如图 8.18 所示。

ITO-自数据线短路又称自泄漏,是像素电极与该 TFT 的信号线短路。ITO-次数据线短路又称它泄漏,是像素电极与相邻像素的信号线之间的短路。ITO-$C_S$ 短路又称存储电容漏电,是存储电容的上电极和下电极之间的交叉短路。过剩电荷是存储电容上的电荷量变大,不能有效地释放掉。ITO-栅线短路又称栅线漏电,像素电极与栅线之间的交叉短路。在制屏中,TFT 的这些缺陷分别表现为亮点或灭点等缺陷。

$I_{OFF}$ 不良是 TFT 的关态电流偏大,在存储电容和液晶像素电容上的电荷保持不住,保持中电荷量会随着保持时间的增加而下降,表现为液晶显示的亮度逐渐地下降,不能显示一帧或完整的画面。

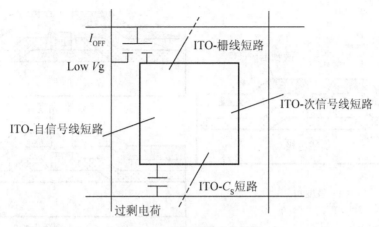

图 8.18　阵列终检中点缺陷

Low $V_g$ 是栅极电压写入时间增长,表现为电荷量增加缓慢。在一定的写入时间内,电荷总量减少,在测试中表现为栅压偏低。

2. TFT 像素充电不足

TFT 的像素电极充电不足会引起显示中暗态发白的现象。像素电容充电不足的原因:①阈值电压升高,开态电流减小;②扫描线和信号线的电阻偏高;③栅源和栅漏的交叠电容影响。

3. 栅信号延迟

栅信号延迟将造成显示图像亮度沿栅线方向的不均匀现象。大容量、高清晰液晶显示屏中,栅信号延迟现象将变得更加严重。解决栅信号延迟的方法:选择低电阻率的材料、加宽栅线宽度、增大栅线厚度。同时要考虑 TFT 器件其他方面的制约。

扫描线上沿栅线方向栅压呈指数下降,第 $N_i$ 个像素上的栅压为:

$$V_{gs}=V_{g0}[1-\exp(-t/R_iC_i)] \qquad (8.1)$$

式中,$R_i \propto N_i$,$C_i \propto N_i$。

因此,不同型号的显示产品,分辨率和显示尺寸不同,对栅线材料的要求是不一样的。需要整体考虑栅线的设计,选择低电阻率的材料、合理设计栅线的宽度和厚度。

4. 刻蚀中的倒角

刻蚀中一个非常重要的概念是刻蚀坡度角,避免刻蚀中的倒角。以 5 次光刻工艺中的钝化及过孔处为例,说明倒角现象。在第 4 次光刻的过孔时,在同一次刻蚀中要刻蚀钝化层的 $SiN_x$ 和绝缘层 $SiN_x$,两层薄膜的膜质和膜厚不一样,刻蚀工艺复杂。要形成良好的坡度角,如图 8.19(a)所示,上面的接触电极 ITO 才能与下面电极接触上。如果刻蚀中出现倒角现象,如图 8.19(b)所示,就会出现跨断现象,上面的接触电极 ITO 不能与下面电极接触上。通过改变刻蚀方法和刻蚀条件来解决倒角现象。

5. 静电击穿

静电击穿是指由于静电导致绝缘层与半导体层被击穿,栅极层与信号层直接相连而发生短路。比较容易发生在短路环或基板边缘,如图 8.20 所示。

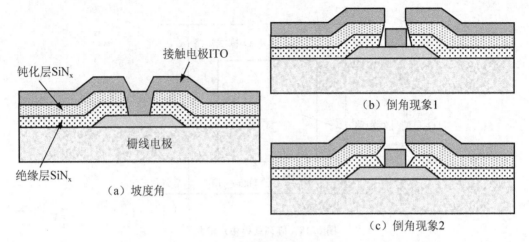

图 8.19 刻蚀中的倒角现象

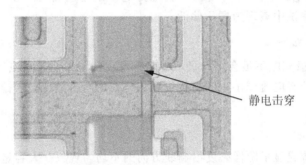

图 8.20 静电击穿引起的不良

  静电产生的原因是原子结构的不稳定性。在自然状态下,原子内的正、负电荷是相等的,物质处于电平衡的中性状态下不带电。在一定条件下,如接触、挤压、分离或受热等,外层的电子离原子核较远,受原子核束缚力小。物质电平衡的中性状态被打破,失去电子或得到电子变为带电状态。带电状态的电荷不能很好地移走在基板表面就形成了静电。当物体上的静电电荷累积到一定程度时就会发生放电现象,能量以光和热的形式释放出去。静电放电的类型有:火花、电晕、刷状、射状放电等。

  在 TFT 的制造工艺过程中,TFT 基板在传输和制作会不断地摩擦、移动、吸附、加压、分离、加热、冷却等,从而不断产生静电。玻璃基板是绝缘材料,静电释放的速度很慢,在基板表面会积聚大量的静电荷,处理不当就会发生静电击穿现象。主要形式有:①绝缘层击穿,导致栅极与源极短路或者信号线与存储电容短路;②熔解金属线路,导致栅线断路或者信号线断路。静电击穿现象容易大面积发生,在工艺中难以修复,极大地影响产品质量。

  静电击穿容易发生的工艺设备有:清洗设备的装载、卸载;CVD 设备的装卸载;涂胶设备的烘干及卸载、曝光工艺、$O_2$ 灰化设备、去胶设备的卸载、湿刻设备的卸载、显影设备的卸载等。受静电影响的部位:吸附基板的部位、加热基板的部位、等离子放电的部位、摩擦的部位。

  防静电的基本措施有:①安装除静电器,设备易发生静电的部位要安装除静电器,并定期清洗及更换除静电针；②定期地测试除静电器的除电能力；③加热部使用凸起的载台，如在涂胶、显影的加热烘箱处的加热板上都有一些小的凸起；④喷洒防静电剂，涂胶工艺中防静电剂的喷洒就是为了最小降低曝光时静电击穿的影响；⑤操作人员不能带起电的东西，如不能穿化纤衣服等。

## 本 章 小 结

薄膜晶体管的结构不同，光刻次数不同，采用的工艺技术和方法不同。阵列工艺的每次光刻几乎都要经历清洗、成膜、光刻(涂胶、曝光、显影)、刻蚀、去胶、检查等基本工艺流程。每种工艺技术的方法、种类及原理不同，具有不同的特点。

1. 清洗工艺

清洗工艺就是用物理与化学相结合的方法除去基板表面的灰尘、油污、污染物及自然氧化物等使基板保持清洁的过程。有些清洗还具有腐蚀的作用。清洗的方法有物理方法和化学方法。

2. 溅射工艺

成膜就是在清洗后的基板制作一层或多层薄膜。成膜的方法很多，有溅射、化学气相沉积、阳极氧化、蒸镀等方法。溅射就是在一定真空条件下，通过外加电、磁场的作用将惰性气体电离用加速的离子轰击靶材，使靶材粒子在基板表面沉积的过程。在阵列工艺中，金属薄膜和ITO薄膜常采用溅射的方法成膜。

3. CVD工艺

CVD是化学气相沉积(Chemical Vapor Deposition)，可分为常压化学气相沉积(APCVD)、低压化学气相沉积(LPCVD)及等离子增强化学气相沉积(PECVD)。PECVD是目前在非晶硅薄膜晶体管的制作中常用的薄膜制备方法，主要用于沉积氧化硅薄膜、氮化硅薄膜、非晶硅薄膜以及掺杂的非晶硅薄膜。

4. 光刻工艺

光刻工艺是一种图形复印的精密加工技术，利用掩膜版在薄膜上形成了光刻胶图形的工艺，包括涂胶、曝光、显影等工艺。涂胶就是在基板的薄膜上面形成一层均匀的光刻胶层，涂布方法主要有旋涂、刮涂加旋涂和刮涂3种。曝光是采用紫外光照射，用掩膜版掩膜，被光照射到的光刻胶性质发生改变的过程。常用的曝光技术主要有接近式曝光、步进式曝光、光学投影扫描曝光和透镜投影扫描曝光等。显影就是显影液除去经曝光后改性的光刻胶的过程。

5. 刻蚀工艺

刻蚀就是用适当的刻蚀液或刻蚀气体，对没有被光刻胶遮挡的部分，进行完整、清晰、准确地去除薄膜的过程。刻蚀方法可分为使用化学药液的湿法刻蚀和使用气体的干法刻蚀两种。干法刻蚀又分为等离子刻蚀、反应性离子刻蚀、化学干法刻蚀3种。根据刻蚀的方向性，刻蚀方法可以分为各向同性刻蚀和各向异性刻蚀两种。在刻蚀之后，需要把图形上面的光刻胶去掉为去胶。

## 本 章 习 题

**一、填空题**

1. 清洗的方法有物理方法，用_____、超声波、臭氧清洗等；和_____，用洗剂、酸等；或二者相结合的方法。

2. 成膜就是在清洗后的基板制作一层或多层薄膜。根据制作薄膜的种类不同，成膜的方法有_____、_____、阳极氧化、蒸镀等方法。栅电极和源漏电极成膜常用_____。非晶硅半导体层采用_____。

3. 像素电极 ITO 溅射的工艺气体为_____和_____混合气体，靶材有_____合金靶或氧化铟锡合金靶。

4. 涂胶的方法有_____、_____、和_____。

5. 曝光技术主要有_____、_____、光学投影扫描曝光和透镜投影扫描曝光等。

6. 正性光刻胶经曝光后由_____成_____，显影液是碱性溶液，利用酸碱中和反应将曝光的光刻胶溶解，留下未曝光的中性光刻胶图形。

7. 刻蚀方法可分为使用化学药液的_____和使用气体的_____两种。

8. 干法刻蚀又分为_____、_____、化学干法刻蚀 3 种。

9. 根据刻蚀方向性，刻蚀方法可以分为_____和_____两种。

10. 干法刻蚀机制可以分为_____、_____及两者相结合作用 3 种。

**二、判断题**

1. 毛刷清洗可以去除大颗粒的灰尘，但有些清洗不能用毛刷清洗。（　　）
2. MoW 溅射使用的惰性气体是氩气（Ar）。（　　）
3. 非晶硅半导体薄膜的沉积常用 APCVD。（　　）
4. 光刻工艺形成了光刻胶的图形。（　　）
5. 沟道切断的 n+a-Si 膜的刻蚀常用湿法刻蚀。（　　）
6. 湿法刻蚀是一种各向异性刻蚀。（　　）
7. 干法刻蚀气体中使用的氧气主要是灰化光刻胶的作用。（　　）
8. 干法刻蚀中的物理作用实际上是一种惰性气体轰击的方法。（　　）
9. 含有铝层薄膜的断面去胶后要用水洗。（　　）
10. 硅烷为无色气体，剧毒，在空气中可以自燃。（　　）

**三、名词解释**

清洗、成膜、溅射、CVD、光刻、涂胶、曝光、显影、刻蚀、干法刻蚀、湿法刻蚀、去胶、刻蚀选择性、刻蚀方向性、各向同性刻蚀、各向异性刻蚀

**四、简答题**

1. 简述阵列工艺的基本工艺流程。
2. 简述溅射成膜的原理，并举例说明哪种薄膜采用溅射方法成膜。

3. 简述 PECVD 薄膜沉积的原理。
4. 简述 PECVD 设备的特点。
5. 简述 PE 和 RIE 设备的不同点。
6. 简述干法刻蚀的物理作用和化学作用。
7. 简述 TFT 制作中的各种薄膜采用的成膜方法。

五、计算题与分析题

1. 举例说明 PECVD 成膜的使用的气体及其反应方程。
2. 举例说明各向同性和各向异性刻蚀的特点。

# 第 9 章

# 多种薄膜晶体管

当今各种液晶显示产品应有尽有，从中看到色彩缤纷的画面。大多数有源矩阵液晶显示器都是非晶硅薄膜晶体管驱动的。在材料和技术飞速发展的过程中又出现了多种薄膜晶体管，各有特点。本章主要介绍除非晶硅薄膜晶体管外的多种薄膜晶体管的特点、结构及材料。多种薄膜晶体管的同时发展使得显示器向着高速度、全彩化和高分辨方向飞速发展。通过本章的学习可以了解发展中的薄膜晶体管有哪几种，有什么特点，采用哪些材料。

**教学目标**

- 掌握各种薄膜晶体管的结构；
- 了解各种薄膜晶体管的材料；
- 掌握各种薄膜晶体管的制备方法；
- 了解各种薄膜晶体管的特点。

**教学要求**

| 知识要点 | 能力要求 | 相关知识 |
| --- | --- | --- |
| 多晶硅薄膜晶体管 | (1) 掌握多晶硅的材料和制备方法<br>(2) 了解多晶硅的结构<br>(3) 了解低温多晶硅的工艺流程 | 固体物理的相关知识 |
| 氧化物薄膜晶体管 | (1) 了解氧化物薄膜晶体管的特点<br>(2) 掌握金属氧化物薄膜晶体管的制备方法<br>(3) 了解氧化物薄膜晶体管的种类 | 半导体器件物理 |
| 化合物薄膜晶体管 | 了解 CdSe TFT 和 CdS TFT | |
| 有机薄膜晶体管 | (1) 了解有机薄膜晶体管的特点<br>(2) 了解有机薄膜晶体管的半导体材料<br>(3) 掌握有机薄膜晶体管的薄膜制备方法 | 有机半导体物理 |

**推荐阅读资料**

[1] 陈志强. 低温多晶硅显示技术[M]. 北京：科学技术出版社，2006.
[2] http://www.fpdisplay.com/.

第9章 多种薄膜晶体管

 **基本概念**

薄膜晶体管(Thim Film Transistor；TFT)：是一种利用半导体的薄膜材料制成的绝缘栅场效应晶体管。

## 9.1 多晶硅薄膜晶体管

信息技术和多媒体通信发展的同时，有源矩阵液晶显示器、固体图像传感器等技术高速发展，促进了多晶硅薄膜晶体管的发展。多晶硅薄膜晶体管包括高温多晶硅和低温多晶硅薄膜晶体管两种。随着薄膜晶体管从非晶硅到多晶硅，从高温多晶硅到低温多晶硅，多晶硅薄膜晶体管的应用已经占据了重要地位。非晶硅薄膜的硅晶粒太小，迁移率低，只有 $0.1\sim1\text{cm}^2/\text{Vs}$ 量级。在高温下非晶硅薄膜的硅晶粒可以再结晶长大，达到线尺寸的微米量级形成多晶硅薄膜，迁移率达到 $100\text{cm}^2/\text{Vs}$ 以上，具有好的电学特性，并与CMOS技术相兼容，可实现高分辨率和周边驱动电路集成方面等明显的优势。

 **引例：爱普生的3片高温多晶硅液晶面板**

精工爱普生在2005年采用3片高温多晶硅液晶面板，以先进技术和垂直取向技术制作了投影显示器。将光源分离为红、绿、蓝三原色，各色的图像通过高温多晶硅薄膜晶体管进行光控制，再利用棱镜将三原色合成并投影在屏幕上，以让投影仪实现画面的高品质化，同时具有高可靠性和高产率，如图9.1所示。

图9.1 先进3LCD投影技术及显示效果(www.ccidnet.com)

 **引例：东芝和索尼的低温多晶硅液晶面板**

东芝松下株式会社在2005年采用LED背光源、低温多晶硅液晶面板制作了轻薄型的笔记本计算机。在基板上形成了多晶硅薄膜晶体管，增加了各种功能，制作在基板的一边，节省空间、减轻重量、降低成本，且提高了画面质量。分辨率为1366×768，厚度为2.55mm，重量只有146g，如图9.2所示。

索尼公司在2011年采用低温多晶硅液晶面板制作了3英寸VGA液晶显示器。利用低温多晶硅薄膜晶体管高迁移率的特点，开关管可以做得较小，在传统RGB三像素的基础上，增加了白色像素W，子像素数增加为4/3倍。白色像素不采用彩膜，故画面整体亮度可提高两倍。背光源的功耗降低一半可保持原产品相同的亮度，如图9.3所示。

图9.2 东芝的低温多晶硅液晶笔记本
（www.it.com.cn）

图9.3 索尼3英寸的低温多晶硅液晶面板
（www.chinafpd.net）

### 9.1.1 多晶硅种类及制备方法

多晶硅薄膜晶体管就是采用多晶硅的半导体材料制成的薄膜晶体管，英文为Poly-Silicon TFT，缩写为p-Si TFT。多晶硅材料具有较高的迁移率和掺杂活性，可实现p、n双极性导电，较高的迁移率会使薄膜晶体管器件制作得更微小，显著地提高了开口率。

**小提示：多晶硅薄膜晶体管常表示为p-Si TFT**

非晶硅薄膜晶体管常表示为a-Si：H TFT，而多晶硅薄膜晶体管常表示为p-Si TFT，代表Poly-Silicon的意思，可以进行p型掺杂，也可以n型掺杂，分别表示为n沟道p-Si TFT和p沟道p-Si TFT。

**1. 多晶硅种类**

多晶硅根据制备技术可以分为高温多晶硅（High Temperature Poly-Silicon，HTPS）和低温多晶硅（Low Temperature Poly-Silicon，LTPS）。表9-1中给出了几种薄膜晶体管的性能对比表。

表9-1 几种薄膜晶体管的性能对比表

| 材料 | | 电子迁移率 /(cm$^2$/Vs) | TFT 器件 | |
|---|---|---|---|---|
| | | | 关态电流/A | 开关比 |
| 非晶硅 | | 0.1～1 | $10^{-13}$～$10^{-11}$ | $10^6$～$10^7$ |
| 多晶硅 | 高温生长 | 1～1000 | $10^{-13}$ | $10^7$ |
| | 低温生长 | 40～200 | $10^{-13}$～$10^{-10}$ | $10^6$～$10^7$ |
| 单晶 CdSe | | 20～50 | $10^{-7}$～$10^{-6}$ | $10^4$～$10^5$ |
| 单晶硅 | | 300～600 | $10^{-11}$～$10^{-9}$ | $10^6$～$10^7$ |
| 多晶碲 | | 10～30 | $10^{-10}$～$10^{-9}$ | ～$10^5$ |

多晶硅材料的载流子迁移率高，可达到单晶硅材料的水平，薄膜晶体管器件响应速度

快,可以很好地满足周边驱动电路的要求。非晶硅薄膜晶体管的关态电流一般低于$10^{-11}$ A,在视频显示时足以保持电荷在帧周期内基本不变,但 p-Si TFT 的关态电流高于 a-Si:H TFT。在 TFT-LCD 的制备过程中,应该优先考虑采用非晶硅薄膜晶体管作为阵列基板上的开关器件,而用 p-Si TFT 作为驱动信号电极和扫描电极引线上的驱动器件。

**2. 多晶硅薄膜的制备方法**

多晶硅薄膜的制备方法很多,大多采用非晶硅薄膜在特定技术下结晶的方法来制备,主要有快速热退火法、固相晶化法、准分子激光退火法和金属诱导横向晶化法等。

1) 快速热退火法

快速热退火处理是采用高温快速处理的方法使非晶硅薄膜结晶的过程,包括升温、恒温、冷却 3 个阶段。退火炉内的温度随着时间变化而上升的阶段为升温阶段。升温结束后,控制温度维持在一个稳定的阶段为恒温阶段。切掉退火炉的电源,使温度慢慢降低为冷却阶段。在形成结晶薄膜的过程中升温阶段的温度控制非常重要。升温阶段单位时间内温度的变化量较大(如 100℃/s),但形成的硅晶粒较小。在恒温阶段形成的硅晶粒会变大。

快速热退火法制备的多晶硅薄膜晶粒尺寸小,晶体内部晶界密度大,材料缺陷度高,而且是高温退火方式,不适合用玻璃为衬底。

2) 固相晶化法

固相晶化法是采用热处理的方法使非晶硅薄膜在高温下熔化,并长时间退火使非晶硅薄膜结晶的过程。在高温下熔化后,在温度稍低时出现晶核,随着温度的继续降低熔化的硅会继续在晶核上晶化,致使晶核增大转化成多晶硅。成本低、工艺简单、可制备大面积的薄膜,易于产业化。但由于该方法也是高温退火,退火时间较长,对于用玻璃为衬底的非晶硅来制备多晶硅材料是不适合的。

3) 准分子激光退火法

准分子激光退火法是采用大功率脉冲激光照射使非晶硅薄膜熔化再结晶的过程,利用了非晶硅薄膜对紫外和短波长可见光的吸收能力强以及准分子脉冲激光器功率大的特点,在一定激光能量下使非晶硅薄膜晶化。其机理可以分为两步:第一步激光照射使非晶硅薄膜表面熔化。a-Si:H 薄膜内激发出了非平衡载流子——热电子-空穴对。在热化时间(约 $10^{-11}$~$10^{-9}$s)内,以无辐射的方式将能量传递给晶格,致使近表面层迅速升温形成一定深度的熔层。第二部熔层冷却。当停止激光照射后熔层开始冷却,a-Si:H 薄膜晶化为多晶硅。

准分子激光退火法要控制好激光的能量,超过某一定值时 a-Si:H 薄膜会发生微晶化或非晶化。制备的多晶硅薄膜晶粒尺寸大、空间选择性较好、掺杂效率高、电学特性好、迁移率高、晶界缺陷少,是目前综合性能非常好的多晶硅薄膜制备工艺,但设备成本较高。

4) 金属诱导横向晶化法

金属诱导横向晶化法是将镍、铝、铜等金属沉积在非晶硅薄膜上或将离子注入非晶硅薄膜内部,然后对材料进行退火,使非晶硅薄膜晶化。有些金属不仅可以诱导金属覆盖层下的非晶硅结晶,还可以使结晶区向金属覆盖区外延伸。

金属诱导横向晶化法形成多晶硅薄膜的机理分为 4 步:第一步,金属与硅反应。当金属和硅反应生成金属-硅键，形成金属-硅混合体。在热平衡状态下，金属与硅的成键和断裂同时进行；第二步，结晶硅的形成。硅的结晶态自由能比较低，金属-硅键断裂产生的硅原子更容易与邻近的硅原子形成稳定的结晶键。足够的键断裂产生较多的硅原子可以形成微小的结晶硅晶粒。体系中存在3种状态：非晶硅、金属-硅、结晶硅。自由能依次降低，反应总向着能量低的方向进行。金属-硅混合体把非晶硅和结晶硅体系隔开；第三步，金属原子的不断补充。在非晶硅/金属-硅界面，金属-硅键的形成是主要的。在金属-硅/结晶硅界面，金属-硅键的断裂是主要的。结晶硅晶粒的不断生长会推动金属-硅混合体系的不断生成。键的断裂生成的金属原子需要穿透金属-硅的混合体系到达非晶硅一侧，不断补充成键缺少的金属原子，反应才可以有效进行下去。要选择适当的金属-硅混合体系厚度，有利于结晶的进行。混合体厚度较小，导致键的有效断裂减少，会使结晶速度变慢。第四步，横向结晶。非晶硅薄膜只有部分区域覆盖金属，但金属覆盖区边缘产生的金属-硅混合体的运动可以向覆盖区域外延伸，从而产生金属诱导的横向结晶。多晶硅形成过程如图9.4所示。

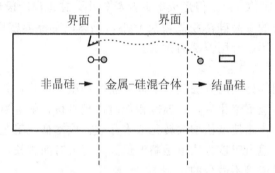

图9.4 金属诱导横向晶化法的示意图

金属诱导横向晶化法制备的多晶硅薄膜载流子迁移率较高、电学特性稳定、与光脉冲辐射结合会大大加快结晶速率，因此应用前景广泛。

高温多晶硅薄膜晶体管主要采用快速热退火法、固相晶化法方法制备，制备温度较高，无法制作在熔点较低的玻璃衬底上，而采用石英为衬底基板，主要应用在小尺寸的投影显示中。低温多晶硅主要采用准分子激光退火法和金属诱导横向晶化法等方法制备，制备温度低于600℃，可以采用玻璃等衬底基板，发展迅速。本节后面主要介绍低温多晶硅薄膜晶体管的发展、结构和工艺流程。

### 9.1.2 低温多晶硅技术概述

随着数字时代的到来以及平板显示的高要求，高性能的薄膜晶体管成了人们追求的目标。面对的问题和挑战有：①像素尺寸越来越小，在保证开口率的同时，需要TFT的尺寸更小；②像素密度越来越高，像素的充电时间更短，需要TFT的开态电流更大；③引线密度越来越高，需要TFT驱动的显示区域与周边驱动电路集成一体化。目前的非晶硅薄膜晶体管的迁移率低、掺杂效率也较低，不能制作更小的TFT尺寸，不能满足高速充电的要求，也不能用来周边驱动电路集成，限制了显示的进一步发展。低温多晶硅技术由于具有高效能、高清晰等特点，吸引了更多的注意力。

## 1. 低温多晶硅薄膜晶体管特点

### 1) 高迁移率

与非晶硅薄膜晶体管相比，低温多晶硅薄膜晶体管具有明显的优势。低温多晶硅薄膜晶体管的制备温度低，低于600℃，可以制作在玻璃衬底上。电子迁移率比非晶硅的迁移率要高100倍左右。TFT响应速度更快、充电时间更短、更适合大容量的高频显示。TFT的尺寸更小，开口率更大，可以实现高清晰、高分辨率的显示。

### 2) 容易p型和n型掺杂

低温多晶硅容易实现$p^+$型和$n^+$型掺杂，能够制成类似NMOS和PMOS的器件，实现互补型晶体管的驱动电路，便于周边驱动与显示区域集成一体化。可以把部分集成电路制作到基板上，连接的组件更少，减少驱动IC的使用，降低制作成本，解决非晶硅薄膜晶体管驱动IC精细化的难点。

随着高分辨显示的要求，非晶硅薄膜晶体管周边驱动IC的外引线间距与显示面板的相关性要求驱动IC的外引线引脚间距约为40~50μm，而低温多晶硅可以使用较宽松的驱动IC，外引线引脚间距约为70~150μm。显示器的功率消耗更低、体积更小，可实现高密度引线，窄的显示器边框。

### 3) 自对准结构

由于低温多晶硅容易掺杂，可以采用栅极掩膜实现离子注入，形成重掺杂的$n^+$型多晶硅源区和漏区的自对准结构。栅极与源极和漏极的交叠变小，寄生电容$C_{gs}$和$C_{gd}$变小，减少了图像闪烁，并且减小了$C_{gs}$对TFT动态特性的影响，工作频率提高，可以实现高质量的图像显示。

### 4) 抗光干扰能力强

非晶硅材料在光照下会产生光生载流子，导致泄漏电流增大，关态电流大，必须采用黑矩阵等的遮光层。而低温多晶硅材料的有源层在光照条件下，关态电流不会增大，抗光干扰能力强，可以省去遮光层。

### 5) 抗电磁干扰能力强

非晶硅显示器在实现高分辨、大显示区域和缩小边框的同时，印刷电路板面积也随之缩小、信号引线及驱动IC的间距也越来越近，由此引起印刷电路板上电源匹配与驱动IC高速切换的噪声干扰，又称电磁干扰。

低温多晶硅在基板上同时制作内建驱动电路，使得外部引线和印刷电路板的线数减少，减少了电容效应和电感效应，降低了信号连接及切断信号瞬间变化等干扰现象，抗电磁干扰能力强，非常适合制作驱动电路集成一体化的高清晰度电视。

总之，低温多晶硅的面板响应速度更快、TFT尺寸更小、连接组件更少、面板系统设计更简单，稳定性更高，具有更高的分辨率。低温多晶硅显示器显示得更加完美，有很好的发展前景。

## 2. 低温多晶硅的发展

低温多晶硅的发展历程大约经历了4个阶段，见表9-2。第0代为低温多晶硅的开发期，集成了一些简单的位移寄存器、模拟转换开关等电路，响应频率为5MHz，最小沟道长度为4μm，迁移率为100cm²/Vs。从第1代开始制成了数模转换器、时间控制电路等高度集成电路,并从小尺寸产品发展到第2代的大尺寸产品。到第3代,需要集成数据信号处理器和CPU,响应频率和迁移率要求越来越高,沟道尺寸小,驱动电压低,同时需要实现高结晶度和亚微米的加工技术。

表9-2 低温多晶硅的发展历程

| 时间/年 | 2000前<br>第0代 | 2001~2002<br>第1代 | 2003~2004<br>第2代 | 2005以后<br>第3代 |
|---|---|---|---|---|
| 响应频率及驱动电压 | 5MHz、10V | 10MHz、5V | 40MHz、5V | 100MHz、3V |
| 最小沟道长度/($\mu$m) | 4 | 3 | 1.5 | <1 |
| 迁移率/($cm^2$/Vs) | 100 | 150 | ~300 | ~500 |
| 集成组件 | 周边驱动电路 | 周边驱动电路 | 数模转换器<br>外部存储器 | 数字信号处理器及CPU |
| 关键工艺技术 | ELA,I/D<br>栅极 TEOS | 平坦化 ELA<br>干法刻蚀技术 | 横向结晶增长<br>1.5$\mu$m 精细加工 | 高纯度多晶硅<br>亚微米加工 |

ELA:准分子激光退火,Excimer Laser Annealing。TEOS(四乙氧基硅,tetra-ethyl-ortho-silicate),是一种气体,利用低压化学气相沉积法(LPCVD)在中温下沉积的 $SiO_2$ 层间介质薄膜的一种常用方法,具有较好的膜厚、均匀性、重复性,成本要比硅烷 $SiH_4$ 和笑气 $N_2O$ 沉积 $SiO_2$ 便宜。

3. 低温多晶硅技术的挑战

与传统的非晶硅薄膜晶体管面板相比,低温多晶硅面板明显较小,具有高的开口率和分辨率,还可利用透光度的提升有效减少背光系统的负担,增加了使用寿命,但仍然面临着很大的挑战。

1) 存在小尺寸效应

低温多晶硅面板的 TFT 尺寸缩小后,容易出现多晶硅晶界和缺陷导致的性能漂移和不均匀,类似超大规模集成电路中的小尺寸效应。因此,低温多晶硅的研究主要在控制晶界数目、晶格方向与位置等,实现了最小的晶界数目。采用的方法有循序性侧向结晶、连续波激光横向晶化等工艺,但大多数属于研发阶段,真正得到广泛的应用还需继续努力。

2) 关态电流大

低温多晶硅 TFT 关态泄漏电流较大,比非晶硅高十倍至百倍。17%的成品率下降都是由于泄漏电流大引起的,产生的原因有:低温多晶硅中存在着晶粒内和晶粒间缺陷,容易产生陷阱辅助电流和带间隧穿电流;在源漏电压比较低时热效应也可以产生泄漏电流,随有源层厚度增大而增大;在源漏电压比较高时,场效应及光辅助隧穿导致泄漏电流较大。

低温多晶硅的光敏性虽然远低于非晶硅,但是在高于 $5000cd/m^2$ 的亮度下仍可以激发出光生载流子电子和空穴对,形成光照导致的泄漏电流。

3) 低温大面积制作困难

低温多晶硅材料的大面积制作困难,工艺上存在一定的难度。

4) 设计和研发成本高

低温多晶硅面板除了研制高分辨率面板外,还需重点设计周边集成电路的功能,设计流程和成本增加。在集成电路的设计中,需要 8～9 次光刻的低温多晶硅工艺,比非晶硅多了近一倍。关键工艺和技术成本较高。

低温多晶硅从开发至今已有 10 多年的历史,在现今显示领域中占据举足轻重的地位。从长远的角度看,低温多晶硅有源驱动技术可以使 OLED 反应速度更快、分辨率更高,会大大提升产品的性能,也会大幅地拓展低温多晶硅的应用领域,使平板显示大放异彩。相信低温多晶硅在今后的发展中会更加迅速,以满足人们对显示器件所追求的完美性能。

### 9.1.3 低温多晶硅薄膜晶体管的像素结构

p-Si TFT 可以采用底栅结构和顶栅结构。底栅结构与非晶硅薄膜晶体管的结构相似,只需增加周边驱动电路部分。顶栅结构适合大规模集成电路的要求,容易设计复杂的周边驱动电路,比底栅结构的电容耦合效应更小,造成的反馈与信号延迟现象小,可以降低信号串扰和画面闪烁。因此,p-Si TFT 多数采用顶栅结构。为降低关态的泄漏电流,p-Si TFT 的像素设计了不同的结构。

**1. 交叠结构与自对准结构**

交叠结构(Overlay structure)利用光刻技术先形成重掺杂的源区和漏区,再利用光刻技术形成栅极,如图 9.5(a)所示。要实现重掺杂和栅极至少需要两次光刻,且由于曝光设备及对版精度的要求,栅极与源区和漏区会有部分交叠。光刻次数多,且寄生电容大。

自对准结构(Self-align structure)利用栅极图形作掩膜进行重掺杂,形成源区和漏区的一种顶栅结构,如图 9.5(b)所示。p-Si TFT 可以制作成 n 沟道,也可以制作成 p 沟道,大多数器件采用载流子迁移率大的 n 沟道的自对准结构。类似标准的 MOSFET 的结构与其工艺技术兼容。优点是:①利用自对准技术减少了光刻次数,可以降低成本;②能够有效避免栅源和栅漏的交叠面积,提高对准精度,减小寄生电容。

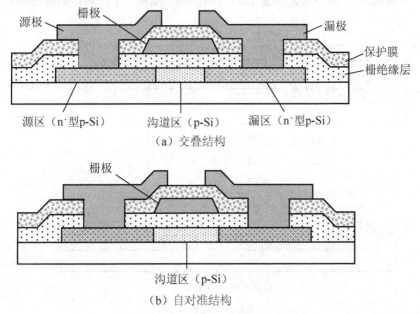

图 9.5　交叠结构和自对准结构

**小知识:多晶硅薄膜晶体管为反型层导电沟道**

多晶硅薄膜晶体管的工作原理同 MOSFET。以沟道区为 p 型掺杂的多晶硅薄膜晶体管为例,当栅极加上正电压时,在栅极绝缘层和多晶硅的界面层附近积累了等量异号的电子为反型层,形成电子导电的 n 型沟道为开态。在源漏电极之间加电压就会形成电流。当栅极加负电压时,沟道内积累了多数载流子空穴,与两侧的 $n^+$ 区形成反偏的 pn 结为关态。

### 2. 偏移结构和 LDD 结构

多晶硅薄膜晶体管中,反型层导电决定开态特性,载流子迁移率高。对于高清晰度的液晶显示,开态器件的载流子迁移率至少要达到 $10cm^2/Vs$ 以上,对于 p-Si TFT 非常容易满足。源处和漏处的反偏 pn 结决定关态特性和亚阈值特性。关态特性决定了薄膜晶体管关闭以后像素电荷的保持特性。关态泄漏电流较大,液晶像素上的电荷会通过薄膜晶体管泄漏掉,显示器的对比度将会下降。高清晰显示要求关态电流在 $10^{-12}$ A 以下,这对 p-Si TFT 来说很难实现。沟道与漏区的反偏 pn 结接触不好,会形成更高的关态电流。因此,形成完好的 pn 结接触是制作 p-Si TFT 的关键。从器件结构入手,有很多改善关态电流的结构,如偏移结构和 LDD 结构等。

偏移结构(Offset structure)是利用半导体的侧蚀技术实现源区和漏区与栅极出现一些偏移量($L_{os}$)的一种结构,如图 9.6(a)所示。制作过程为:①光刻刻蚀栅极,保留栅极上面的光刻胶;②利用带着光刻胶的栅极图形做掩膜对源区和漏区的低温多晶硅进行自对准重掺杂;③在光刻胶的保护下对栅极进行再刻蚀。栅极金属的侧面没有保护会有一定程度的刻蚀,称为侧蚀,从左右两侧开始侧蚀,栅极图形变小,小于沟道的低温多晶硅,形成源区、漏区附近的一段没有重掺杂的 $L_{os}$ 区域,阻抗很高,可以减小关态电流,但开态电流也跟着减小。一般选取 $L_{os}$ 区域的范围为 $1\mu m$ 左右,偏移结构的制作和控制都很困难。

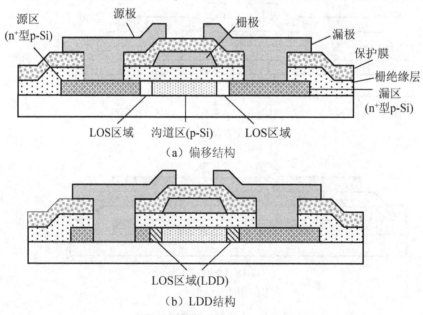

图 9.6 偏移结构和 LDD 结构

LDD结构(Lightly doped drain,轻掺杂结构)是通过对源区和漏区附近的低温多晶硅材料进行轻掺杂的一种结构,如图9.6(b)所示。工艺过程与偏移结构类似,$L_{os}$区域为轻掺杂区域,大小在$1\sim3\mu m$,关态电流可以减小,并且对开态电流影响不大。offset结构和LDD结构是p-Si TFT普遍采用的结构,能有效抑制关态的泄漏电流,提升器件的可靠性,需要精确控制$L_{os}$区域长度,从而增加精确侧蚀工艺或额外轻掺杂工艺,成本也增加。

3. 部分a-Si:H沟道结构

部分a-Si:H沟道的结构(Partial a-Si:H channel structure)也是一种偏移结构,在偏移的$L_{os}$区域内为a-Si:H薄膜,两个$L_{os}$区域之间为多晶硅薄膜,如图9.7所示。在制作中控制非晶硅薄膜的晶化区域,实现沟道区域晶化变成多晶硅薄膜,而$L_{os}$区域不变。利用$L_{os}$区域的非晶硅薄膜高阻性来降低关态泄漏电流。在开态的场效应作用下,非晶硅薄膜的导电性很好,因此对开态电流影响小。

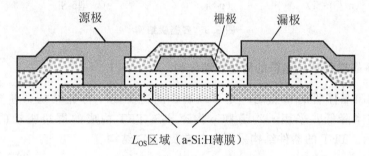

图9.7 部分a-Si:H沟道结构

4. 子栅极结构

子栅极结构(Sub-Gates structure)是在栅极的上边再增加一个栅极的结构,如图9.8所示。额外增加的栅极为子栅极。利用子栅极施加额外电场可提高传统交叠结构TFT的耐压特性,解决传统结构电场过大出现的问题。但子栅极结构增加了一次光刻,并且需要额外电极与电压控制子栅极,结构复杂。

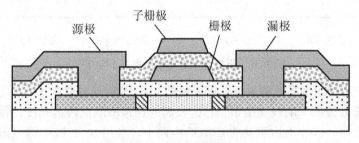

图9.8 子栅极结构

5. 多栅极结构

多栅极结构(poly-gate structure)是采用了多个栅极控制多个TFT串联在一起的结构。沟道长度为多个TFT栅极的和,如图9.9所示。由N个栅极构成N个TFT,第一个 TFT 的沟道长度为 $L_1$，依次为 $L_2$，$L_3$，…，$L_N$，总沟道长度为 $L=L_1+L_2+L_3+$ …$+L_N$。多栅极结构利用了栅极数目的分布，有效降低沟道电场的分布，减小热载流子导致的泄漏电流。这可以减小 TFT 漏极处形成的不完整 pn 结导致的泄漏电流。随着栅极数量的增加，关态电流明显减小，但开口率下降，且在抑制关态电流的同时开态电流也有所下降。因此，关态电流、开口率、开关比要综合起来整理考虑，一般采用双栅结构的 p-Si TFT。

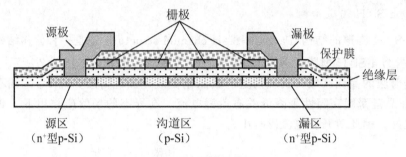

图 9.9  多栅极结构

### 9.1.4  低温多晶硅薄膜晶体管的周边驱动结构

多晶硅薄膜晶体管的特点之一是可以制作周边驱动一体化结构，使整个显示器的体积缩小，成本降低。采用 n 沟道和 p 沟道 p-Si TFT 构成的周边驱动的 CMOS 电路如图 9.10 所示。TFT 的器件结构采用自对准及 LDD 结构。

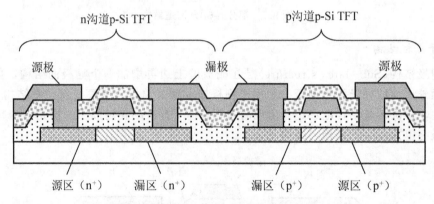

图 9.10  周边 CMOS 驱动电路的 p-Si TFT

n 沟道和 p 沟道的多晶硅薄膜晶体管组成的 CMOS 驱动电路的优点：①利用自对准工艺，寄生电容降到最低，响应速度很快；②较高的迁移率以及沟道长度的微细化有利于进一步提高响应速度；③在周边驱动的 CMOS 电路中，利用 p-Si TFT 高开态电流和高迁移率特性，不受关态泄漏电流的影响，使得 p-Si TFT 非常适合制作周边驱动电路；④沟道长度微细化后，TFT 尺寸缩小，周边驱动电路的面积缩小，非常适合高精度、高清晰的显示；⑤在考虑漏极的耐压极限后，常规的 p-Si TFT 的沟道长度设计为 $4\mu m$。采用 LDD 结构后，耐压能力提高，沟道长度可以设计到 $1.5\sim2\mu m$。

## 9.1.5 低温多晶硅薄膜晶体管的存储电容结构

在薄膜晶体管的阵列设计中,一个非常重要的部分就是像素结构的设计,另一个就是存储电容结构的设计。在高分辨率的要求下,薄膜晶体管的像素尺寸和存储电容尺寸必须缩小。为保证足够的存储容量,避免图像闪烁、残像及串扰现象,存储电容面积要足够大,并且考虑合理的结构,主要有传统结构和叠层结构。

### 1. 传统存储电容

存储电容结构可以采用公共存储电容和相邻栅线存储电容结构。非晶硅薄膜晶体管结构中的常规存储电容和掩埋式存储电容都是公共存储电容,就是用公共信号线做存储电容线的构成,驱动和实现比较简单,是早期的普遍采用的结构。相邻栅线存储电容利用相邻栅线做存储电容线,不用再额外增加存储电容线,增大开口率,但信号和驱动的控制都要求较高。

低温多晶硅薄膜晶体管中,存储电容结构可以采用传统存储电容结构,利用公共信号线作存储电容线的结构。由第一层栅极金属材料和像素电极的 ITO 分别构成电容的上下两个电极,中间用绝缘层或者加上钝化层作为电容的介质层,如图 9.11 所示。其工艺简单,但存储容量不够,必须增大存储电容面积或者采用高介电常数的材料,开口率低,实现高分辨困难。

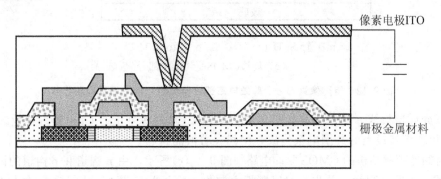

图 9.11 传统存储电容结构

### 2. 叠层存储电容

为了缩小像素尺寸,提高开口率,设计了叠层存储电容。由垂直堆叠的两个并联存储电容构成,电容量是具有同样面积的传统电容的两倍,且存储电容在薄膜晶体管的上面,不用单独占用像素区域,开口率明显增大,如图 9.12(a)所示。

p-Si TFT 采用顶栅 LDD 结构,存储电容叠在 TFT 上面。多晶硅层为半导体层,两层重掺杂连接源漏电极,为降低关态电流,两边构成 $L_{os}$ 区域,形成 LDD 结构。半导体层上面形成绝缘层,第一层金属为栅极金属 $M_1$,第二层金属为源漏电极金属 $M_2$,第三层金属为 $M_3$。在薄膜晶体管沟道上面的金属层 $M_3$ 有两种作用:①充当薄膜晶体管的遮光层,相当于彩膜基板上的黑矩阵,彩膜基板不用再制作黑矩阵,节省了材料及成本;②作为存储电容的一个电极,与公共信号线相连。

存储电容由两个并联的存储电容相叠构成,一个存储电容 $C_{s1}$ 为源漏金属 $M_2$ 和金属层 $M_3$ 中间夹着的 $SiN_x$ 介质层构成;另一个存储电容 $C_{s2}$ 由金属层 $M_3$ 和像素电极 ITO 中间夹

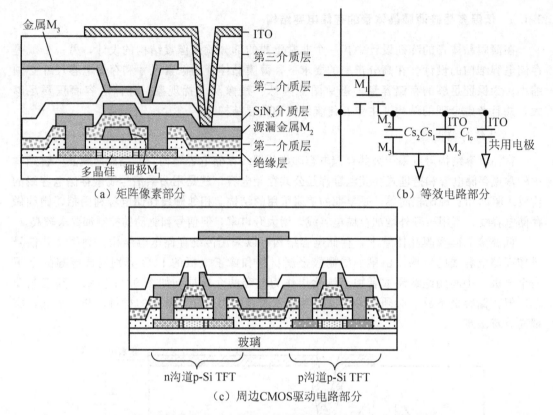

图 9.12 矩阵像素部分、等效电路部分和周边 CMOS 驱动电路部分

着的第三介质层构成。等效电路如图 9.12(b)所示。液晶像素电容 $C_{lc}$ 由阵列基板的像素电极 ITO 和彩膜基板上的共用电极构成,中间夹着液晶材料。

同时制作顶栅结构的 CMOS 驱动电路如图 9.12(c)所示,由 n 沟道和 p 沟道的两个 p-Si TFT 构成。工艺流程为:首先在衬底基板上制作上一层衬底薄膜,如 15nm 左右的 $SiO_2$。在 $SiO_2$ 上面生长一层非晶硅薄膜,通过晶化形成多晶硅薄膜。接着形成栅极绝缘层和栅极,然后进行掺杂。对沟道两侧进行 n 型重掺杂后,与中间接近本征区形成了 n 沟道的 p-Si TFT。像素结构中的薄膜晶体管一般也是 n 沟道的 p-Si TFT。遮挡住 n 沟道的 p-Si TFT,对驱动电路部分的另一个薄膜晶体管进行 p 型重掺杂,与中间的接近本征区形成了 p 沟道的 p-Si TFT,形成 CMOS 驱动电路。

**3. 双栅结构的像素及叠成存储电容**

双栅结构的像素和叠成存储电容结构如图 9.13(a)所示。像素结构采用了两个底栅晶体管串联的结构,存储电容 $C_{s1}$ 位于薄膜晶体管上方,由金属层 $M_3$ 和像素电极 ITO 中间夹着的介质层构成,等效电路如图 9.13(b)所示。类似传统结构,一个存储电容的结构由金属 $M_3$ 层和 ITO 层中间夹着的介质层构成。金属 $M_3$ 层制作在薄膜晶体管上面,可以充当黑矩阵,起遮光的作用,又充当存储电容的一个电极,增大了开口率。在制作像素及存储电容的同时,在基板的边缘同时形成了底栅结构的 CMOS 电路,如图 9.13(c)所示,由 n 沟道和 p 沟道的两个 p-Si TFT 构成。

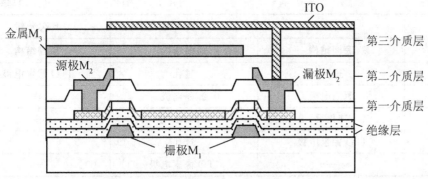

(a) 双栅结构的像素部分

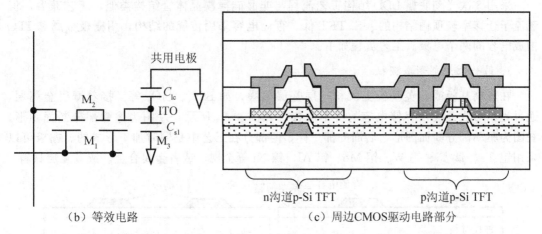

(b) 等效电路  (c) 周边CMOS驱动电路部分

图 9.13 双栅结构矩阵的像素部分、等效电路和周边 CMOS 驱动电路部分

### 9.1.6 采用 8 次光刻的工艺流程

低温多晶硅的工艺要比非晶硅工艺复杂,一般多增加 2～3 次光刻,有 8 次光刻、9 次光刻和 5 次光刻的工艺流程。非晶硅的工艺只需 4～5 次光刻,成本和工艺极具竞争力。研发低光刻次数的工艺流程是低温多晶硅研究的重点之一。LG 公司采用埋入式数据线的结构研发出采用 5 次光刻的 p 型低温多晶硅工艺,拉近了与 a-Si:H TFT 流程的差距,在大尺寸面板领域与 a-Si:H TFT 竞争。表 9-3 列出了 3 种光刻的工艺流程对比。

表 9-3 低温多晶硅光刻次数对比表

| 光刻次数 | 8 次光刻 | 9 次光刻 | 5 次光刻 |
|---|---|---|---|
|  | 底栅结构 | 顶栅结构 | 顶栅结构 |
| 1 | 栅极 | 有源岛 | 源漏电极 |
| 2 | 有源岛 | 栅极 | 有源岛 |
| 3 | $n^-$ 区和 $n^+$ 区掺杂 | $n^-$ 区和 $n^+$ 区掺杂 | 栅极 |
| 4 | $p^+$ 区掺杂 | $p^+$ 区掺杂 | 过孔 |

续表

| 光刻次数 | 8次光刻 | 9次光刻 | 5次光刻 |
| --- | --- | --- | --- |
| | 底栅结构 | 顶栅结构 | 顶栅结构 |
| 5 | 过孔 | 过孔 | ITO 像素电极 |
| 6 | 源漏电极 | 源漏电极 | — |
| 7 | 钝化层 | 金属 $M_3$ 层 | — |
| 8 | ITO 像素电极 | 过孔 | |
| 9 | — | ITO 像素电极 | |

采用8次光刻底栅LDD结构工艺流程与非晶硅薄膜晶体管结构类似，工艺兼容，但载流子迁移率较顶栅结构的p-Si TFT低。存储电容采用传统的结构，用栅极金属和ITO构成电容的两个电极。工艺流程如下。

1. 第一次光刻形成栅极

在玻璃基板或石英基板上沉积一层基层薄膜，如 $SiN_x$、$SiO_x$ 等。接着溅射金属层，通过光刻形成栅极及存储电容的一个电极，如图9.14所示。左图为像素部分断面图形，右图为驱动部分断面图形，后面的都一样，两部分在工艺中是同时加工形成的。栅极可以采用钽Ta、钛Ti、钨W、钼Mo、铝Al、镍Ni等金属、或者金属合金、或者复层材料。

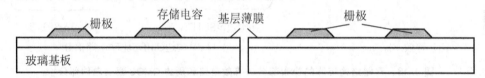

图9.14 第一次光刻栅极

2. 第二次光刻形成有源岛

第一次光刻后，用PECVD连续沉积栅极绝缘层、非晶硅薄膜。用晶化技术形成多晶硅薄膜，如准分子激光退火法、固相晶化法和金属诱导横向晶化法等。n沟道的薄膜晶体管中的多晶硅薄膜采用在非晶硅薄膜生长中掺杂或者用离子掺杂的方法掺杂硼(B)形成，如图9.15所示。晶化后光刻形成有源岛的图形，如图9.15(b)所示。

有源岛形成后沉积沟道保护层，如 $SiO_x$ 或 $SiN_x$。旋涂光刻胶后利用栅极做掩膜进行背曝光，显影刻蚀后形成与栅极图形宽度基本一致的沟道保护层图形，如图9.15(c)所示。

 **小提示：n沟道多晶硅薄膜晶体管实际上是p型掺杂**

多晶硅薄膜晶体管的导电沟道为反型层导电，掺杂硼(B)后形成p型的多晶硅半导体层。当栅极加负压为空穴积累，随着栅压逐渐增大，经历空穴耗尽及反型状态。多晶硅薄膜晶体管的开态为加正压形成的反型层电子积累的电子导电状态。因此，n沟道多晶硅薄膜晶体管实际上进行了p型掺杂。

3. 第三次光刻形成 $n^-$ 区和 $n^+$ 区掺杂

第三次光刻形成n沟道TFT的源区和漏区，以及LDD结构的 $L_{os}$ 区。

首先利用沟道保护层的遮挡对多晶硅薄膜进行磷掺杂，使得有源岛上除了沟道保护层

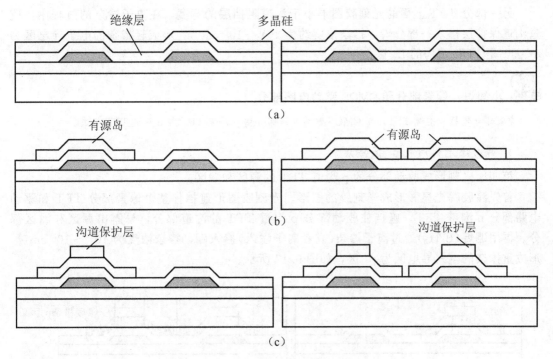

图 9.15　第二次光刻有源岛及沟道保护层

外都形成磷(P)掺杂区域，如图 9.16(a)所示。掺杂浓度为 $10^{17} \sim 10^{18} \mathrm{cm}^{-3}$。

涂胶曝光显影后形成光刻胶的图形。光刻胶的图形覆盖在驱动部分 TFT 和像素部分 n 沟道 TFT 的沟道区域。用磷烷($PH_3$)通过离子掺杂(或离子注入)掺入磷，除光刻胶覆盖区域外又掺杂了一部分磷。像素部分的 TFT 有源岛处可以分为两部分，一部分经两次掺杂磷，浓度变为 $10^{20} \sim 10^{21} \mathrm{cm}^{-3}$，是电子导电的重掺杂区，又称 $n^+$ 区，作为 n 沟道 TFT 的源区和漏区，如图 9.16(b)所示。

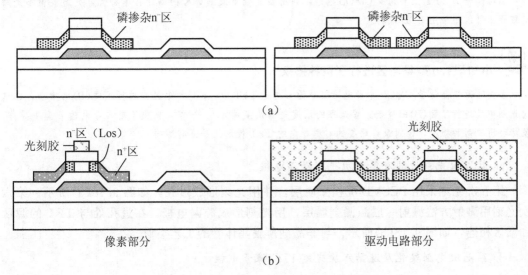

图 9.16　第三次光刻形成 $n^-$ 区和 $n^+$ 区掺杂

另一部分 TFT 上面的光刻胶图形小于沟道阻挡层的宽度，在离子掺杂的过程中，透过沟道保护层掺入一部分磷，掺杂浓度约为 $10^{17}\sim 10^{18}\,\mathrm{cm}^{-3}$，形成轻掺杂的电子导电区为 $n^-$ 区，是 LDD 结构的 $L_{os}$ 区。

### 小知识：像素部分和 CMOS 驱动电路部分

像素部分包括 n 沟道 TFT，而 CMOS 驱动电路部分由 p 沟道 TFT 和 n 沟道 TFT 组成。

**4. 第四次光刻形成 $p^+$ 区掺杂**

第四次光刻形成驱动部分的 p 沟道 TFT 的源区和漏区。

首先涂胶曝光显影形成光刻胶的图形。光刻胶图形遮挡住整个像素部分 TFT 和驱动电路部分 n 沟道 TFT。遮挡住驱动部分 p 沟道 TFT 的沟道部分，暴露出源区和漏区部分。再用硼烷（$B_2H_6$）通过离子掺杂（或者离子注入）掺入硼，掺杂浓度为 $10^{20}\sim 10^{21}\,\mathrm{cm}^{-3}$，形成重掺杂的空穴导电区为 $p^+$ 区，如图 9.17 所示。

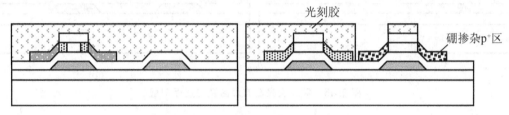

图 9.17　第四次光刻形成 $p^+$ 区掺杂

### 小提示：驱动部分的 p 沟 TFT 不是 LDD 结构

像素部分的 TFT 主要起到开关的作用，开态时间很短，关态时间较长，关态下的像素电荷保持率非常重要。因此，像素部分采用 LDD 结构，降低多晶硅薄膜晶体管的关态电流至关重要。

驱动部分的 TFT 主要构成 CMOS 电路，利用多晶硅薄膜晶体管的高迁移率特性，关态显得不是特别重要，可以不采用 LDD 结构。

### 小知识：p 型导电区进行了两种掺杂

多晶硅薄膜晶体管 CMOS 驱动电路部分的 p 沟道 TFT 中，p 型导电区先进行了磷（P）的掺杂，在这次光刻中又进行了硼（B）的掺杂。掺杂硼的浓度是磷浓度的 1.5～3 倍，构成了空穴导电的 p 型半导体。虽然经历了两种掺杂，但对最终需要的 p 型导电的 TFT 性质几乎没有影响。

**5. 第五次光刻过孔及第六次光刻源漏电极**

第五次光刻采用 PECVD 沉积介质层，并用光刻形成过孔，如图 9.18(a) 所示。第六次光刻用溅射方法溅射一层源漏金属层，用光刻形成源漏电极，在过孔处与 TFT 的源区和漏区相连，如图 9.18(b) 所示。与非晶硅薄膜晶体管的工艺类似。

**6. 第七次光刻钝化层及第八次光刻 ITO 像素电极**

第七次光刻钝化层保护膜，如 $SiN_x$、$SiO_x$ 等，光刻形成图形，同时在漏极上面形成钝化层的孔。第八次光刻形成溅射 ITO 像素电极，光刻形成图形，像素电极通过钝化层的孔与漏极相连，如图 9.19 所示。

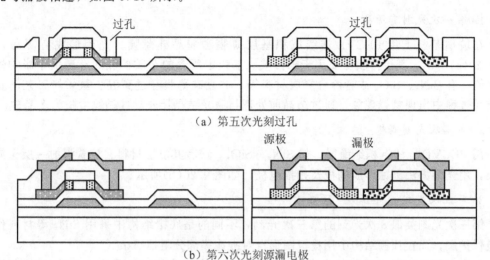

（a）第五次光刻过孔

（b）第六次光刻源漏电极

图 9.18　第五次光刻过孔及第六次光刻源漏电极

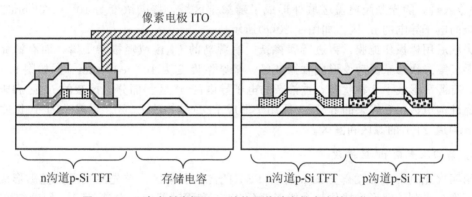

图 9.19　八次光刻底栅 LDD 结构及传统存储电容的工艺流程

**小提示：双底栅结构的像素及叠成存储电容结构需要 9 次光刻**

双底栅的像素 TFT 及叠成存储电容结构如图 9.13 所示，制作工艺流程需要 9 次光刻。与 8 次光刻的底栅 LDD 及传统存储电容结构相比，除了第一次光刻像素部分采用双栅极外，前 6 次工艺流程其他部分都一样。

第七次为光刻金属 $M_3$ 层。先用 PECVD 制作第一层介质层，再用溅射方法制作金属 $M_3$ 层，光刻出金属 $M_3$ 层的图形。

第八次光刻过孔。先用 PECVD 制作第二层介质层。光刻刻蚀出接触孔，在金属 $M_3$ 层形成第二介质层的孔，用于 $M_3$ 金属的引线用；在源漏金属 $M_2$ 上面形成第一层和第二层介质层的孔，用于像素电极与漏极接触用。

第九次光刻像素电极。溅射 ITO 后，光刻出像素电极图形及连接处 ITO 图形。

光刻次数增多一次，但是由于存储电容采用叠层结构，开口率大，存储电容量增大，采用双栅及 LDD 结构有效降低关态泄漏电流，更适合做高清晰显示器。

### 9.1.7 采用9次光刻的工艺流程

**1. 第一次光刻有源岛**

在玻璃基板上用PECVD连续沉积基层薄膜和非晶硅薄膜,光刻形成有源岛,如图9.20(a)所示。基层薄膜主要用于阻挡玻璃基板中所含的杂质扩散到有源层中影响器件的性能,有$SiN_x$、$SiO_x$或者两者复层材料等。非晶硅薄膜经过高温去氢烘烤工艺防止激光结晶过程中出现氢爆现象,通过结晶前处理与激光结晶让非晶硅晶粒生长为多晶硅。

**2. 第二次光刻栅极**

用PECVD方法沉积绝缘层,如$SiN_x$、$SiO_x$,或者其复层材料。接着溅射一层金属做栅极,用光刻方法刻蚀形成栅极及扫描电极,如图9.20(b)所示。

**3. 第三次光刻$n^-$区和$n^+$区掺杂**

第三次光刻类似8次光刻的第三次光刻,不同的是底栅结构中采用$SiN_x$等材料作为沟道保护层,而在顶栅结构中用栅极图形自对准掩膜部分阻挡掺杂。

首先利用涂胶曝光显影后形成光刻胶的图形。光刻胶的图形覆盖n沟道TFT的沟道区域和$L_{os}$区、驱动部分p沟道TFT的有源岛区域。用磷烷($PH_3$)通过离子掺杂(或离子注入)掺入磷,除光刻胶覆盖区域外形成了磷掺杂区域,掺杂浓度为$10^{17} \sim 10^{18} cm^{-3}$,为轻掺杂的电子导电的$n^-$区,如图9.20(c)所示。

去胶后用栅极作掩膜,再进行磷掺杂。有源岛的$L_{os}$区域轻掺杂了磷,而有源岛的源区和漏区第二次掺杂磷后,形成重掺杂区,掺杂浓度变为$10^{20} \sim 10^{21} cm^{-3}$,如图9.20(d)所示。有源岛形成了3种状态,重掺杂的电子导电区$n^+$区、部分轻掺杂的$n^-$区和未掺杂的多晶硅沟道区。轻掺杂的$n^-$区主要用于形成LDD结构的$L_{os}$区。重掺杂的$n^+$区主要用于作n沟道TFT的源区和漏区。

**4. 第四次光刻$p^+$区掺杂**

第四次光刻形成驱动部分的p沟道TFT的源区和漏区。首先涂胶曝光显影形成光刻胶的图形。光刻胶图形遮挡住整个像素部分TFT和驱动部分n沟道TFT。用硼烷($B_2H_6$)通过离子掺杂(或者离子注入)掺入硼,掺杂浓度为$10^{20} \sim 10^{21} cm^{-3}$,形成重掺杂的空穴导电区为$p^+$区,如图9.20(e)所示。

**5. 第五次光刻过孔及第六次光刻源漏电极**

第五次光刻采用PECVD沉积第一层介质,光刻形成过孔。第六次光刻溅射一层源漏金属层,用光刻形成源漏电极,在过孔处与TFT的源区和漏区相连,如图9.20(f)所示。与非晶硅薄膜晶体管的工艺类似。

**6. 第七次光刻金属$M_3$层和第八次光刻过孔**

第七次光刻用PECVD沉积第二层介质层,用溅射方法制作金属$M_3$层,光刻出金属$M_3$层的图形如图9.20(g)所示。

第八次光刻过孔。先用PECVD制作第三层介质层。光刻刻蚀出接触孔,如图9.20(h)所示。在金属$M_3$层形成第三层介质层的孔,用于$M_3$金属的引线用;在源漏金属$M_2$上面形成第二层和第三层介质层的孔,用于像素电极与漏极接触用。

## 7. 第九次光刻像素电极

第九次光刻像素电极。溅射 ITO 后，光刻出像素电极图形及连接处 ITO 图形，如图 9.20(i)所示。

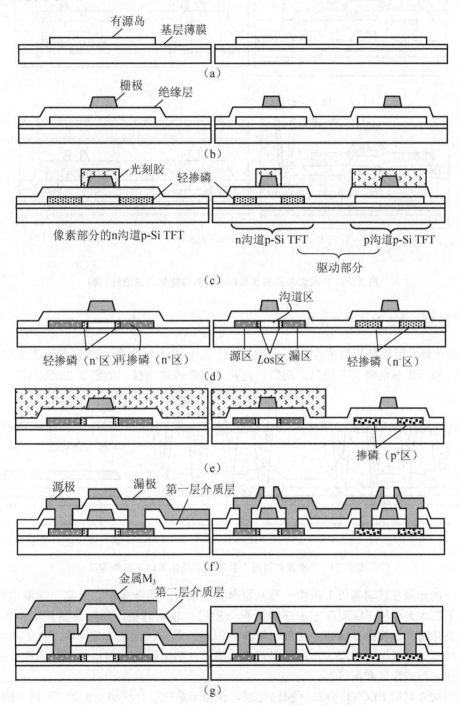

图 9.20  9次光刻顶栅多晶硅薄膜晶体管的工艺流程

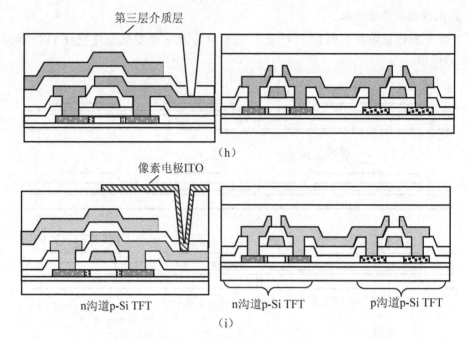

图9.20 9次光刻顶栅多晶硅薄膜晶体管的工艺流程(续)

### 9.1.8 采用5次光刻的工艺流程

5次光刻采用顶栅及传统存储电容结构，工艺流程类似非晶硅薄膜晶体管的工艺。5次光刻分别为源漏电极、有源岛、栅极、过孔、ITO像素电极，如图9.21所示。

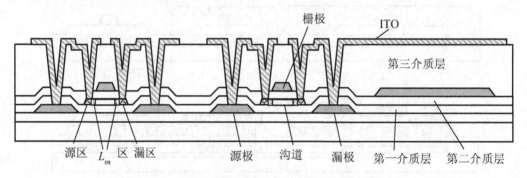

图9.21 5次光刻顶栅多晶硅薄膜晶体管的工艺流程

第一次光刻在玻璃基板上沉积一层基层薄膜，溅射源漏金属层，光刻出源漏电极及信号线。第二次光刻用PECVD方法连续沉积介质层、非晶硅层，利用高温环境去氢处理，再激光晶化转变成多晶硅薄膜，光刻出有源岛图形。第三次光刻先用PECVD方法沉积绝缘膜，相当于第二层介质层。再用溅射栅极金属层光刻出栅极及扫描线。利用栅极掩膜遮挡离子注入形成源区和漏区。

第四次光刻用PECVD方法沉积钝化层，相当于第三层介质层，保护TFT。光刻形成需要的孔，让下面金属暴露出来及形成相应的连接。孔有两种：第一种是需要连续刻蚀第三层介质层、第二层介质层、第一层介质层，露出源漏金属层；第二种是刻蚀第三层介质层，露出栅极金属层。

第五次光刻形成像素电极；并且用像素电极与多晶硅的源区和漏区接触，与源漏电极相连。

存储电容为传统结构，由栅极金属层和像素电极 ITO、中间夹着的第三介质层构成。

### 9.1.9 多晶硅薄膜晶体管的电学特性

#### 1. 电学特性的影响因素

在薄膜晶体管原理中介绍了主导薄膜晶体管的半导体现象是电导现象。电导用电导率表示，与载流子浓度和迁移率有关。非晶硅薄膜晶体管中载流子浓度几乎不变，而迁移率是决定晶体管性能的重要电学参数。多晶硅薄膜晶体管中载流子浓度和迁移率同时决定器件的性能。

电阻率是电导率的倒数，与掺杂浓度和迁移率有关。当掺杂浓度较低时，多晶硅的电阻率很高，一般在 $10^6 \sim 10^8 \Omega \cdot cm$ 左右，比单晶硅高出 4～6 量级；当掺杂浓度较高时，多晶硅的电阻率低，最低在 $10^{-4} \Omega \cdot cm$ 左右，与单晶硅比较相近；而在中间的掺杂浓度时，多晶硅是一个迅速变化的区域，在这段区域内，掺杂浓度微小的变化就会导致电阻率的较大变化。

多晶硅薄膜的电阻率与薄膜的结构有关。多晶硅薄膜由很多个晶粒组成，晶粒内原子是有序排列的，可以看成是一个小的单晶体。晶粒的形状不规则，大小分布不均匀，整体来看是无序的。晶粒和晶粒之间存在晶粒间界。由于原子在晶粒间界的无序排列，存在大量悬挂键和缺陷态，又称为陷阱。

总之，p-Si TFT 的电学特性较为复杂，取决于载流子浓度、迁移率、电阻率，还要受到界面陷阱及晶界势垒的影响。

#### 2. 导电模型种类

基于晶界陷阱效应和晶界势垒等，Seto 和 Baccarani 等人分别建立了多晶硅导电模型，有载流子陷阱模型、杂质分凝模型和晶界势垒模型，很好地解释了多晶硅的电学特性。

载流子陷阱模型认为在晶界附近存在着大量的悬挂键和缺陷，形成了高密度的陷阱。晶粒内电离产生的载流子容易被这些陷阱所俘获，使参与导电的载流子数目减少。陷阱本身不带电，是电中性的，在俘获了载流子后，陷阱成为带电中心并处于稳定状态，阻碍载流子从一个晶粒向另一个晶粒运动，减小了载流子迁移率。

杂质分凝模型认为晶粒内部和晶界的结构不同，晶粒内原子和晶界处原子的化学势也不同，掺杂的杂质在晶界处分凝。在掺杂过程中掺入的杂质将有部分沉积在晶界处，直到晶界饱和才向晶粒内部延伸。分凝在晶界处的掺杂杂质不呈现电学活性。因此，载流子浓度低于掺杂水平。

晶界势垒模型认为晶界具有一定的能量，载流子从一个晶粒向另一个晶粒运动需要克服晶界间的势垒。势垒高会导致阈值电压升高。

#### 3. 晶界势垒模型

在多晶硅材料中，晶粒具有不规则形状，导致材料中存在晶界。晶界处的载流子陷阱可以俘获电荷，形成能带弯曲，出现界面势垒。陷阱在初始状态是中性的，通过俘获载流子而带电荷。载流子被陷阱俘获后产生一个耗尽区。

在多晶硅薄膜中进行掺杂，掺杂的原子完全电离，产生的载流子首先被陷阱俘获，随着掺杂浓度 $N_D$ 的增加，俘获的电荷越来越多。这就必然存在一个临界的掺杂浓度 $N_D^*$，掺杂的原子完全电离产生的载流子正好全部填满晶粒间界的陷阱。当掺杂浓度 $N_D<N_D^*$ 时，载流子完全被陷阱俘获，多晶硅薄膜为完全耗尽状态，没有可动的载流子存在；当掺杂浓度 $N_D>N_D^*$ 时，载流子部分被陷阱俘获，多晶硅薄膜为部分耗尽状态，有一些载流子可以在薄膜内自由运动参与导电。界面势垒的高度和掺杂的杂质能级位置和晶粒大小有关，能带图如图 9.22 所示。

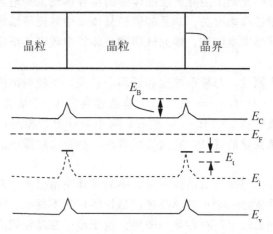

图 9.22 多晶硅的能带图

$E_B$ 为晶界的势垒高度；$E_t$ 为掺杂的杂质能级；$E_F$ 为费米能级；$E_c$、$E_v$、$E_i$ 分别为多晶硅的导带、价带及禁带中心线。晶界势垒高度 $E_B$ 与掺杂浓度有关，随掺杂浓度 $N_D$ 增加而线性增加，在 $N_D=N_D^*$ 达到最大值，然后随 $N_D$ 快速降低。

当掺杂浓度 $N_D$ 低于临界掺杂浓度 $N_D^*$ 时，晶粒全部耗尽，晶界的势垒高度 $E_B$ 为：

$$E_B = qV_B = q^2 L^2 N_D / 8\varepsilon \tag{9.1}$$

式中，$L$ 为晶粒的大小；$\varepsilon$ 为多晶硅的介电常数。

当晶粒部分耗尽时，掺杂浓度临界掺杂浓度 $N_D^*$ 时，陷阱被全部填满，则晶界势垒为：

$$E_B = qV_B \approx q^2 N_t / 8\varepsilon N_D \tag{9.2}$$

薄膜内有可动载流子，费米能级在陷阱能级之上，电导率为：

$$\sigma = \frac{q^2 L n_0 v_c}{kT} \exp\left(-\frac{E_B}{kT}\right) \tag{9.3}$$

式中，$N_t$ 为晶粒间界陷阱密度，$N_t = L \cdot N_D^*$，单位为 $cm^{-2}$；$n_0$ 为自由载流子的浓度；$v_c$ 为电子的运动速度，$v_c = (kT/2\pi m^*)^{1/2}$；$m^*$ 为电子的有效质量。

总之，当 $N_D<N_D^*$ 时，晶粒完全耗尽，$E_B$ 随着掺杂浓度的增加而线性增加；当 $N_D>N_D^*$ 时，晶粒部分耗尽，陷阱被全部填满，薄膜内有可动载流子，势垒随着掺杂浓度的增加而降低，晶粒间界陷阱效应与热电子发射理论结合，形成了多晶硅薄膜中载流子的传输现象。

## 9.2 氧化物薄膜晶体管

氧化物薄膜晶体管是一种以透明氧化物材料为有源层的薄膜晶体管,可以应用到超高清液晶显示器、有机发光显示器、电子纸、柔性显示器、透明显示器等产品中,将成为新一代显示技术的核心,具有超高精细、高速驱动和柔性等特点,已经引起广泛的关注,主要有氧化锌(ZnO)、铟镓锌氧(InGaZnO)、铟锌氧(InZnO)、铟锡氧(InSnO)等薄膜晶体管。

**引 例:** 氧化物薄膜晶体管的应用

2011年12月7~9日,在日本名古屋国际会场举办的第18届国际显示研讨会上,氧化物TFT成为焦点,三星、LG、东芝、索尼、友达光电等大公司都报道了氧化物薄膜晶体管的最新研究进展。韩国三星电子利用第7代生产线研制的70英寸IGZO(In-Ga-Zn-O)TFT基板,如图9.23所示。

图9.23 三星的IGZO TFT基板(www.oledw.com)

2011年12月26日,LG正式公布利用氧化物半导体薄膜晶体管开发出的55英寸的电视有机发光显示面板,如图9.24所示。它即轻又薄的有机面板厚度不到5mm,对比度达到十万比一以上,像素响应度也达到1000倍以上,远高于液晶面板。在大幅度降低成本的同时,可以达到低温多晶硅薄膜晶体管面板同样优秀的画质。

图9.24 LG开发的55英寸TFT面板(www.ic72.com)

东芝移动显示器在塑料基板上制备非晶 IGZO TFT，试制出了柔性有机发光显示器。画面尺寸为 3 英寸，像素为 160×120，底发射型白色有机发光及结合彩色滤光片方式实现了全彩显示，如图 9.25 所示。

图 9.25　东芝试制的柔性有机发光面板(china.nikkeibp.com.cn)

三星在 2010 年制作了透明的印制 AMOLED 显示屏，采用氧化锌印制晶体管驱动，如图 9.26 所示。据称在关闭状态下，屏幕的透明度可达 40%，远高于公认的 25% 的"透明标准"，在未来笔记本、车载挡风玻璃、零售店广告等具有潜在的开发市场。

图 9.26　三星的透明氧化锌 TFT 的 AMOLED(www.cena.com.cn)

### 9.2.1　氧化物薄膜晶体管的特点

氧化物薄膜晶体管已经成为备受全球显示器技术人员关注的"新一代电子的基础材料"，与传统的非晶硅薄膜晶体管相比有很多优势。

(1) 可见光的透过率较高，可以制备出完全透明的 TFT 器件，使得显示器的画面更加清晰明亮。

(2) 电学特性优越，器件的响应速度、载流子迁移率都非常高。

(3) 禁带宽度比较大，很好地避免了光照对器件性能的影响。

(4) 薄膜均匀，为大屏幕化的实现提供可靠的保证。

(5) 制备温度低，在接近室温的条件下也可以生长出高质量的氧化物 TFT 薄膜。

(6) 材料和工艺成本较低，可以在廉价的玻璃或柔性塑料上生长，节约了制作成本。

另外，氧化物材料既可以作为 TFT 的有源层，又可以作为栅极、源漏电极，还可以通过掺杂等手段控制载流子浓度，很好地控制电学特性。氧化物薄膜晶体管与几种常见晶体管性能对比见表 9-4。

表 9-4 几种薄膜晶体管特点的比较

| 半导体材料 | 氧化物 | 多晶硅 | 非晶硅 | 有机物 |
|---|---|---|---|---|
| 工艺温度 | 接近室温 | 大于550℃ | 350℃左右 | 接近室温 |
| 稳定性 | 好 | 较好 | 一般 | 差 |
| 迁移率/($cm^2$/Vs) | $1\sim10^2$ | $>10^2$ | $<1$ | $<1$ |
| 成本 | 低 | 高 | 一般 | 低 |
| 透明度 | 透明 | 不透明 | 不透明 | 不透明 |

金属氧化物薄膜晶体管的迁移率相对较高，制作工艺简单，一般为 4~6 次光刻，均匀性良好，容易满足大尺寸 AMOLED 显示器的要求。制备设备与现有的非晶硅薄膜晶体管的设备兼容，为显示技术的发展提供了更广阔的空间。但大范围实用化仍面临着困难，有电压应力导致的劣化、可见光和紫外线导致的劣化以及氧化效应等问题需要解决。

### 9.2.2 氧化物薄膜晶体管的制备方法

由于氧化物 TFT 的优越性和潜在的应用前景，许多公司和科研单位都投入很大的精力进行开发。有多种制备氧化物薄膜的方法。

**1. 磁控溅射法**

磁控溅射就是在磁场作用下用高能量的带电粒子轰击靶材表面，使靶材的原子或分子溢出，在基板表面沉积的过程。

**2. 脉冲激光沉积技术**

脉冲激光沉积就是利用脉冲激光轰击靶材表面，使靶材粒子被轰击出来，在基板上沉积制备薄膜的过程。成膜的过程分 4 个阶段：①激光轰击与靶材相互作用；②轰击出来的粒子的运动；③粒子的沉积过程；④薄膜在基板表面上的生长和成核。其特点是沉积速率较高、衬底温度低、生产的薄膜均匀好，便于制备多种薄膜材料。

**3. 分子束外延技术**

在超高真空条件下，将装有各种材料的容器加热升华，通过小孔准直后形成分子束或原子束，直接喷射蒸镀到适当温度的基板上，同时控制分子束对衬底扫描，便可使分子或原子有序地生长沉积成薄膜，是一种生长高质量晶体薄膜的技术。特点是薄膜生长速率较慢，有利于精确控制薄膜的厚度及掺杂浓度，使膜层成分和掺杂浓度可随初始源的变化而迅速调整。超高真空条件下有效避免了环境的污染，可以生长出质量很好的外延层薄膜。

**4. 溶胶-凝胶法**

溶胶-凝胶法是将所需原料分散在溶剂中，经过水解等反应生成活性单体，单体聚合形成溶胶，进而生成有一定结构的凝胶，经过干燥和热处理制备出所需的薄膜。特点是：①由于溶胶-凝胶法中所用的原料分散到溶剂中形成低黏度的溶液，可以在很短的时间内获得分子水平的均匀性；②经过溶液反应很容易均匀定量地掺杂一些所需的微量元素，实现分子水平的均匀掺杂；③溶胶-凝胶体系中组分在纳米范围内扩散，反应更容易进行，所需温度较低。

**5. 涂布法**

涂布法是将制备薄膜所需的材料以特定的方式涂覆在基板上生长薄膜。涂布的方法有浸渍涂布法、旋转涂布法、喷雾涂布法等。涂布法制备的薄膜具有良好的稳定性,工艺简单,制作成本较低。

除此外还有其他的方法,如 PECVD 法、CVD 等。随着科技的发展制备方法不断地创新和改进,制备的薄膜晶体管性能也得到很大的改善。

### 9.2.3 氧化物薄膜晶体管的种类

氧化物薄膜晶体管按结构可分为底栅顶接触型、底栅底接触型、顶栅顶接触型、顶栅底接触型。按有源层材料的不同分为 ZnO TFT、IGZO TFT、ZnSnO TFT 等。

**1. ZnO TFT**

氧化锌(ZnO)为型 n 半导体材料,材料来源丰富,成本低,具有很好的光学和电学特性,也是最早用于研究氧化物 TFT 的材料。在 2001 年,日本岐阜大学率先制作出了基于溶液法的底栅型 ZnO TFT。利用激光脉冲沉积法制备 ZnO TFT 中,以氧化钨作为栅极介质,制作的 ZnO TFT 具有较好的透明度和温度稳定性。

**2. IGZO TFT**

非晶金属氧化物铟镓锌氧(IGZO)是一种 n 型半导体材料,禁带宽度为 3.5eV 左右。铟(In)是制备氧化物 TFT 有源层很有前途的材料,能为有源层提供充足的自由电子,具有较高的场效应迁移率。$In_2O_3$、$Ga_2O_3$、ZnO 按照一定比例(如 1:1:1)混合来制备 IGZO 薄膜,严格控制气体环境如氧气、湿度、真空等,改变退火工艺条件可以制备出优质薄膜和高性能晶体管。金属氧化物 IGZO TFT 的透明、均匀性好,显著提高了显示器的亮度和对比度,制作工艺简单,满足大尺寸的要求。

IGZO TFT 的性能直接影响显示器画面的显示质量,提高 IGZO TFT 性能已经成为主要的研究内容。主要有:①改善非晶金属氧化物 IGZO 沉积条件、控制退火温度和存放环境等;②改善栅极绝缘层和非晶金属氧化物 IGZO 形成的界面。栅极绝缘层表面粗糙度越低,表面的缺陷态越少,成膜的质量越高,TFT 的性能越好;③提高非晶金属氧化物 IGZO 钝化层性质。钝化层可以有效地阻挡外界环境中的水和氧气对非晶金属氧化物 IGZO 层的破坏,长时间保持 IGZO TFT 性能的稳定。

 **小提示:三星的 InGaZnO 透明 TFT 的性能**

三星的研究小组认为透明氧化物半导体 InGaZnO 比非晶硅和多晶硅 TFT 更具有优势。InGaZnO 比较容易制备高迁移率、均匀的非晶薄膜,可获得高的驱动电流,同时可减小器件间的不均匀性。而非晶硅容易获得均匀的薄膜,但迁移率低。多晶硅容易获得高的迁移率,但由于粒径和形状的不规则导致器件间薄膜特性均匀性差。

三星公司采用室温溅射的方法制作了 InGaZnO TFT。其沟道内薄膜为非晶薄膜,沟道宽长比为 $20\mu m/50\mu m$,载流子迁移率为 $10cm^2/Vs$,开关比为 $10^8$,关态电流为 1pA,绝缘层的泄漏电流为 10pA。在 5000 小时下一直施加电流,阈值电压漂移小于 2V。

### 3. ZnSnO TFT

氧化锌锡(ZnSnO)是一种宽禁带的透明氧化物半导体,禁带宽度达到 3.3~3.9eV,采用磁控溅射方法的制备,具有 ZnO 和 $SnO_2$ 的优点,有优良的光学和电学性质,且成本低,无污染,在可见光范围内透过率达到 80% 以上。

## 9.3 化合物薄膜晶体管

从 20 世纪 30 年代第一个薄膜晶体管诞生,直到现在各种薄膜晶体管的普遍应用,薄膜晶体管的研究工作已经经历了很长的历史。1935 年 P. K. Weimer 的第一个薄膜晶体管为采用硫化镉(CdS)的化合物薄膜晶体管。随后涌现出采用 CdSe 等半导体材料的化合物薄膜晶体管,为 TFT 的发展提供了一个很好的开端。下面简单介绍这两种化合物薄膜晶体管。

### 1. CdS TFT

硫化镉 CdS 的分子量为 144.46,是Ⅱ-Ⅵ族化合物,直接带隙半导体材料,具有纤锌矿结构,禁带宽度为 2.42eV。高纯度的 CdS 晶体是良好的半导体材料。但由于氧气的介入,氧气俘获导带中的电子,形成化学吸收,制备的本征 CdS 薄膜电阻较高。当温度达到 300℃时,氧气在晶界处存在化学吸收,导致电导率衰减,CdS TFT 的性能很低。制备 CdS 薄膜的方法有喷涂法、真空加热蒸发、化学浴沉积法(CBD)等。其中,根据 Ortega-borges 和 Lincot 提出的化学浴沉积法来制备 CdS 薄膜的生长机理如下。

1) $CdCl_2$ 与氨发生络合反应

$$Cd^{2+} + 4NH \cdot H_2O \Leftrightarrow Cd[NH_3]_4^{2+} + 4H_2O$$

2) 硫脲在碱性溶液中分解释放 $S^{2-}$

$$NH_2CSNH_2 + 2OH^- \rightarrow CH_2N_2 + 2H_2O + S^{2-}$$

化学浴沉积过程中,在溶液中和衬底上都会生成 CdS,但形成机制不同。

3) 溶液中反应

溶液中 $Cd^{2+}$ 和 $S^{2-}$ 自由离子浓度超过 CdS 时,$Cd^{2+}$ 和 $S^{2-}$ 在溶液中发生反应,生成 CdS 胶体。

$$Cd^{2+} + S^{2-} \rightarrow CdS$$

4) 衬底上反应

在碱性溶液中 $Cd[NH_3]_4^{2+}$、$OH^-$ 及硫脲扩散到衬底表面,分解释放 $S^{2-}$,在衬底表面生成 CdS 薄膜。

$$Cd[NH_3]_4^{2+} + S^{2-} \rightarrow CdS + NH_3$$

在氨水浓度不同时,生成的 CdS 薄膜性质不同。在氨水浓度为 0.1mol/L 条件下 CdS 薄膜的 SEM 照片如图 9.27 所示。在氨水浓度为 0.7mol/L 条件下 CdS 薄膜的 SEM 照片如图 9.28 所示。两种条件下制备的薄膜明显不同。

### 2. CdSe TFT

锡化镉(CdSe)分子量为 191.36,是一种宽禁带的半导体材料,熔点高于 1350℃。其载流子迁移率最高能达到 $400cm^2/Vs$。CdSe 的结晶温度很低,可以采用低温蒸镀沉积。CdSe 薄膜具有弱光敏性,光照引起的泄漏电流小,CdSe TFT 的开关比大。

图 9.27　氨水为 0.1mol/L 时 CdS 薄膜的 SEM 照片

图 9.28　氨水 0.7mol/L 时 CdS 薄膜的 SEM 照片

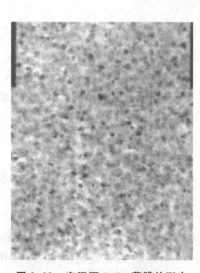

图 9.29　室温下 CdSe 薄膜的形态

CdSe TFT 的制备是在多个真空系统中完成的。半导体 CdSe 层的制备采用蒸发的方法。在真空度约为 $10^{-3}$Pa、蒸发速率为 0.1~0.2nm/s 条件下，利用热阻蒸发方式制备 15nm 的 CdSe 薄膜。室温下 CdSe 薄膜的形态如图 9.29 所示。

CdSe 薄膜晶体管的迁移率较高，但由于暴露在空气中，极易受到污染导致稳定性变差。提高稳定性的方法是在绝缘层和半导体层之间蒸镀一层薄膜，厚度为 0.1~0.6nm。经退火处理后，薄膜粒子有效地扩散到 CdSe 中形成掺杂元素，以提高器件的稳定性。三价元素 Al、Ga、In 的掺杂均可以引起 CdSe TFT 特性的变化。掺 In 对器件的性能改变较明显。In 原子的原子半径比较接近，在 CdSe 中代替部分 Cd 原子，晶格常数改变，减少了 CdSe 薄膜的缺陷。

化合物薄膜晶体管的材料中含有重金属元素，在生产过程和使用中对人体有一定的危害，会对环境产生非常大的危害。因此，随着信息社会的不断发展，科技的不断提升，化合物薄膜晶体管已经渐渐退出历史舞台。

## 9.4 有机薄膜晶体管

有机薄膜晶体管是一种采用有机半导体材料做有源层的薄膜晶体管,英文名称是 Organic Thin Film Transistors,简称为 OTFT。由于制作温度低、成本低、材料来源丰富,近年来发展非常迅速,在有源矩阵显示、集成电路和化学传感器等方面显示出广泛的应用潜力。

 **引例:** *索尼发布千次卷曲的 OTFT 驱动的 OLED 屏*

2010 年索尼发布 4.1 英寸的有机薄膜晶体管驱动的全彩柔性 OLED 屏,分辨率为 432×240,精细度为 121ppi,缠绕在 4mm 半径的圆柱上,在卷曲伸缩过程中可以显示清晰的动态图像,在反复卷曲 1000 次后,显示效果仍然不变,如图 9.30 所示。

2010 年 NHK 技研展出 OTFT OLED 面板,尺寸为 5 英寸,像素数为 QVGA(320×240),精细度为 80ppi,单像素尺寸为 318μm,如图 9.31 所示。

图 9.30 索尼公司可以卷曲的 OTFT OLED 显示器(www.cnbeta.com)

图 9.31 NHK 技研 OTFT OLED 显示器(www.OLEDW.com)

### 9.4.1 有机薄膜晶体管的特点和发展

**1. 有机薄膜晶体管的特点**

有机薄膜晶体管与非晶硅薄膜晶体管结构类似,不同的是有机薄膜晶体管采用有机半导体为有源层,具有很多优点。

1) 有源层材料广泛

有机材料来源广泛，发展潜力大。p 型有机半导体材料有上百种，具有很大的优势。n 型有机半导体材料相对比较少，主要有富勒烯系列、全氟代金属酞菁及其衍生物、全氟代烷基取代的齐聚物和全氟代并五苯等。通过对有机分子结构的修饰和改变，可以使有机薄膜晶体管的电学性能达到令人满意的结果。材料加工容易，可以实现分子的自组装。

2) 成本低

非晶硅薄膜晶体管的有源层采用等离子化学气相沉积（PECVD）方法制备，沉积中需要使用许多特气，而且真空设备复杂，设备成本及特气安全系统成本很高；而有机材料可以采用真空蒸发和印刷打印等方法制备，不需要使用特气，从而大幅度降低成本。

3) 工艺简单

a-Si∶H 薄膜在空气中容易氧化，一般需要采用特殊的清洗或连续成膜的方法，并且控制工艺时间，增加了工艺难度；p 型有机材料一般空气稳定性很好，而且制作方法容易，工艺流程简单。

4) 可以实现柔性显示

OTFTs 由于制作温度低，一般在 180℃ 以下，显著降低了能耗，可以制作在柔性衬底上，实现柔性显示。在一般弯曲或扭曲的情况下，性能不会发生显著变化。而 a-Si∶H 的制作温度比较高，一般在 400℃ 以上，只能制作在玻璃衬底上，难以实现柔性显示。

**2. 有机薄膜晶体管的发展**

1964 年，G. H. Heilmeier 等人在酞菁铜薄膜上第一次发现了场效应特征。1983 年，F. Ebisawa 等第一次在聚乙炔薄膜中观察到了场效应现象。但直到 1986 年，Tsumura 等才利用电化学方法制备聚噻吩器件，这是具有真正意义的有机薄膜晶体管，迁移率为 $10^{-5} cm^2/Vs$、阈值电压为 $-13V$、开关态电流比为 $10^3$。这一跨时代的进展开启了有机薄膜晶体管研究的大门。目前，利用 p 型有机半导体材料制备的器件，场效应迁移率超过了 $1cm^2/Vs$，开关电流比达到了 $10^8$，而有的并五苯材料制备的薄膜晶体管迁移率甚至可达到 $5cm^2/Vs$。有机薄膜晶体管的发展历程大概可以分为以下 3 个阶段。

第一阶段（1987—1993），重点研究有机半导体材料的性能和阐明有机薄膜晶体管的工作原理，提高有机半导体材料的纯度，增加导电聚合物的共轭长度，提高载流子迁移率，进一步提高器件的性能。

第二阶段（1993—1997），重点研究薄膜的形态、载流子的传输机理、器件的结构和新的制备技术等。采用高纯度的半导体材料和选择合适的衬底温度，提高有机薄膜晶体管的性能，并对具有高介电常数的绝缘层进行了深入的研究。

第三阶段（1997—至今），重点研究新的有机半导体材料的合成、薄膜形态结构的控制以及有机薄膜晶体管的集成等。在此期间，有机薄膜晶体管得到飞速的发展。

### 9.4.2 有机薄膜晶体管的半导体材料

有机薄膜晶体管的核心是有机半导体材料，直接影响器件的性能。有机半导体材料按照传输电子或者空穴分为 n 型和 p 型两种；按照分子量的大小分为小分子半导体材料和聚合物半导体材料。有机小分子半导体材料分子量在 500~2000，可以采用真空蒸镀的方法制备，迁移率较高。聚合物半导体材料通常采用旋涂、喷墨打印等方法成膜，工艺简单、成本低，但溶液加工的薄膜迁移率稍低。代表性的高迁移率有机半导体材料主要有并五苯、并四苯、酞菁化合物、聚噻吩、六噻吩等，分子结构如图9.32所示。

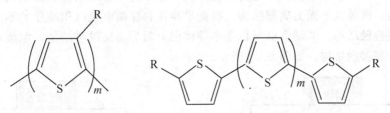

图 9.32　代表性的高迁移率有机半导体的分子结构图

1. 并五苯

并五苯(pentacene)是研究最广的有机小分子的薄膜晶体管材料，属于稠环化合物的一种，由 5 个并联的苯环紧密排列组成，不溶于水，在热的芳香溶剂中也是不溶的。从 20 世纪六七十年代开始研究，在 1991 年法国国家科学院的 Garnier 组筛选出来作为 OTFTs 的半导体材料，但载流子迁移率很低。2003 年 3M 公司的 Kelley 等人采用真空蒸镀的方法，优化薄膜加工条件，制作的并五苯薄膜晶体管迁移率达到了 $5cm^2/Vs$ 以上，已经超过了商业化的非晶硅薄膜晶体管。

但并五苯由于特殊的分子结构，一方面在光照或水氧的环境下化学稳定性不好；另一方面容易升华挥发欠缺物理稳定性，需要人们进一步深入研究。

2. 酞菁化合物

酞菁化合物是一种重要的有机小分子材料，属于有机染料类，化学和物理稳定性比较好，在图形化加工和工作环境等方面的要求比较宽松，受到了广泛的关注。代表性材料有酞菁铜、酞菁锌、酞菁铁、酞菁铂、酞菁镍、酞菁锡、酞菁氧钒和自由酞菁等。它具有高度结晶性和容易升华的特点、良好的光学性质、禁带宽度为 1.9eV，电导率约为 $10^{-10} S \cdot cm^{-1}$。

3. 聚合物材料

聚合物材料具有溶液加工容易、较好的成膜特性、结构的可调节性等优点，也是人们研究的重点。1986 年制作了第一个基于聚噻吩(P3HT)的 OTFT，通过在噻吩骨架上连接烷基链，提高聚合物在有机溶剂中的溶解度。Sirringhau 等人报道的基于 P3HT 的有机薄膜晶体管器件迁移率达到了 0.1 cm²/Vs，但 P3HT 薄膜在空气中不稳定，必须在氮气下才能获得较高的迁移。除了聚噻吩及其衍生物外，还有聚合物 PQT、PTTT-14、PPV、MEH-PPV 等。

虽然有机半导体材料的研究取得了巨大的进展，但仍有许多问题需要解决，需要较高迁移率和在空气中稳定的器件，且大多数材料难溶和熔点较高，溶液成膜技术困难等。但由于有机薄膜晶体管独有的质轻价廉，柔韧性好等优点，使其在显示领域具有非常好的应用前景。随着科技的进一步发展，相信对有机薄膜晶体管材料的研究会取得更为巨大的突破。

### 9.4.3 有机薄膜晶体管的结构和薄膜制备工艺

有机薄膜晶体管根据栅极所处的位置不同可以分为顶栅结构和底栅结构，栅极在上面为顶栅结构，栅极在下面为底栅结构。根据半导体和源漏电极沉积顺序的不同又可以分为顶接触和底接触结构。源漏电极沉积在半导体层上面为顶接触接结构，源漏电极位于半导体层下面为底接触结构，如图 9.33 所示。

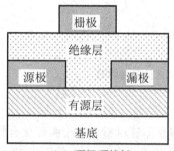
（a）顶栅顶接触

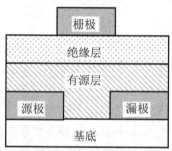
（b）顶栅底接触

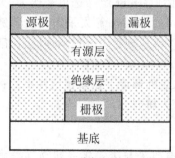
（c）底栅顶接触

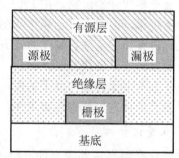
（d）底栅底接触

图 9.33　4 种不同结构的有机薄膜晶体管

有机薄膜晶体管的薄膜制备工艺有很多种，主要有基于有机小分子材料的真空蒸镀法和基于聚合物材料的溶液成膜技术。真空蒸镀法是将蒸镀材料在真空室的蒸发舟内加热蒸发，形成分子或原子在基板表面沉积成膜。制备的薄膜一般为无定形结构的非晶薄膜，纯度较高、均匀性好、迁移率高、受外界污染较小。溶液成膜技术包括旋涂法、喷墨打印法等。旋涂法是将待涂溶液滴洒在基片中间，让基片高速旋转而使溶液从中间分散到基片边缘，形成一层薄膜覆盖在基板表面，便于操作，工艺简单，图案制作困难，材料浪费较严重。喷墨打印技术不需要掩膜板，材料利用率高，适于制备大面积有机电子器件，是目前的主流研究技术。

## 本 章 小 结

薄膜晶体管（Thim Film Transistor，TFT）是利用半导体的薄膜材料制成的绝缘栅场效应晶体管。一般按制作材料的不同可将薄膜晶体管主要分为非晶硅薄膜晶体管、多晶硅薄膜晶体管、氧化物薄膜晶体管、化合物薄膜晶体管和有机薄膜晶体管。

1. 多晶硅薄膜晶体管

多晶硅薄膜晶体管包括高温多晶硅和低温多晶硅薄膜晶体管两种。低温多晶硅制备温度低于600℃，发展迅速，特点是高迁移率、容易p型和n型掺杂、容易实现周边驱动电路一体化、自对准结构、抗光干扰能力强、抗电磁干扰能力强。但关态泄漏电流大，为降低关态的泄漏电流，p-Si TFT 的像素设计了不同的结构，多数采用自对准结构和LDD结构。存储电容有传统结构和叠层结构。叠层存储电容叠在TFT上面，以保证足够的存储容量，使开口率增大。低温多晶硅的工艺要比非晶硅工艺复杂，有8次光刻、9次光刻和5次光刻的工艺流程等。

2. 氧化物薄膜晶体管

氧化物薄膜晶体管是一种以透明氧化物材料为有源层的薄膜晶体管，主要有氧化锌（ZnO）、铟镓锌氧（InGaZnO）、铟锌氧（InZnO）、铟锡氧（InSnO）等，透过率高、迁移率高、薄膜均匀、制备温度低。氧化物材料可以作为有源层，可以作为栅极、源漏电极，还可以掺杂控制载流子浓度。

3. 化合物薄膜晶体管

化合物薄膜晶体管是一种采用化合物半导体材料为有源层的薄膜晶体管，主要有CdSe TFT 和 CdS TFT 两种。化合物薄膜晶体管的材料中含有重金属元素，在生产过程和使用中对人体有一定的危害，会对环境产生非常大的危害，已经渐渐退出历史舞台。

4. 有机薄膜晶体管

有机薄膜晶体管是一种采用有机半导体材料作有源层的薄膜晶体管。由于制作温度低、成本低、材料来源丰富，近年来发展非常迅速，在有源矩阵显示、集成电路和化学传感器等方面显示出广泛的应用潜力。有机半导体材料按照分子量的大小可分为小分子半导体材料和聚合物半导体材料。代表性的高迁移率有机半导体材料主要有并五苯、并四苯、酞菁化合物、聚噻吩、六噻吩等。

## 本 章 习 题

一、填空题

1. 多晶硅薄膜的制备方式有很多，主要有4种，为_____、_____、_____和_____。

2. 多晶硅薄膜晶体管为_____层导电沟道。沟道区为p型掺杂，当栅极加上

_____电压时,形成_____沟道为开态。

3. 为降低关态泄漏电流,p-Si TFT 的像素设计了不同的结构,有交叠结构、_____、偏移结构、_____、_____、_____、_____。

4. 多晶硅薄膜晶体管周边驱动的 CMOS 电路由_____和_____p-Si TFT 构成。

5. 低温多晶硅薄膜晶体管的存储电容结构主要有_____和_____。

6. 当存储电容由两个并联的存储电容相叠构成,一个存储电容 $C_{s1}$ 由_____和_____、中间夹着的 $SiN_x$ 介质层构成;另一个存储电容 $C_{s2}$ 由_____和_____、中间夹着的第三介质层构成。

7. 氧化物薄膜晶体管薄膜的制备方法主要有 5 种,_____、_____、_____、_____和_____。

8. 有机薄膜晶体管半导体材料一般有两大类,_____和_____。

9. 根据栅电极位置和源漏电极及半导体的相对位置不同,有机薄膜晶体管的结构分为_____、_____、_____和_____4 种。

10. 在有机薄膜的制备工艺中,有机小分子材料常采用_____方法制备,聚合物材料常采用_____方法制备。

二、名词解释

固相晶化、磁控溅射、脉冲激光沉积、分子束外延、溶胶-凝胶、真空蒸镀、旋涂技术、交叠结构、自对准结构、偏移结构、LDD 结构、部分 a-Si:H 沟道结构、子栅极结构、多栅极结构、叠层存储电容

三、简答题

1. 简述低温多晶硅薄膜晶体管特点。
2. 简述低温多晶硅技术的挑战。
3. 简述低温多晶硅薄膜晶体管组成的 CMOS 驱动电路的优点。
4. 简述偏移结构的制作过程。
5. 简述薄膜晶体管沟道上面的金属层 $M_3$ 有哪两种作用。
6. 简述自对准结构的优点。
7. 简述叠层存储电容的组成及等效电路。
8. 简述氧化物薄膜晶体管的特点。
9. 简述提高 IGZO TFT 性能的方法。
10. 简述有机薄膜晶体管的特点。

四、思考题

1. 思考采用 8 次光刻的多晶硅薄膜晶体管的工艺流程与非晶硅薄膜晶体管的不同。
2. 思考采用 9 次光刻的多晶硅薄膜晶体管的工艺流程技术关键。
3. 思考采用 5 次光刻的多晶硅薄膜晶体管的工艺流程的难点与特点。
4. 试画出 9 次光刻的多晶硅薄膜晶体管的等效电路图。
5. 分析叠层存储电容带来的优点和工艺特点。

# 第 10 章

# 有机发光显示原理

有机发光显示器是采用有机材料制成的一种有机发光二极管,也是在电注入下发光的主动发光显示器。由于它具有驱动电压低、发光亮度高、响应速度快、对比度高、厚度薄、成本低、可以制作成大尺寸、柔性显示等优点,很有可能成为新一代显示的主流。由于其核心器件是发光二极管,本章通过有机和无机对比的方式介绍有机发光显示的材料、原理和结构,深入学习有机材料有什么特性,有机发光二极管是怎样发光的,有哪些器件结构。

教学目标

- 了解有机发光显示的特点及面临的技术挑战;
- 了解有机半导体材料的特点;
- 掌握有机发光二极管的发光原理;
- 了解有机发光显示的器件结构。

教学要求

| 知识要点 | 能力要求 | 相关知识 |
| --- | --- | --- |
| 有机发光显示特点 | (1) 了解有机发光显示的特点<br>(2) 了解有机发光显示面临的问题 | 液晶显示基础 |
| 有机材料的半导体性质 | (1) 了解分子轨道理论<br>(2) 掌握有机材料的半导体性质 | 半导体物理 |
| 发光原理 | (1) 了解无机二极管的发光原理<br>(2) 掌握有机材料的电致发光原理 |  |
| 器件结构 | (1) 了解器件结构的特点<br>(2) 掌握各层的作用 |  |
| 小分子 OLED | (1) 掌握小分子 OLED 与 PLED 的区别<br>(2) 了解有机小分子材料特点 | 有机材料性质 |
| 高分子 PLED | (1) 了解聚合物材料的性质<br>(2) 掌握 PLED 的发光原理<br>(3) 了解 PLED 的结构 | 高分子物理 |

### 推荐阅读资料

[1] 黄春辉，李富友，黄维. 有机电致发光材料与器件导论[M]. 上海：复旦大学出版社，2005.
[2] 腾枫，侯延冰，印寿根，等. 有机电致发光材料及应用[M]. 北京：化学工业出版社，2006.

### 基本概念

**有机发光显示**：Organic Light Emitting Display，缩写为 OLED，是采用有机材料（小分子或聚合物）制成的主动发光显示器。其核心器件是发光二极管，又称有机发光二极管显示（Organic Light Emitting Diode，OLED）。它又是在电注入下载流子复合发光的器件，又称为有机电致发光显示（Organic Electroluminesence Display，OELD）。

**无机发光二极管**：Light Emitting Diode，缩写为 LED，采用无机材料构成 pn 结或异质结的半导体二极管。如磷化镓二极管发绿光，碳化硅二极管发黄光，磷砷化镓二极管发红光等。

### 引例：大尺寸 OLED 电视

2012 年 1 月 10～13 日于美国拉斯维加斯举行的消费电子展会"2012 International CES"上，韩国两大厂商 LG 电子和三星电子展示了当前全球最大的 55 英寸 AMOLED 电视，如图 10.1 和图 10.2 所示。标志着 OLED 技术在逐渐迈入成熟，并扩展应用到平板计算机与平板电视等消费领域。

图 10.1　韩国 LG 电子 55 英寸的 OLED 电视（china.nikkeibp.com.cn）

图 10.2　韩国三星电子 55 英寸的 OLED 电视（china.nikkeibp.com.cn）

LG 电子的这款电视被美国 ABC 电视台 "Good Morning America" 评为 2012 年最热门产品之一,并被美国 MSNBC "News Nations" 称为 "史上最好" 的电视产品。其厚度不足一支钢笔厚,仅 4mm;重量只有 7.5kg,是相同尺寸液晶电视的一半;分辨率为 1920×1080,每一个像素都配备一个氧化物半导体 TFT 作开关器件的 AMOLED;结合白色有机发光器件,RGBW 四色彩膜实现彩色显示。画面更加明亮,呈现纯正的黑色,没有丝毫残像,是迄今为止所见过的最亮、最薄的电视,画质和设计方面都达到了前所未有的水平。

三星采用分涂 RGB 三色的 OLED 电视,实现的彩色显示像素为 1920×1080,命名为 "Super OLED" 和 "Ultimate TV",具有色彩更加逼真、动态显示效果更加出众的画面,外观设计方面更加超薄,可以彻底摆脱动态残影的困扰,意味着 OLED 电视即将走进人们的生活。

## 10.1 有机发光显示特点

有机发光显示就是利用有机材料制成的一种电致发光显示器。在电场驱动下,注入电子和空穴在发光层复合发光实现显示的技术。其结构和发光原理与无机发光二极管类似,因此称为有机发光二极管(Organic Light-Emitting Diode,OLED)。根据有机材料分子量的不同分为两种,采用有机小分子材料制成的发光二极管称为小分子 OLED,聚合物材料制成的发光二极管称为 PLED(Polymer Light-emitting Diode)。常说的 OLED 是二者的统称。

 **发现故事:有机电致发光的研究起源**

OLED 技术的研究起源于邓青云博士(Dr. Ching Yun Deng)的一次意外发现。邓青云博士出生于香港,1975 年在康奈尔大学获得物理化学博士学位。同年,他加入柯达公司从事研究工作。1979 年的一天晚上,邓青云博士在回家的路上忽然想起有东西忘记在了实验室。回到实验室后,发现在黑暗中的一块做实验用的有机蓄电池在闪闪发光。从此,开始了对 OLED 的研究热潮。

1. 有机发光显示的发展

1963 年,美国 New York 大学的 Pope 等人第一次报道了有关 OLED 的发光现象。以电解质溶液为电极,在蒽单晶两侧加 400V 直流电压,首次观察到了蒽的蓝色电致发光,拉开了有机发光研究的序幕。但由于过高的电压及不佳的发光效率,有机电致发光一直处于停滞和缓慢发展的状态中,并没受到太多的重视。

1987 年,美国柯达公司的 C. W. Tang 和 S. A. VanSlyke 在溅射了氧化铟锡(ITO)的玻璃上连续真空蒸镀芳香族二胺衍生物和 8—羟基喹啉铝($Alq_3$)两层有机薄膜,ITO 作阳极,蒸镀镁铝合金(Mg:Al)作阴极,制作出绿色有机电致发光器件。在驱动电压低于 10V 下,外量子效率达到 1%,发光效率为 1.5 lm/W,亮度大于 $1000cd/m^2$,这在亮度和效率上发生了质的飞跃,开辟了低工作电压和高亮度的商业应用,让人们看到一线新的曙光,被誉为有机电致发光发展的里程碑,标志着实用化时代的开始。

1990 年,英国剑桥大学的 Burroughes 等人用涂布方式将高分子聚合物应用到 OLED 上,称为聚合物发光二极管(Polymer LED,PLED),又一次引起了研究的热潮,更确立了 OLED 在 21 世纪产业中所占有的重要地位。1992 年剑桥成立的显示公司 CDT(Cambridge Diusplay Technology)开始了聚合物与小分子 OLED 并行的研发之路。

1994年，J. Kido等人利用稀土配合物研制出发纯正红光的OLED，亮度达460cd/m²。采用蒸镀的n(Eu(BDM)$_3$(Phen))：n(PBD)=1：3的掺杂膜作发光层，属于稀土金属Eu$^{3+}$的发光。

1998年，M. A. Baldo等人采用荧光染料掺杂制备了有机发光器件，使发光效率开始飞速提高。

1999年，OLED首度商业化，主要应用在手机主屏和副屏、汽车音响、MP3和MP4、数码相机和车载仪表等方面。

2005~2006年，OLED发展走入低谷，原因是液晶显示器的降价及广视角技术的发展和响应时间的提升。各公司纷纷退出OLED产业或停产，仅能固守手机等小尺寸领域，成为OLED发展的寒冬时期。

2007年底，SONY推出11英寸的OLED电视XEL-1，采用了顶发射、彩膜、微腔结构的AMOLED，响应速度比LCD快1000倍，节约40%电能，寿命达到3万小时，按每天观看8小时计算，可使用10年，是LCD寿命的两倍，成为有机半导体工业发展的强大推动力，是OLED走向产业化的开春第一步。

2008年，清华大学解决了OLED屏的高真空、力学振动冲击、高低温、电磁干扰等技术问题，并首次应用于神舟七号航天员的航天服，用于显示宇航员舱外行走时的状态数据，展现了OLED屏的更大、更薄、更省电、更能耐受高低温，显示色彩更艳丽的特点。

2009年，在CES(美国消费电子展)上，索尼、三星、LG等纷纷展示多款15~32英寸OLED电视。许多厂商开始扩大AMOLED的应用范围，从笔记本电脑到薄型平板电视等大尺寸显示领域都开始崭露头角。

2. 有机发光显示的特点

有机发光显示器近年来广泛受到人们的青睐，由于具有重量轻、厚度薄、无视角、能耗低、响应速度快，具有很好的应用前景。与CRT为代表的第一代显示器和LCD为代表的第二代显示器相比，有机发光显示器有着突出的技术特点。

1) 材料广泛

有机材料按照材料的结构和分子量的大小可以分为有机小分子和有机高分子材料，每种材料种类繁多，选择的范围宽。同时材料的性能可以通过结构设计进行优化，实现由蓝光到红光多种颜色的显示。

2) 能耗低

OLED是自发光显示，不需要背光源；发光效率高、亮度也比LCD大得多，只需要3~5V的驱动电压，能耗比LCD低；对比度大，色彩效果好，没有视角的问题，在很大范围内观看显示画面都不失真。

3) 成本低

LCD的制作工艺需要200多道工序。OLED的制作工艺需要80多道工序。OLED对材料和工艺的要求比LCD低1/3。因此OLED制作工艺简单、使用的原材料少，材料成本和制作成本都比LCD低很多。

4) 厚度薄，重量轻

OLED显示是在衬底上制作发光材料形成薄膜型自发光显示器件，不需要背光源，不需要液晶显示一样的液晶盒。厚度很薄，可以小于1mm，是液晶屏厚度的1/3，重量也很轻。

5) 响应速度快

OLED 的响应速度为微妙量级，而 LCD 的响应速度为毫秒量级，整整比 LCD 的响应速度快 1000 倍，更适合视频播放及动画游戏等。OLED 还具有低温特性好，在零下 40℃ 仍能正常显示等特点。而液晶显示的响应速度随温度发生变化。低温下，响应速度变慢，显示效果不好。

6) 可实现柔性显示

OLED 采用真空蒸镀、旋涂或者印刷打印等方法制作薄膜，成膜温度低，可制作在柔性，如塑料、聚酯薄膜或者胶片等衬底上。采用的材料具有全固态特性，无真空、无液态成分，抗振动性强，容易弯曲或折叠，可实现超薄、柔性显示。

 **小提示：**

由于目前在柔性衬底上的成膜等工艺技术还未成熟，可卷曲的柔性显示器还没有商品化，但显示样机频频出现。

3. OLED 产业化的技术瓶颈

显然，OLED 在很多方面表现出优秀的性质，但 OLED 的发展还处于缓慢发展阶段，产业化存在一些技术瓶颈。

1) 材料稳定性和寿命问题

OLED 的寿命与有机发光材料本身有很大关系。影响寿命的主要原因是有机材料的化学老化、驱动时发热使有机材料结晶、电极/有机膜或有机膜/有机膜界面老化、非晶态有机膜的不稳定性等。需要进一步改善材料稳定性和开发新的材料体系，特别是提高蓝光材料的寿命与效率。

2) 驱动技术问题

OLED 在小尺寸、单色和彩色无源矩阵的 OLED 面板方面得到了率先应用和一席市场。但在大尺寸化和高清晰化方面存在严重的技术局限。在器件尺寸变大后会出现驱动形式、扫描方式下材料的寿命和显示屏发光变化等问题。有源矩阵的驱动技术成了最为关键的一步，但 OLED 是电流驱动型，需要在 TFT 的电路和材料上做特殊的考虑，非晶硅的迁移率低，最有希望的驱动技术是电子迁移率高的低温多晶硅驱动技术。但低温多晶硅(LTPS)TFT 又存在薄膜和性能的不均匀、成品率低等问题。目前大部分 OLED 的有源驱动技术采用的是均匀性好的多个非晶硅补偿 TFT 驱动技术。

3) 成本问题

在显示面板上需要解决局部不均匀与面板整体不均匀问题、面板的分辨率问题、面板的超薄薄膜化问题、薄膜的封装问题和低成本化工艺问题，诸多问题的存在导致生产成品率低，成本高。7 英寸以上的 OLED 产品与 LCD 的成本或价格差距可达到几十倍，真正主导市场还面临很大困难。

4) 设备制造问题

多数公司使用 3.5 代和 4.5 代玻璃基板，要降低有机显示面板的成本，以及要实现屏幕大型化，必须采用大尺寸玻璃基板。同时提高生产效率和产量需要使用更大的设备，因此设备制造面临着严峻的挑战。

另外,喷墨打印技术、彩色化技术还需进一步研究,设备也需要进一步改进。相信随着技术的飞速发展,OLED 成为第三代显示器的主流只是迟早的事情。

## 10.2 有机材料的半导体性质

有机材料具有很好的性质,可以用于制作电致发光器件。

(1) 无机发光二极管采用外延生产技术在半导体衬底上制作发光层材料,无法制造出高分辨率的显示器。有机发光二极管采用蒸镀技术等,材料加工性好,可在任何基板上成膜。

(2) 很多有机材料的发光效率很高,特别在蓝光域,荧光效率几乎达到100%。

(3) 有机材料的分子结构具有多样性与可塑性,经过化学结构的设计,可以调变有机材料的热性质、机械性质、发光性质与导电性质,有很大的发展和应用空间。

用于制作电致发光器件的有机材料属于有机半导体材料的一类,本节从有机和无机对比的方式来分析有机半导体材料的物理性质。

### 10.2.1 无机半导体基础

无机半导体从材料种类及物理性质方面都发展得相当成熟。在 20 世纪 60 年代无机半导体飞速发展的同时,开始了有机材料性质和应用方面的研究。在很多方面,有机材料与无机半导体有一定的相似性。为了利用无机半导体的相关知识,并从对比的角度理解有机材料的性质。先简单介绍一些无机半导体方面相关的基本知识和基本概念。

**1. 能带理论**

无机晶体由原子组成,每一个原子由原子核和外层电子组成。原子核按照一定规律周期性排列,外层的每一个电子在固定的原子核周期势场及其他电子的平均势场中运动。当原子周期性排列形成晶体时,相邻原子核之间的距离只有几埃。外层电子会有较大的交叠,使得外层电子不再局限在某一个原子上,而可以转移到其他原子上。因此,由于周期性排列的原子间相互作用,电子就不再为个别原子所有,而是为晶体中所有原子所共有,这种运动称为共有化运动。如图 10.3 所示,给出了假设 3 个原子组成的晶体,电子为 3 个原子共有化运动的示意图。

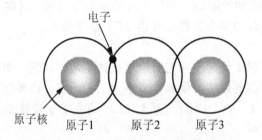

图 10.3 原子内外层电子共有化示意图

每个原子都有自己对应的能级,相同的原子具有相同的能级。以 3 个原子为例,当 3 个原子组成晶体时,一个原子上的外层电子由于共有化运动,可以在另外的两个原子上运动,相当于原本能量相同的能级产生了分裂,如图10.4所示。电子可以在分裂的这3个能级上运动。当由 $N$ 个原子组成时,原子的能级可以分裂成 $N$ 个能级,彼此间距非常近,可以认为能量是准连续的,称 $N$ 个能级组成了能带。

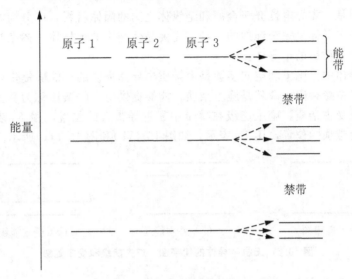

图10.4 能级分裂组成能带示意图

能带理论认为晶体中的电子是在整个晶体的周期性势场内作共有化运动,原本能量相同的能级分裂成很多个准连续的能级,构成了能带。每个能带包含很多个彼此靠得很近的能级。

**2. 价带和导带**

由价电子能级分裂而形成的能带称为价带,电子填满的价带称为满带。价带以上的能带在未被激发的情况下没有电子填入,称为空带。电子由某种原因受激进入空带,称为导带。不同能带之间有一定间隔,在这个间隔内电子处于不稳定状态,相当于一个禁区,称为禁带。价带中空的能态称为空穴,如图10.5所示。

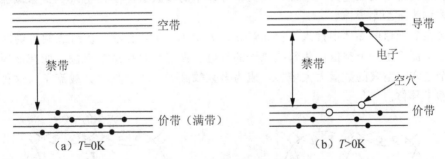

图10.5 半导体的能带图

导带中只有少量的电子,大多数的能级都是空着的,导带的最低能级称为导带底,用 $E_c$ 表示。在外电场的作用下,导带中的电子可以自由运动,能够导电。价带中几乎都被电子填满,被电子占满的最高能带称为价带顶,用 $E_v$ 表示。填满的能带中的电子不能在固体中自由运动,当热运动或者受到激发后电子跃迁到导带上,价带上留下一个空穴。在外电场作用下，价带中相当于空穴运动，能够导电。一般 $E_c$ 和 $E_v$ 之间的间距为禁带宽度，用 $E_g$ 表示，如图 10.6(a) 所示。不同的半导体具有不同的禁带宽度 $E_g$、导带 $E_c$ 和价带 $E_v$。

### 3. 施主和受主

半导体材料是一类导电性介于金属和绝缘体之间的固体材料，可分为本征半导体和掺杂半导体。本征半导体是完全纯净的、具有完美晶体结构的半导体。掺杂半导体是在半导体中掺入一定的杂质后的半导体。

在掺杂半导体中，电子和空穴多数是由杂质半导体提供的。能够提供电子的杂质称为施主。如硅材料中掺杂磷，磷就是施主杂质；能够提供空穴的杂质称为受主，如硅材料中掺杂硼，硼就是受主杂质。施主能级在禁带中靠近导带底的位置，用 $E_D$ 表示；受主能级在禁带中靠近价带顶的位置，用 $E_A$ 表示，如图 10.6(b) 和图 10.6(c) 所示。

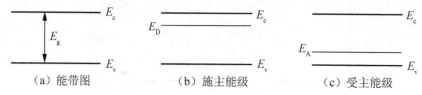

图 10.6 无机半导体的能带图、施主能级和受主能级

### 4. n 型和 p 型半导体

本征半导体中由于载流子数量极少，导电能力很低。常用的半导体材料有硅或锗，都是 4 价元素。在获得一定能量（热、光等）后，少量价电子可挣脱共价键的束缚成为自由电子，同时在共价键中就留下一个空穴。相当于导带中形成一个电子，价带中形成一个空穴，自由电子和空穴总成对出现，又不断复合。因此，本征半导体中，由于热运动，形成的自由电子和空穴很少。

掺杂半导体在掺入微量的杂质（某种元素）导电能力将大大增强。如果在硅或锗的晶体中掺入 5 价元素磷，如图 10.7(a) 所示。当某一个硅原子被磷原子取代时，磷原子的 5 个价电子中只有 4 个用于组成共价键，多余的一个电子很容易挣脱磷原子核的束缚而成为自由电子。自由电子的数量大大增加，成为半导体中的多数载流子，空穴是少数载流子，这种半导体称为 n 型半导体。

如果在硅或锗的晶体中掺入 3 价元素硼，如图 10.7(b) 所示，在组成共价键时将因缺少一个电子而产生一个空位，相邻硅原子的价电子很容易填补这个空位，而在该原子中便产生一个空穴。空穴的数量大大增加，成为多数载流子，电子是少数载流子，这种半导体称为 p 型半导体。

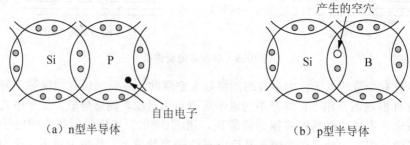

图 10.7 掺杂半导体示意图

在外加电场的作用下，n 型半导体中的大量自由电子和 p 型半导体中的大量空穴会沿着电场方向定向地运动。电子运动方向与电场方向相反；空穴运动方向与电场方向相同。因此掺杂半导体的导电能力大大提高，如图 10.8 所示。

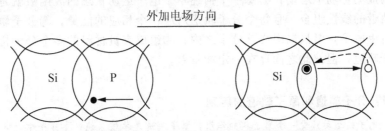

图 10.8　电场下载流子的运动(图中忽略了不可动的载流子)

### 10.2.2　分子轨道理论

在有机分子组成的体系中，多个原子组成一个分子，分子之间是通过较弱的范德华力作用而形成的固体，可以制备出松散、无定型非晶结构的薄膜。整个固体内的分子不再保持周期性排列，电子不在其中做共有化运动。较弱的分子间的相互作用使得电子局限在分子上，不易受其他分子势场的影响。因此，有机材料的能带结构、导电机理和载流子运动不同于无机半导体。

**1. 能态密度的高斯分布**

每一分子中的电子不再从属某个原子，而是在整个分子空间范围内运动，只受到分子中的原子核和其他电子平均电场的作用，运动的轨迹为一个分子轨道。组成有机体系的众多分子形成了多个分子轨道，如图 10.9(a) 所示。分子之间的相互作用使得不同分子的分子轨道存在一定的能量差。将固体中相同的分子轨道处于的能量按在固体中的数目作函数关系，就能得到有机固体的能态密度分布，呈现高斯分布，如图 10.9(b) 所示。

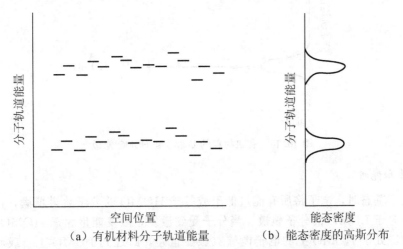

(a) 有机材料分子轨道能量　　(b) 能态密度的高斯分布

图 10.9　有机材料分子轨道能量及能态密度的高斯分布

(短横线代表分子轨道)

## 2. 分子轨道理论

分子轨道理论概括为：①在分子中的任何电子可以看成是在组成分子的所有原子核和其余电子所构成的势场中运动；②每一个描述单个电子运动状态的波函数就是一个分子轨道，是原子轨道的线性组合，且每个分子轨道对应一个相应的能量；③分子轨道中的电子是离域化的自由电子，但只局限在该分子之内；④组成有机材料的多个分子构成了多个能量相近的分子轨道，但彼此之间存在一定能量差。

 **小知识：分子轨道和原子轨道的区别**

在原子中，电子的运动只受一个原子核的作用，原子轨道是单核系统；在分子中，电子在构成该分子的所有原子核势场作用下运动，分子轨道是多核系统。

 **发现故事：分子轨道理论**

1932 年，美国化学家 Mulliken RS 和德国化学家 Hund F 提出了分子轨道理论(molecular orbital theory，MO)。该理论注意了分子的整体性，很好地解释了多原子的分子结构。

### 10.2.3 HOMO 和 LUMO 能级

从分子轨道理的能量统计分布可以看出，有机材料有两种特殊的分子轨道，最高占有分子轨道(Highest Occupied Molecular Orbital，HOMO)和最低未占有分子轨道(Lowest Unoccupied Molecular Orbital，LUMO)，如图 10.10 所示。

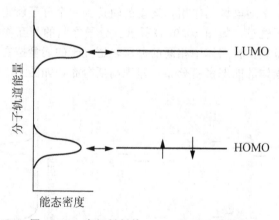

图 10.10 有机材料的 LUMO 和 HOMO 能级

## 1. 禁带和能级

分子处于基态时，电子将所有能量低于或等于 HOMO 的分子轨道填满，而空出所有能量高于或等于 LUMO 的分子轨道。当分子受到激发，激发能量大于 HOMO 和 LUMO 的能量差时，处于 HOMO 上的电子能够克服能量差，跃迁到 LUMO 上。或者从能量低于 HOMO 的轨道发起，跃迁到能量高于 LUMO 的轨道。

与无机半导体的能带相比，有机材料的 HOMO 和 LUMO 轨道分别可以看作无机半导体的价带顶 $E_v$ 和导带底 $E_c$。且 HOMO 和 LUMO 之间没有其他的分子轨道，电子不可能处于二者之间其他的能量状态，两者之间的能隙也类似于半导体中的"禁带"。HOMO 和 LUMO 轨道又称为 HOMO 和 LUMO 能级。

2. 给体和受体

在有机材料中，失去电子能力强的分子称为给体(donor)，得电子能力强的分子称为受体(acceptor)。有机材料中给体失去一个电子后，HOMO 轨道就空出来了，相当于在 HOMO 轨道上产生了一个空穴；受体得到一个电子后，分子的 LUMO 轨道上就填充了一个电子。

### 10.2.4 有机材料的电子和空穴

1. 跳跃式传输

有机材料中分子与分子之间传递是一种跳跃式传输的方式。在电场作用下，载流子参与导电的本质是电子分别在分子的 LUMO 或 HOMO 能级上的跳跃。LUMO 能级上得到一个电子后，电子可以在该分子的 LUMO 能级的各分子轨道之间跳跃，还可以再跃迁到其他分子空着的 LUMO 轨道上，如图 10.11(a)所示。同样，HOMO 能级上失去了一个电子，产生了一个空穴。其他分子轨道上的电子就可以跳跃到这个分子的 HOMO 能级上，就好像是空穴在向相反的方向跳跃，如图 10.11(b)所示。

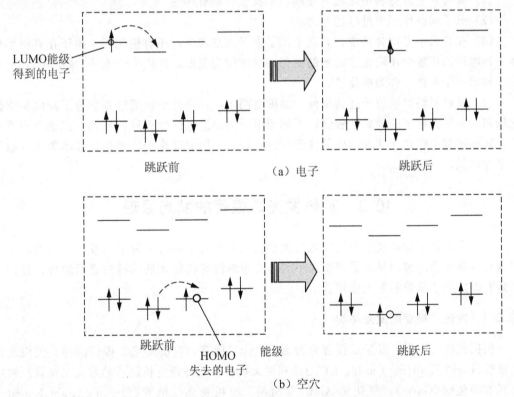

图 10.11 电子和空穴在有机材料中的跳跃式传输

（向上和向下的箭头代表分子轨道上自旋方向相反的两个电子）

在未加电场下，空穴或电子的跳跃方向是随机的；在加电场下，空穴和电子的跳跃方向基本是确定的，空穴几乎都顺着电场方向跳跃，电子几乎都逆着电场方向跳跃，形成定向移动，产生宏观电流。

2. 有机材料和无机半导体材料的相同点

有机材料和无机半导体材料有很多相同点，具体如下。

（1）有机材料中没有类似于无机晶体中的能带结构，但有 LUMO 和 HOMO 轨道，类似于无机半导体中的导带底和价带顶。LUMO 和 HOMO 轨道又称为 LUMO 和 HOMO 能级。

（2）有机材料也有两种载流子——电子和空穴，常用无机半导体中的一些概念来描述有机材料的物理特性，有机材料又称为"有机半导体材料"。

（3）传输电子能力强的材料称为 n 型有机半导体材料，传输空穴能力强的材料称为 p 型有机半导体材料。还有的有机材料可以同时传输电子和空穴，称为双极型有机半导体材料。

3. 有机材料和无机半导体材料的不相同点

有机半导体材料和无机半导体材料又有很多不同，具体如下。

（1）有机半导体材料是短程有序的，不具有长程有序性。

（2）分子间的作用力是范德华力。

（3）在有机半导体材料中，载流子除了电子或空穴外，还有极化子。由于在有机半导体中带电荷的位置会伴随化学键场的变化，导致结构变形，这样一个电子（或空穴）加上变形区构成一个整体，称为极化子。

（4）有机材料的载流子迁移率低。原因有两个，一是分子轨道重叠和分子间电荷交换比较弱，分子内电子的局域性较强，不利于电子的输运，载流子迁移率低。二是电子或空穴在移动过程中往往伴随着结构的变形（核的运动），形成极化子，使得迁移率要比一般无机半导体低。

## 10.3　有机发光二极管的发光原理

有机发光显示器是利用有机发光二极管的发光实现显示的一种主动发光显示器，显示原理与液晶显示的被动显示原理明显不同。要想掌握有机发光显示器的显示原理，首先要清楚有机发光二极管的发光原理。

### 10.3.1　发光二极管的发光种类

根据材料的不同，发光二极管分为无机发光二极管和有机发光二极管两种。无机发光二极管（Light Emitting Diode，LED）是利用无机材料的外延生长制成的发光二极管。常用材料有砷化镓（GaAs）、磷化镓（GaP）等材料。有机发光二极管（Organic Light Emitting Diode，OLED）是利用有机材料制成的发光二极管。根据有机材料的分子量大小，分为小分子 OLED 和聚合物的 PLED。

根据激发方式的不同，发光二极管的发光可以分为很多种，pn 结的电致发光、发光材料的光致发光及发光材料的电致发光如图10.12所示。

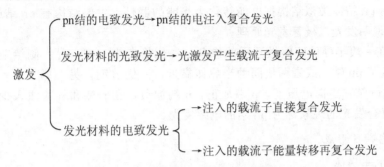

图10.12 发光二极管发光的种类

pn结的电致发光是将器件制作成半导体的pn结结构，加电压，利用注入pn结的电子与空穴复合发光的器件，是无机发光二极管的发光方式，如图10.13(a)所示。发光材料的光致发光(Photoluminescence，PL)是用光源照射激发发光材料，材料吸收入射光能量，基态的电子激发到激发态上去，产生电子-空穴对，处于激发态的电子回到空穴中，能量以光的形势释放发光的过程，如图10.13(b)所示。光致发光的激发光能量可以大于、小于或等于材料的禁带宽度，但是辐射的光由发光材料的发光机制决定，可以发射出不同波长不同颜色的光。

发光材料的电致发光(Electroluminescence，EL)给器件加电压，从电极注入载流子，复合而发光的过程如图10.13(c)所示。该过程又分为两种，一种是注入的载流子在材料体系发光层或界面相遇直接复合而发光的过程；另一种是注入的载流子复合将能量转移给其他激子再复合而发光的过程。

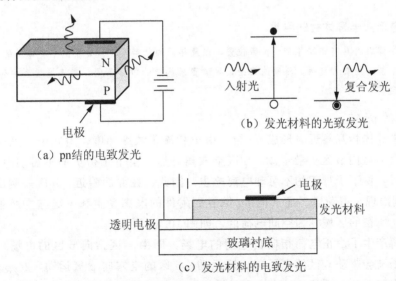

图10.13 发光二极管的不同发光方式的结构图

## 10.3.2 LED的发光原理

有机发光二极管与无机发光二极管的发光原理类似，都是在电注入下复合而发光的器件，但也有明显的不同。为了区分和对比，先了解无机发光二极管的发光原理。无机发光二极管是利用 pn 结或类似结构把电能转化为光能的器件，主要结构有 pn 结或者异质结。以 pn 结为例说明发光二极管发光原理。

pn 结是在一块半导体两侧做不同的掺杂，一侧掺杂为 p 型，另一侧掺杂为 n 型，在界面处就构成了 pn 结。或者两块同种半导体靠近，一侧 p 型，另一侧 n 型，在界面处构成了 pn 结。pn 结在正向电压下，p 端加正，n 端加负，在 p 侧和 n 侧注入少数载流子与多数载流子复合发光的现象称为 pn 结的电致发光。

1. 空间电荷区形成

1）独立的半导体

两块半导体，一块是 p 型，一块是 n 型。在 p 型半导体中，空穴很多而电子很少，电离受主和少量的电子平衡空穴电荷。在 n 型半导体中，电子很多而空穴很少，电离施主和少量的空穴平衡电子电荷。因此，独立的半导体具有电中性，体系内有一个费米能级，如图 10.14 所示。在能带图上，p 型的费米能级（$E_F$）更靠近价带（$E_v$），n 型的费米能级（$E_F$）更靠近导带（$E_c$），两侧费米能级差定义为势垒高度 $qV_D$。

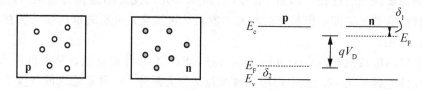

图 10.14　独立半导体及能带图

  **小提示：半导体材料特性**

同一种半导体材料具有相同导带、价带位置，以及相同的禁带宽度。处于热平衡体系的半导体材料，体系内总有一个统一的费米能级。不同的掺杂，导致费米能级的位置不同。费米能级到导带或者价带的距离由掺杂决定。

2）平衡的 pn 结

当两块半导体相互靠近时形成 pn 结，由于载流子浓度梯度，空穴由 p 区向 n 区扩散运动，电子由 n 区向 p 区扩散运动。p 区空穴离开后，留下了带负的不可动电离受主；n 区电子离开后，留下了带正的不可动电离施主。因此，在界面附近，p 区一侧出现负电荷区，n 区一侧出现正电荷区。通常把 pn 结界面附件的电离受主和电离施主所带的电荷称为空间电荷，所在的区域称为空间电荷区，如图 10.15 所示。

空间电荷产生了由正电荷指向负电荷的电场，即由 n 区指向 p 区的电场称为内建电场。内建电场又会驱动 p 区的电子向 n 区运动，n 区的空穴向 p 区运动，在 pn 结的界面附近又引起漂移运动。漂移运动方向和扩散运动方向相反，当扩散运动和漂移运动达到平衡时，空间电荷区不再扩展，保持一定宽度，存在一定内建电场，形成平衡的 pn 结。体系内具有统一的费米能级，两侧的势垒高度为 $qV_D$，为独立半导体 p 型和 n 型两侧费米能级之差。

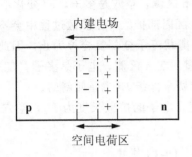 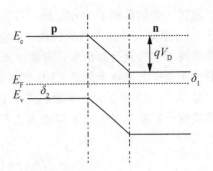

图 10.15 平衡时的 pn 结及能带图

 **小提示：平衡 pn 结的性质**

平衡的 pn 结，体系内有一个统一的费米能级。禁带宽度和两侧由掺杂决定的费米能级到导带或者价带的距离不变，即 $\delta_1$ 和 $\delta_2$ 保持独立半导体时的数据。两侧导带或者价带产生了势垒，势垒高度为 $qV_D$。

2. 非平衡少数载流子的电注入

在 pn 结两侧加正向电压，p 侧接正，n 侧接负，破坏了原有的平衡，处于非平衡状态。正向电压与内建电场方向相反，原来的内建电场被削弱，势垒高度降低。外加电压为 $V$，势垒降低了 $qV$，则势垒高度为 $q(V_D-V)$。

1) 非平衡少数载流子

由于势垒降低破坏了原有的平衡，引起了多数载流子扩散，p 区的空穴向 n 区扩散，n 区的电子向 p 区扩散。使得 p 区少数载流子电子和 n 区的少数载流子空穴比平衡时增加，增加的载流子称为非平衡少数载流子，如图 10.16 所示。外加正向偏压的作用使非平衡载流子进入半导体的过程称为非平衡载流子的电注入。

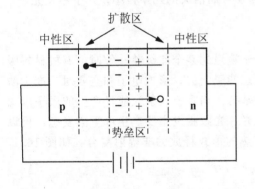 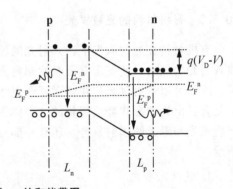

图 10.16 加正向电压时的 pn 结和能带图

2) 准费米能级

外加电压下，体系为非平衡体系，不再保持原有的统一的费米能级。p 区存在多数载流子空穴的同时，又存在少数载流子电子；n 区存在多数载流子电子的同时，又存在少数载流子空穴。在电子和空穴同时存在的情况下，形成了非平衡少数载流子电子和空穴的准费米能级 $E_F^n$ 和 $E_F^p$。

在扩散区，少数载流子的分布是不均匀的。在 p 区侧，空穴是多子，$E_F^p$ 变化不大。电子是少子，$E_F^n$ 变化大。注入的少数载流子电子向 p 区内部扩散，在扩散过程中会不断与 p 区的多数载流子空穴复合而消失，直到注入的非平衡载流子全部复合掉为止。因此，p 区的少数载流子电子的准费米能级 $E_F^n$ 是倾斜的。同理，在 n 区侧，电子是多子，$E_F^n$ 变化不大。空穴是少子，$E_F^p$ 变化大。少数载流子空穴的准费米能级 $E_F^p$ 也是倾斜的。

少数载流子扩散到对方的平均距离为扩散长度，电子的扩散长度为 $L_n$，空穴的扩散长度为 $L_p$。

$$L_n = \sqrt{D_n \tau} = (kT/q)^{1/2} (\mu_e \tau)^{1/2} \tag{10.1}$$

$$L_p = \sqrt{D_p \tau} = (kT/q)^{1/2} (\mu_p \tau)^{1/2} \tag{10.2}$$

式中，$D_n$、$D_p$ 分别是电子和空穴的扩散长度；$\tau$ 是载流子寿命；$k$ 是玻尔兹曼常数；$T$ 是温度；$q$ 是电荷电量；$\mu_e$、$\mu_p$ 分别是电子和空穴的迁移率。由于电子的迁移率要比空穴的迁移率高，即 $\mu_e > \mu_p$，因此，$L_n > L_p$。

在势垒区，由于扩散区比势垒区大，准费米能级的变化主要发生在扩散区，势垒区的变化可以忽略不计，即费米能级保持不变。

在中性区，扩散区之外可以认为只有一种载流子存在，载流子浓度又回到了原来的平衡状态，因此，准费米能级 $E_F^n$ 和 $E_F^p$ 重合，重新变成了统一的费米能级。

3. 复合发光

在扩散区，少数载流子在扩散过程中不断与多数载流子复合而发光。注入 p 区的电子将与 p 区的空穴复合而发光，发射光子能量基本等于禁带宽度 $E_g$。由于 $L_n > L_p$，复合发光的区域将侧向 p 侧。把发光区称为有源区，有源区的宽度等于电子的扩散长度加上空穴的扩散长度。当加的正向电压较高时，空穴向 n 区注入发光现象也不可忽略。

在势垒区，载流子浓度很小，可以忽略，又称耗尽区。势垒区的宽度很窄（nm），远小于扩散区长度（μm）。电子与空穴在势垒区时因复合而消失的几率很小，几乎不发光。

### 10.3.3 有机材料的光致发光

有机材料在光的激发下，入射光的能量与分子轨道的某个能级差一致时，有机材料吸收入射光的能量，使基态电子激发到更高的激发态能级上去，形成电子和空穴对，产生激子。激子可以辐射复合和非辐射复合退激发回到基态。当吸收入射光能量产生的激子以辐射复合发出光的形式释放能量的过程称为光致发光。光致激发主要产生单重激发态，可以产生荧光和磷光的辐射复合，还有一部分能量以热的形式释放的非辐射复合，如图 10.17 所示。

1. 吸收入射光

有机材料中的电子填满能量较低的分子轨道。根据泡利不相容原理，每个分子轨道最多可填满两个自旋方向相反的电子，电子填满的最高占有分子轨道为 HOMO 能级。通常情况下，大多数电子所处的能态为基态 $S_0$，又称 HOMO 能级，是一种被电子填满的单重态。

入射光照射时，当入射光的能量与分子轨道的某个能级差一致时，有机分子轨道中的电子受到光激发，吸收入射光的能量，激发到较高的分子轨道的能级上去，自旋方向不

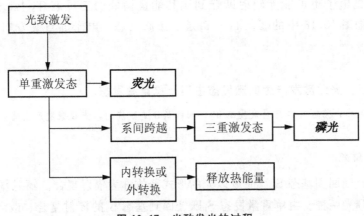

图 10.17 光致发光的过程

变，称为激发态，如图 10.18 中的①。激发态主要有单重激发态 $S_1$，$S_2$，…，$S_n$。而能量最低的单重激发态 $S_1$ 又称 LUMO 能级。

2. 内转换和系间跨越

被激发到较高能级上，如单重激发态 $S_2$ 上的电子，保持能量最低原则，迅速以热的形式释放能量，跃迁回到能量最低的单重激发态 $S_1$，这个过程称为内转换，如图 10.18 中的②。

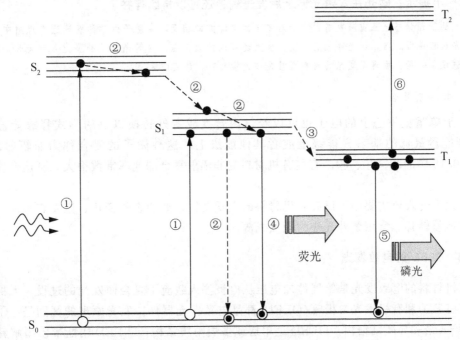

图 10.18 光致发光的示意图

$S_0$—基态，HOMO 能级；$S_1$—单重激发态，LUMO 能级；
$S_2$—单重激发态；$T_1$—三重激发态；$T_2$—三重激发态；
①—吸收；②—内转换；③—系间跨越；④—荧光；⑤—磷光；⑥—再吸收

处于$S_1$态的电子也可能无辐射跃迁到比其能量稍低的三重态$T_1$上,这种跃迁称为"系间跨越",如图10.18中的③。$T_1$、$T_2$是三重激发态,电子的自旋方向与单重激发态相反。

 **小提示:光致激发产生的激发态主要是单重激发态**

由选择定则可知,基态$S_0$与三重激发态$T_1$之间的跃迁是禁戒的,光致激发产生的激发态主要是单重激发态。

**3. 荧光与磷光**

从激发态跃迁回到基态$S_0$,能量以光的形式释放称为辐射复合。辐射复合发出的光可以分成荧光和磷光两种。由单重激发态$S_1$跃迁回到基态$S_0$的辐射复合,或者从LUMO能级跃迁回到HOMO能级发出的光为荧光,如图10.18中的④。时间较短,约为1~10ns,所以经常看到有机材料发出的荧光。

由三重激发态$T_1$跃迁回到基态$S_0$的辐射复合发出的光为磷光,如图10.18中的⑤。由于三重激发态$T_1$和基态$S_0$的自旋方向相反,使得电子停留在三重激发态的时间较长,可达到数毫秒(ms)以上。跃迁回基态$S_0$的跃迁速率比单重激发态$S_1$跃迁回到基态$S_0$的跃迁速率小得多。因此,与荧光相比,磷光要弱得多,量子产率也低得多。

 **小提示:磷光在入射光停止后发光现象还可以持续存在**

磷光的跃迁始态是三重激发态,由于与基态的自旋方向相反,在量子力学的跃迁选择规则中是禁戒的,发光过程缓慢。当入射光停止后,发光现象还可以持续存在,发射光的波长要比入射光长,通常在可见光波段。一般在黑暗中发光的材料通常是磷光性材料,如夜明珠。

**4. 非辐射复合**

处于单重激发态上的电子也可以经过内转换或者外转换以热的形式释放能量,跃迁回到能量最低的基态$S_0$能级上或者其他能级上,这种激子的复合称为非辐射复合,如图10.18中的②、③、⑥。有些有机材料的非辐射复合的速率常数很大,不适合作发光材料。

光致发光现象主要用于研究有机材料的微观结构,如能态的变化、激发态寿命、跃迁几率和能量转移。常用紫外光作为激发光源。

### 10.3.4 OLED的电致发光

有机材料的电致发光是给器件加电压从电极注入载流子复合而发光的过程。无机发光二极管(LED)和有机发光二极管(OLED)都是电致发光器件。发光原理的区别是:①LED常采用pn结和异质结结构,OLED是单层或多层薄膜结构;②LED用能带模型解释发光过程,OLED用激子模型解释发光过程;③LED电注入的电子和空穴是自由载流子,直接复合发光。激子的束缚能小于0.1eV,在室温下的影响可以忽略。OLED电注入的电子和空穴形成激子,激子的结合能约0.4~1eV,接近带隙的数量级,激子复合而发光。与无机LED的不同概括见表10-1。

OLED 激子模型的发光过程可以概括为载流子注入、载流子传输、激子形成、复合发光 4 个过程，如图 10.19 所示。由电极向发光层注入载流子，负极注入电子，正极取走电子即注入空穴。注入的电子沿电场反方向移动，注入空穴沿电场方向移动，在发光层相遇，受库仑吸引相互作用形成激子。当激子以光的形式释放能量，称为 OLED 的直接注入电致发光。

表 10-1 无机 LED 和 OLED 发光原理的区别

| 项目 | 无机 LED | OLED |
| --- | --- | --- |
| 主要结构 | pn 结或异质结 | 单层或多层薄膜结构 |
| 主要发光机理 | 能带模型 | 激子模型 |
| 激发方式 | 电致发光 | 电致发光 |
| 复合发光的载流子 | 自由的电子和空穴 | 激子 |
| 器件厚度 | 毫米级 | 纳米级 |

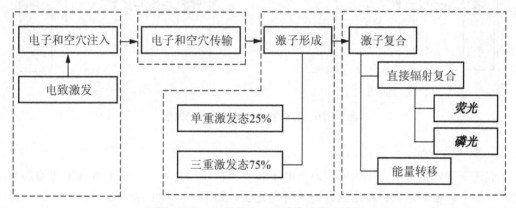

图 10.19 有机发光二极管电致发光过程

**1. 载流子注入**

载流子注入是电子或空穴从电极注入器件内部的过程，如图 10.20(a)所示。有机发光二极管有阴极和阳极两个电极，电子是从阴极注入，空穴从阳极注入。阳极、阴极的能级和有机薄膜的能级不完全匹配，有一定的差值，称为界面势垒。

当在阳极和阴极上加上正向电压后，通常为几伏的电压(低于 10V)，在厚度为几百个纳米左右的薄膜层上，可再产生约 $10^6$ V/cm 的高电场。在高电场下，空穴和电子可以克服界面势垒，由阳极和阴极有效地注入器件内部，分别进入空穴传输层的 HOMO 能级和电子传输层的 LUMO 能级，形成带正电的空穴和电子。

界面势垒决定器件的特性，两个电极和有机物之间的界面势垒较大时，器件需要加更大的电压才能够克服势垒注入载流子。克服势垒需要施加的最小电压称为器件的开启电压。要降低开启电压和提高发光效率，就必须减小势垒高度。常采用的方法是通过改变有机物分子的结构来调节 HOMO 和 LUMO 能级，和选择具有合适功函数的电极材料来实现能级匹配，有效地注入载流子。

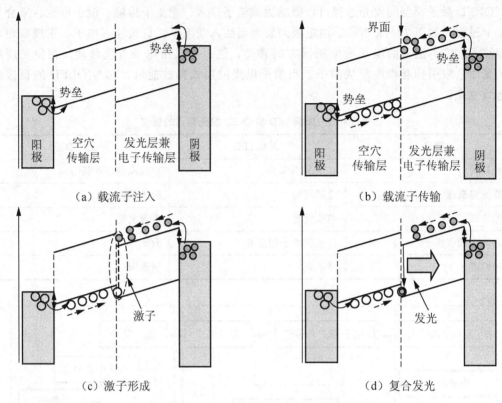

图 10.20 有机发光二极管的发光过程

**2. 载流子传输**

载流子传输是指注入体内的载流子电子和空穴在外加电场的作用下在电子传输层与空穴传输层内传输的过程。传输到界面或者发光层，如图 10.20(b)所示。

与无机半导体相比，有机材料的载流子迁移率是比较低的。但有机发光器件采用薄膜结构，在几伏的电压下就能在发光层中产生大约 $10^6$ V/cm 的高场，在高场的驱动下载流子在传输层内的传输就容易得多了。载流子在有机传输层内的传输是一种跳跃式传输过程。在电场的驱动下，可以从一个分子轨道跳跃到另一个分子轨道，电子在电子传输层的 LUMO 能级和空穴在空穴传输层的 HOMO 能级上分别跳跃式传输到界面。

大多数的有机材料只对某一载流子有好的传输能力。电子和空穴在同一有机层中的传输速度是不平衡的，迁移率不同。采用单层薄膜结构时，注入的载流子不能很好地传输，器件中一种载流子数量过剩，过剩载流子会通过器件内部传输到电极处形成漏电流，导致不能有效地复合，发光效率低。采用双层或多层结构，引入电子或空穴传输层，增强载流子传输能力，发光效率明显提高。

**3. 激子的形成**

激子是指当在分子间跳跃着的电子和空穴相距很接近，或者当电子和空穴处于同一个分子上时，由于库仑吸引力作用使得两者束缚在一起的整体，如图 10.20(c)所示。激子的能量更低，可以在有机材料内以自由扩散的方式不停地运动，平均扩散长度为几十纳米，寿命约在皮秒至纳秒数量级。在电致激发形成的激子中,以单重激发态和三重激发态存在的比例是 1∶3,即处于单重激发态的激子占 25%,处于三重激发态的激子占 75%。

**小提示:电致激发和光致激发的区别**

有机材料中,光致激发产生的激发态是单重激发态。电致激发注入的电子和空穴结合形成的激子不受自旋规律的限制,可以有单重激发态和三重激发态两种激发态。

**4. 复合发光**

复合发光是指激子复合能量以光的形式释放出去的过程,如图 10.20(d)所示。激子的复合也是处于激发态的载流子从高能激发态回到基态的过程。单重激发态($S_1$)的激子跃迁复合,发出的光是荧光,而三重激发态($T_1$)的激子跃迁复合发出的光是磷光。

限制发光效率的因素:①单重激发态的自旋方向与基态相同,从单重激发态回到基态复合容易,寿命短,三重激发态的自旋方向与基态相反,向基态的跃迁属于自旋禁戒的,只能衰减,寿命较长,单重激发态的激子跃迁发射荧光更容易;②处于激发态的激子也可以通过其他非辐射复合的方式释放能量,如内转换、外转换、系间跨越等,显然降低了有机发光的效率;③在电致激发中,单重激发态的激子只有 25%,理论上发射荧光的最大量子效率为 25%。实际上,由于存在各种非辐射衰减,OLED 荧光外量子效率一般都远远低于 25%。

提高 OLED 发光效率的方法:①改善器件的结构和制备技术;②优化电极材料、发光材料、载流子传输材料;③选择能级匹配的材料;④研究三重激发态磷光的利用率。

总之,有机发光二极管就是将有机发光材料夹在两侧的电极之间。在电场下,从阳极和阴极分别注入空穴和电子,在有机层中传输,相遇之后形成激子,激子复合发光。

### 10.3.5 能量转移

能量转移是有机发光二极管重要的发光机制之一。电致激发注入的电子和空穴形成激子后,除了直接复合发出荧光和磷光外,激子复合将能量转移给其他有机分子形成激子的过程称为能量转移。利用其他有机分子的激子复合而发光的现象称为注入的载流子能量转移再复合发光。在多成分的掺杂系统中,利用电激发产生主体材料的激子,激子复合把能量转移给少量的客体发光材料形成新的激子,再复合发光可以改变电致发光的颜色。

能量转移再复合发光的优点是:①可以得到红、蓝、绿三色的 OLED 器件,也可以实现 OLED 的全彩色化显示;②将能量转移给荧光效率更强的客体发光材料,可以增加整个 OLED 器件的发光效率;③通过选择合适的客体材料,可以增加 OLED 器件的寿命。因此,能量转移给其他材料的发光机制是有机发光二极管重要的发光机制之一。

**引例:** **掺杂的客体分子发光**

1998 年,Bulovic 等采用在 8—羟基喹啉铝 $Alq_3$ 主体材料中掺杂少许的染料分子 DCM2 客体材料的方法制作了 OLED 器件,结构如图 10.21(a)所示。利用能量转移机制,主体材料 $Alq_3$ 的发光随着 DCM2 掺杂浓度增加,颜色从 $Alq_3$ 的绿色变成了 DCM2 的红色,如图 10.21(b)所示。掺杂 DCM2 不仅改变了主体发光的颜色,而且提高了效率。

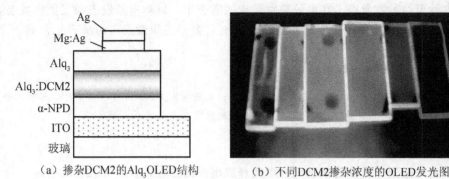

(a) 掺杂DCM2的Alq₃OLED结构　　　　(b) 不同DCM2掺杂浓度的OLED发光图

图 10.21　掺杂 DCM2 的 Alq₃ OLED 结构和不同 DCM2 掺杂浓度的 OLED 发光图

能量转移是激发态复合退激发的另一种途径，可以发生在相同的分子之间，也可以也发生在不同的分子之间，还可以发生在一个分子内部，如分子内两个或者几个发色基团之间的能量转移等。能量转移机制可分为辐射能量转移和非辐射能量转移两种。

1. 辐射能量转移

辐射能量转移是处于激发态的激子，以辐射复合的形式退激发，将能量以光的发射和再吸收转移形成新的激子的方式，如图 10.22 所示。

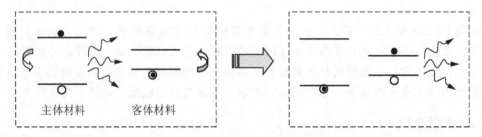

图 10.22　辐射能量转移示意图

辐射能量转移包含主体材料的光发射和客体材料的再吸收两个步骤。光发射是主体材料的激子复合，发射出一个光子。再吸收是客体材料吸收光子而被激发。用 D 表示易于给出电子的材料；A 表示易于接受电子的材料；hv 表示光子；* 表示处于激发态。辐射能量转移可以表示为：

$$光发射：D^* \rightarrow D + hv \tag{10.3}$$

$$再吸收：hv + A \rightarrow A^* \tag{10.4}$$

辐射能量转移不涉及两种材料的直接接触，可在 5～10nm 间的距离内发生。能量转移的几率与主体材料的发射量子效率、光路径上客体分子的浓度、客体材料对主体材料发射光的浓度吸收系数有关。辐射能量转移会造成主体材料发射荧光的总量子效率的下降，因此需要尽量避免辐射能量转移。

2. Förster 能量转移

处于激发态的激子能量以非辐射复合的形式退激发，直接将电子或空穴转移到另外的分子上形成新的激子的同时完成能量的传递，称为非辐射能量转移。同样用 D 和 A 表示两种分子，非辐射能量转移的过程可以表示为：

$$D^* + A \rightarrow D + A^* \tag{10.5}$$

根据能量传递的方式，非辐射能量转移又分为 Förster 能量转移和 Dexter 能量转移。Förster 能量转移又称为库仑能量转移，是靠库仑力在分子间作用形成的非辐射能量转移，能量从一个处于激发态的分子发出，被另一个处于基态的分子所吸收，如图 10.23(a)所示。

Förster 能量转移通常发生在两个彼此独立的分子之间，是通过分子外部的电磁场使分子产生诱导偶极实现的，是一种长距离的能量转移，常发生在分子间距达到 5~10nm 分子间。一个分子的退激发和另一个分子的被激发是同时发生的。由于易给出电子的分子和一个易接受电子的分子之间存在着偶极相互作用，发生 Förster 能量转移的几率要大得多。

为了提高有机发光二极管的效率，通常采用在主体材料中掺杂有机染料的方式来获得所需波段的高效率荧光，如在 $Alq_3$ 分子中掺杂 DCJTB 分子，可获得颜色非常纯正的红色荧光。这种能量从主体材料向掺杂染料的客体材料之间的非辐射能量转移就是 Förster 能量转移。处于激发态的主体材料的激子将能量传给基态的染料分子，这时主体材料的激子回到了基态，而染料分子变成了激发态。当染料分子再回到基态时，能量以光的形式释放，就可以发出染料分子能级匹配的相应波段的光。

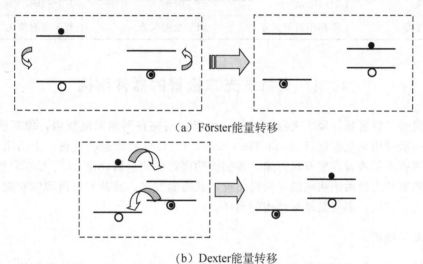

(a) Förster能量转移

(b) Dexter能量转移

**图 10.23 非辐射能量转移的机制**

#### 3. Dexter 能量转移

Dexter 能量转移又称为交换能量转移，是另外一种激子非辐射能量转移的方式。与 Förster 能量转移不同的是，Dexter 能量转移不是靠分子间的库仑力偶极相互作用的，而是以载流子直接迁移的方式传递能量，如图 10.23(b)所示。当一个处于激发态的分子和另外一个处于基态的分子离得很近，以至于电子云彼此交叠时，处于激发态的分子上的电子和空穴能直接迁移到处于基态的邻近分子上，同时完成能量转移。这种靠载流子迁移交换电子的能量转移不但可以实现单重态到单重态的能量转移，还可以实现三重态到三重态的能量转移。

Förster 能量转移和 Dexter 能量转移的不同点如下。

(1) Förster 能量转移由于依靠电荷的库仑作用，能在较远的距离内实现，一般可以达到几纳米。Dexter 能量转移由于需要电子云的交叠，只能在紧邻的分子之间才能完成，分子间最大间距最多只能到几埃。

（2）Förster 能量转移是一个分子上的电子与空穴的激子复合，受到自旋方向的限制，只有单重激发态激子能发生 Förster 能量转移；Dexter 能量转移由于电子云的交叠，电子或空穴可以在分子间迁移，三重激发态激子由于自旋禁戒不容易与基态复合，可以发生 Dexter 能量转移。几种能量转移机制的对比见表 10-2。

表 10-2 能量转移机制的对比

| 对比项目 | 辐射能量转移 | 非辐射能量转移 | |
| --- | --- | --- | --- |
| | | Förster 能量转移 | Dexter 能量转移 |
| 能量转移的机制 | 光子的发射与再吸收 | 库仑力作用 | 电子云重叠 |
| 能量转移的方式 | 光激发 | 偶极耦合 | 电子或空穴的迁移 |
| 激子的激发态 | 单重激发态 | 单重激发态 | 单重、三重激发态 |
| 分子间距离 | 5～10nm | 5～10nm | 0.5～1nm |
| 对发光的作用 | 不利于发射荧光 | 利于发射荧光 | 利于发射磷光 |

## 10.4 有机发光二极管的器件结构

有机发光二极管器件属于夹层式结构，发光材料夹在两侧的电极内，像三明治一样。阳极材料一般使用氧化铟锡（Indium Tin Oxide，ITO）材料作透明电极。上面用蒸镀法或者旋涂法制备单层或者多层有机薄膜。再制作功函数低的金属（Mg、Li、Ca 等）作为阴极。有机薄膜辐射的光经由透明电极一侧射出可以获得面发光。按照有机薄膜的功能可以分为单层、双层、三层、多层及堆叠结构的器件。

### 10.4.1 单层结构

单层结构有一层有机材料，夹在 ITO 阳极和金属阴极之间，是最简单的有机发光二极管器件，如图 10.24 所示。早期的 OLED 都采用单层结构。有机材料层是发光层，又兼作电子传输层和空穴传输层，可以是单一材料、掺杂体系，还可以是多种物质组成的均匀混合物。器件结构工艺简单，常用在聚合物电致发光器件和掺杂型有机发光二极管中。

1. 单层结构要求

阳极与阴极必须与单层有机材料的 HOMO 能级和 LUMO 能级匹配。有机材料必须具有双载流子传输的性质及良好的发光特性。

2. 单层结构的特点

多数有机材料都是单极性的，适合一种载流子传输。单层器件的载流子电子和空穴的迁移率差距大，载流子的注入及传输很不平衡，会使电子和空穴的复合区自然靠近某一电极，导致电极对发光的淬灭，器件效率很低或者不发光。对于小分子材料，单层结构器件没有实用价值，只有在进行有机材料的电学和光学性质研究对比时才会用到。

第10章 有机发光显示原理

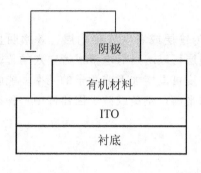
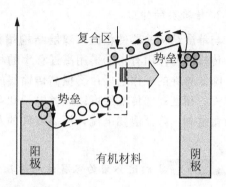

图 10.24 单层结构的有机发光二极管

### 10.4.2 双层结构和三层结构

双层器件含有两层有机材料。根据有机材料功能的不同，又分为双层 A 型和双层 B 型，如图 10.25 所示。双层 A 型（double layer-A，DL-A）器件由空穴传输层和兼电子传输层的发光层组成。双层 B 型（double layer-B，DL-B）器件由兼空穴传输层的发光层和电子传输层组成。除此之外还有发光层（emitting layer，EML）；电子传输层（electron transport layer，ETL）；空穴传输层（hole transport layer，HTL）。

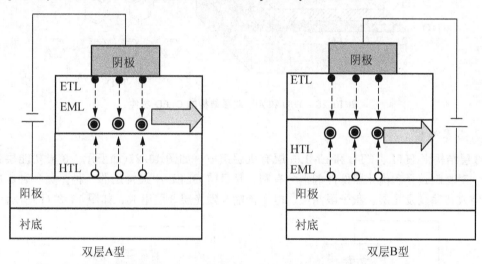

图 10.25 双层结构的有机发光二极管

**1. 双层结构特点**

双层结构的电子和空穴复合区远离电极，平衡了载流子的注入速率，有效地调节注入器件的电子和空穴的数目，提高了器件的发光量子效率和器件的稳定性。

在 OLED 中，很多有机材料都具有很好的发光性能。发光是来自空穴传输层还是电子传输层取决于材料的带隙和能带的匹配关系。一般来说，发光多是来自带隙相对较小的材料。例如，典型的 TPD/Alq3 双层结构器件的发光来自带隙较小的电子传输层 $Alq_3$ 层。当采用宽带隙的材料作电子传输层时，就可以得到来自空穴传输层的发光。

## 2. 传输层的作用

与单层结构的器件相比,双层结构增加了电子传输层或者空穴传输层,效率明显提高。传输层的作用有:①采用高迁移率的材料作传输层可以增强对电子或者空穴的传输能力,降低器件的工作电压;②提高传输层的载流子密度可以增加形成激子的几率,能够提高器件的亮度;③传输层可以调整电子和空穴传输的平衡,避免或减少因器件中一种载流子数量过剩,降低泄漏电流,提高器件的发光效率。

**引例:柯达公司的双层结构的器件**

1987年美国柯达公司的Tang等人制作的有机电致发光器件采用的就是双层A型器件结构。在单层器件中,由于空穴传输慢,发光主要偏向阳极ITO。因此引入了一种具有空穴传输性能力强的芳香族二胺TPD作空穴传输层,用8-羟基喹啉铝(Alq$_3$)兼作电子传输层和发光层,ITO作阳极,Mg:Ag合金作阴极,制成了新一代双层OLED,如图10.26所示。在很大程度上解决了电子和空穴注入不平衡的问题,改善了电流-电压特性,极大地提高了器件发光效率,使OLED的研究进入了一个崭新的阶段。

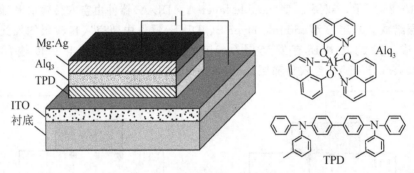

图 10.26 TPD 和 Alq$_3$ 双层结构的 OLED 器件

## 3. 3层结构

3层结构由 HTL、ETL 和 EML 3层有机层组成,如图10.27(a)所示。3层功能层各尽其职,对材料选择和优化器件性能十分有利,是目前OLED中最常用的一种。另一种3层结构由空穴传输及发光层、激子限制层、电子传输及发光层3层组成,如图10.27(b)所示。

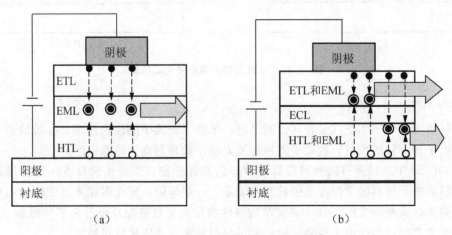

图 10.27 三层结构的有机发光二极管

激子限制层(exciton confinement layer,ECL)通过调节 ECL 层的厚度可以调节发光的位置,控制两侧中的某一侧发光,及调节发光颜色。当 ECL 层的厚度设计得恰到好处时,可以使 HTL 及 ETL 两层同时发光,将两种不同颜色的光混合得到白光。

### 10.4.3 多层结构

多层结构中增加注入层、阻挡层等功能层,优化及平衡器件的性能,充分发挥各功能层的作用,如图 10.28 所示。各功能层的作用是由能级结构以及载流子传输性质所决定的。发光层和阴极之间的各层需要有良好的电子传输性能。发光层和阳极之间的各层需要有良好的空穴传输性能。但多数有机材料的迁移率很低,传输性能差。只有在较高电场强度下才能实现有效的载流子注入和传输,有机薄膜的厚度不宜太厚,否则器件的驱动电压太高,失去了 OLED 实际应用的价值。

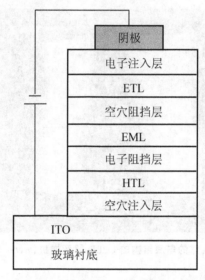

图 10.28 多层结构的有机发光二极管

1. 注入层的作用

注入层有电子注入层(electron injection layer,EIL)和空穴注入层(hole injection layer,HIL),可以保证有机材料与电极间良好的附着性,还可以使 ITO 阳极和金属阴极的载流子更容易注入有机薄膜内,降低器件的工作电压,提高发光效率,增强发光稳定性。

2. 阻挡层的作用

阻挡层有电子阻挡层和空穴阻挡层,可以阻止电子或者空穴运动到相反的电极,减小直接流过器件的电子泄漏电流或者空穴泄漏电流,提高激子的产生及复合几率,提高器件的效率。在实际应用中,空穴阻挡层使用得较多。在双层或 3 层结构的器件中,空穴多于电子,有较大部分空穴形成泄漏电流,引入空穴阻挡层来限制空穴流动到对面电极是非常有必要的,可以显著提高器件的效率。

一般阻挡层也有传输层的作用,也有带阻挡层后又另外加传输层。对阻挡层的要求是：①不能与两侧接触的发光层与传输层发生相互作用；②本身不具有发光性能；③要有较高的离合能和电亲和势。

### 引例：引入注入层的器件

2009 年 LG 采用引入注入层的多层结构制作了白光 OLED(white OLED，WOLED)。采用的结构为衬底基板/ITO/空穴注入层(HIL)/ HTL/ fl. Blue-EML/ 中间层/ ph. Yellow-EML/ ETL/电子注入层 (EIL)/阴极。fl. Blue-EML 是蓝色荧光发光层，ph. Yellow-EML 是带绿色的黄色磷光发光层，通过采用蓝色和绿黄色发光层的结合可以发射实现很冷的白光。中间层用于控制两个发光层激子形成的速率，调控器件白光的光谱。采用多层结构，LG 制作了医用 20.7 英寸 OLED 黑白显示样机，如图 10.29 所示。白平衡经过调整，图像略显绿色。对比度为十万：1，底发射的面板结构，高对比度的 OLED 在图像诊断等方面发挥了前所未有的优势。

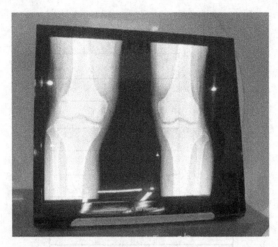

图 10.29　LG 制作的多层结构的 OLED 显示样机(www.fpdisplay.com)

### 引例：引入阻挡层的器件

在多层结构中，引入 BCP 做空穴阻挡层，利用 BCP 与 Alq$_3$-DCM 掺杂层的 HOMO 能级的差别阻挡空穴流动到阴极，避免了空穴漏电流的形成，如图 10.30 所示。

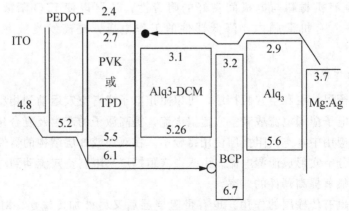

图 10.30　引入空穴阻挡层的器件

### 3. 带有掺杂层结构

带有掺杂层结构是指在有机功能层中掺杂有机荧光染料的器件结构。在电子传输层、空穴传输层等具有较高激子能量的材料中掺杂有机荧光或磷光染料，可利用能量转移实现受激的基质分子到染料分子的能量转移，从而实现染料分子的发光。

掺杂了染料分子后，可以提高发光亮度和发光效率，可以改变发光颜色，并可以提高器件寿命。目前带有掺杂层结构的器件稳定性最高，性能也很好。另外，白光器件多采用带有掺杂层的器件结构。但带有掺杂层结构的器件本身也有缺点，随着时间的推移，容易出现相分离，导致掺杂的不均匀，影响器件的性能，降低发光效率。

## 10.4.4 堆叠结构

### 1. 量子阱结构

量子阱结构采用两种或两种以上薄膜重复生长制作的多层堆叠结构。有单量子阱(Quantum Well，QW)或多量子阱(Multiple Quantum Well，MQW)。量子阱结构的有机发光二极管的优点是不受载流子传输层和发光材料能级匹配和厚度匹配的限制，提高了器件的发光效率，可以实现随着电压升高，发光颜色的变化。

1993 年，Ohimori 等人采用 8－羟基喹啉铝($Alq_3$)和三芳胺类(TPD)两种有机材料，用有机分子束沉积重复生长，制作了多量子阱结构的 OLED 器件，如图 10.31(a)所示。透明的 ITO 材料作阳极，蒸镀镁铟合金(Mg：In)作阴极，TPD 层与阳极 ITO 接触，$Alq_3$ 层与阴极 Mg：In 合金接触。多量子阱的总厚度为 136nm，具有 15 个 $Alq_3$ 和 TPD 的重复周期，每层厚度约为 4.6nm。当 $Alq_3$ 层厚度在 10~20nm 时，发光性质最好。

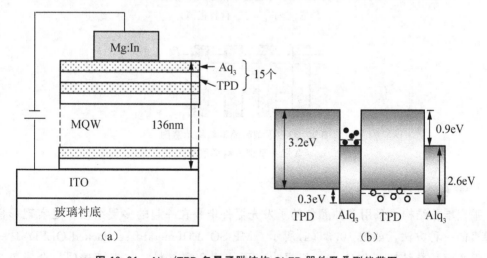

图 10.31　$Alq_3$/TPD 多量子阱结构 OLED 器件及 II 型能带图

光致发光谱测试得到 $Alq_3$ 发射 510nm 左右的强荧光，TPD 发射 400nm 左右的弱荧光。$Alq_3$ 和 TPD 的带隙分别为 2.6eV 和 3.2eV，离化势分别为－5.7eV 和－5.4eV，势垒高度分别为 0.9eV 和 0.3eV，形成 II 型的量子阱结构，如图 10.31(b)所示。电子限制在 $Alq_3$ 的势阱中，空穴限制在 TPD 的势阱中。从 $Alq_3$ 的发光谱中观察到了量子尺寸效应，随着 $Alq_3$ 厚度的减小，发光峰向高能量漂移。

### 小知识：量子阱和超晶格

将两种不同的半导体材料的薄膜层做成重复相间的多层结构，相当于两种材料形成的多异质结。电子和空穴的运动将被局限在阱中。在特殊的条件下就可以构成量子阱或超晶格。

量子阱是窄带材料（势阱）的宽度很小，相当于电子的德布罗意波长，而宽带材料（势阱）的宽度较大时，两个相邻势阱中的电子波函数不能互相耦合的多层结构如图10.32所示。量子阱根据能带的匹配关系分为3种类型。Ⅰ型是材料的能带（窄带材料）完全包含在另一种材料的能带内（宽带材料）；Ⅱ型是一种材料的能带部分包含在另一种材料内；Ⅲ型是两种材料能带彼此完全不包含。量子阱结构的特点是垂直于结面的电子（或空穴）的运动能量不再连续，只能取一些分立的值；载流子限制在阱内，密度大，效率高。Ⅰ型结构电子和空穴都限制在窄带材料的势阱中。Ⅱ型结构电子和空穴分别限制在两种材料的势阱中。

超晶格是每层结构的厚度都很小，都相当于电子的德布罗意波长。相邻势垒中的电子可以相互耦合的多层结构如图10.33所示。在超晶格结构中原来单个材料分立的能量 $E_n$（$E_1$、$E_2$、…）将扩展成能带。

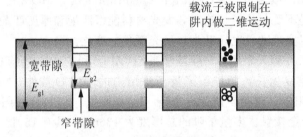

图 10.32　Ⅰ型量子阱结构示意图
（$E_{g1} > E_{g2}$，$E_{g2}$材料很薄）

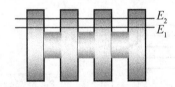

图 10.33　Ⅰ型超晶格结构示意图
（宽带和窄带材料都很薄）

#### 2. 垂直堆叠结构

垂直堆叠结构是采用多种颜色的子发光器件堆叠在一起的多层结构，是实现彩色单元像素的一种方法，如图10.34（a）所示。MF-SOLED（metal-free stacked OLED）是一种典型的垂直堆叠结构，由Forrest组提出，不使用金属材料，实现了透明、全彩色、堆叠结构的OLED。MF-SOLED包含3个无金属的子像素OLED。每一个子发光器件采用α-NPD作空穴传输层，$Alq_3$作电子传输层。在电子传输层$Alq_3$中，掺杂不同的染料分子作为发光层，如掺杂PtOEP、Alq2OPh、C6分别构成了红光、蓝光、绿光发光器件的发光层。

工艺流程为：①带有ITO薄膜的玻璃基板清洗后，经光刻形成红光器件的透明阳极

$E_1$；②蒸镀空穴传输层和带有掺杂层的电子传输层构成红光发光层；③在有机层上用富氧的射频磁控溅射方法，用漏板遮挡溅射ITO薄膜直接形成电极图形$E_2$，作为红光发光器件的背阴极，有效地注入电子；④电极$E_2$又是蓝光器件的阳极，蒸镀蓝光发光层，电极$E_2$可以向蓝光器件的有机薄膜注入空穴；⑤再漏板溅射ITO作为蓝光子器件的阴极$E_3$；⑥连续蒸镀多层薄膜 $Alq_3$/BCP/α-NPD/ $Alq_3$/BCP，其中$Alq_3$和BCP是电子传输层（n型），α-NPD是空穴传输层（p型），构成了一个背对背的整流结，作为绝缘隔离层，阻止空穴和电子的泄漏电流；⑦用漏板溅射ITO电极，作为电极$E_2$，作公共的地电极；⑧蒸镀绿光顶发射的发光层，再用漏板溅射ITO电极，作为阴极$E_4$。

垂直堆叠结构的优点是每个子发光器件分别由各自的电极控制，且有一个公共的地电极，等效电路图如图10.34(b)所示。

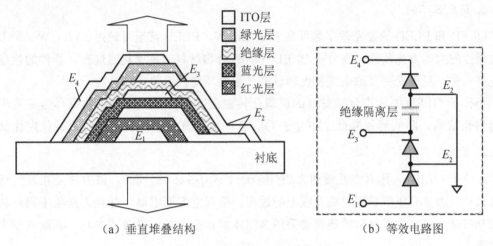

(a) 垂直堆叠结构　　　　　　　(b) 等效电路图

图10.34　垂直堆叠结构及等效电路图

**小提示：透明电极ITO的双重作用**

富氧工艺射频磁控溅射的透明电极ITO在垂直堆叠结构中有双层作用。一是沉积到有机薄膜表面时，可以有效地注入电子，作为子发光器件的阴极；二是在ITO上再沉积有机薄膜时，空穴可以从ITO注入另一个子发光器的有机薄膜中，作为另一个子发光器件的阳极。

在多数OLED中，ITO都用作阳极。作为阴极的原因是，ITO溅射在有机薄膜上时，由ITO溅射工艺在有机薄膜中产生了高密度的缺陷态。缺陷态提供了电子传输的中间能级。借助中间能级电子可以从ITO的费米能级传输到有机薄膜的最低未被占有态LUMO能级上，实现电子从阴极有效的注入。

## 10.5　有机小分子发光二极管

有机发光显示器件根据有机薄膜的不同分为两种，一种是采用有机染料及颜料类的小分子电致发光器件，称为小分子OLED。另一种是采用具有导电性或半导体性质的共轭聚合物高分子材料的电致发光器件，称为PLED。小分子OLED的研究较早，PLED研究较晚，因此有时用 OLED 统称有机发光二极管。两者都具有自发光、大面积面型发光和低驱动电压等特性，被业界人士看好，在逐步商品化，有望成为新一代显示的主流。

### 10.5.1 小分子 OLED 与高分子 PLED 的对比

OLED 和 PLED 都是采用有机材料制成的发光器件，都具有主动发光、分辨率、宽视角、发光颜色丰富、高的荧光效率等优点。但材料和性质差别很大，又各有优缺点。

**1. 材料不同**

小分子材料分子量为 500~2000，材料的合成和纯化容易，材料量产容易；高分子聚合物的分子量为 10000~100000，材料的合成和纯化难。

**2. 稳定性不同**

OLED 和 PLED 的发光效率都可高于 15 lm/W，PLED 甚至可超过 20 lm/W。两者都是电流性的主动发光器件。高分子 PLED 中，聚合物材料的玻璃化温度高，器件的热稳定性更好一些，可忍受更高的电流密度和较高的温度环境，耐热性高。

小分子 OLED 中，小分子材料的玻璃化转变温度低，工作时产生的焦耳热易使小分子材料重结晶，降低器件寿命。小分子 OLED 的耐水分性、热稳定性与机械稳定性低。

**3. 设备不同**

小分子 OLED 采用真空蒸镀的方法(thermal evaporation)成膜，该方法是在真空环境下有机材料加热升华沉积到衬底基板上的过程。但真空度要求高，并且为避免不同材料间的相互污染，多层有机材料的蒸镀要采用多腔体的真空设备，设备成本高。蒸镀过程中材料浪费多。

PLED 采用旋转涂覆、浸没提膜和喷墨打印等方法成膜，设备成本较低。由于聚合物可以通过喷墨打印技术在大尺度和超大尺度衬底基板上制作器件，大规模工业生产的前景超过小分子 OLED，而且可以制备在柔性衬底上，得到可卷曲柔性显示屏。它成膜速度快，但成膜后还需要烘烤去溶剂，总体成膜时间与小分子 OLED 相当。

**4. 彩色化不同**

小分子 OLED 制作全彩色显示容易；PLED 仅限于红、绿、蓝三像素色彩，每个颜色的衰减常数不同，必须进行补偿，彩色化复杂。

**5. 制程不同**

小分子 OLED 全自动生产方式、技术成熟、制程控制容易、工艺稳定、精细度高，要领先高分子 PLED 技术两年左右。高分子 PLED 在制作中容易产生墨滴色彩混淆问题，影响发光效率及寿命。喷墨头容易堵塞等降低产品良率，工艺不如小分子 OLED 精细。高分子 PLED 的整体制程要在净化室中完成，净化室及设备维修成本比小分子 OLED 高。

总之，高分子 PLED 具有制备简单、成本低廉以及聚合物薄膜能够弯曲等特点，寿命已可达几万小时。但高分子聚合物的纯度不易提高，在亮度和彩色方面不及小分子

OLED。且小分子 OLED 工艺较成熟，良率高，率先走在新一代显示的前列。目前，OLED 和 PLED 产品都主要定位在小尺寸显示应用中，大尺寸的显示还停留在样品展示阶段，距离成熟的产品还有一段艰苦的路要走。小分子 OLED 和高分子 PLED 电致发光显示技术的对比见表 10-3。

表 10-3　小分子 OLED 和高分子 PLED 电致发光显示技术的对比

| 项目 | 小分子 OLED | 高分子 PLED |
| --- | --- | --- |
| 分子量 | 几百 | 几万至几十万 |
| 效率 | 15 lm/W，磷光掺杂 90 lm/W | 21 lm/W |
| 生产方式 | 真空蒸镀 | 旋涂或喷墨 |
| 优点 | 合成纯化容易、彩色化技术成熟 | 设备成本低，器件耐热性好，可柔性、可采用大尺寸基板 |
| 缺点 | 设备成本高、工艺复杂、生产效率低、耐水性差 | 材料纯化困难、彩色化技术不成熟 |

### 10.5.2　有机小分子发光器件的材料

有机发光器件使用的材料种类繁多，按照在器件结构中的作用分为发光材料、载流子传输材料、载流子注入材料、阻挡层材料、电极材料。按照发光材料的分子量大小，分为小分子材料和高分子材料。按照发光材料的发光波长范围，分为红、蓝、绿光材料。按照发光的性质，分为荧光材料和磷光材料。按照传输载流子的类型，分为电子传输材料和空穴传输材料。使用的材料都必须满足成膜性好、量子效率高、热稳定性好、化学稳定性高。在小分子 OLED 中常用到的发光材料、空穴传输材料、电子传输材料如图 10.35 所示。

**1. 发光材料**

在 OLED 中，发光材料是最重要的材料，材料的选择对提高器件的发光效率、改善器件的寿命起着至关重要的作用。有机发光材料的多样性和分子结构的可设计极大地丰富了有机电致发光的内容。有机电致发光的发光材料应满足以下条件。

(1) 固体薄膜状态应具有高的荧光量子效率，光谱要分布在 400~700 nm 的可见光区域内。

(2) 良好的半导体特性，具有高的迁移率，能传输电子，或能传输空穴，或二者兼有。

(3) 良好的成膜性，容易加工制作优质薄膜。在几十纳米厚度的薄层中不产生针孔。

(4) 良好的热稳定性、光稳定性和化学稳定性不受加工中其他材料和温度的影响，不与电极材料或载流子传输层等材料发生相互反应。

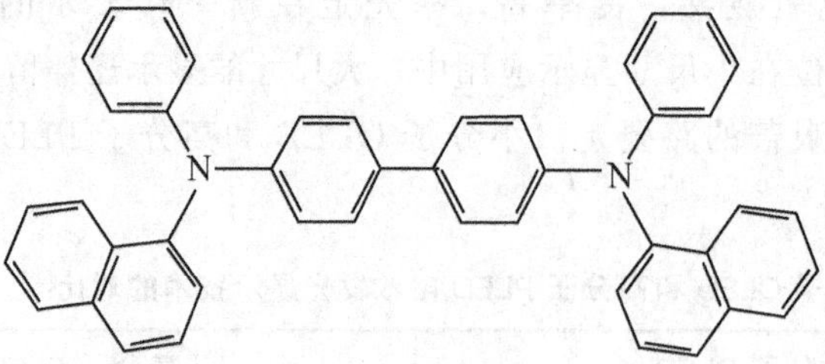

α-NPB（空穴传输材料）

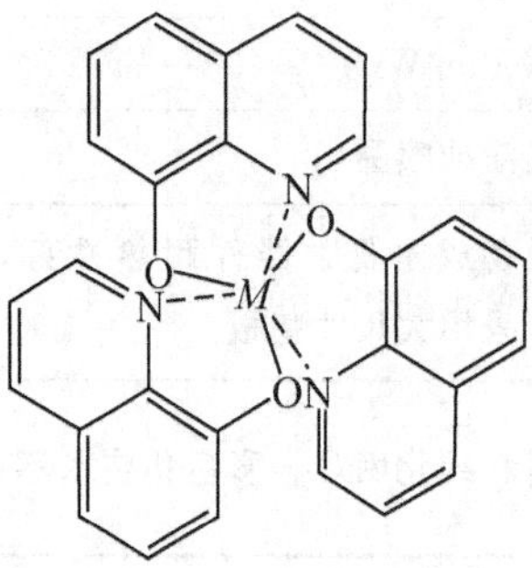

Mq₃（M=Al、Ga）（发光材料及电子传输层材料）

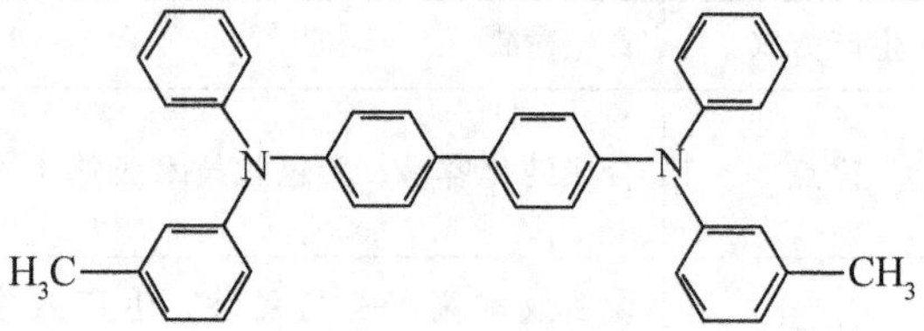

TPD（空穴传输材料）

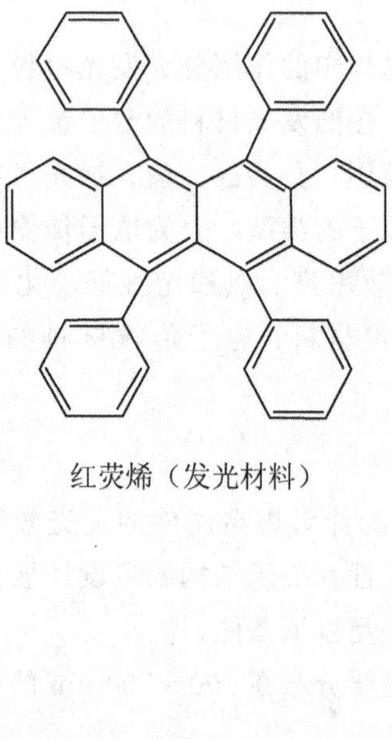

红荧烯（发光材料）

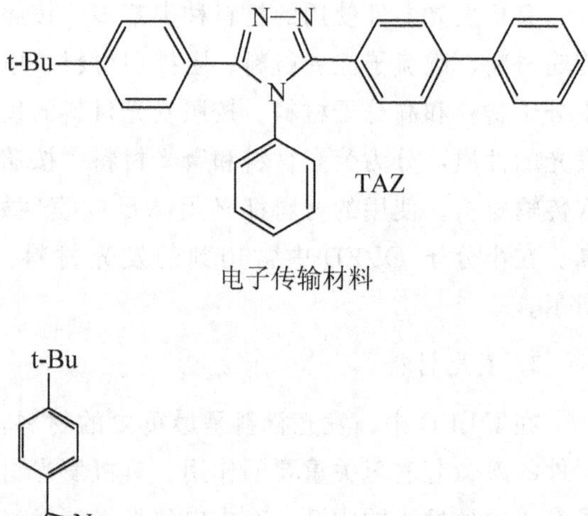

TAZ
电子传输材料

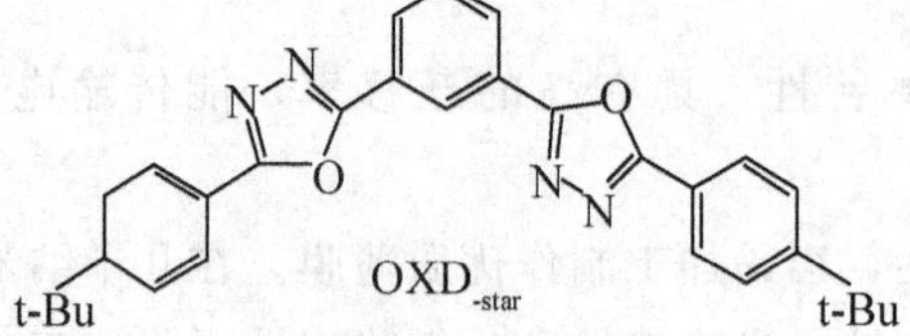

OXD$_{-star}$
电子传输材料

图 10.35　有机小分子 OLED 常用材料

### 2. 功能材料

在 OLED 中，功能材料主要有电子和空穴的注入材料、传输材料及阻挡层材料。不同材料的选择主要依据以下几点：①注入和传输材料的选取主要依据电极和传输层之间的能级匹配关系，能级匹配性好，在电极界面上的电荷注入势垒小和载流子的注入效率高；②载流子传输层要与发光层能级匹配。

## 10.6 聚合物发光二极管

经过几十年的努力，聚合物发光二极管显示已经有了飞速发展，制备的器件寿命已经超过了 3 万小时，已处在产业化的前夜。多家国际著名公司，如荷兰的 Philips 公司、美国的 Uniax 公司、英国 CDT 公司、美国的 EPSON 以及德国 Covin 公司都研制出了高效率、高亮度、长寿命的 PLED 器件。高分子 PLED 与小分子 OLED 相比，技术成熟性还差一些，但高分子材料可以避免晶体析出，来源广泛、可调控分子设计、实现能带调控、可以通过掺杂或改变化学结构调控电性能，有易加工、易集成、质轻、成本低等独特的优点，在平板显示技术领域占据一席之地，成为新一代显示有力的竞争者。

### 10.6.1 聚合物材料的性质

聚合物材料是由共价键相连的原子构成的长链式结构，包含大约 $10^3 \sim 10^5$ 个重复单元，具有一定的周期性。重复单元可以是一种或几种共聚物。根据长链的内部结构不同，聚合物分为柔性链和刚性链。聚合物分子链是靠分子内和分子间范德华力相互作用结合在一起，可以呈现为结晶态和非晶态两种状态。聚合物的结晶态比小分子有机材料的结晶态有序度差得多，但聚合物非晶态又比小分子材料的液态有序度高。

聚合物材料通过聚合反应获得。由于聚合反应的随机性获得的聚合物分子链长短不同，分子量不同，结构复杂。在材料制备过程中，不能用真空蒸镀，可以用溶液加工方法制备，不可控因素更多。主要的发光材料有聚苯乙烯类（poly（p-phenylenevinylene），PPVs）；聚乙炔类（poly(acetylene)，Pas）；聚对苯类（poly-(p-phenylene)，PPPs）；聚噻吩类（polythiophenes，PTs）；聚芴类（polyfluorene，PFs）等。

聚苯撑乙烯类（PPVs）是第一个用作发光材料的聚合物材料，由于有较高的分子量，可形成高质量的薄膜，具有良好的化学物理特性，目前已开发出许多衍生物。没有取代基的完全共轭聚合物呈不可溶性，很难加工。通过在聚合物骨架上加上弹性的侧链可使芳香基的共轭聚合物具有加工性能，并且可控制有效共轭长度，改变聚合物发光颜色，如 MEM-PPV、BuEH-PPV 等聚合物。PPV 以空穴导电为主，不仅可以作为发光层，还可以作为多层结构的载流子传输层。

与 PPVs 相比，PPEs 由于更高的刚性、线形骨架，无论在溶液中或是在固体膜中，都具有更高的发光效率。

### 10.6.2 聚合物发光二极管的发光原理

PLED 的发光原理是从阴极和阳极注入的电子和空穴在电场作用下沿聚合物分子链相向运动。当电子和空穴相遇时，受到库仑力的作用相互吸引。处于同一分子链时，电子和空穴形成激子，激子复合时发射光，如图10.36(a)所示；处于相邻分子链时，形成电子-空穴对，电子-空穴对的束缚能比激子的束缚能低，比较容易分离形成自由的电子和空穴，也可以发生电子或者空穴的分子链间的跳跃，转换成激子，如图10.36(b)所示。

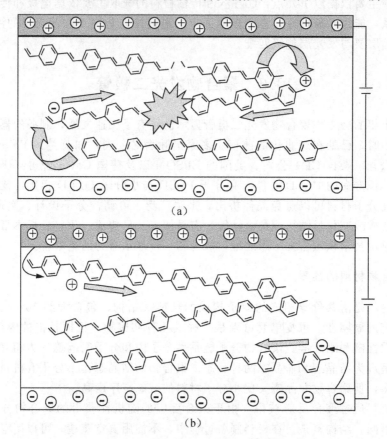

**图10.36 聚合物电致发光的原理**
(a) 电子和空穴处于相同的分子链；(b) 电子和空穴分别处于相邻的分子链

### 1. 载流子的注入

在聚合物发光二极管中，从电极注入电子和空穴，形成激子复合发光。当有机薄膜与阳极阴极的能级不匹配时，存在能级差，导致有机薄膜和电极之间形成界面势垒。对于多数情况，载流子注入是穿过金属/有机界面的三角势垒的隧穿注入，如图10.37所示。外加电场强度可以使注入载流子势垒变小、变薄，注入增加。调节聚合物和电极间的势垒可以调控载流子注入及PLED的光电特性。

载流子注入面临的问题：①由于聚合物材料载流子迁移率低，导致注入的载流子在薄膜中聚集形成空间电荷区，抑制载流子的进一步注入，出现空间电荷限制；②在聚合物材料中空穴的注入势垒低，迁移率大，空穴注入和传输相对容易，而电子注入却困难，出现注入的不平衡；③聚合物材料的禁带宽度较大，很难使高功函数的阳极和低功函数的金属阴极与聚合物材料的HOMO能级和LUMO同时能级匹配，从而很难实现电子和空穴等速率注入。

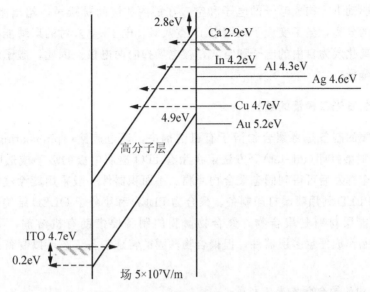

**图 10.37　常用金属电极及 ITO 的功函数和 PPV 形成的三角势垒**

为解决载流子注入的不平衡问题及空间电荷限制，需要提高聚合物材料载流子迁移率，并且在金属阴极和发光层之间引入电子亲和势较大的电子传输层，在发光层与阳极之间引入电子亲和势较小的空穴传输层。高迁移率的传输层是克服空间电荷限制电流很好的方法。

 **小知识：肖特基注入和隧穿注入**

载流子通过金属/有机物界面的注入有肖特基注入和隧穿注入两种。肖特基注入是热激发过程，热运动使载流子越过金属/有机物界面势垒进入到有机材料体内的过程，效率取决于界面层积累的电荷量及界面势垒的高低；隧穿注入是在势垒厚度变薄产生的三角势垒（见图 10.37）时，载流子横穿过势垒区进入到有机材料体内的过程，效率取决于界面层积累的电荷量及界面势垒区厚度。

**2. 聚合物载流子传输**

在载流子传输方面，小分子和高分子聚合物材料明显不同，小分子材料的载流子传输发生在分子之间，而聚合物材料的载流子传输发生在聚合物分子链内。共轭聚合物的 π 电子在链内是离域的，分子间的相互作用相对弱，π 电子在链内的转移比在链间的转移容易实现，因此，聚合物材料的载流子传输发生在聚合物分子链内。聚合物的迁移率受载流子浓度、内部的杂质缺陷能级和内部结构等多种因素的影响，比无机半导体的载流子迁移率低几个数量级。聚合物分子链的排列、不同形貌和薄膜结构都会导致载流子迁移率的不同。

**3. 聚合物中激子的产生与分离**

聚合物中的激子分为链内和链间两种，链内的激子可以直接复合发射光，链间的电子-空穴对跃迁也可以产生光发射的激子。聚合物内的激子束缚距离为 1nm 左右，激子在有机聚合物中不停运动，平均扩散长度为 10nm。

在高电压驱动下，构成激子的电子和空穴在链内和链间跳跃时，超出激子束缚距离，会发生空间上的分离，激子变成了束缚电子-空穴对。电子-空穴对的束缚能小于激子的束缚能，很容易离化成为自由的电子和空穴，被电场扫向两电极。因此，激子的分离会导致发光效率明显降低。

### 10.6.3 聚合物发光二极管的结构

聚合物薄膜的制备是将聚合物溶于有机溶剂中，通过旋涂（spin-coating）、浸没提膜（dipping）或者喷墨打印（ink-jet）等方法，在涂有 ITO 透明电极的玻璃或透明衬底上制作薄膜，溶剂完全挥发后可得到固态聚合物薄膜。小面积器件一般采用旋涂法制备，面积较大的彩色 AMPLED 利用喷墨打印制备。聚合物 PLED 和小分子 OLED 结构基本相近，只是发光层和功能层材料是聚合物。聚合物薄膜的制备要借助有机溶剂，不能像小分子 OLED 那样能制作成任意多层器件，但聚合物薄膜的特殊制备工艺可以制备出一些不同结构的器件。

1. 基本结构的聚合物发光二极管

基本结构的 PLED 器件与小分子 OLED 类似，根据聚合物层数，分为单层器件、双层器件和多层器件几种。单层结构的 PLED 器件采用具有不同功能的聚合物混合物或不同功能聚合物分子链共聚物的单层结构，工艺简单，比较容易制备，可以提高单层器件的效率和寿命。目前利用聚合物混合和共聚物制备的单层器件已成为常使用的一种方法。但还是很难同时很好地兼顾载流子注入、传输和复合发光几个过程，总体效率比较低。

双层结构的 PLED 器件引入空穴注入层以提高器件发光亮度。空穴注入层材料有聚苯胺、掺杂导电聚合物等。1995 年 Heeger 研究小组最先用聚苯胺（Polyaniline）作为空穴注入层，成功制备出结构为 ITO/ Polyaniline-CSA-PES/ MEH-PPV/ Li：Al 的双层聚合物电致发光器件，性能明显提高。

掺杂导电聚合物作为空穴注入层的双层 PLED 器件，在 ITO 和发光层之间加入空穴注入层不仅增加空穴注入，还提高了器件的寿命，已经成为高效聚合物发光二极管的主流。掺杂导电聚合物中的 PEDOT：PSS 膜是 PLED 中最常用的空穴注入材料。商用 PEDOT：PSS 是一种水基分散液，用旋涂方法在 ITO 玻璃表面形成一层膜，经过 60～80℃干燥和 150～180℃热聚合后，可得到比较致密的 PEDOT：PSS 膜。膜厚度变化范围比较宽，在 30～100nm，电导率由 PSS 的掺杂量决定，随着 PSS 量的增加，电导率增加。

3 层结构的 PLED 器件由于在制备过程中需要使用有机溶剂，制备中一定要避免各层之间的互溶，材料和溶剂选择非常有限，实现困难很大，重复性差，目前无实际应用。

**引例：** 喷墨打印的 **PLED** 结构

日本的 Seiko-Epson 公司用喷墨打印方法制备的双层 PLED 器件如图 10.38 所示。PEDOT 作为空穴传输层，红、绿、蓝 3 种颜色的聚合物材料作为发光层。使用一种高沸点的溶剂和相应的添加剂配置成高分子墨水，打印精度在为 1μm 左右。

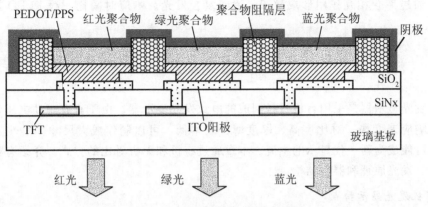

图 10.38 喷墨打印的 PLED 结构图

**2. 取向聚合物发光二极管**

取向聚合物发光二极管通过对聚合物发光层进行特殊处理，使聚合物分子具有一定的取向。取向后的聚合物吸收光、光致发光、电致发光具有显著的偏振特性，可用作液晶显示器的背光源，省去偏振片及相应制备工艺。

取向聚合物发光层的制备方法有两种。

（1）先制备一层聚合物层，用柔性抛光轮在聚合物上轻轻摩擦，表面形成微槽。再用旋涂方法在微槽表面上制备聚合物发光层薄膜，热处理后聚合物发光层的分子链就会沿着微槽排列，使聚合物发光层具有固定的取向。

（2）利用具有取向分子链的聚合物材料形成取向薄膜。

**3. 聚合物液体发光二极管**

聚合物液体发光二极管是把聚合物溶解在溶剂中，形成一定浓度的溶液，封闭在两个电极之间。在电场驱动下直接发光的聚合物发光器件，如图 10.39 所示。发光材料采用聚[9，9－双(3，6－dioxaheptyl)－芴－2，7－diyl]（又称 BDOH－PF）溶解在二氯代苯中配成的溶液，浓度范围为 1%～2%。

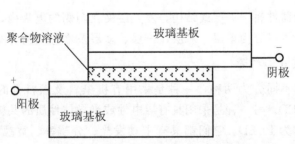

图 10.39 聚合物液体电致发光器件结构

聚合物液体发光二极管与聚合物 PLED 的发光原理不同，它是一个电化学发光过程。在电场作用下，聚合物分子链发生氧化－还原反应的过程。当 BDOH－PF 溶液在电场作用时，靠近阳极的分子链被氧化后向阴极移动，靠近阴极的分子链被还原后向阳极移动。当带正电的被氧化分子链和带负电的被还原分子链相遇时，两个分子链上的空穴和电子通过库仑相互作用形成激子，激子复合发光。响应时间比一般 PLED 要长，在 20～40ms。

# 本 章 小 结

有机发光显示器是采用有机材料制成的电致发光显示器。由于具有驱动电压低、发光亮度高、响应速度快、对比度高、厚度薄、成本低、可以制作成大尺寸、柔性显示等优点，很有可能成为新一代显示的主流。本章通过有机和无机对比的方式，介绍有机发光显示的材料、发光原理和器件结构。

1. 有机发光显示特点

有机发光显示器是一种主动发光显示器，近年来广泛受到人们的青睐，具有很好的应用前景。与 CRT 为代表的第一代显示器和 LCD 为代表的第二代显示器相比，有机发光显示器有着突出的技术特点：材料广泛、能耗低、成本低、厚度薄、重量轻、响应速度快、可实现柔性显示。

2. 有机材料的性质

有机材料的研究采用分子轨道理论，没有类似于无机晶体中的能带结构，但有 LUMO 和 HOMO 轨道，类似无机半导体中的导带底和价带顶。也有两种载流子——电子和空穴，有机材料又称为"有机半导体材料"。传输电子能力强的材料称为 n 型有机半导体材料，把传输空穴能力强的材料称为 p 型有机半导体材料。还有的有机材料可以同时传输电子和空穴，称为双极型有机半导体材料。

3. 有机发光二极管的发光原理

根据激发方式的不同，发光二极管的发光可以分为 pn 结的电致发光、发光材料的光致发光及电致发光。有机发光二极管的发光是有机发光材料的电致发光。发光过程可以概括为载流子注入、载流子传输、激子形成、复合发光 4 个过程。

4. 有机发光二极管的器件结构

有机发光二极管器件属于夹层式结构，发光层夹在两侧的电极内，像三明治一样。按照有机薄膜的功能，可以分为单层、双层、三层、多层及堆叠结构的器件。

5. 有机小分子发光二极管

根据有机材料的不同分为两种，一种是采用有机染料及颜料类的小分子电致发光器件，称为小分子 OLED。另一种是采用具有导电性或半导体性质的共轭聚合物高分子材料的电致发光器件，称为 PLED。它们都具有主动发光、分辨率、宽视角、发光颜色丰富、高的荧光效率等优点，但材料和性质差别很大，又各有优缺点。

6. 聚合物发光二极管

PLED 的发光原理是从阴极和阳极注入的电子和空穴在电场作用下沿聚合物分子链相向运动。当电子和空穴相遇时，受到库仑力的作用相互吸引。处于同一分子链时，电子和空穴形成激子，激子复合时发射光。处于相邻分子链时，形成电子-空穴对，电子-空穴对的束缚能比激子的束缚能低，比较容易分离形成自由的电子和空穴，也可以发生电子或者空穴的分子链间的跳跃转换成激子。

## 本章习题

一、填空题

1. 有机发光显示核心器件是发光二极管，又称_____，缩写为_____。采用电注入下载流子复合发光的器件又称为_____，缩写为_____。
2. 有机发光显示根据材料的不同分为_____和_____。
3. 机材料有两种特殊的分子轨道，_____和_____，分别相当于无机半导体材料的_____和_____。
4. 有机材料中分子与分子之间传递是一种_____传输的方式。在电场作用下，载流子参与导电的本质是_____分别在分子的 LUMO 或 HOMO 轨道上的跳跃。
5. 有机材料中传输_____强的材料称为 n 型有机半导体材料，把传输_____强的材料称为 p 型有机半导体材料。
6. 根据激发方式的不同，发光二极管的发光可以分为很多种，_____、发光材料的光致发光及_____。
7. OLED 电致发光的发光过程可以概括为_____、_____、_____、复合发光 4 个过程。
8. 能量转移机制可分为_____转移和_____转移两种。非辐射能量转移又分为_____和_____。
9. 有机发光二极管器件常用的结构是阳极材料采用透明的_____材料，阴极采用功函数_____的金属材料，中间加上_____层的夹层式结构。

二、名词解释

有机发光显示、无机发光二极管、小分子 OLED、PLED、给体、受体、n 型有机半导体材料、p 型有机半导体材料、电致发光、光致发光、能量转移、量子阱、超晶格、辐射能量转移、非辐射能量转移、Förster 能量转移、Dexter 能量转移

三、简答题

1. 简述有机发光显示的特点。
2. 简述分子轨道理论。
3. 简述有机材料和无机半导体材料的相同点和不同点。
4. 简述有机材料的光致发光的过程。
5. 简述 pn 结的电致发光的过程。
6. 简述 LED 和 OLED 电致发光的发光原理的区别。
7. 简述 OLED 电致发光概述。
8. 简述能量转移再复合发光的优点。
9. 简述小分子 OLED 与高分子 PLED 的优缺点。

10. 简述聚合物发光二极管的发光原理。
11. 简述 Förster 能量转移和 Dexter 能量转移的差别。

四、思考题

1. 思考 OLED 产业化面临的问题，你认为有什么解决办法？
2. 采用和无机半导体材料对比的方式，分析有机材料的特性。
3. 设计一种你认为最合理的小分子 OLED 器件结构。并说明理由。
4. 分析限制有机发光二极管发光效率的因素。思考提高效率的办法。

# 第 11 章
# 有源矩阵有机发光显示技术

  OLED 显示越来越频繁地出现在人们的生活中。从最初不到 1 英寸、单色无源矩阵 OLED 的 MP3 及手机副屏，到现在可以握在手里的超大屏幕、高亮度 AMOLED 手机，再到风靡消费电子展会的超薄 AMOLED 电视、可卷曲的、透明的显示器，越来越让人们相信新一代显示的主流是 OLED 显示，也更让人惊叹梦幻显示时代的开始。本章重点介绍 AMOLED 的驱动器件 TFT 的技术种类及特点、驱动电路的原理、AMOLED 的全彩色化方案及制备工艺技术。通过本章的学习可以掌握 AMOLED 的驱动器件都有哪些，各有什么特点，如何实现驱动 OLED 的，全彩色 AMOLED 如何实现彩色显示的等。

### 教学目标

- 了解 OLED 的发光方式；
- 掌握 AMOLED 面板的 TFT 技术种类及特点；
- 了解 AMOLED 的驱动原理；
- 了解 AMOLED 全彩色技术方法。

### 教学要求

| 知识要点 | 能力要求 | 相关知识 |
| --- | --- | --- |
| OLED 的发光方式 | (1) 了解 OLED 的发光方式的种类<br>(2) 了解实现各种发光的 OLED 的结构 | 有机发光显示基础 |
| AMOLED 面板的 TFT 技术 | (1) 了解 AMOLED 驱动器件的要求<br>(2) 掌握 AMOLED 驱动器件的种类及特点<br>(3) 了解多晶硅 TFT 驱动的技术种类 | 薄膜晶硅管基础 |
| OLED 驱动电路原理 | (1) 无源矩阵驱动的原理<br>(2) 掌握 2T1C 有源矩阵驱动的原理<br>(3) 了解各种驱动电路的特点 | 集成电路原理 |
| 全彩色 AMOLED 显示 | (1) 了解全彩 AMOLED 显示的实现方法<br>(2) 掌握红绿蓝像素并置法原理 | 混色原理 |

**推荐阅读资料**

[1] 陈金鑫，黄孝文．OLED有机电致发光材料与器件[M]．北京：清华大学出版社，2007．
[2] 中华液晶网 http://www.fpdisplay.com/．

 **基本概念**

AMOLED：Active Matrix OLED，有源矩阵有机发光显示器。它是在每一个像素上都配置了有源矩阵驱动器件的有机发光显示器。继有源矩阵液晶显示器的发展，驱动器件采用的主要是薄膜晶体管（TFT）。

PMOLED：Passive Matrix OLED，无源矩阵有机发光显示器。它是没有驱动器件的有机发光显示器。

## 11.1 OLED的结构和发光方式

有机发光显示根据驱动方式不同，分为有源矩阵有机发光显示和无源矩阵有机发光显示两种。AMOLED能完全发挥OLED显示的优势，具有更大的应用领域，而PMOLED的市场在逐渐缩小。本章主要介绍AMOLED技术，为了对比给出两者的性能，见表11-1。本章所述的AMOLED包括小分子材料和高分子材料两种有机发光显示。

表11-1 AMOLED和PMOLED的性能对比

| OLED种类 | AMOLED | PMOLED |
| --- | --- | --- |
| 驱动特点 | (1) 像素独立驱动、连续发光<br>(2) 寻址电路和驱动OLED发光部分分开 | (1) 瞬间电流过大、高亮发光<br>(2) 寻址的同时进行驱动 |
| 显示效果 | 全彩色、点阵式 | 单色、彩色、段式和点阵式 |
| 优点 | (1) 驱动电压低和功耗低<br>(2) 高分辨率、大尺寸<br>(3) 亮度容易提高<br>(4) 器件寿命长<br>(5) 响应快 | (1) 结构简单、工艺流程简单<br>(2) 技术要求低、材料少<br>(3) 成本低 |
| 缺点 | (1) 器件结构复杂<br>(2) TFT技术难度高<br>(3) 成本高 | (1) 高分辨困难<br>(2) 耗电大<br>(3) 发光效率低、寿命短 |
| 主要应用 | 高分辨率、大中小尺寸、高端应用 | 小尺寸、低分辨率、低端应用 |

### 11.1.1 正直型OLED器件的发光方式

不管是AMOLED还是PMOLED，发光器件和发光原理相同。OLED的结构有正直型OLED、倒直型OLED和微腔结构。正直型OLED是常用的器件结构，阳极在下面，上面采用蒸镀或旋涂等方法制备有机发光层，最上面是阴极，这种结构称为正置型OLED器件。发光方式分为3种底发射型、顶发射型、穿透型，如图11.1所示。

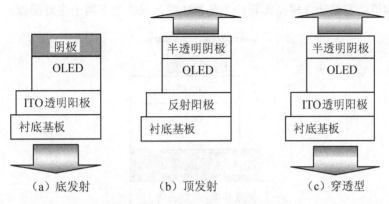

图 11.1 正置型 OLED 的发光方式

1. 底发射型 OLED

底发射型(Bottom Emission devices)阳极是透明的 ITO 材料,光由衬底基板射出,是一种常用结构。优点是:①阴极可以采用蒸镀的金属电极,器件性能好;②工艺简单,比较容易产业化。缺点是:①在 AMOLED 中,光经过基板时,必然受到建立在基板上的 TFT 和金属线的遮挡,实际发光面积受到限制,开口率低;②为改善像素间的不均匀性对画面质量的影响,有源矩阵中多数采用电路补偿方式的像素结构,一个像素要采用两个以上薄膜晶体管,底发射光透过面积更小,开口率变得更低,亮度低;③要实现高亮度显示,必须增加流过每个像素的电流密度,加速了有机材料和面板的老化,寿命降低。

2. 顶发射型和穿透型 OLED

顶发射型(Top Emission devices)的光不是经过衬底基板射出的,而是经过上表面的阴极射出。基板上阳极是高反射金属,阴极是透光的。优点是:①OLED 光不经过衬底基板,而是从顶层发射出去,不受基板上的 TFT 和金属线的遮挡,开口率大;②可实现高分辨率、高亮度及长寿命显示。目前高端的 AMOLED 都采用开口率大的顶发射结构。

穿透型(Transparent devices)阳极为透明的 ITO 材料,阴极采用透明的导电氧化物或金属材料,两面都会发光。优点是不显示图像时面板是半透明的,显示图像时从两个面都可以获得显示信息。

顶发射型和穿透型 OLED 具有很高的工艺难度。①两者光都是透过阴极发射出来的,阴极的透过率决定了器件的亮度,对阴极的要求很高;②阴极多数是由金属组成的,要透过率高,必须把阴极做薄,太薄则导电性变差,会影响器件的工作稳定性;③金属本身也会吸光,且同时具有透射率和导电性的阴极材料很少;④ITO 透明电极具有好的导电性和透光率,但薄膜制作常采用溅射的方法,在器件的最上面制作 ITO 透明电极,对有机薄膜的损伤严重。因此,发展透明的金属阴极或者采用保护层加 ITO 透明电极的方法是顶发射型和穿透型器件研究的重点。

## 11.1.2 倒置型 OLED

倒置型 OLED(Inverted OLED,IOLED)是在基板上先制作阴极,在阴极金属上蒸镀有机薄膜,最后制作阳极导电薄膜,如图 11.2 所示。与一般 OLED 件的制作流程相反。

优点是与 n 沟道的非晶硅薄膜晶体管的工艺相匹配。面临以下两个主要问题。

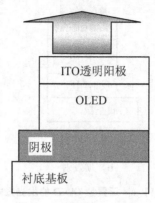

图 11.2　置型 OLED 结构

1. 溅射损伤问题

与顶发射型 OLED 一样，要在有机薄膜上溅射 ITO 薄膜作为阳极，溅射前必须有保护层，防止溅射造成的损伤。因此，需要寻找有效的溅射保护层以及 ITO 溅射条件的优化。常用的溅射保护层材料有三类：①空穴传输性好和稳定性好的 CuPc、PTCDA、并五苯等小分子材料；②用旋涂方法沉积的 PEDOT 等高分子材料；③三氧化钼 $MoO_3$ 等无机材料也可以取代有机材料做溅射保护层及空穴注入层。ITO 溅射条件的优化可采用低功率溅射，或者低功率和高功率两个阶段溅射成膜等。

2. 阴极和阳极电荷注入的问题

阴极先制作在衬底基板上，光刻形成电极图形。但是一般注入性能好的低功函数金属材料都存在光刻困难的问题，如 Li、Ca、Mg 等。然而容易光刻的高功函数金属材料注入性能不好，导致阴极注入不平衡的问题。阳极需要采用破坏性小的 ITO 溅射工艺，注入性能也很低。因此，倒置型 OLED 的性能没有传统的正置型 OLED 性能高。

### 11.1.3　微腔结构 OLED

微腔结构 OLED(Micro Cavity Structure)或者 Multiple Reflection Interference 结构的 OLED 是在阳极和阴极间构成微型光学谐振腔，利用两电极间反射光的反复干涉效果，提高 OLED 发光的色纯度和发光强度的一种结构。

1. 微腔结构原理

微腔结构是指至少存在一维尺寸与光波波长相当的微型光学谐振腔，又称为法布里—珀罗谐振腔。最简单的微腔结构是由 2 个反射镜及中间所夹的工作物质组成的。2 个反射镜可以是一侧金属作全反射镜，一侧半穿透的金属作半反射镜；还可以一侧是金属作全反射镜，另一侧是由介质层以周期性的 1/4 波长堆积的分布式布拉格反射器作半反射镜，如图 11.3 所示。分布式布拉格反射器，英文为 Distributed Bragg Reflector，缩写为 DBR。

当光子从发光层发出后，会在两电极间反复反射，一部分光被削弱，一部分特定波长的光在某一方向受到增强，这个特定波长的光称为微腔的光学谐振波。波长由微腔的光学长度($L$)决定，与每层材料的厚度和折射率有关。

$$L(\lambda) = \frac{\lambda}{2}\left(\frac{n_{\text{eff}}}{\Delta n}\right) + \sum_i n_i d_i + \left|\frac{\varphi_m}{4\pi}\lambda\right| \tag{11.1}$$

式中，$\lambda$ 是真空波长；$n_{\text{eff}}$ 是 DBR 的有效折射率；$\Delta n$ 是低折射率和高折射率介质层的折射率差值；$n_i$ 和 $d_i$ 分别是 ITO 及有机层的折射率和厚度；$\varphi_m$ 是金属和有机层界面的相移。在微腔内，满足谐振条件的光波会由于相干涉得到加强。谐振条件是光在腔内往返一周的相位改变是 $2\pi$ 的整数倍或者光程是半波长的整数倍，即：

$$L(\lambda) = m \cdot \frac{\lambda}{2} \quad (m \text{ 为整数}) \tag{11.2}$$

微腔的光波振动模式由式(11.2)决定。其中 $m$ 是微腔结构的模式数目，可以通过微腔的长度来调整。

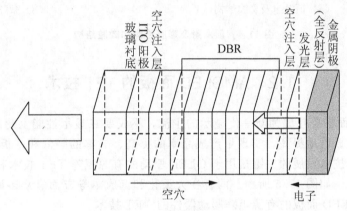

图 11.3 微腔结构 OLED

2. 微腔结构的特点

1) 提高色纯度

由于大多数聚合物发光器件的光谱比较宽，发光的色纯度差。采用微腔结构可以使处于谐振波长的光在某个方向上增强，减少发光光谱的宽度，提高色彩纯度。英国剑桥大学 Cavendish 实验室采用三对半 DBR 作半反射镜，利用 Ca/Al 金属阴极作为全反镜，构成微型光学谐振腔。DBR 是由纯 PPV 和 $SiO_2$ 掺杂 PPV 交替层组成的，制作出单色性非常好的聚合物 PLED。

2) 实现光谱窄化，提高发光强

微腔结构可以采用提高光的强度和缩小光谱宽度。如在 ITO 阳极上制作 DBR 半反射镜，再蒸镀小分子发光层和全反射阴极，合理设计 DBR 的厚度和周期数，可以制作出具有微型光学谐振腔的小分子 OLED。

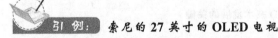 **索尼的 27 英寸的 OLED 电视**

2007 年索尼公司 27 英寸的全高清 AMOLED 电视采用了 DLTA 的微晶硅薄膜晶体管驱动技术，并结合顶发射型、多重反射的微腔结构、彩膜技术，如图 11.4 所示。其 OLED 面板具有超高对比度、更宽的色域范围、高亮度画质。像素为 1920×1080，对比度为 100 万∶1，全白状态下亮度为 200cd/m²，最高亮度为 600cd/m²，色域范围超过 100%，寿命为 3 万小时。

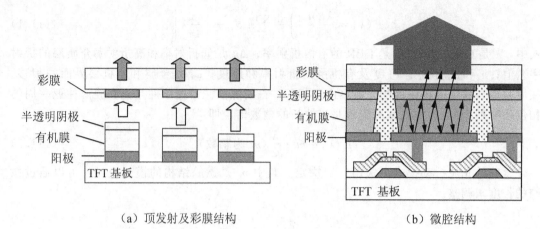

(a) 顶发射及彩膜结构　　　　　（b) 微腔结构

图 11.4　顶发射及彩膜结构和微腔结构

## 11.2　AMOLED 面板的 TFT 技术

AMOLED 面板要想成为新一代显示的主流，不仅要在显示性能上超越 AMLCD，还要在制作技术上显著地提高，实现量产成品率的提高、成本的降低和基板尺寸的大型化。当前 AMOLED 技术发展的关键是用于 OLED 驱动的有源矩阵 TFT 技术和 OLED 器件制作技术两个方面，如图 11.5 所示。两者在大型化和低成本等方面有众多研究课题。本节主要介绍 AMOLED 面板的有源矩阵驱动器件的 TFT 技术。

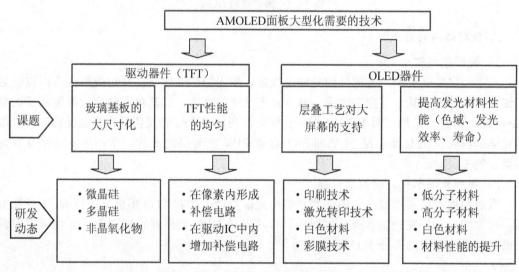

图 11.5　AMOLED 技术发展的关键

### 11.2.1　AMOLED 驱动器件要求

与 TFT-LCD 的驱动原理类似，AMOLED 显示是利用薄膜晶体管电路分别控制每一个像素实现单元发光的。区别是，OLED 器件属于电流驱动，亮度与流过器件的电流成正比。要得到均匀的亮度，分配到每个像素的电流应该是一样的，且是稳定的，因此 AMOLED 器件对均匀性和稳定性要求高。而 LCD 利用稳定电压控制液晶像素单元的液晶分子旋转调制背光源发射的光。两者对 TFT 性能的要求不同，见表 11-2。

表 11-2 不同应用对 TFT 性能要求的对比

| TFT 参数 | AMLCD | AMOLED |
| --- | --- | --- |
| 迁移率 | $\geqslant 0.1 \text{cm}^2/\text{Vs}$ | $\geqslant 1 \text{cm}^2/\text{Vs}$ |
| $V_{TH}$ | 对大的动态范围，要尽可能低 | |
| $\Delta V_{TH}$ | | 理想情况下为零 |
| $S$ | 因为没有电流流动，对液晶显示影响不大 | 低 |
| $I_{on}$ | | 高 |
| 开关比 | | 大 |
| $I_{leakage}$ | | $\leqslant 1\text{pA}$ |
| 均匀性 | 重要 | 非常重要 |
| 稳定性 | 重要 | 非常重要 |

（$V_{TH}$ 是阈值电压，$\Delta V_{TH}$ 是阈值电压的漂移，$S$ 是亚阈值斜率，$I_{on}$ 是开态电流，$I_{leakage}$ 是关态泄漏电流，$1\text{pA}=10^{-12}\text{A}$）

总之，AMOLED 对驱动器件 TFT 有更特殊和更严格的要求。其中最关键的 TFT 性能要求是：①更高的迁移率，对 AMOLED 显示要求阵列基板的驱动 TFT 有较大的电流流过的能力，也就是要求 TFT 具有更高的开态电流，在适合的开关比下，要有更高的载流子迁移率，一般需要 $\geqslant 1\text{cm}^2/\text{Vs}$，最好达到 $5\text{cm}^2/\text{Vs}$ 以上；②更高的均匀性和稳定性。为保证显示效果，需要控制流过每一个 OLED 器件电流的均匀性和稳定性。因此，要求阵列基板上不同区域内的 TFT 特性具有更高的均匀性和稳定性。稳定性一般要求阈值电压的偏移 $\Delta V_{TH} < 1\text{V}$。

因此，作为驱动器件的 TFT 技术是 AMOLED 显示技术研发中重要的研究方向之一。

### 11.2.2　AMOLED 驱动器件种类

要实现 AMOLED 大尺寸面板的制造工艺，需要对驱动器件进行优化和改进。各面板厂商正在开发新的驱动电路、新的 TFT 材料以及新的制造工艺，部分已经初见成效，陆续展示了各种驱动 TFT 的 AMOLED 样机。用于驱动 OLED 的有源矩阵 TFT 有多种，如非晶硅、多晶硅、微晶硅、氧化物和有机薄膜晶体管等，性能和产线世代的情况概括如图 11.6 所示。阴影部分为大尺寸 AMOLED 驱动器件要求的区域。

#### 1. 非晶硅薄膜晶体管

AMOLED 面板实现低成本、大型化的关键是能够使用与液晶面板相同尺寸的玻璃基板的 TFT 阵列工艺。当前液晶面板中驱动器件主要是非晶硅薄膜晶体管。非晶硅薄膜晶体管（Hydrogenated Amorphous Silicon TFT，a-Si：H TFT）制作温度高于 300℃，量产的均匀性好，已经开发到第 10 代的生产线。但 a-Si：H TFT 驱动 OLED 时遇到了很大困难。

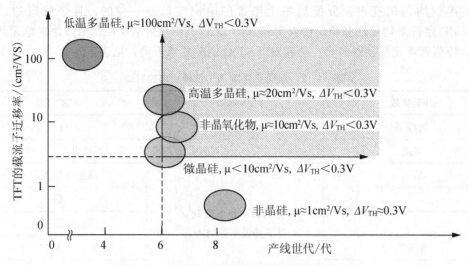

图11.6 各种TFT的性能和产线世代情况图

(1) 随着OLED显示的发展，像素尺寸越来越小，单元像素充电时间也越来越短，要求TFT具有更大的开态电流。宽长比确定的情况下，高迁移率变得非常重要。非晶硅的载流子迁移率低只有$0.5 \sim 1.0 \mathrm{cm}^2/\mathrm{Vs}$，亮度不够。以$0.5 \mathrm{cm}^2/\mathrm{Vs}$的a-Si:H TFT驱动OLED的话，宽长比至少要设计成50才能达到OLED显示的要求，开关TFT的关态电流不能超过$10^{-12}$A，对非晶硅来说是相当苛刻的要求。

(2) 阈值电压随时间漂移大，稳定性差，会出现显示图像不均匀现象。虽然a-Si:H TFT在制造工艺、像素结构和驱动电路的设计上可以提高稳定性，但仍不能完全满足AMOLED显示的要求。

(3) 为了防止阈值电压变化导致驱动电流的变化，驱动器件最好是工作在饱和区的p沟道器件。原因是p沟道器件的栅极电压和源极电压可以直接连接到栅极和电源线上。而n沟道器件的栅源电压将依赖于OLED器件上的电压。非晶硅技术不能制造出合适的p沟道TFT。

(4) 非晶硅技术存在着过高的光敏性。

2. 多晶硅薄膜晶体管

为提高载流子迁移率，需要提高沟道有源层材料的结晶程度。按结晶程度分，有晶体硅、多晶硅、非晶硅等。晶体硅载流子迁移率很高，但生产条件要求高，不适合用于大规模和大尺寸的平板显示中。多晶硅的结晶程度稍低，但具有很多优点：①具有较高的载流子迁移率；②多晶硅TFT阈值电压漂移也要比非晶硅大大减小，稳定性高，更适合作为AMOLED显示的驱动器件；③由于迁移率高，还可以减小TFT器件的尺寸，可以保证一样的开态电流，但像素开口率提高；④容易制作出n沟道和p沟道的TFT器件，实现周边驱动的CMOS集成电路。

通常在基板上先生长非晶硅薄膜，再结晶化，获得晶粒尺寸较大的多晶硅薄膜。根据制作温度分，有高温多晶硅和低温多晶硅技术。高温多晶硅技术需要把非晶硅薄膜加热至700℃以上，需要使用耐高温的基板。但大多数的玻璃基板不能承受高温工艺。低温多晶硅技术是采用多种结晶技术在较低温度下结晶化的技术。优点是能使用大尺寸、低廉的玻璃基板，又能让基板上的非晶硅薄膜有较高的结晶度。

低温多晶硅技术的结晶化工艺温度低于600℃，载流子迁移率高达100 $cm^2/Vs$左右；阈值电压变化($\Delta V_{TH}$)仅为a-Si:H TFT的1/10左右，稳定性好；性能方面的均匀性也很好。部分量产的中小型AMOLED的产品中，驱动器件主要是LTPS TFT。但在大尺寸基板上制作低温多晶硅存在激光光束尺寸和均匀性的限制，面临着很大的挑战。

### 3. 微晶硅薄膜晶体管

微晶硅薄膜晶体管是利用多头二极管激光器热退火系统对非晶硅薄膜进行结晶化而制备的薄膜晶体管。微晶硅技术可以与当前的非晶硅技术相比，载流子迁移率高于$3cm^2/Vs$，稳定性有很大程度提高。能够实现120Hz驱动$2K\times4K$面板，有望利用第10代(2880mm×3130mm)的a-Si:H TFT的生产线。

微晶硅的典型结晶化技术是DLTA(Diode Laser Thermal Annealing，二极管激光退火)技术。DLTA系统由多个激光头和扫描平台组成，如图11.7(a)所示。激光头中的激光二极管输出功率达1W以上，波长为800nm，激光光束的宽度根据TFT的沟道宽度来控制。激光头沿一定方向扫描移动，扫描速度为150mm/s。非晶硅薄膜的基板放在扫描平台上。非晶硅薄膜上面有一层金属薄膜，如Mo，非晶硅薄膜对800nm波长的光几乎没有吸收，金属Mo薄膜起到光热转换的作用，使薄膜晶化为微晶硅薄膜，如图11.7(b)所

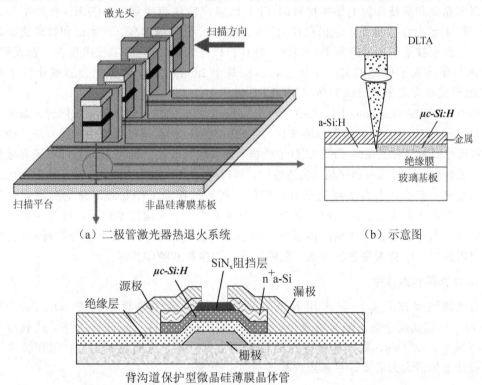

图11.7 二极管激光器热退火系统及示意图和TFT结构图

示。晶化后进行金属 Mo 层的光刻形成源漏电极。薄膜晶体管结构采用背沟道保护型结构，如图 11.7(c)所示，降低制作过程中对沟道区的伤害，而且微晶硅的晶格缺陷很低，迁移率比非晶硅高，稳定性也非常好，不论是在短程还是长程方向都具有很好的均匀性。

值得一提的是，DLTA 微晶硅 TFT 中金属栅极的材料。在 AMLCD 中，为制作大尺寸、高分辨率的显示，栅极金属常采用低电阻率的 Al 材料或复层材料，如 AlNd 或者 Mo/AlNd 复层材料。但在 DLTA 微晶硅 TFT，栅极材料采用 Al 材料，很容易在激光热退火中出现小丘、毛刺或者针孔等缺陷。因此，在 TFT 有源岛下面的栅极金属材料只能采用 Mo 单层材料，栅线等的布线处不需要激光扫描的部分则采用 Mo/AlNd 复层材料。制作工艺流程是先进行有源岛位置处的 Mo 岛和 Mo 栅线的光刻，再溅射 AlNd 金属及光刻 AlNd 栅线。既保证了金属线的低电阻率，又可以获得稳定、高结晶度的微晶硅薄膜，还能降低缺陷提高成品率，但要比 a-Si：H TFT 增加一次光刻。

**小提示：微晶硅和非晶硅的区别**

微晶硅（Micro Crystallization Silicon，mc-Si）与非晶硅一样是硅的一种同素异形体。掺杂一定量氢后可以表示为 μc-Si：H。微晶硅是由小的无定形硅晶粒组成的，晶粒大小在微米量级上。晶粒尺寸和有序程度介于非晶硅和多晶硅之间。

**4. 氧化物薄膜晶体管**

以非晶硅和多晶硅为半导体材料的 TFT 已经成功地应用到 AMOLED 显示中。其中 LTPS TFT 已经成功量产，但仍存在大尺寸化困难、设备成本高、产率低和材料成本高等问题，在各项技术积极研究发展的同时，硅材料以外的半导体 TFT 技术也在飞速发展中。氧化物半导体成了研究的另一个重点，目前基于 In-Ga-Zn-O 的多元金属氧化物半导体 TFT 逐渐成熟应用于 AMLCD 和 AMOLED 显示中。

IGZO TFT（Amorphous InGaZnO TFT），是非晶的氧化物半导体薄膜晶体管，载流子迁移率为 $10cm^2/Vs$ 左右，阈值电压的变化与 LTPS 相当。优点是可以采用溅射方法制作，不受基板尺寸限制，对现在的 TFT LCD 生产线不需要较大改动。而且 IGZO TFT 还有望使用涂布工艺制造，同时透明和非晶态沟道性质，可以应用于一定程度的柔性和透明显示中。

研究热点在于：①由于载流子有氧空位，制造过程和工作状态下易受到影响，TFT 特性稳定性和工艺重复性差，成为量产前急需解决的一个关键技术难题，通过在成膜后施加热处理，有望改善；②在相同体系中其他半导体材料的研发，减少贵金属材料的使用，降低材料成本；③更为便宜的制造工艺的研发，如涂布和喷印技术。

**5. 有机薄膜晶体管**

有机薄膜晶体管是一种采用有机半导体材料制成的薄膜晶体管（Organic TFT，OTFT）。可以实现全固态的柔性显示，受到人们广泛的关注。目前，OTFT 的载流子迁移率不到 $0.5cm^2/Vs$，聚合物材料的 OTFT 要更低一些。在材料、工艺、制作技术上和器件设计上仍需大力研发，目前还没有试制的生产线。

### 11.2.3 用于 OLED 驱动器件的多晶硅薄膜晶体管

目前用于量产的中小型 AMOLED 产品中，驱动器件主要是低温多晶硅的薄膜晶体管

（Low Temperature Poly-Silicon TFT，LTPS TFT）。LTPS TFT 拥有较高的载流子迁移率，能提供更充分的电流，可以制作成 n 沟道和 p 沟道的晶体管。但 LTPS TFTs 的制作流程复杂，需要准分子激光再结晶处理，产量较小。而 a-Si:H TFT 虽然载流子迁移率不如 LTPS，只能制作成 n 沟道晶体管，但由于制作流程成熟，在成本上具有较佳的竞争优势，可以大面积量产。

OLED 驱动要求分配到每个像素的电流是一样的，但多晶硅生长的特点是每个 TFT 的阈值电压、载流子迁移率和串联电阻并不一致，导致 LTPS TFT 特性具有很大的不均匀性。用 LTPS TFT 驱动 OLED 显示，重点要解决亮度的均匀性和灰度的精确性问题。在电路设计和工艺技术上采用多种方法克服多晶硅 TFT 特性的不均匀。①优化结晶方法要获得均匀的多晶硅薄膜、减小阈值电压和迁移率的漂移，采用多种结晶化技术有准分子激光退火法、快速热退火法、金属诱导横向晶化法和固相晶化法等，常用的技术有 ELA 技术、SLS 技术、SGS 技术、SPC 技术；②采用硅化工艺减小 TFT 的串联电阻，先淀积一层 Ni，然后在 400℃下真空退火 10min，在源、漏、栅上形成 NiSi，经硅化工艺后源区和漏区的方块电阻由 8000Ω/□ 降至 200Ω/□，串联电阻可降低 1/40；③像素电极 ITO 和漏极之间的接触采用低电阻图形；④在 OLED 制作之前，使用旋涂技术使表面光滑均匀。

1. ELA 技术

准分子激光退火英文为 Excimer Laser Anneal，缩写为 ELA。准分子激光是非晶硅薄膜吸收率较高的波段。准分子激光退火利用激光能量集中的特点，将激光照射到的很小范围内的非晶硅材料快速熔融再结晶的过程。基板不需要太高的制备温度。

ELA 技术采用扫描线状激光束，通过光学系统扩至 0.4mm 宽的能量密度均匀分布的长条型可在低温下使基板上的非晶硅薄膜依次在准分子激光退火处理下结晶化，形成多晶硅薄膜。目前的 AMOLED 产品中基本上都是 ELA 技术的 LTPS TFT。

ELA 技术的缺点是：①激光器昂贵、光学和机械系统复杂，制作成本高；②由于激光尺寸的限制，非晶硅薄膜按区域顺序晶化，不可避免地在两个晶化区域之间有一个晶化程度不同的接缝，载流子迁移率不同，TFT 特性不匀均；③不均匀性随着驱动基板尺寸的增大而放大，制作大尺寸面板难度大，大型化困难。激光光束的最大长度仅为 460mm，无法通过一次扫描覆盖 55 英寸以上的大面积基板，因此多采用两次扫描的方法。但第一次扫描和第二次扫描范围重叠的部分会出现线状条纹，扫描重叠部分的 TFT 特性与其他范围的 TFT 相比发生了较大变化，导致显示中出现条纹状显示不匀均现象，不适合第 4 代以上的面板中。

针对 ELA 技术的问题，从电路设计、设备及工艺方面改善 TFT 特性的不均匀性。通过增加冗余驱动电路的方法有望解决 TFT 特性不均匀的现象，可应用到大尺寸的 OLED 面板中。三星公司的 S.M.Choi 采用相邻像素 TFT 驱动电路的方法，避开了使用激光束扫描范围重叠部分的 TFT 驱动技术。方法是：①激光束扫描范围内没有 TFT 的驱动电路，像素的驱动采用邻近像素的驱动电路来驱动；②所有像素中都采用邻近像素驱动电路来驱动；③最边缘的像素利用显示区外的冗余像素驱动电路来驱动，如图 11.8 所示。采用该种驱动技术，合理设计冗余像素驱动电路，可以使用光束长 460mm 的准分子激光，制造出 70～100 英寸的 AMOLED 面板。

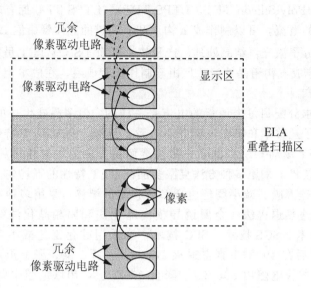

图 11.8 增加冗余像素驱动电路的设计

2. SLS 技术

ELA 技术制备的 LTPS TFT 存在激光光束尺寸和均匀性的限制，大尺寸化面临着很大的困难。在设备和工艺方面提出了改善光学系统扩展激光束技术、使用较便宜的连续波二极管泵浦的固态激光器技术，以及采用多路二极管激光器的 DLTA 技术，采用连续横向晶化的 SLS 技术，大大提高了载流子迁移率，改善了 TFT 的不均匀性。

SLS 技术（Sequential Lateral Solidification，连续横向结晶技术）利用掩膜板限制激光束的尺寸保证激光束的能量密度空间均匀性，在非晶硅薄膜基板上的某一范围照射激光束。然后配合基板的移动在某范围部分重叠的情况下，向稍微旁边的位置照射激光束，横向有序地进行非晶硅薄膜结晶化，在低温下形成多晶硅薄膜的过程，具有晶界缺陷少、大晶粒、高性能的优点。

三星电子的 J. B. Choi 考虑了生产效率，将单位范围的激光照射次数降到两次以下。为支持大尺寸面板，提出两种方案。

(1) 利用二维掩模制作面状激光束向每个单位范围照射两次激光束的方法。一边对基板进行 XY 扫描，一边反复进行激光照射，从而使大面积基板上形成多晶硅薄膜。原理上可支持任何一种大尺寸面板。

(2) 还可以开发 730mm 的长型线状激光束，采用对基板进行单向扫描照射的方法。由于 55 英寸的基板短边长度小于 730mm，最大支持 55 英寸面板。

3. SGS 技术

SGS（Super Grain Silicon）技术是形成大晶粒的技术，属于金属诱导结晶法制备低温多晶硅薄膜的技术。目前，SGS 技术是除了 ELA 技术外用于量产的另一种低温多晶硅技术。

SGS 技术是在非晶硅基板上涂布微量的镍形成晶核作为金属催化剂，然后在较低的温度处理下围绕晶核形成较大颗粒多晶硅薄膜的技术，载流子迁移率可以达到 $30\sim50\text{cm}^2/\text{Vs}$。优点是：①与 ELA 和 SLS 技术不同，SGS 技术不采用激光，不受激光束长度限制，支持大面积基板；②可以通过控制结晶的方向实现更高的迁移率。

缺点是：①在非晶硅薄膜中引入了金属原子，在晶化后通过溶解、萃取等方法去除，仍会有残留的镍金属等存在，使得多晶硅 TFT 的关态泄漏电流高，导致显示不均匀；②金属原子导入和扩散方向的不同，会造成某些区域的迁移率和关态电流的显著不同，导致整个阵列基板的 TFT 性能不均匀。尽管可以采用降低关态泄漏电流的多栅极结构设计方法，开态电流也随之降低，损失了 OLED 器件的亮度，但还是存在发光时源漏电压发生变化，导致泄漏电流的问题。通过改变 TFT 的驱动电路设计，有望进一步降低关态泄漏电流，解决显示不均匀的问题。

**引 例：三星制作的 SGS 的低温多晶硅 AMOLED 面板**

三星移动电子(SMD)在 2008 年 10 月首次公开的 40 英寸 AMOLED 试制品采用的就是 SGS 的低温多晶硅薄膜晶体管驱动技术。不使用激光进行结晶化的 SGS 技术以及 FMM(Fine Metal Mask)蒸镀技术使得 AMOLED 获得更大的尺寸。制作的超微腔底发射结构的 AMOLED 色域达到 107%，分辨率为 1920×1080，对比度高达 100000∶1，亮度达 200cd/m²，厚度为 8.9mm。与普通底发射器件的对比，见表 11－3。

表 11－3　普通底发射和微腔底发射 AMOLED 的对比

| 构造 | 普通底发射 | 微腔底发射 | 比较 |
| --- | --- | --- | --- |
| 色域(NTSC 比) | 71% | 107% | 提高 36% |
| 白光发光效率 | 100% | 176% | 提高 76% |

4．SPC 技术

SPC 技术(Solid Phase Crystallization，固相结晶技术)是通过对非晶硅薄膜施加 700℃ 左右的热处理，结晶化为多晶硅，属于一种高温多晶硅薄膜晶体管技术。一般在直接加热晶化的基础上，采用缩短加热时间、增加温度变化梯度、辅助外场手段来获得较大晶粒的多晶硅薄膜。SPC 多晶硅 TFT 的特点是：①在快速退火的同时给非晶硅薄膜施加一个磁场；②不需要增加昂贵和复杂的设备；③对基板尺寸没有限制。随着玻璃基板尺寸的发展，针对 OLED 显示用玻璃，耐高温程度有很大提高。载流子迁移率为 20cm²/Vs 左右，阈值电压的变化与 LTPS 相当。尽管存在热处理中玻璃基板收缩的问题，但已经有望支持第 6 代的玻璃基板，最大可量产 30 英寸左右的产品。面临的挑战是难以支持第 8 代以上的玻璃基板。SPC 技术越来越被看好，有望作为 AMOLED 显示用驱动 TFT 技术方案之一。

**引 例：LG 电子投产 15 英寸的 AMOLED 面板**

2009 年底，LG 电子上市的 15 英寸 OLED 电视，像素数为 1366×766，分辨率为 105ppi。全白亮度为 200cd/m²，峰值亮度为 450cd/m²，黑亮度为 0.01cd/m²。驱动技术采用的是 SPC 高温工艺结晶化的多晶硅 TFT，微腔结构，底发射型 OLED。LG 显示负责 OLED 销售和市场营销的副总裁 Won Kim 提到："目前已支持第 6 代玻璃基板。但要实现 40 英寸左右的大尺寸，必须支持第 8 代玻璃基板，需要开发能够进行 700℃ 以上热处理的 SPC 设备"。

### 11.2.4 用于 OLED 驱动器件的多晶硅薄膜晶体管

在 OLED 的有源矩阵驱动方面,采用多种薄膜晶体管的尝试,在不同程度上各有优缺点,部分进行了量产的试制,性能及产业化程度对比见表 11-4。

表 11-4 各种薄膜晶体管的性能和产业化程度对比

| 半导体种类 | 非晶硅 | 低温多晶硅 | | | 高温多晶硅 | 微晶硅 | 氧化物 |
|---|---|---|---|---|---|---|---|
| | a-Si:H | ELA | SLS | SGS | SPC | DLTA | IGZO |
| 结晶设备 | 不需要 | 准分子激光器 | 多光束扫描激光器 | 退火炉(快速热处理) | 退火炉(高温快速热处理) | 二极管激光器阵列 | 不需要 |
| 器件结构 | 底栅型 | 共面型 | 共面型 | 共面型 | 共面型 | 底栅型 | 底栅型 |
| 迁移率 $\mu$ ($cm^2/Vs$) | 0.5~1 | 50~100 | 100 左右有方向性 | 50 | 10~30 | 3~10 | ~10 |
| 沟道类型 | n 沟道 | 可 CMOS | 可 CMOS | 可 CMOS | 可 CMOS | n 沟道 | n 沟道 |
| 量产难易程度 | ◎ | ◎ | ○ | △ | △ | △ | × |
| 大面积化 | ◎ | × | △ | ○ | ○ | ○ | ◎ |
| 驱动 OLED 的稳定性 | × | ○ | ○ | ○ | △ | △ | △ |
| 超高分辨率 AMOLED | × | ○ | ○ | ○ | ○ | △ | ○ |
| 备注 | 采用补偿电路后,可用于 OLED | 适合 OLED,量产到 G4 | 在小尺寸 OLED 试制中 | G4 试制生产线,温度低于 SPC 下结晶化 | 需要 700℃ 左右的高温退火 | 有 G3 试制生产线 | 无试制生产线,前景好 |

◎:非常好;○:好;△:一般;×:不好;G4 和 G3 分别代表第 4 代和第 3 代生产线

## 11.3 OLED 的驱动原理

有机发光显示依据驱动方式可分为无源驱动(Passive Matrix,PMOLED)和有源驱动(Active Matrix,AMOLED)。目前 PMOLED 已进入量产,但由于显示性能上的缺陷产量越来越少。AMOLED 和 PMOLED 的对比如下。

(1) 在显示效果上,PMOLED 大都采用时间分割法实现灰度显示,每一个像素的点亮时间有限,维持整个工作周期显示困难;而 AMOLED 每个像素独立控制,存储电容持续放电,发光器件是在整个工作时间内都是点亮的,不存在 PMOLED 显示器的闪烁问题。

(2) 在驱动信号上,PMOLED 需要的驱动电流大。PMOLED 行、列电极交叉排列,交叉点处构成发光像素。发光由加在行、列电极上的脉冲电流来控制。脉冲峰值会随着电极数目的增加而增加,点亮时间很短,要达到一定的亮度,需要更大的驱动电流流入 OLED;而 AMOLED 每个像素都有 TFT 和存储电容维持发光像素的显示,需要的驱动电流较小。

（3）在寿命上，PMOLED在大电流、高频率下的频繁开关，发光效率降低，缩短了器件的使用时间，寿命短；而AMOLED每一个发光器件单独控制，开关次数和驱动电流远远小于PMOLED，寿命更长、发光效率更高。

（4）在分辨率上，PMOLED采用时间分割等方法实现灰度，点亮时间不能无限制的缩短，行数不能做得很大，分辨率和大尺寸都受到限制；而AMOLED不受显示行数限制，可实现高分辨率显示。

总之，AMOLED具有大信息含量、高分辨率、长寿命的优势，有望成为新一代显示的主流。

### 11.3.1 无源矩阵驱动方式

无源矩阵驱动的OLED等效电路如图11.9所示。PMOLED和PMLCD类似，在阴极和阳极线交叉处是OLED发光的像素区。在ITO阳极加上正电压，金属阴极上加负电压，交叉点像素就会有电流通过发光。

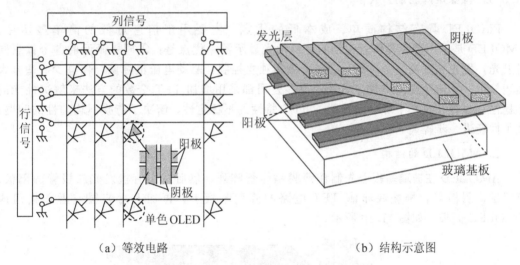

（a）等效电路　　　　　　　　　　（b）结构示意图

**图 11.9　PMOLED的等效电路和结构示意图**

当某一行要发光的像素加电压，其他行接地；当某一列像素加负电压，其他列接地，交叉处OLED就可以发光。发光的亮度与阴极信号线数有关。当画面每一像素的平均亮度为$100cd/m^2$，有100条阴极信号线，信号施加给像素的亮度应该是$10000cd/m^2$。当存在开口率时，信号电压还要再增加才能达到平均亮度。因此，需要的电流密度很大，约为每平方厘米数百毫安，导致OELD器件加速老化，寿命低。PMOLED勉强可以应用到5～10英寸。

无源矩阵驱动的OLED也存在类似无源矩阵液晶显示的交叉串扰现象。在选通像素发光时，相邻像素也会有不同程度发光的现象。OLED本身是电流发光器件，存在电极的电阻率、电极间的漏电、分布式电容。动态驱动方式进行一副图像的扫描时，行、列电极上施加的都是脉冲电压(或电流)信号。非选通像素上的等效电容和电极间的漏电会引起脉冲信号在电极间的串扰，导致交叉串扰现象，显示图像失真。

### 11.3.2 直流驱动和交流驱动

根据驱动 OLED 的电压极性可分为直流驱动和交流驱动。直流驱动是指在 OLED 电极上施加直流信号，电子和空穴的传输方向固定不变。电极注入的载流子有一部分复合发光，还有一部分未参与复合发光的多余的电子和空穴也不可能再返回复合，会积累在有机层界面，还有可能克服电极势垒又流入电极，释放损失掉。

交流驱动是指在 OLED 电极上施加交流信号驱动，分为正半周和负半周两种。正半周时，发光机制和直流驱动一样，电子和空穴分别从电极注入，复合发光。负半周时，积累在有机层界面的多余电子和空穴改变运动方向，朝着和正半周相反的方向运动，提供了二次发光复合的可能，同时消耗了界面上积累的多余载流子，削弱了正半周载流子形成的内建电场，有利于下一个正半周的载流子的注入和复合，有利于提高发光效率。因此，交流驱动要比直流驱动发光强度和效率显著提高。

### 11.3.3 有源矩阵驱动方式

PMOLED 具有结构简单、成本低的优点，主要用于信息量低的简单显示中。AMOLED 是采用薄膜晶体管驱动的有机发光显示器，优点是：①同一画面的各个像素同时发光，发光亮度高、寿命长；②各个像素独立控制，驱动电压也降低，耗电少，适合大面积显示；③避免交叉串扰。另外，很多公司都采用增加 TFT 个数的方法来解决性能的不稳定性。尽管开口率下降，但补偿了 TFT 特性的不稳定性，解决了薄膜不均匀性的问题，显示性能进一步提高。

#### 1. AMOLED 的结构

AMOLED 在玻璃基板上先制作薄膜晶体管阵列，然后沉积有机发光二极管的阳极、有机层、阴极等，堆叠在布满 TFT 电路的阵列基板上，再加上封装层或者盖板组成 AMOLED 面板，如图 11.10 所示。

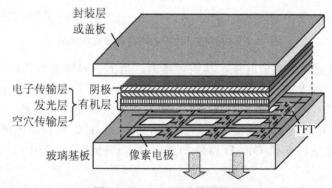

图 11.10 AMOLED 的结构图

AMOLED 工艺流程要求是：①OLED 的蒸发工艺要在 TFT 制作工艺的后面，防止 TFT 制作工艺对 OLED 性能的影响；②传统的 OLED 沉积顺序是从阳极到阴极的正置型结构，阳极 ITO 在下层，接着是蒸镀有机层和阴极的结构；③采用光刻的方法光刻有机层和阴极常常会影响 OLED 的性能。因此，驱动 TFT 一般是连接在 OLED 的阳极，而不是阴极，且上面的有机层和阴极采用不用光刻的工艺技术。

## 2. AMOLED驱动电路种类

与AMLCD相比，AMOLED的像素单元等效为发光二极管，必须施加持续稳定的电流才能发光，呈现点亮状态，属于电流驱动器件。利用薄膜晶体管和存储电容来控制OLED的亮度灰阶。每个像素必须包含两个或更多的TFT器件和一个存储电容才能保证发光二极管的亮度在一帧周期内保持不变，体现出有源矩阵寻址的优势。驱动电路按输入控制信号的形式，分为电压控制型和电流控制型两种电流驱动电路。两种驱动电路都能提供恒定电流驱动OLED发光，性能的对比见表11-5。

表11-5 电压控制型和电流控制型驱动电路对比

| 驱动电流 | 电压控制型 | 电流控制型 |
| --- | --- | --- |
| 迁移率 | 补偿困难 | 可以补偿 |
| 阈值电压 | 可以补偿 | 可以补偿 |
| 充电时间 | 短 | 非常长 |

1) 电压控制型驱动电路

电压控制型驱动电路是以信号电压作为视频信号的。信号线提供电压信号输入到像素电路，存储到存储电容上，利用驱动薄膜晶体管将电压信号转换成电流信号使OLED发光的。缺点是：①电压信号与电流信号为非线性关系，不利于灰度的调节；②面板的尺寸大，信号线长，阻抗也相对增加，将造成电压信号的不均匀性，影响面板亮度的均匀性。电压控制型驱动电路有最简单的2T1C驱动电路，还有3T1C和6T1C像素补偿驱动电路等。

2) 电流控制型驱动电路

电流控制型驱动电路是以数据电流作为视频信号的。信号线提供电流信号输入到像素电路，经过驱动电路作用产生与输入的电流信号相同或成比例的电流驱动OLED发光。信号电流与OLED的亮度呈线性关系，可以同时补偿阈值电压漂移和迁移率漂移，亮度可以直接由信号电流控制。但面板的分辨率越高，像素的驱动电流越小。小的驱动电流在对存储电容充电时，会由于信号线寄生电容过大，导致充电时间长等问题。常用的电流控制型驱动电路有电流复制型、电流镜等像素补偿驱动电路。

### 11.3.4 采用2T1C的有源矩阵驱动电路

2T1C驱动电路包含两个TFT和一个存储电容，是最简单的电压控制型驱动电路。一个TFT的扫描寻址的开关器件称为开关TFT，表示为$T_1$；另一个TFT是提供固定电流的驱动器件称为驱动TFT，表示为$T_2$；存储电容起到持续供电作用，保证各像素连续发光，表示为$C_s$。2T1C驱动电路，根据OLED发光方式分为底发射型和顶发射型，根据驱动TFT的沟道类型分为p沟道和n沟道。

1. 2T1C驱动原理

AMOLED寻址显示的过程与AMLCD类似。底发射型的AMOLED的等效电路如图11.11所示。当扫描线扫描到某一行，①该行的扫描线给开关TFT($T_1$)的栅极加电压，$T_1$管导通；②信号线送入数据信号电压($V_{data}$)，经由$T_1$管给驱动TFT($T_2$)栅极加电压，$T_2$ 管导通；③信号电压 $V_{data}$ 同时给存储电容（$C_s$）充电，把信号存储在存储电容中；④信号电压 $V_{data}$ 控制 $T_2$ 管导通后，电源线施加一个恒定的电压，$T_2$ 管工作在饱和区，流过 $T_2$ 管的源漏电流几乎不随着 $T_2$ 管的漏极电压变化，有恒定的电流流过 OLED，电流大小由栅极电压控制。因此，OLED 的灰度由 $T_2$ 管栅源电压来调节，保证了稳定的发光，像素处于点亮状态。

当扫描线扫描下一行时，$T_1$ 管截止，存储电容放电。存储放电的电压仍能保持 $T_2$ 管处于导通状态，在一个帧周期内保持不变，为画面提供固定的电流，保持 OLED 像素稳定地发光，直到扫描线被下一次选通。

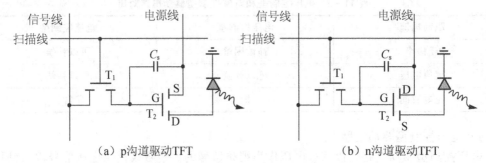

(a) p沟道驱动TFT　　　　　　(b) n沟道驱动TFT

图 11.11　底发射型 AMOLED 等效电路图
（G：栅极；S：源极；D：漏极）

 **小知识：薄膜晶体管饱和区的特点**

TFT 在饱和区工作，源漏电流 $I_{DS}$ 表示为：

$$I_{DS} = \frac{W}{2L} \cdot \mu \cdot C_{fm} (V_{GS} - V_{TH})^2 \tag{11.3}$$

式中，$W$、$L$ 分别是 TFT 沟道的宽和长；$\mu$ 是半导体材料的场效应迁移率；$C_{fm}$ 是绝缘层电容；$V_{DS}$ 和 $V_{GS}$ 分别为施加的漏源电压和栅源电压；$V_{TH}$ 为阈值电压。

因此，TFT 饱和区的特点是源漏电流几乎不随着漏极电压变化，由栅源电压控制。

**2. 底发射型 AMOLED 驱动电路**

底发射型 AMOLED 特点是 OLED 的阳极与驱动 TFT（$T_2$）相连，阴极接地。开关 TFT（$T_1$）的栅极与扫描线相连，源极和漏极两端的一端与信号线相连，另一端与驱动 TFT（$T_2$）栅极和存储电容相连。常用的底发射型 AMOLED 有 p 沟道和 n 沟道两种 2T1C 驱动电路。

p 沟道和 n 沟道驱动 TFT 的主要差别是源极连接的方式不同。p 沟道驱动 TFT 的源极（S）与电源线和存储电容的另一端相连，漏极（D）与 OLED 的阳极相连，OLED 的阴极接地，如图 11.11(a) 所示。n 沟道驱动 TFT 的源极（S）与 OLED 的阳极相连，OLED 的阴极接地，漏极（D）与电源线和存储电容的另一端相连，如图 11.11(b) 所示。

 **小提示：薄膜晶体管的导通特性**

p 沟道 TFT 器件的导通特性是空穴导电，栅极加负电压，半导体导电沟道一侧形成空穴积累导通，源极连接电源线接高端。n 沟道 TFT 器件的导通特性是电子导电，栅极加正电压，半导体导电沟道一侧形成电子积累导通，源极接低端。

栅源电压表示为 $V_{GS}$，OLED 上的电压表示为 $V_{OLED}$，信号线输入的信号电压表示为 $V_{data}$，电源线输入的电压表示为 $V_{dd}$。由于 p 沟道驱动 TFT 的源极与电源线，栅源电压为：

$$V_{GS} = V_{data} - V_{dd} \qquad (11.4)$$

因此在 p 沟道 2T1C 驱动电路中，$T_2$ 管的栅源电压 $V_{GS}$ 由输入的信号电压 $V_{data}$ 决定，不受 OLED 性质的影响。

由于 n 沟道驱动 TFT 的源极与 OLED 的阳极相连，信号电压分成驱动 TFT 的栅极电压和 OLED 的电压两部分，表示为：

$$V_{data} = V_{GS} + V_{OLED} \quad 相当于 \quad V_{GS} = V_{data} - V_{OLED} \qquad (11.5)$$

因此在 n 沟道 2T1C 驱动电路中，$T_2$ 管的栅源电压 $V_{GS}$ 由信号电压和 OLED 电压决定。该电路有两个缺点：①一部分信号电压施加到了 OLED 上，而不是全部施加到驱动 TFT 的栅极上。要获得同 p 沟道相同的像素电流，需要更高的信号电压；②驱动 TFT 的栅源电压要受到 OLED 性质的影响，可能会随着制造工艺中 OLED 器件的不同而变化，也可能随着 OLED 工作时间而变化。

a-Si:H TFT 是 n 沟道的薄膜晶体管，不能制作出 p 沟道的 TFT，要驱动 OLED 有一定的困难。而 LPTS TFT 可以制作成 p 沟道或者 n 沟道 TFT，驱动 OLED 比较容易。底发射型 OLED 是传统的结构，对 OLED 制备工艺的难度要求较低，OLED 的性能好。

3. 顶发射型 AMOLED 驱动电路

底发射型和顶发射型 AMOLED 结构如图 11.12 所示。n 沟道底发射型 AMOLED 由于加在 $T_2$ 管上的信号电压等于 $T_2$ 管的栅源电压 $V_{GS}$ 与 OLED 上电压 $V_{OLED}$ 之和，随着电压 $V_{OLED}$ 的波动，会引起加在 $T_2$ 管上的栅源电压 $V_{GS}$ 的波动，进而会影响到 OLED 的显示灰度。尽管非晶硅 TFT 驱动 OLED 面临着很大的困难，但 a-Si:H TFT 技术经过 20 多年的发展，工业生产已相当成熟。为能采用产业上的 a-Si:H TFT 驱动 OLED，驱动技术稍加改进就可以驱动 OLED，工艺流程不需要做太大的改动，可以节约成本，所以人们又提出了 n 沟道顶发射型 AMOLED。

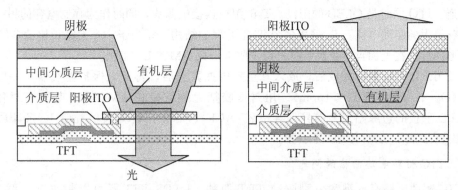

图 11.12　底发射型和顶发射型 AMOLED 结构图

顶发射型 AMOLED 制备过程：①蒸镀金属阴极，并与 $T_2$ 管的漏极相连接；②蒸镀有机发光层；③溅射 ITO 薄膜作为阳极，并与电源 $V_{dd}$ 的引线相连。

n 沟道顶发射型 AMOLED 的等效电路如图 11.13 所示。开关 TFT($T_1$) 的栅极与扫描线相连,一端与信号线相连,一端与驱动 TFT($T_2$)栅极和存储电容($C_s$)相连。$T_2$ 管的源极接地,漏极与 OLED 的阴极相连,OLED 的阳极与电源线相连。存储电容的另一极接地。信号电压直接用于驱动 TFT 的栅极电压有:

$$V_{GS} = V_{data} \tag{11.6}$$

因此,OLED 电压的变化不会影响 $T_2$ 管上的栅源电压,不存在开口率的问题。但属于一种倒置结构 OLED,溅射工艺会对有机发光层造成破坏,从而影响有机发光器件的效率,工艺难度大。

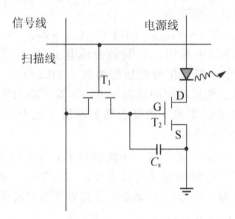

图 11.13 n 沟道顶发射型 AMOLED 的等效电路图

**4. 2T1C 驱动的 AMOLED 平面布局**

以 p 沟道底发射 2T1C 的 AMOLED 为例,介绍断面图形和平面布局,如图 11.14 所示。主要包括 TFT 阵列、OLED 部分、驱动模块部分及周边部件等。一侧玻璃基板上先制作 TFT 阵列,再制作 OLED。TFT 阵列由开关 TFT 的 $T_1$ 和驱动 TFT 的 $T_2$,从下到上分别由栅极、绝缘层、有源岛、源漏电极、钝化层、像素电极 ITO 组成。$T_1$ 的漏极通过过孔与 $T_2$ 的栅极相连。$T_2$ 的栅极同时也是存储电容的一个电极。$T_2$ 的漏极通过钝化层过孔与像素电极 ITO 相连。ITO 同时是 OLED 的阳极。$T_2$ 的源极连接电源线,同时作为存储电容的另一个电极。为获得大的驱动电流,$T_2$ 采用多个 TFT 并联的结构,相当于一个大宽长比的 TFT。阵列基板形成后,在上面再连续沉积有机层及阴极形成 AMOLED 基板。

AMOLED 基板制作完成后,放入真空室内抽真空后,再充入保护性气体,一般为纯净氩气($O_2$<1ppm,$H_2O$<1ppm)。用封框胶把封装盖板和 AMOLED 基板密封住。在 AMOLED 基板的边缘贴上各向异性导电胶(ACF)、TCP、驱动 IC、控制 IC 及印刷电路板(PCB)便形成了 AMOLED 显示器。

**5. 2T1C 驱动电路面临的问题**

2T1C 驱动电路有 n 型和 p 型驱动 TFT 两种。LTPS TFT 既可以制作成 n 型 TFT,又可以制作成 p 型 TFT,大部分采用 p 沟道 TFT 的设计。而 a-Si:H TFT 只有 n 型 TFT,只能采用 n 沟道 TFT 的设计。

1) 驱动管阈值电压和迁移率的不均匀

驱动 OLED 的电流是驱动 TFT 的饱和区电流。从式(11.3)可知,驱动晶体管的阈值

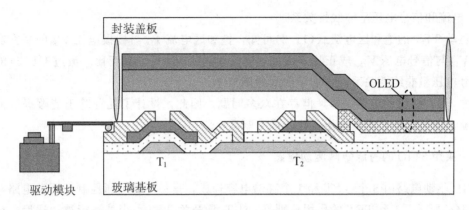

(a) AMOLED断面图

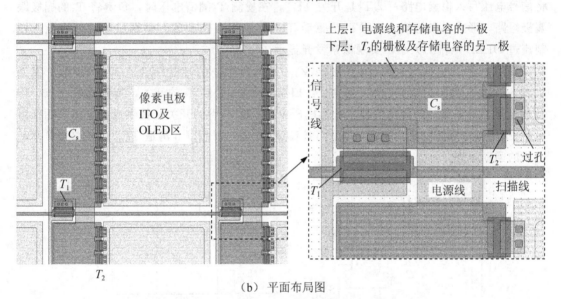

(b) 平面布局图

图 11.14　2T1C 驱动的 AMOLED 断面图和平面布局图

电压 $V_{TH}$、电子或者空穴的载流子迁移率 $\mu$ 的不均匀或者漂移都会影响饱和区电流 $I_{DS}$，进而导致 OLED 的发光亮度和显示画面的不均匀。

2) 电源线阻抗的影响

p 沟道驱动 TFT 决定饱和区电流大小的是栅极电压 $V_{GS}$，而 $V_{GS}=V_{data}-V_{dd}$，由信号电压 $V_{data}$ 和共用电压 $V_{dd}$ 决定。$V_{dd}$ 是由整个面板的共用电源线提供的。随着画面分辨率的增加，电源线的阻抗增加，造成每个像素提供的共用电压 $V_{dd}$ 会有稍微的不同，栅极电压 $V_{GS}$ 也会跟着变化。因此，造成饱和区电流 $I_{DS}$ 的差异，导致发光亮度和显示画面的不均匀。

3) OLED 电压的影响

n 沟道驱动 TFT 决定饱和区电流大小的是栅极电压 $V_{GS}$，而 $V_{GS}=V_{data}-V_{OLED}$，受 OLED 的电压影响。OLED 的器件会随着工作时间增加逐渐老化，阻抗增加，导致 OLED 电压变化。工作时间不同，老化程度不一样，$V_{OLED}$ 变化也不一致，导致驱动电流不同，亮度不均匀，也不稳定。

4) 电流和信号电压呈非线性关系

从驱动 TFT 的饱和区电流式(11.3)可知,饱和区电流 $I_{DS}$ 与栅极电压 $V_{GS}$ 的平方成正比,而 $V_{GS}$ 与信号电压 $V_{data}$ 成正比,因此,有 $I_{DS}$ 与 $V_{data}$ 的平方成正比。流过 OLED 的电流与信号电压呈非线性关系,不利于灰度的调节。

总之,2T1C 驱动电路简单,但存在众多问题。因此,设计了几种基于能够提供恒定输出电流,并可以补偿阈值电压变化的像素驱动电路。

### 11.3.5 采用 3T1C 的有源矩阵驱动电路

3T1C 驱动电路由 3 个 TFT 和 1 个存储电容构成,是另一种电压控制型驱动电路,如图 11.15(a)所示。3 个 TFT 的作用分别是:①$T_1$ 是开关 TFT,当某一行被选通后,负责将信号电压写入像素电路;②$T_2$ 是开关 TFT,在检测 $T_3$ 阈值电压时,负责将 $T_3$ 的栅极跟漏极短路,形成二极管接法;③$T_3$ 是驱动 TFT,工作在饱和区,根据所给的信号电压控制流过 OLED 电流的大小,实现像素发光显示。

驱动原理分为 3 个阶段:阈值电压($V_{TH}$)写入阶段、信号电压($V_{data}$)写入阶段、发光阶段。驱动过程中要施加 4 个交流信号:扫描信号 $V_{sel}$ 控制 $T_1$ 的开关,提供栅极电压;信号电压 $V_{data}$ 提供显示的数据信号;补偿电压 $V_{AZ}$ 控制 $T_2$ 管的开关,提供栅极电压;阴极电压 $V_{ca}$ 提供整个面板的共用电压,如图 11.15(b)所示。下面以 n 沟道 TFT 为例 3T1C 驱动电路的驱动原理。

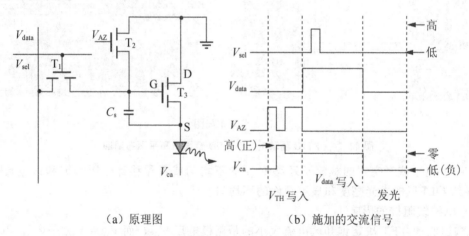

(a)原理图　　　　　　(b)施加的交流信号

图 11.15　3T1C 驱动电路原理图和施加的交流信号

**1. 阈值电压写入**

写入阈值电压的过程就是探测驱动管 $T_3$ 的阈值电压,存储到存储电容 $C_s$ 中的过程。该过程处于 $V_{sel}$ 为低电压,$T_1$ 管截止状态。阈值电压的写入由三步实现:①补偿电压 $V_{AZ}$ 加高电压、阴极 $V_{ca}$ 加负电压。$T_2$ 管导通,相当于 $T_3$ 管的栅极(G)和漏极(D)短路,同时接地,源极(S)为低电压,$T_3$ 工作在饱和区,有微小电流流过 OLED,低于 OLED 的开启电流,不发光,$T_3$ 管的栅源电压 $V_{GS}$ 大于阈值电压 $V_{TH}$,存储电容上电压降为 $V_{GS}$,如图 11.16(a)所示;②$V_{AZ}$ 加低电压,$V_{ca}$ 加高电压。$T_2$ 管截止,$T_3$ 管的源极为高电压,存储电容又加反向电压,被清除为 0,如图 11.16(b)所示;③$V_{AZ}$ 加高电压,$V_{ca}$ 接地,为 0V 电压。$T_2$ 管打开,相当于 $T_3$ 管的栅极和漏极短路,同时接地,成为一个二极管的接法。$T_3$ 管的源极也接地,$T_3$ 管的阈值电压被存储到存储电容上,如图 11.16(c)所示。

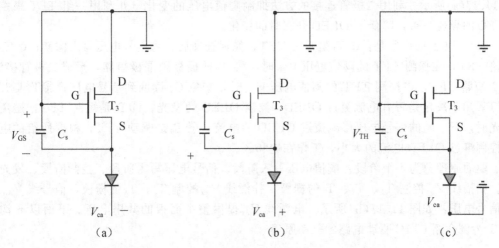

(a)　　　　　　　　　(b)　　　　　　　　　(c)

图 11.16　3T1C 驱动电路原理的 3 个阶段状态

 **小提示:薄膜晶体管工作特点**

栅极加电压,沟道积累载流子,为晶体管导通状态。源漏电极间有开态电流流过,相当于源漏电极间短路或有电阻的情况;栅极不加或加相反电压,沟道内没有载流子,为晶体管截止状态,源漏电极间没有电流流过,相当于源漏电极间断路状态。

## 2. 信号电压写入

在阈值电压写入存储电容后,$V_{AZ}$ 加低电压,$V_{ca}$ 保持接地的 0V 电压;$V_{sel}$ 加高电压,$V_{data}$ 加入信号电压。$T_2$ 管截止,$T_3$ 管的栅极和漏极断开。$T_1$ 管打开,信号电压写入,此时 $T_3$ 管的栅源电压 $V_{GS}$ 是写入的信号电压 $V_{data}$ 和存储在存储电容内的阈值电压 $V_{TH}$ 之和,表示为:

$$V_{GS} = V_{data} + V_{TH} \tag{11.7}$$

新的栅源电压 $V_{GS}$ 又存储在 $C_s$ 中。在信号电压写入的过程中值得注意的是,为保证信号电压稳定地写入过程,信号电压 $V_{data}$ 脉冲持续的时间要长些。$V_{sel}$ 加高电压脉冲要比 $V_{data}$ 迟一点,防止尖峰信号电压的写入。扫描脉冲 $V_{sel}$ 结束后,信号电压还会持续很长时间,再停止信号电压。

## 3. 发光

当信号电压写入完成后,$V_{AZ}$ 保持为低电压,$V_{sel}$ 加低电压,$V_{data}$ 信号电压输入结束变为低电压。$V_{ca}$ 加负电压,$T_1$ 截止,存储电容放电,保持 $T_3$ 管的栅源电压,工作在饱和区,阴极加负电压,形成阳极到阴极的电流,维持 OLED 像素发光显示。驱动 TFT 的电流为:

$$I_{OLED} \propto (V_{GS} - V_{TH})^2 \propto (V_{data} + V_{TH} - V_{TH})^2 \propto (V_{data})^2 \tag{11.8}$$

### 11.3.6 采用6T1C的有源矩阵驱动电路

6T1C 驱动电路由 6 个 TFT 和 1 个存储电容构成,是一种电压控制型驱动电路,如图 11.17(a)所示。利用二极管连接的方法抑制阈值电压的变化,并利用一组 TFT 来控制 OLED 的导通与否,降低了 OLED 开态时的变化。

每个 TFT 的作用是:①$T_1$ 是开关 TFT,像素选择后,将信号电压写入像素;②$T_2$ 是短路 TFT,在探测 TFT 的阈值电压 $V_{TH}$ 时,将 $T_6$ 的栅极跟漏极短路,形成二极管接法;③$T_3$ 短路 TFT,在探测 TFT 的阈值电压 $V_{TH}$ 时,避免 $C_s$ 读取到信号电压;④$T_4$ 是开关 TFT,用于决定是否有电流流过 OLED,控制 OLED 的发光;⑤$T_5$ 是短路 TFT,避免在发光时,下一帧的信号电压影响流过 OLED 的电流;⑥$T_6$ 是驱动 TFT,根据所给的电压来控制流过 OLED 电流的大小,工作在饱和区。

驱动原理分为 4 个阶段:阈值电压写入阶段、信号电压写入阶段、控制阶段、发光阶段。扫描线 $V_{sel}$ 控制 $T_1$、$T_2$、$T_3$ 的栅极,补偿线 $V_{AZ}$ 控制 $T_4$、$T_5$ 的栅极,信号线 $V_{data}$ 输入信号电压,如图 11.17(b)所示。电源线 $V_{dd}$ 提供整个面板的共用电压。下面以 n 沟道 TFT 为例介绍 6T1C 驱动电路的驱动原理。

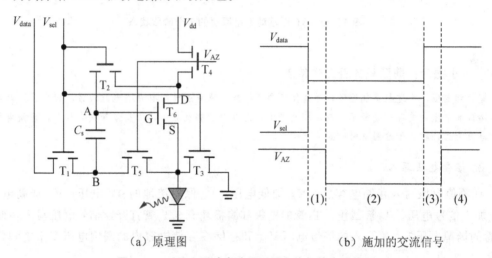

(a) 原理图　　　　　　　　　(b) 施加的交流信号

图 11.17　6T1C 驱动电路原理图和施加的交流信号

**1. 阈值电压写入**

阈值电压写入是指把驱动管 $T_6$ 的阈值电压存储到存储电容内的过程。扫描线 $V_{sel}$ 和补偿线 $V_{AZ}$ 加高电压,$T_1 \sim T_5$ 管导通,驱动电路等效如图 11.18(a)所示。驱动管 $T_6$ 的栅极和漏极短路相当于二极管,$T_6$ 的源端通过 $T_3$ 接地,$T_6$ 管工作在饱和区。B 端电压为 0V,A 端电压逐渐升高为 $T_6$ 的阈值电压,存储到存储电容里,$V_A = V_{TH}$。

**2. 信号电压写入**

阈值电压写入后进行信号电压写入。为防止来自电源电压的干扰,将 $V_{AZ}$ 补偿电压加低电压,$T_4$、$T_5$ 断开,驱动电路等效如图 11.18(b)所示。信号电压通过 $T_1$ 管写入到 B 端,$V_B = V_{data}$,存储电容两端的电压为:

$$V_{AB} = V_{TH} - V_{data} \tag{11.9}$$

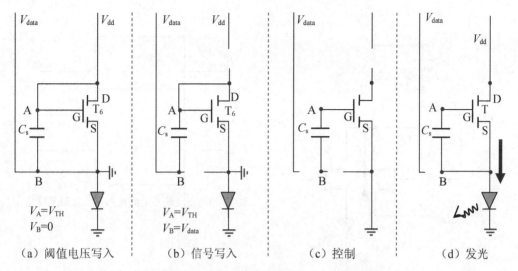

(a) 阈值电压写入　　(b) 信号写入　　(c) 控制　　(d) 发光

图 11.18　6T1C 驱动电路原理的 4 个阶段状态

### 3. 控制

将所有 TFT 关闭，$V_{sel}$ 和 $V_{AZ}$ 加低电压，$T_1 \sim T_5$ 截止，驱动电路等效如图 11.18(c)所示。避免其他信号覆盖已经写入到存储电容的信号。

### 4. 发光

补偿线 $V_{AZ}$ 加高电压，$T_4$ 和 $T_5$ 导通，驱动电路等效如图 11.18(d)所示。存储电容放电，驱动管 $T_6$ 将电压信号转换为 OLED 发光需要的电流。由于 $V_{GS}=V_{AB}$，则电流为：

$$I \propto (V_{GS}-V_{TH})^2 = (V_{TH}-V_{data}-V_{TH})^2 = (-V_{data})^2 \qquad (11.10)$$

与 3T1C 的电压控制型电路一样，6T1C 驱动电路可以消除阈值电压的影响，改善了亮度均匀性。但 6T1C 驱动电路增加了 OLED 控制的 $T_4$、$T_5$ 管，并且增加了接地管 $T_3$，避免了前后信号之间的相互干扰。

### 11.3.7　采用 4T1C 的电流复制型驱动电路

电流复制型电路是电流控制型电路的一种，如 4T1C 的驱动电路。4T1C 驱动电路由 4 个 TFT 和 1 个存储电容组成，如图 11.19 所示。每个 TFT 的作用是：①$T_1$ 是开关 TFT，在像素被选通时，写入信号电流；②$T_2$ 是短路 TFT，负责在写入信号电流的时候将驱动管 $T_4$ 的栅极和漏极连接成短路二极管；③$T_3$ 是开关 TFT，避免在写入信号电流时有电流流到 OLED，并控制 OLED 的发光；④$T_4$ 是驱动 TFT，负责提供电流到 OLED 发光。

电流复制型驱动原理可以分为两步：信号电流写入和复制发光，以 p 沟道 TFT 为例。信号电流写入阶段，信号线输入信号电流，同时要将驱动管 $T_4$ 流过的信号电流相应的栅源电压 $V_{GS}$ 存储在储存电容里。复制发光阶段重新复制一样或成比例的电流流过 OLED 发光。

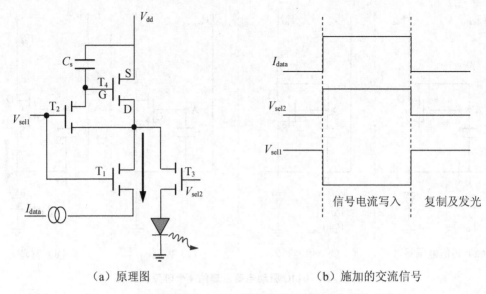

(a) 原理图　　　　　　　　　　　(b) 施加的交流信号

**图 11.19　电流复制型 4T1C 驱动电路原理图和施加的交流信号**

**1. 信号电流写入**

扫描线 $V_{sel1}$ 加负压，$T_1$ 和 $T_2$ 导通。$V_{sel2}$ 加正压，$T_3$ 截止，驱动电路等效如图 11.20(a)所示。$T_2$ 导通，将驱动管 $T_4$ 的栅漏短路，形成二极管接法。信号线写入信号电流 $I_{data}$，流过驱动管 $T_4$，并对存储电容 $C_s$ 充电。此时，$I_{T4}=I_{data}$，驱动管 $T_4$ 的栅源电压 $V_{GS}$ 为：

$$I_{data}=I_{T4}=\frac{1}{2}k\ (V_G-V_{dd}-V_{TH})^2 \tag{11.11}$$

$$V_G=\sqrt{\frac{2I_{data}}{k}}+V_{dd}+V_{TH} \tag{11.12}$$

$$k=\mu\cdot C_{fm}\cdot\frac{W}{L} \tag{11.13}$$

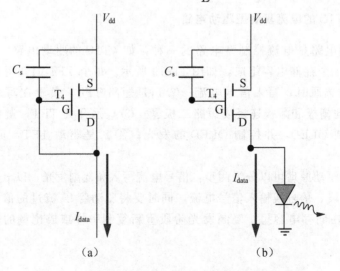

(a)　　　　　　　　　　(b)

**图 11.20　电流复制型 4T1C 驱动电路的两个阶段状态**

## 2. 复制发光

扫描线 $V_{sel2}$ 加负压，$T_3$ 导通。$V_{sel1}$ 加正压，$T_1$ 和 $T_2$ 截止，如图 11.20(b) 所示。存储电容放电，驱动管 $T_4$ 工作在饱和区，电流流过 OLED 发光。电流的大小可以表示为：

$$I_{OLED} = \frac{1}{2}k(V_{GS}-V_{TH})^2 = \frac{1}{2}k(V_G-V_S-V_{TH})^2 \\ = \frac{1}{2}k\left(\sqrt{\frac{2I_{data}}{k}}+V_{dd}+V_{TH}-V_{dd}-V_{TH}\right)^2 = I_{data} \quad (11.14)$$

由式(11.14)可知，流过 OLED 的电流大小和先前的信号电流相同，实现了电流的复制。而且可以看到不仅消除了阈值电压 $V_{TH}$ 的影响，同时还消除了迁移率 $\mu$ 的变化，改善了面板亮度不均匀的问题。

电流复制型电路利用驱动 TFT 控制电流的大小，可以同时排除 TFT 每个器件的阈值电压和迁移率的差异及影响，并且信号是电流而不是电压，像素的信号不受寄生阻抗的影响。但由于驱动 OLED 的电流都非常小，大约是 nA~$\mu$A 量级。利用此电流对负载电容充电，所需要的时间会非常长，甚至无法在规定的时间内完成，会严重影响面板的响应时间，使得扫描线无法增加，制作大尺寸及高分辨率的 AMOLED 面板困难。

### 11.3.8 采用 4T1C 的电流镜驱动电路

为解决电流复制中因充电时间过长造成的问题，提出了电流镜驱动电路。4T1C 的电流镜驱动电路如图 11.21 所示，由 4 个 TFT 和 1 个存储电容组成。4 个 TFT 的作用是：①$T_1$ 是开关 TFT，当像素被选通时，负责写入信号电流；②$T_2$ 是短路 TFT，负责在写入信号电流的时候将 $T_3$ 管两端短路接成二极管；③$T_3$ 是驱动 TFT，负责将信号电流转换成信号电压，性能与 $T_4$ 相同，开关比($W/L$)比 $T_4$ 小；④$T_4$ 是驱动 TFT，负责提供放大的电流使 OLED 发光。驱动原理也分为两个过程，信号电流写入、复制发光。以 p 沟道 TFT 为例。

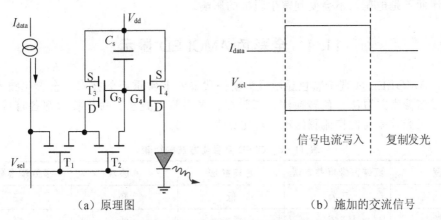

(a) 原理图　　　　　　　　　(b) 施加的交流信号

图 11.21　电流镜 4T1C 的驱动电路原理图和施加的交流信号

### 1. 信号电流写入

扫描线 $V_{sel}$ 加负压，$T_1$ 和 $T_2$ 导通，信号电流通过 $T_1$ 和 $T_2$ 加到 $T_3$ 的栅极上，并且给存储电容充电，直到充电完成，$I_{data}=I_{T3}$。$T_2$ 将 $T_3$ 管的栅极和漏极短路，形成二极管接法，$T_3$ 工作在饱和区。则 $T_3$ 管的栅极电压 $V_{G3}$ 为：

$$I_{\text{data}} = I_{T3} = \frac{1}{2} \cdot k_3 \cdot (V_{G3} - V_{dd} - V_{TH})^2 \tag{11.15}$$

$$V_{G3} = \sqrt{\frac{2I_{\text{data}}}{k_3}} + V_{dd} + V_{TH} \tag{11.16}$$

$$k_3 = \mu_3 \cdot C_{\text{fm}} \cdot \left(\frac{W}{L}\right)_3 \tag{11.17}$$

**2. 复制发光**

扫描线扫描下一行,$T_1$、$T_2$ 和 $T_3$ 截止。存储在存储电容上的电压使 $T_4$ 工作在饱和区,$T_4$ 的源漏电流决定流过 OLED 电流的大小,使 OLED 发光。流过 OLED 的电流为:

$$I_{\text{OLED}} = \frac{1}{2} k_4 (V_{GS} - V_{TH})^2 = \frac{1}{2} k_4 (V_{G4} - V_S - V_{TH})^2 \tag{11.18}$$

$$k_4 = \mu_4 \cdot C_{\text{fm}} \cdot \left(\frac{W}{L}\right)_4 \tag{11.19}$$

由于 $V_{G3} = V_{G4}$,且 $T_3$ 和 $T_4$ 相距非常近,迁移率和阈值电压可以认为是相同的,有 $\mu_3 = \mu_4$,$V_{TH3} = V_{TH4}$,则电流为:

$$I_{\text{OLED}} = \frac{1}{2} k_4 \left(\sqrt{\frac{2I_{\text{data}}}{k_3}} + V_{dd} + V_{TH} - V_{dd} - V_{TH}\right)^2 \tag{11.20}$$

$$I_{\text{OLED}} = \frac{k_4}{k_3} \cdot I_{\text{data}} = \frac{\left(\frac{W}{L}\right)_4}{\left(\frac{W}{L}\right)_3} \cdot I_{\text{data}} \tag{11.21}$$

电流镜驱动电路的特点是流过 OLED 器件的电流与信号电流 $I_{\text{data}}$ 成比例。当设计 $T_4$ 管的沟道宽长比是 $T_3$ 管宽长比的数倍,即 $m:1$ 时,可以将信号电流变成电流复制型驱动电路的 $m$ 倍,将信号电流放大,解决负载电容充电时间过长的问题。同时在信号线中传输的是电流而不是电压,不会受到寄生阻抗的影响。

## 11.4 全彩色 AMOLED 显示

目前,AMOLED 实现全彩色显示成为新一代显示非常重要的技术。全彩化技术有多种,如红绿蓝像素并置法、色转换法、彩膜法、多层膜堆叠法。每种技术都各有优缺点,光色纯度、发光效率与制作流程的难易对比见表 11-6。

表 11-6 OLED 全彩化方法的比较

| 类型 | 红绿蓝像素并置法 | 色转换法 | 彩膜法 | 多层膜堆叠法 |
| --- | --- | --- | --- | --- |
| 光色纯度 | 正常 | 低 | 好 | 好 |
| 发光效率 | 正常 | 很低 | 低 | 好 |
| 制作流程 | 正常 | 易 | 易 | 难 |

### 11.4.1 红绿蓝像素并置法

红绿蓝像素并置法是将红、蓝、绿三色发光层分别制作在阵列基板的 3 个子像素上,利用三原色发光层独立发光，混色后实现全彩色的方法。目前发展最早、最成熟的技术，不管是小分子或高分子都以此技术为基础量产或试制产品。

红绿蓝像素并置法特点是发光效率高、稳定性高。但存在发光效率不均匀和寿命不一致的两个问题。解决办法有：①R、G、B 三原色的发光效率不同，需要设计不同的驱动电路；②R、G、B 三色 OLED 的寿命不同所造成的颜色不均匀，需要增加补偿电路，会增加工艺难度。

在红、绿、蓝 OLED 发光层制备方面，真空掩膜蒸镀一直是主流的制备技术。但随着 AMOLED 向大尺寸、高分辨方面发展，真空掩膜蒸镀技术已经难以满足技术的要求。发展新的制备技术是 AMOLED 发展非常迫切的事情，当前可以代替真空掩膜蒸镀技术的方法有激光热转印技术、照射升华转印技术及激光转移技术，实际上都是激光热转移像素图形的制作技术，原理上大致相同，细节上稍有差别。

1. 真空掩膜蒸镀法

真空掩膜蒸镀法工艺流程如图 11.22 所示。①在真空下，利用掩模版遮挡的方法，将相邻的 3 个像素中遮挡两个像素，在另一个像素上蒸镀红、蓝、绿其中一种发光层；②利用高精度的对位系统移动遮挡的掩模版，再继续蒸镀下一像素。掩膜板常采用金属材料制成。该技术关键在于提高发光材料的光色纯度和发光效率，以及金属掩膜板的制作技术。

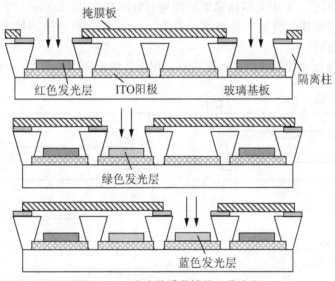

图 11.22 真空掩膜蒸镀的工艺流程

真空掩膜蒸镀法缺点是：①在制作高分辨率的面板时，像素及间距变小，遮挡的掩模版开口也变小，金属掩膜板上图形尺寸精度及对准精度的要求更加苛刻；②对位系统的精准度、遮挡掩模版开口尺寸存在误差；③遮挡掩模版开口阻塞及污染等；④遮挡掩模版热胀冷缩导致的变形影响对位精准度。因此，制作高分辨率的面板困难，目前量产的真空掩膜蒸镀设备的对位系统误差为 $\pm 5\mu m$。

2. 激光热转印技术和照射升华转印技术

激光热转印技术(Laser Induced Thermal Imaging，LITI 技术)载膜基板和发光层之间有一层激光吸收物质，将二者粘接在一起。这层物质会降低器件性能和发光层转移质量。

照射升华转印技术(Ridiating Induced Sublimation Transfer，RIST 技术)采用聚合物薄膜作为载膜基板。在激光照射下，聚合物薄膜会释放出气体，如 $O_2$ 和 $H_2O$ 等，对发光材料造成损害。而且这种聚合物薄膜的柔性基板与大面积玻璃基板精细黏合在一起的难度很高，对位不准会影响像素转印质量。

3. 激光转移技术

激光导致发光像素图形升华转印技术(Laser Induced Pattern-wise Sublimation，LIPS 技术)简称为激光转移技术。索尼公司为了弥补 LITI 和 RIST 技术的不足，发展了以玻璃为衬底基板通过激光光束扫描将发光材料从载膜基板升华转印到显示基板的技术，可以形成高精度的 RGB 像素图形。

LIPS 技术系统包括真空室、用于固定基板的夹具、对位装置、$y$ 方向步进移动的激光头构成的激光扫描系统，以及放置基板的 $x$ 方向扫描平台组成，如图 11.23 所示。真空室用来放置载膜基板和显示基板，内部带有夹具来固定基板。激光头是波长为 800nm 的二极管激光器，光束宽度根据所要转移的像素尺寸来调节。工艺流程概括如下。

(1) 在载膜基板上先镀一层 Mo 膜做吸光层，作用是吸收激光能量并转化为热能。在 Mo 膜上蒸镀一层发光层。

(2) 在显示基板上制作了驱动电路的有源矩阵阵列后，最外面暴露的像素电极 ITO 同时为 OLED 的阳极。上面先制作像素隔离层(Pixel Defined Layer，PDL)用于分离各个像素的发光层，隔离层一般制作得很厚，约为 $1\mu m$ 左右。再连续蒸镀空穴注入层、空穴传输层等有机功能层。

(3) 把载膜基板和显示基板放入真空室，用夹具固定住，如图 11.23(a)所示。

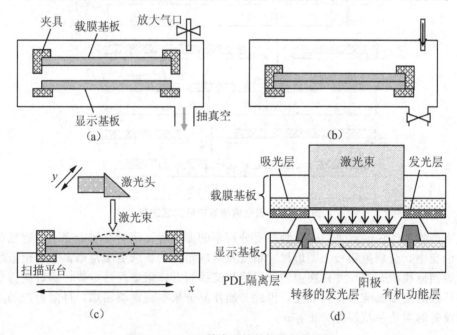

图 11.23 LIPS 技术系统结构及工艺流程

(4) 抽真空，在真空室内用对位装置将两块基板对准、贴合。贴合后将真空室放大气，如图 11.23(b)所示。载膜基板和显示基板之间的间隙由 PDL 的隔离层以及大气压力精确控制。PDL 隔离层也能使载膜基板上的发光层不会与显示基板直接接触。

(5) 将基板移到大气中的激光系统下，放在扫描平台上。用激光系统上的对位装置将激光头与显示基板上的像素精确对位。然后激光头向 $y$ 方向移动，扫描平台向 $x$ 方向扫描，如图 11.23(c)所示。

(6) 激光照射，吸光层吸收热量，导致发光层真空升华到显示基板的像素位置，实现激光转移，如图 11.23(d)所示。由于夹具的作用，两块基板之间的间隙在激光转移过程中一直保持真空状态。

(7) 一种颜色的发光层转移完成后，取下夹具，移开载膜基板，重复上面的过程。把红、绿、蓝三基色发光层分 3 次采用激光转移的方法分别转移到显示基板上。

(8) 三色发光层转移完成后，夹具取下，载膜基板移开后，最后在显示基板上蒸镀电子传输层和阴极。

激光转移技术的优点是：扫描过程可以在大气的环境下进行，使制造系统得以简化，并有利于加工精度的提高。还可以增加激光头的数量提高产率，大尺寸基板也可以获得很高的制造速度。载膜基板可以采用玻璃基板，可以重复使用，节约了生产成本。

### 11.4.2 色转换法

色转换法(Color Conversion Method，CCM)利用蓝色发光材料制成蓝光 OLED，再结合色转换阵列实现全彩色显示的方法，如图 11.24 所示。蓝色 OLED 发光，激发色转换阵列上的染料类光致发光材料，材料吸收蓝光后，转换发出绿色和红色光，形成三原色光。工艺流程是在阵列基板上制作蓝色 OLED 器件，再把光致激发材料制成的色转换膜阵列对到基板上。

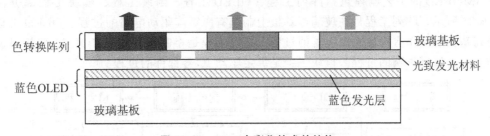

图 11.24　CCM 全彩化技术的结构

色转换法的优点是发光效率高。由于彩膜效率低，大致要浪费 2/3 的发射光，而色转换法不再使用彩膜，提高了三基色的发光效率。不需要金属掩膜板，只需蒸镀蓝色 OLED 器件，是未来实现大尺寸全彩色 OLED 显示非常有潜力的彩色化技术。

缺点是：①色转换法中的光致发光材料很容易吸收环境中的蓝光，造成对比度下降；②当分辨率增加时，各像素的发光在介质中横向扩散而造成漏光或互相干扰；③多层薄膜下的出光率下降，需要增加光致发光材料的色纯度及效率；④蓝光 OLED 的稳定性及色转换层老化等问题也需要改善。色转换法也可以将蓝色光源改成具有长波长光谱成分的白色光源，只需加上一片彩膜来增加像素的色纯度。

### 11.4.3 彩膜法

彩色法是沿用 LCD 全彩化原理，利用白光 OLED 发光，经彩膜后滤出三基色，由三基色混色后实现彩色显示的。关键在于获得高效率和高纯度的白光。优点是可以利用现有市场已经成熟的彩膜技术，与色转换法相同，由于采用了单一种白光 OLED 光源，使得 R、G、B 三原色的发光效率和寿命相同，没有色彩失真现象，也不需要考虑金属掩模版的对位问题，可增加画面精细度，在大尺寸的面板上有很大的应用潜力。但由于彩膜会减弱约 2/3 光强，存在增加彩膜所带来的成本及生产效率降低等缺点。

#### 11.4.4 多层膜堆叠法

多层膜堆叠法将红、绿、蓝三基色发光层堆叠起来，用单独的子像素控制发出三基色独立发光，混色后实现彩色显示，如图 11.25 所示。缺点是由于薄膜数量增加，制成上薄膜生长控制困难，且发光效率低。

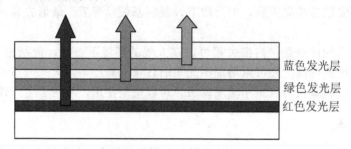

图 11.25　多层膜堆叠法的结构

#### 11.4.5　AMOLED 工艺流程

AMOLED 的工艺流程包括阵列工程、OLED 工程、封装工程、模块工程部分，如图 11.26 所示。阵列工程是在玻璃等基板上制作有源矩阵驱动电路的过程。OLED 工程是在阵列基板上制作有机发光二极管的过程。封装工程是将制作好的 AMOLED 基板封装保护防止水、氧等影响的过程。模块工程是绑定驱动 IC 等部件的过程。

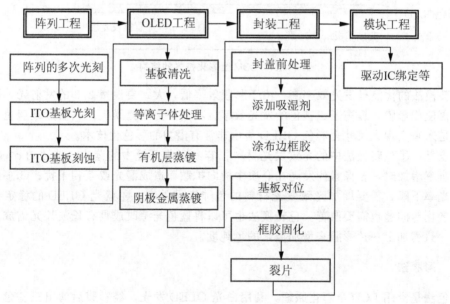

图 11.26　AMOLED 工艺流程

## 本 章 小 结

OLED显示也像液晶显示一样,分为PMOLED和AMOLED两种。AMOLED呈现了OLED显示全部的优点,越来越让人们相信新一代显示的主流是AMOLED显示。本章重点介绍OLED的发光方式、AMOLED驱动器件TFT的技术种类及特点、驱动电路的原理、AMOLED的全彩色化方案及制备工艺技术。

1. OLED的结构和发光方式

OLED通常的器件结构是阳极在下面,上面蒸镀或旋涂等方法制备有机发光层,最上面是阴极的结构,称为正置型OLED器件。发光方式分为3种:底发射型、顶发射型、穿透型。另外,还有在基板上先制作阴极,在阴极金属上蒸镀有机薄膜,最后制作阳极导电薄膜的倒置型OLED。微腔结构OLED在阳极和阴极间构成微型光学谐振腔,利用两电极间反射光的反复干涉效果,提高OLED发光的色纯度和发光强度的一种结构。

2. AMOLED面板的TFT技术

AMOLED大尺寸面板的制造工艺需要对驱动器件进行优化和改进。用于驱动OLED的有源矩阵TFT有多种,如非晶硅、多晶硅、微晶硅、氧化物和有机薄膜晶体管等。当前液晶显示上主流的非晶硅薄膜晶体管直接驱动OLED面临着很大的困难和挑战。目前用于量产的中小型AMOLED产品中,驱动器件主要是低温多晶硅的薄膜晶体管(LTPS TFT)。LTPS TFT用驱动OLED显示仍存在缺陷和局限。为了提高均匀性和稳定性,实现大尺寸面板的要求,常用的结晶化技术有ELA技术、SLS技术、SGS技术、SPC技术。

3. OLED的驱动原理

无源矩阵驱动的OLED寿命低、驱动行数有限、且存在交叉串扰现象,而AMOLED具有大信息含量、高分辨率、长寿命的优势,有望成为新一代显示的主流。AMOLED属于电流驱动器件,驱动电路按输入控制信号的形式,分为电压控制型和电流控制型两种电流驱动电路。两种驱动电路都能提供恒定电流驱动OLED发光。电压控制型驱动电路有最简单的2T1C驱动电路,还有3T1C和6T1C像素补偿驱动电路等。常用的电流控制型驱动电路有电流复制型、电流镜等像素补偿驱动电路。

4. 全彩色AMOLED显示

AMOLED实现全彩色显示是成为新一代显示非常重要的技术。全彩化技术有多种,如红绿蓝像素并置法、色转换法、彩膜法、多层膜堆叠法,每种技术都各有优缺点。红绿蓝像素并置法是目前发展最早、最成熟的技术,不管是小分子或高分子都以此技术为基础量产或试制产品。真空掩膜蒸镀一直是主流的红绿蓝像素并置法制备技术,另外还有激光热转印技术、照射升华转印技术及激光转移技术等。

## 本 章 习 题

一、填空题

1. 有机发光显示根据驱动方式不同,分为_____和_____两种。

2. OLED 的结构有_____、_____和_____。其中，_____是常用的器件结构，阳极在_____，上面蒸镀或旋涂等方法制备有机发光层，最上面是_____极的结构。

3. 目前高端的 AMOLED 都采用开口率大的_____结构。

4. 用于驱动 OLED 的有源矩阵 TFT 有多种，如_____、_____、_____、_____和有机薄膜晶体管等。

5. 微晶硅的典型结晶化技术是_____技术，由多个_____和_____组成。

6. 多晶硅薄膜晶体管中常用的技术有 ELA 技术、_____技术、_____技术、_____技术。

7. 驱动电路按输入控制信号的形式，分为_____和_____两种电流驱动电路。

8. 电压控制型驱动电路有最简单的_____驱动电路，还有 3T1C 和_____像素补偿驱动电路等。

9. 常用的电流控制型驱动电路有_____、_____等像素补偿驱动电路。

10. 2T1C 驱动电路包含一个 TFT 是_____TFT；另一个 TFT 是_____TFT；_____起到持续供电保证各像素连续发光。

二、名词解释

AMOLED、PMOLED、正置型 OLED、底发射型 OLED、顶发射型 OLED、穿透型 OLED、微腔结构、ELA 技术、SLS 技术、SGS 技术、SPC 技术、直流驱动、交流驱动、电压控制型驱动电路、电流控制型驱动电路、红绿蓝像素并置法、色转换法、彩膜法、多层膜堆叠法、真空掩膜蒸镀技术激光热转印技术、照射升华转印技术及激光转移技术

三、简答题

1. 简述底发射型 OLED 的优点。
2. 简述顶发射型 OLED 的工艺难度。
3. 简述倒置型 OLED 面临的两个主要问题。
4. 简述微腔结构的特点。
5. 简述 AMOLED 驱动的最关键的 TFT 性能要求。
6. 简述多晶硅薄膜晶体管驱动 OLED 的优点。
7. 简述 SLS 技术、SGS 技术、SPC 技术的优缺点。
8. 简述无源矩阵驱动的原理。
9. 简述 AMOLED 和 PMOLED 的区别。
10. 简述 2T1C 驱动原理及面临的问题。
11. 简述 3T1C、6T1C 驱动电路中各个 TFT 的作用。
12. 简述电流复制型和电流镜电路的驱动原理。
13. 简述真空掩膜蒸镀技术实现红绿蓝像素并置全彩色方案的工艺流程。
14. 简述激光转移技术的工艺流程。

四、计算题与分析题

1. 分析微腔结构的工作原理，思考如何设计微腔的光学长度，及如何控制光波的振动模数。

2. 分析 a-Si:H TFT 驱动 OLED 面临的困难，思考实现 a-Si:H TFT 驱动的解决办法。

3. 思考微晶硅薄膜晶体管中非晶硅薄膜上面有一层金属薄膜 Mo 的作用，以及工艺中需要采用的特殊技术。

4. 思考氧化物薄膜晶体管驱动 OLED 的优势，以及当前的研究热点。

5. 思考 ELA 技术制备 LTPS TFT 的缺点，针对 ELA 技术的问题有哪些解决方案？

6. 分析 n 沟道 2T1C 驱动电路的缺点，并解释为什么 a-Si:H TFT 驱动 OLED 会有困难。

# 第 12 章

# 新型显示技术

随着科技的发展，各种新型显示技术相继出现，逐步融入到人们的日常生活中，如激光显示技术、3D技术、触摸屏技术、电子纸技术、柔性显示技术等。那么，主流的新型显示技术有哪几种？如何实现显示的？有哪些种类和特点？随着对本章的学习，将逐步掌握这些新型显示技术。

**教学目标**

- 了解各种新型显示技术的发展及应用；
- 掌握新型显示技术的种类；
- 了解各种新型显示技术的优缺点；
- 掌握各种新型显示技术的显示原理。

**教学要求**

| 知识要点 | 能力要求 | 相关知识 |
| --- | --- | --- |
| 新型显示技术的种类 | (1) 掌握各种新型显示技术的定义<br>(2) 掌握主流的新型显示技术的种类 | 3D技术、触摸屏技术、激光显示、电子纸技术、柔性显示技术 |
| 新型显示技术的原理 | (1) 掌握新型显示技术的原理<br>(2) 了解各种新型显示技术在原理上的不同 | |
| 新型显示技术的特点 | (1) 掌握各种新型显示技术的优点<br>(2) 了解各种显示技术现面临的挑战 | |
| 新型显示技术的发展及应用 | (1) 了解各种显示技术的发展历程<br>(2) 了解各种显示技术的发展趋势<br>(3) 掌握各种显示技术在各个领域的应用 | |

**推荐阅读资料**

［1］技术在线 hhttp：//china.nikkeibp.com.cn.
［2］中华液晶网 http：//www.fpdisplay.com.

**基本概念**

激光显示技术：是以红、绿、蓝三基色激光作为光源的图像信息终端显示技术。

3D 技术：是利用一系列的光学方法使人的左右眼产生视差而接收到不同的画面，从而在人的大脑形成 3D 立体效果的技术。

触摸屏技术：是人们通过对屏幕的触摸进而控制主机的技术，属于一种新型的人机交互方式。

电子纸技术：是像纸张一样轻薄，可随意擦写的一类显示器技术。

柔性显示技术：又称为可卷曲显示技术，是一种用柔性衬底材料制成的可弯曲、可卷曲的显示技术。

## 12.1 激光显示技术

### 12.1.1 激光显示的概述

激光显示技术（Laser Display Technology，LDT）是以红、绿、蓝三基色激光作为光源的图像信息终端显示技术，继黑白显示、标准彩色显示和数字显示后的新一代显示技术，由于其色域广、亮度高、饱和度高等特点，可以更真实地再现多姿多彩的自然界，成为现在人们研究显示技术的焦点，如图 12.1 所示。

激光显示技术的发展也经历了从黑白效果到彩色效果，从图像低分辨率到图像高分辨率的过程。1965 年美国 ZENITH 无线电公司研制出了第一台激光彩色显示器，从此激光显示技术迅速发展。在国际上，美国、德国、韩国等国家相继开展了激光显示的研究。在国内，应用红、绿、蓝三基色固体激光器，在三基色原理基础上制造出国内第一台激光显示样机。

图 12.1 激光显示（www.sccnn.com）

### 12.1.2 激光显示的原理

根据色度学原理，所有的颜色信息全部包含在马蹄形区域内，如图 12.2 所示。在区域以外的颜色是物理上不能实现的。在马蹄形区域内选取任意 3 点的颜色作为基色，所能合成的所有颜色均包含在三角形区域内。三角形区域越大，颜色信息越多。传统的显示只能表现颜色信息的 30% 左右，激光显示可以达到 90% 以上。

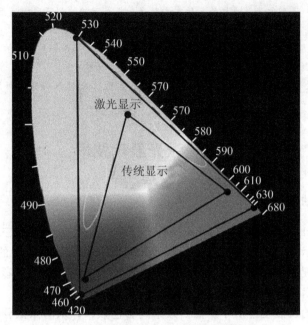

图 12.2 激光显示与传统显示的色域图

一般地,激光显示系统主要由三基色激光光源、光学引擎和屏幕三部分组成,如图 12.3 所示。光学引擎是由红绿蓝三色光阀、合束 X 棱镜、投影透镜和驱动光阀组成。红、绿、蓝三基色激光分别经过扩束、匀场、消相干等操作后入射到与之相对应的光阀上,分别生成红、绿、蓝三色对应的小画面,并在光阀上加有图像调制信号,经调制后的三色激光信息由 X 棱镜合束后入射到投影透镜,最后经投影透镜投射到屏幕上显示全色激光显示图像。

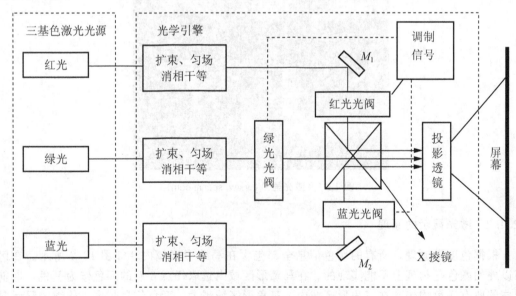

图 12.3 激光显示成像系统图

## 12.1.3 激光显示的分类

激光显示可以分为三类：激光阴极射线管显示、激光光阀显示和直观式电视激光显示。

**1. 激光阴极射线管(LCTR)显示**

激光阴极射线管(Laser Cathode Ray Tube，LCRT)是用半导体激光器代替阴极射线显像管(CRT)的荧光屏的一种新型显示器。在1964年，尼古拉.G.巴索夫博士提出用电子束激发半导体材料发生受激辐射产生激光的设想。在1999年，Principia Optics Inc 公司成功试制出在室温下能工作的红、绿、蓝 LCRT 样机，实现了激光显示产业化的第一步。

显示原理是利用半导体激光器形成激光面板代替阴极射线管显像管的荧光屏。当电子枪发出电子束，电子束在聚焦线圈和偏转线圈的调制下轰击到激光面板上，内含的半导体材料发生受激辐射产生激光。电子束从上到下、从左到右扫描后显示出由激光组成的画面，如图12.4所示。激光面板由半导体材料面、两侧的镜面、及衬底组成，两侧的镜面相当激光器的光学谐振腔。由于受激辐射发光的物理机制与荧光阴极射线管发光机制类似，只是产生的是激光而不是荧光。分辨率很高，是一种理想的激光电影机或者激光投影机。

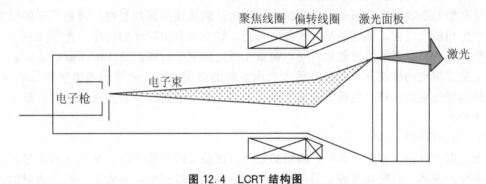

图 12.4 LCRT 结构图

**2. 激光光阀显示**

激光光阀显示是利用激光束改变某种材料(如液晶)的光学参数(折射率或者透过率等)，再利用另外的光源(如背光源)将光学参数的变化形成图像投射到屏幕上，实现图像显示。与液晶显示不同的是激光光阀显示是利用激光束对液晶进行热写入寻址的，不是利用驱动电压的静态或者动态寻址。结构和显示原理如图12.5所示。优点是具有极好的图像清晰度。

激光光阀显示由液晶盒、激光寻址组件、光源部分、屏幕四部分组成。液晶盒是一种无源矩阵液晶盒，由两片带有透明电极的玻璃基板组成，内部充入各向异性的正性近晶相液晶。基板内表面要涂有取向层，并且一块要同时涂有激光吸收层。激光寻址组件相当于有源矩阵液晶显示器的薄膜晶体管阵列部分，包括激光器、光调制器和光偏转器，用以控制激光器的方向和扫描寻址。激光器一般采用固体激光器，如 $10\mu m$ 的 YAG(钇铝石榴石晶体)激光器。光源部分功能类似液晶显示器的背光源部分，为被动发光的液晶显示器提供光源。显示原理可以分为4个过程。

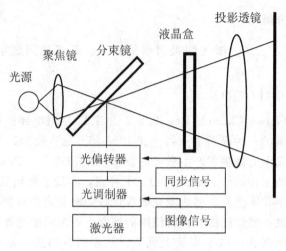

图 12.5 激光光阀显示

1) 激光束寻址

激光器发出的激光经调制后照射到分束镜上，聚焦后投射到液晶盒上。

2) 液晶分子的光学参数发生改变

涂有激光吸收层的玻璃基板吸收激光转化为热能传递给液晶材料。液晶分子的温度上升，发生相转变过程，从近晶相、经由向列相、转变成各向同性的液体。光学参数与附近没有受到激光照射部分的近晶相不同，被激光投射的部分呈现出液体的光散射状态，没有被激光束投射到的液晶分子仍保持垂直表面取向的透明结构。光源的光透射状态不一样，因此控制激光束的扫描，在整个画面上形成为稳定的光散射部分和光透过部分，显示出相应的图像。

3) 图像保持

激光束寻址扫描到下一点时，刚刚扫描的点液晶温度开始下降，又出现相变过程。从各向同性的液体、经向列相转变为近晶相。在降温相变过程中，形成了一种光散射的焦锥结构，会一直保持图像到下一次激光照射扫描，也就是可以保持一帧的画面，类似有源矩阵液晶显示器中存储电容的功能。

4) 擦除过程

在液晶盒内的透明电极上施加高于液晶分子阈值电压的电场，迫使液晶分子恢复到初始的透明状态，为图像的擦除过程。

3. 直观式电视激光显示

直观式电视激光显示又称为点扫描电视激光显示，是将外部信号分解为红、绿、蓝三基色经颜色转换，调制三束激光的强度，调制后的激光束经光缆传输到扫描装置上，经偏转投射到显示屏上显示图像，包括三基色激光器、扫描装置、光调制器、扫描同步控制部分，如图 12.6 所示。

直观式电视激光显示的特点是：①利用了激光器的单色性，色纯度高、色域广；②图像色彩鲜艳、逼真；③可在任何反光物体上显示，采用了直接扫描的方式，与光学系统成像不同，没有聚焦范围的限制，可以在建筑物、水幕上、烟雾上显示，具有特殊显示效果。

## 第12章 新型显示技术

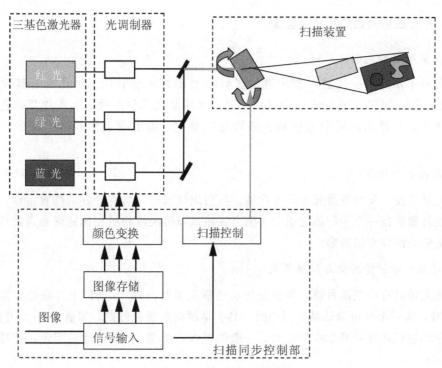

图 12.6　激光扫描系统示意图

 **日本研发出可在多环境下成像的实景3D激光显示技术**

目前，3D图像基本是利用人双眼的视觉差和光学幻象而产生的，日本庆应义塾大学和日本国立工业技术院经过历时5年的合作研发，成功开发了实景3D激光成像技术，就是一种直观式电视激光显示。不需要任何形式的显示屏幕，可以在水中或空气中呈现出实景3D影像，如图12.7所示。基本原理是将计算机控制的光电位置的外部信号通过聚焦激光调制来激发空气中或水中分子的运动，生成一幅激光点阵列式的全息影像，显示在空气中或水中。该3D成像系统每秒产生的光点为50000个，帧率约为10～15 FPS，图像有些模糊。当系统的光点投射达到24～30 FPS会得到更加稳定、清晰的3D画面。

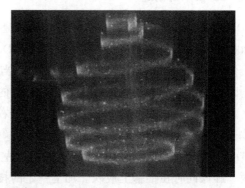

图 12.7　实景3D影像(www.ejiaju.cc)

### 12.1.4 激光显示的优势及发展前景

**1. 完美的自然色彩**

激光显示作为新一代显示技术继承了数字显示技术所有优点，还具有其独特的优势。以红、绿、蓝三基色激光作为显示光源，利用激光的单色性，具有较高的色彩饱和度，解决了显示技术领域中大色域色彩再现的难题，能更完美地显示丰富多彩的自然色彩。

**2. 高品质的图像**

激光显示技术又具有激光的高方向性。与白炽灯相比，具有更好的准直特性，能将所有的光线都聚集在一个平行的光束中。激光放映机和传统放映机相比能够表现的色彩信息更多，提供的图像更加清晰。

**3. 寿命长维护费用低且环保节能**

激光光源具有冷光源特性，寿命是传统电视光源寿命的10倍以上，理论上可以超过10万小时，实际至少可以达到5万小时，具有卓越的低能耗特点，如显示60英寸的图像，激光显示的整机功耗只有200W左右，一般的投影产品显示60英寸的图像，功耗应该在700～800W。

**4. 应用范围广**

激光显示技术将成为未来高端显示的主流。在公共信息大屏幕、激光电视、数码影院、手机投影显示、便携式投影显示、大屏幕指挥及个性化头盔显示系统等领域具有很大的发展空间和广阔的市场应用前景。在超大屏幕显示上展现更逼真、更绚丽的动态图像，实现其他显示技术所不能达到的视觉震撼效果。

## 12.2 3D技术

### 12.2.1 3D技术的概述

3D技术（3 Dimensions Technology，3D）是利用一系列的光学方法使人的左右眼产生视差而接收到不同的画面，在人的大脑形成3D立体效果的技术。人的双眼能同时看一个方向，但由于人的两眼间距在6～8cm左右，当人用眼睛看一个物体的时候，使得双眼不能完全瞄为一条直线，在一定范围内双眼看到的图像会产生一定的差异，如图12.8所示。因此，看到的物体在视网膜上成像时，会把左右眼分别看到物体的形貌合起来而得到最后的立体视觉。

3D图像就是在拍摄时用两台摄影机模拟左右两眼的视差，分别拍摄两个影像，然后把这两个影像同时在银幕上放映。加上一定的技术手段或额外设备，使观众左眼只能看到左眼的画面，右眼只能看到右眼的画面，最后传递到大脑整合，就是具有立体感的影像，如图12.9所示。

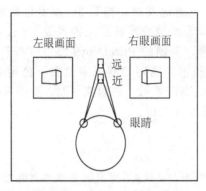

图 12.8 人具有 3D 感的原理

图 12.9 3D 画面（www.gamersky.com）

## 12.2.2 3D 技术的发展

1839 年英国科学家查理-惠斯顿根据"人类的两只眼睛成像是不同的"发明了一种立体眼镜，使人们左眼和右眼看到同一物体时产生不同的效果，是当今 3D 眼镜最基础的原理。

1853 年出现了色差眼镜式 3D 技术，3D 画面效果差，需要配戴色差 3D 眼镜，且画面的边缘容易偏色。

1858 年出现了主动快门式 3D 技术，3D 效果很好，但快门眼镜价格非常昂贵，成本较高。

1891 年出现了偏光式 3D 技术，属于被动式 3D 技术。眼镜的价钱比较便宜，3D 效果出色。目前 3D 影院、3D 电视基本都采用这种 3D 技术。市场中主流的有 RealD 3D 系统、MasterImage 3D 系统、杜比 3D 系统 3 种。

1903 年出现了视差屏障式 3D 立体显示技术，根据美国 F. E. Ives 提出"平行遮蔽立体视觉"的方式实现的立体感画面。

1932 年出现了透镜阵列式 3D 显示技术，在显示器的前面加上一块柱透镜板组成裸眼立体显示的光学系统。显示器上像素透过的光线经过柱透镜折射，人的左、右眼接收到视差图像，经过大脑的融合获得立体感画面。

20 世纪 70 年代末出现了分式 3D 显示技术，利用陶瓷光开关新材料制作光开关眼镜可以看到更好的 3D 效果。

由此可见，3D 技术正在飞速地发展，裸眼 3D 技术也相继出现，已经成为研发的热点。科学家们正在尝试利用全息成像技术逐步完善裸眼 3D 技术，并且已经成功运用到一些活动中。在 2009 年 4 月份，美国的 PureDepth 公司宣布开发出了 MLD（multi-layer display，多层显示）裸眼 3D 技术。国内的欧亚宝龙旗下公司 Bolod 也发展了第四代裸眼 3D 显示器，能实现 3D 效果的高清展示。在影院方面，美国 Real D 公司宣布要在 10 年内让观众摘下 3D 眼镜直接观看立体电影。

**小知识：**

早在 1922 年 9 月 27 日，哈利-费尔奥和摄像师罗伯特-艾尔德制作了史上第一部 3D 电影《爱的力量》。采用红-绿立体电影模式，在洛杉矶大使饭店戏院放映。影片以展示立体效果为主，常以用枪指向观众、用物体扔向观众为笑料来吸引大家的眼球。

在 1976 年 10 月 Atari 公司发行了世界上第一款 3D 游戏《夜晚驾驶者》。游戏屏幕是黑白的，并自带框体（方向盘、油门、刹车等）。游戏玩家在其中扮演一个黑夜里驾车在高速公路上狂奔的车手，游戏中用简单的透视效果（近大远小）来表现汽车的前进以及道路景物后退的效果，堪称 3D 游戏的始祖。

### 12.2.3　3D 技术的应用

随着 3D 技术的成熟，发展速度越来越快，应用也越来越广泛。大到影院的电影、高楼大厦 LCD 显示器，小到笔记本计算机、电视、手机等，3D 技术正在将人们带入一个看似虚拟但却真实的立体世界。现在 3D 主要面向影视、动漫、游戏等视觉表现类文化产品的开发，也有面向家电、汽车等物质产品的设计，以及人与环境交互的虚拟现实的模拟。

3D 动画是近年来计算机软硬件技术发展而产生的一种新兴技术，在虚拟的三维世界中建立一个真切的仿真模型，再按照设定的动画参数赋予表现对象，可以在计算机上运行，生成所需的画面，具有真实性、精确性以及无限的可操作性，广泛用于各种领域。

3D 电影制作场景华丽，人物动作逼真，具有强烈的纵深感，给观众带来的震撼力非常强大，可以让观众沉浸在变幻莫测、光怪陆离的电影中。

**引例：**神奇的 3D 打印机

3D 打印机利用断层扫描的逆过程，把某个东西"切割"成无数叠加的小片，再用 3D 打印机一片一片地打印，最后叠加到一起，打印出一个立体物体。威尔士的两位科学家莫里森夫妇利用 3D 打印机和最先进的轻型材料研制出了一个 8 立方英尺大的风筝，可以神奇地飞向天空，如图 12.10 所示。

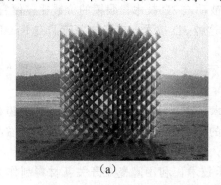

(a)　　　　　　　　　　(b)

图 12.10　3D 打印机打印出的风筝(http://www.cnbeta.com)

## 第12章 新型显示技术

### 引例: 神奇的3D技术中风康复治疗

加拿大多伦多大学最新研究发现3D技术可能有助于中风康复治疗。利用3D眼镜、机器人手套以及运动跟踪游戏等高科技虚拟现实技术的辅助进行中风康复治疗,称为视频游戏中风康复法。这不是简单地让病人去玩3D游戏,而是患者通过佩戴专用眼镜在3D环境中使各个关节完成程序规定的动作,并测试关节活动范围和肌肉力量的强度和次数,方法更科学标准。该疗法与传统的理疗康复相比,可以使上臂的力量增加14.7%,手臂活动能量增强20%,更有助于改善中风导致的运动力下降,平衡协调能力差等问题。

### 引例: 神奇的3D技术近视治疗

3D眼镜对近视的治疗还具有神奇的功效。近视的人眼内肌肉长时间处于紧张状态而得不到休息,看到的远处物体不能在视网膜汇聚,导致模糊不清而发生近视。戴着黑色3D眼镜观看专门根据视觉生理特点而设计的3D画面,进行眼镜晶状体的训练,促进眼部血液循环,把视物的焦点调到视网膜的黄斑处,让外界的物体变得清晰,达到提高立体视觉功能和防治近视的目的。

### 12.2.4 3D技术的种类

3D技术可以分为眼镜式和裸眼式两大类。眼镜式3D技术可以分为色差式3D、偏光式3D、主动快门式3D和不闪式3D 4种技术;裸眼式3D技术可以分为视差屏障式3D、柱状透镜式3D和指向光源3D 3种技术。

#### 1. 色差式3D技术

色差式3D(Anaglyphic 3D)用旋转的滤光轮分辨出光谱的信息,采用不同颜色的滤光片使画面滤光,使得一个图像可以产生两个不同效果的图像,从而使人的两个眼睛看到不同的画面而达到立体感,如图12.11所示。它出现得比较早,成像原理简单,成本较低。但3D画面效果差,需要配戴色差3D眼镜,如被动式红-蓝、红-青和红-绿等滤色3D眼镜才可以看到3D的效果,而且画面的边缘容易偏色。

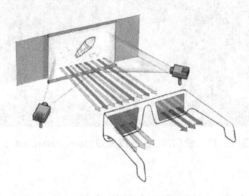

色差式3D眼镜原理
图 12.11 色差式 3D 眼镜原理
(www.pjtime.com 和 digi.it.sohu.com)

#### 2. 偏光式3D技术

偏光式3D(Polarization 3D)利用光线具有"振动方向"的性质,在显示器屏幕上加放偏光片,将振动方向分解为垂直方向的偏振光和水平方向的偏振光,两只眼睛配戴的眼镜也采用不同偏振方向的偏振镜片,从而使人的左右两只眼睛接收到两组不同的画面,传输到视觉中枢整合,给人以3D立体感,如图12.12所示。产生的画面效果较好,但对显示设备要求很高,一般要具有240Hz以上的刷新频率。

图 12.12　偏光 3D 眼镜原理及偏光 3D 画面(www.pjtime.com)

3. 快门式 3D 技术

快门式 3D(Active Shutter 3D)利用画面的快速刷新频率(至少达到102Hz)来实现3D立体感觉,将图像按帧一分为二,两组连续交错的画面分别对应左眼和右眼,同时保证红外信号发射器与配戴的快门式 3D 眼镜开关保持一致,使得人的左右两眼在相应的时间看到相应的画面,实现高清的 3D 立体效果,如图12.13所示。快门式 3D 眼镜的开关频率与灯光等设备不一样,降低了观看的舒适程度,当开关频率与画面不同步时会有重影出现,且眼镜的价钱较高。

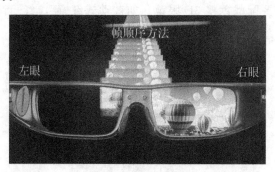

图 12.13　快门式 3D 眼镜原理(tech.hexun.com)

4. 不闪式 3D 技术

不闪式 3D 是把能够分离左眼影像和右眼影像的特殊薄膜贴在 3D 显示器和眼镜上,显示器分离出的画面同时被眼镜过滤到达左右两眼,再经过大脑合成,让人感受到自然的、视角很大的 3D 效果。在视听推荐的距离内观看,画面效果以及色彩表现力都很好,使人可以享受到完美的 3D 影像。

但是戴个眼镜看 3D 电影实在很不舒服,尤其是配戴近视眼镜的人,再戴上一个 3D 眼镜,实在让人难受。随着 3D 技术的普及,裸眼 3D 技术越来越受到人们的关注。

### 5. 视差屏障式 3D

视差屏障式 3D(parallax barrier 3D，又称光屏障式 3D)，其原理与偏振式 3D 相似。利用开关液晶屏幕、偏振膜和高分子液晶层，在液晶层与偏振膜上产生一系列方向为 90°的垂直条纹，光线通过具有一定线宽的条纹形成垂直细条栅栏状的视差屏障。视差屏障在液晶板与背光板之间，左眼看到的影像在液晶屏幕上显示出来，右眼的影像被条纹遮挡；同理，右眼看到的影像在液晶屏幕上显示出来，左眼的影像被条纹遮挡。两眼分别接收两个画面，将左右眼接收的画面以纵向方式交错排列，从而产生 3D 效果，如图 12.14 所示。该技术容易与 LCD 工艺结合，成本较低，可大规模生产。

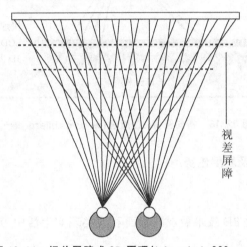

图 12.14　视差屏障式 3D 原理(info.edu.hc360.com)

### 6. 柱状透镜式 3D 技术

柱状透镜 3D(Lenticular Lens 3D)又叫微柱透镜阵列式 3D 技术。在液晶显示屏的前面加上一层柱状透镜，使液晶屏的像平面位于透镜的焦平面上。每个柱透镜下面图像的像素被分成几个子像素，透镜能以不同的方向投影每个子像素。在从不同的角度观看液晶显示屏，能够看到不同的子像素。柱状透镜与像素排列成一定的角度，每一组子像素重复投射多组图像到视区，而不是只投射一组视差图像。人们看到的 3D 显示效果更好，且柱状透镜不会阻挡背光，画面的亮度不变化，如图 12.15 所示。

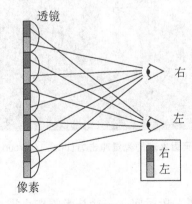

图 12.15　柱状透镜 3D 原理(www.mobilezg.com)

### 7. 指向光源式 3D 技术

指向光源 3D(Directional Backlight 3D)，利用两组 LED 配合快速反应的 LCD 面板和驱动方式，使影像以顺序的次序被人的左右眼接收，互换影像产生视差，进而使人感受到 3D 立体效果，如图 12.16 所示。3D 显示效果出色，分辨率和透光率很好。

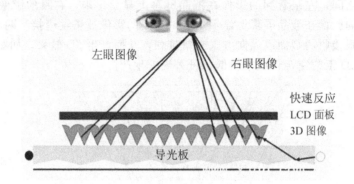

图 12.16　指向光源 3D 原理(www.mobilezg.com)

#### 12.2.5　3D 技术的特点及发展趋势

1. 3D 技术的特点

(1) 立体逼真。通过 3D 技术展现的画面和人类现实生活中习惯的景象基本一致，使人感觉更加逼真。

(2) 临场感较强。3D 技术所展现的图像具有非常好的立体感和纵深感，当看到这样的画面时，给人一种身临其境的感觉。

(3) 强烈的视觉震撼。现在许多电影和电视都追求一种对观众的震撼，3D 技术在视觉上给人以强烈的冲击，达到影像所要追求的效果，如图 12.17 所示。

图 12.17　3D 画面展现的视觉冲击力(http://group.mtime.com)

2. 3D 技术的发展前景

目前，3D 的完全普及还需一段时间，一些技术难点也需要人类去攻克。首先，3D 视屏的制作成本非常高，而且制作出来的视频容量较大，这对内容制作商来说是一大难点。其次，对于产品制作商来说，大多时候观看时还需佩戴眼镜，而且显示器的成本较高，裸眼 3D 也有视角和距离的限制。最后，现在的 3D 技术繁多，没有统一的格式内容和压缩方式，人们长时间观看会有头晕目眩的感觉。

但是，随着时间的推进，科技的发展，这些问题正慢慢被解决，正如彩色显示器代替了黑白显示器，液晶显示器代替了 CRT 显示器一样，三维显示技术也必将取代平板显示技术，成为引领未来显示技术的核心。

## 12.3 触摸屏技术

### 12.3.1 触摸屏的特点

随着信息社会的到来，多媒体信息查询的广泛应用，人们也越来越关注触摸屏技术。触摸屏是一种电子产品的输入设备，只要轻轻触碰电子产品显示屏上的图标或者文字等，就可以实现对对象的操作，方便、自然，是一种具有极大潜力的全新多媒体交互设备，成为人机交互界面的新宠儿。其特点可以概括如下。

(1) 触摸屏透明好，红外线式屏幕和表面声波式屏幕，只间隔一层纯玻璃，透明度更高，清晰度很高。

(2) 触摸屏是绝对坐标系统，无论在什么情况下，在屏幕同一点的输出数据是稳定的，保证了定位的精确性。

(3) 触摸屏检测触摸同时定位，在检测到触摸点的时候，同时也确定了触摸点的坐标。

(4) 触摸屏坚固耐用、反应速度快。

**引例：** *神奇的触屏*

数码涂鸦为用户提供一块互动触摸屏，使用不同物体触摸屏幕时，可以绘制出色彩缤纷的图画、创作特别的音乐以及英语互动学习，展现出触摸屏神奇的魅力。采用直觉输入界面设计，可以使多名操作者在同一屏幕上实时操作，如图 12.18 所示。通过互联网，不同城市的用户可以共同操作、实时地创作一个跨越地理界限的互动视听空间。向人们展示互动的信息，具有更好的宣传效果，为多媒体娱乐注入一股新奇的活力。还可以为残疾和弱能人士提供一种实时性强化治疗，通过在屏幕上绘画来表达思想和情绪，如图 12.19 所示。

图 12.18　数码涂鸦(http://www.dqe8.com)　　图 12.19　神奇的触屏(http://www.dqe8.com)

### 12.3.2 触摸屏的种类

触摸屏是一种透明的绝对定位系统,由触摸检测屏和触摸控制器组成,如图12.20所示。触摸检测屏安装在显示器的前端,用手指或其他物体触碰显示的图标或者字符时,检测触摸位置和信息,并传给触摸控制器。触摸控制器接收触摸信息,转换成触点坐标传送给CPU,确定输入的信息,同时接收和执行CPU发来的命令。

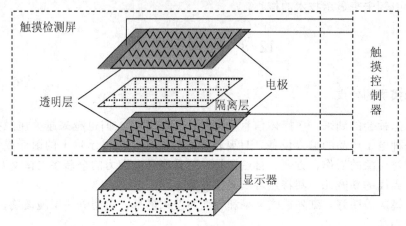

图12.20 触摸屏结构

触摸屏按触摸检测屏检测信息的原理可以分为5种,电阻式触摸屏、电容式触摸屏、红外线触摸屏、表面声波触摸屏、矢量压力传感触摸屏。其中,电阻式触摸屏定位准确,更适合应用在液晶屏幕上,所以大多数触摸屏为电阻式触摸屏。矢量压力传感触摸屏是一种通过对矢量压力敏感的传感器进行检测的触摸屏,已渐渐退出了历史的舞台。

#### 1. 电阻式触摸屏

电阻式触摸屏是一种利用压力感应控制显示器屏幕的触摸屏。触摸检测屏由与显示器表面搭配的多层复合薄膜组成,主要包括两层透明层、隔离层、电极。根据触摸幕电极引出线数的多少,可以分为四线、五线和多线电阻式触摸屏。四线触摸屏由上下两层具有相同阻值的透明阻性材料组成;五线触摸屏上下两层透明层中一个是阻性层、一个是导电层。

以四线电阻式触摸屏为例说明电阻式触摸屏的结构,如图12.22所示。

(1) 两层透明层分别制作在两块衬底上。玻璃或者有机玻璃为触摸屏的下层衬底,表面制作透明层,如氧化铟锡(ITO)。上层衬底为塑料等,也可以是一层光滑防刮的保护膜。内表面制作透明层,透明层由具有一定阻值的阻性材料组成,相当于电阻网络。

(2) 隔离层夹在两层导电膜之间,是由许许多多细小的透明隔离点(尺寸一般小于几微米)组成的一种黏性绝缘材料,如聚酯薄膜。

(3) 电极与触摸屏控制器相连,采用导电性极好的材料,导电性是ITO的1000倍左右,如银粉墨。

电阻式触摸屏采用分压原理在特定方向上测定$X$坐标和$Y$坐标,以四线电阻式触摸屏为例说明工作原理,如图12.21所示。当手指或触摸笔触碰屏幕时,上下两个透明阻性层因压力作用在某一点相互接触,电阻性表面被分隔成两个电阻。触摸点坐标的测定分为两个过程。首先,当在上层电极($X_+$,$X_-$)上施加电压时,电压从 $X_+$ 位置处的 $V_{in}$ 变化到 $X_-$ 位置处的 0V。下层电极($Y_+$,$Y_-$)不施加电压,但在触点处上下层电极接触而导通,测试下层触点处的电压就是触点处的电压。根据测试电压的数值 $V_{out}$ 确定触点的($X_+$,$X_-$)坐标。触点处相当于一个分压器,上下两个电阻串联,上面的电阻 $R_1$ 连接施加的电压 $V_{in}$,下面的电阻 $R_2$ 接地。两个电阻连接点处的电压测量值就是输出电压 $V_{out}$,表示为:

$$V_{out} = V_{in} \cdot \left( \frac{R_2}{R_1 + R_2} \right)$$

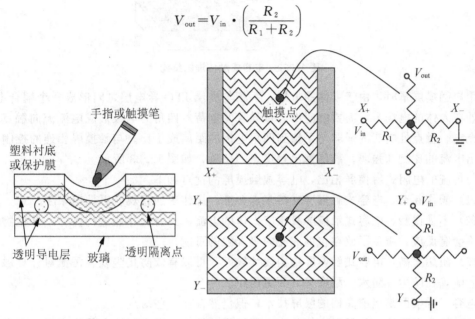

图 12.21　四线电阻式触摸屏的工作原理

接着,上层电极不加电压,下层电极施加电压,电阻网络形成从 $Y_+$ 到 $Y_-$ 电压梯度,在触点处上下电极导通,测试上电极触点电压 $V_{out}$,根据测试电压的数值确定触点的($Y_+$,$Y_-$)坐标。总之,电阻导致的电压梯度在不同位置分压不同,产生 $X$ 和 $Y$ 方向的信号,输送到触摸控制器,从而实现对显示器的控制。

电阻式触摸屏幕的特点是:①对外界完全隔离的环境不会受到灰尘等污染物的影响;②定位准确,可以用任何物体来接触,可以写字及画画,适用于工业控制领域及办公室内部分人使用。缺点是复合薄膜的外层采用塑料材料容易划伤,一般只会伤到外导电层。外导电层的划伤对于五线电阻式触摸屏来说没关系,而对四线电阻式触摸屏是致命的。玻璃的衬底也表较脆弱,使用时应该小心。

2. 电容式触摸屏

电容式触摸屏(Capacity Touch Panel,CTP)是一种利用人体的电流感应进行工作的屏幕。触摸检测屏是一块 4 层复合玻璃屏,结构如图 12.22 所示。其衬底为玻璃,内表面制作一层透明导电薄膜 ITO 层,夹层也制作一层 ITO 层,外面是一层薄的矽土玻璃保护层。内表面的 ITO 层是屏蔽层,避免玻璃基板上等离子的污染等保证良好的工作环境;夹层 ITO 导电层是触摸屏的工作物质,4 个角上引出 4 个电极;矽土玻璃保护层是一层极薄的、用稀土制作的透明玻璃状物体,极坚硬,不容易擦伤,用来彻底保护夹层的透明导电层。

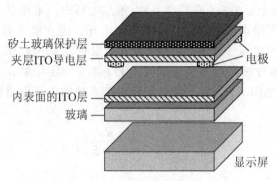

图 12.22　电容式触摸屏的结构

用户触摸屏幕时，由于人体的电场，手指与夹层 ITO 导电层之间形成一个耦合电容。触点处在人体的电场下，需要感应出等量异号的电荷，四角的电极形成电流流向触点，为触点充电。触点处电流的强弱与手指到四角电极的距离成正比。与触摸屏相连的控制器会计算出电流的比例和强弱，准确算出触摸点的位置，如图 12.23 所示。

与传统的电阻式触摸屏相比，电容式触摸屏的优点如下。

（1）操作新奇，电容式触摸屏支持多点触控，操作更加直观、更具趣味性。

（2）不易误触，电容式触摸屏只感应人体的电流，只有人才能进行操作，其他物体碰触时不会有反应，避免了放在包内或兜内等误触的可能。

（3）耐用度高，电容式触摸屏结构设计较好，可以有效防止尘埃、污渍对计算触点位置的影响，在防尘、防水、耐磨等方面更耐用。

电容式触摸屏是当前高档的触屏技术，但仍然存在一些缺点。

（1）精度不高，由于只对人体响应，只能手动输入，在小屏幕上很难实现辨别和复杂输入，低于电阻式触屏的精度。

（2）稳定性差，易受温度和湿度等环境因素变化的影响，引起电容式触摸屏的不稳定以及漂移；当在人群中操作时，附近人体的电场也会引起漂移。

（3）成本高，电容式触摸屏贴附到 LCD 面板中还存在一定的技术困难，成品率低，导致成本高。

（4）透光率不高，电容式触摸屏的透光率和清晰度优于 4 线电阻屏，但不如表面声波屏和五线电阻屏。屏幕反光严重，在四层复合触摸屏对个波长光的透光率不均匀，存在色彩失真及图像字符模糊。

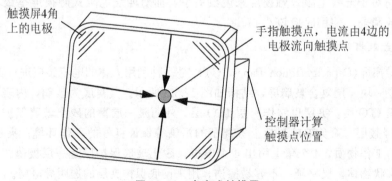

图 12.23　电容式触摸屏

## 第12章 新型显示技术

 **小常识：电容式触摸屏的保养**

大多数触屏手机，如苹果、Android，以及 Nokia 的部分手机等触屏基本都是电容式触摸屏。电容式触摸屏的保养也非常重要。

(1) 为手机配置一个合适的皮套，防止触摸屏受到静电影响。人体静电较强，容易击穿电容，而且劣质贴膜也容易产生静电。

(2) 手指尽量干净不湿。电容式屏幕表面的油污等介质覆盖在屏幕上形成导电层，很容易引起屏幕漂移。

(3) 屏幕不要长时间处在一个高温条件下，如 40℃左右的温度，长时间处于这个温度以上，不但会引起屏幕漂移，还会减少使用寿命。

(4) 保持屏幕远离磁性物体。磁场会导致屏幕暂时失效，长时间接触就会永久损毁屏幕。

(5) 电量不足时最好马上充电或不使用。在电量不足的情况下，屏幕输入电压不稳定，触摸屏容易发生漂移。

### 3. 红外线式触摸屏

红外线式触摸屏是利用 $X$、$Y$ 方向密布的红外矩阵来感应并定位手指触摸点的位置的。只需要在显示器上加光点距框，不需要在显示器的屏幕表面加上复合薄膜和控制器。触摸屏的四周布满红外线发射管和接收管构成了光点距框架，发出的红外线在内部形成了一个红外线网格。用手指触摸屏幕某一点时，会挡住经过该点的横竖两条红外线，接收红外线变弱，根据接收红外线的强弱变化，可以计算出触摸点的位置，如图 12.24 所示。

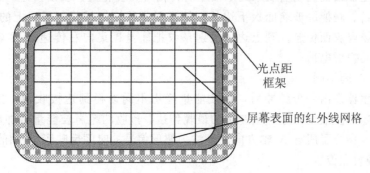

**图 12.24 红外线式触摸屏**

红外线式触摸屏的特点是不受环境中静电的影响，能够感应轻微接触与快速接触，很多触摸物都可以挡住红外线使触摸屏工作，成本较低，安装方便；但是分辨率低，安装在屏幕框架上红外发射和接收部件易于损坏，不适合户外和公共场所使用，外界光线的变化，如阳光、室内射灯等变化都会影响准确性。

### 4. 表面声波触摸屏

表面声波是一种沿介质表面浅层传播的机械波，性能稳定。表面声波触摸屏由超声波发生器、声波接收器、反射器和触摸屏构成，如图 12.25 所示。触摸屏可以是平面、球面等玻璃面板，是一块纯粹的强化玻璃，不用粘贴薄膜和覆盖层，安装在 LED、LCD 或等离子体显示器屏幕前面。在触摸屏的左上角和右下角分别固定了水平和竖直方向的超声波发生器，右上角固定两个超声波接收器，屏幕四周刻有 45°由疏到密、非常精密的反射条纹。

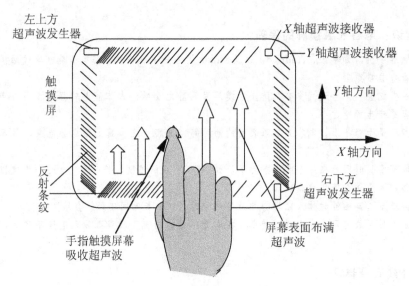

图 12.25　表面声波技术原理图

超声波发生器发出一种高频声波穿过屏幕到达触摸屏表面。当用手指触摸屏幕时，触点上的声波被手指吸收，确定触点的坐标。工作原理概况如下。

1) 发射和接收超声波

超声波发生器接到控制器发来的电信号后转化为声波能量，表面传递。右下方的超声波向左上方传递。触摸屏玻璃面板下边的精细反射条纹把能量反射成向上的均匀面传递，声波能量经触摸屏表面传递。到上边的反射条纹把能量聚集向右传递给 $X$ 轴的超声波接收器，把声波转换成电信号。

2) 接收的时间不同

超声波发生器发出一个脉冲后，声波能量经历不同途径到达接收器，接收的时间不同。最右边的超声波最早到达，最左边的最晚到达，接收的超声波能量叠加后形成一个较宽的波形信号，集合了所有 $X$ 轴方向的声波。波形信号的时间反映了 $X$ 轴的坐标。

3) 确定触摸点位置

当没有触摸时，接收信号波形与参考波形完全一样。当手指或其他物体吸收或阻挡了部分声波时，在接收信号波形上出现了一个信号衰减的缺口，由此计算缺口的位置来确定触摸点的坐标。$Y$ 轴坐标同样吸收和计算。

表面声波触屏具有很多优点，适合于使用频率较高的公共场合。①抗暴，工作面是一层看不见、打不坏的声波能量，没有夹层和结构应力；②反应速度快，是所有触摸屏中反应速度最快的，使用时感觉舒服顺畅；③性能稳定；④识别力强，能够识别出触摸物是灰尘、水滴，还是手指。手指每次触摸是不一样的，而灰尘和水滴每次触摸数据都一样，通过识别几秒内是不是纹丝不变来确定是不是干扰物。另外，受外界环境影响极小，分辨率极高，保证了图片的清晰度，而且使用寿命较长，可达到 5000 万次。表面声波触屏的缺点是不防尘，长时间灰尘积累会导致信号衰减厉害，变迟钝或者不工作。

目前，触摸屏技术已经发展得较为成熟，每种触屏技术也有各自的优点和不足，在逐渐完善和发展中也会出现新的触屏技术，如多点触屏技术等。

第12章　新型显示技术

 **引 例：** *科幻的投影触屏 Light Touch*

随着科技的飞速发展，触摸屏也变得越来越梦幻。英国 Light Blue Optics 公司推出了一款能够带来类似操控体验的微型投影仪 Light Touch，配备了 Light Blue Optics 公司独有的全息激光投影技术以及传感器，可以在任何平坦的表面生成色彩明亮 WVGA 的视频图像，非常特别的是生成的图像通过红外线感应技术还能支持手指的操控，且可以用 WiFi 或蓝牙接入互联网，如图 12.26 所示。

图 12.26　Light Blue Optics 公司推出的微型投影仪 Light Touch(http://www.letuwang.com)

### 12.3.3　多点触屏技术

在日常生活中，触摸技术随处可见，如苹果 iphone、iPad，触屏手机、数码相机、医院和图书馆的触屏查询系统等，这些触控屏幕一般都为单点触控，每次只能识别并支持一个手指的点击。当用两个或更多的手指点击屏幕时，一般不能做出正确的反应。然而，多点触屏技术可以同时采集多点信号并进行有意义的判断，从而实现对多点触碰的控制。

1. 多点触屏技术的发展

多点触屏技术最早是由多伦多大学在 1982 年发明的。同一年，Bell 实验室发表了第一份关于多点触控技术的文献报告。

1984 年，Bell 实验室研制出能以多个手指控制改变屏幕画面的触摸屏。1991 年，研制出数码桌面触屏技术，可以容许用户用多个指头拉动触屏内的图像。1999 年，Fingerworks 的纽瓦克公司的经营者约翰埃利亚斯和鲁尼韦斯特埃生产出了多点触控产品：iGesture 板和多点触控键盘。2006 年，在 Siggraph 大会上，纽约大学的 Jefferson Y Han 教授向人们展示了最新研发的触控屏幕，可支持多人同时操作。2007 年，苹果和微软等公司发布了多点触控技术的产品，如 iphone、Surface computing 等，进而使得这项技术的应用变得更加的广泛，如图 12.27 所示。

图 12.27　可自由配合拉伸、拖拽等动作的微软 Surface 屏幕(http://www.zeinb.net)

## 2. 多点触屏的定义

多点触屏(Multitouch)是一种用户可以通过多个手指同时对屏幕的应用控制输入技术。在实际应用中分为：①同时采集多个触碰点的信息；②能够分辨每个手指触摸信号的意义。和传统的单点触摸相比，多点触摸屏幕的导电层分隔出许多的触控单元，而每个触控单元通过单独的引线与外部电路连接。因此，无论手指触碰哪一点，系统都可以做出相应的反应。多点触摸一般分为两种：①可以实现浏览图片的旋转、放大、缩小等操作；②实现GPS的起点和终点的控制，也可以实现游戏时方向的控制。

## 3. 多点触屏的特点

(1) 在同一屏幕上能够实现多点或多用户的操作，更加方便快捷。

(2) 用户也可以进行单点触摸，通过单双击、按压、滚动等不同触摸方式实现随心所欲的操控，方便对录像、图片、三维立体等信息进行全面的了解。

(3) 可以根据相应的要求来制定合适的触控面板、触控软件、触控系统等，也可以和专业图形软件配合使用。

## 12.4 电子纸技术

早在2000多年前，我们的祖先发明了造纸术。纸张成为人们记录、传播信息的最重要媒介。但传统纸张印刷的内容大多不能进行没有痕迹的更改。随着当今科技的发展，科学家提出了"电子纸技术"可以实现无痕迹修改。

电子纸(electronic paper，E-paper)是像纸一张轻薄，可随意擦写的一类显示器的统称，如图12.28和图12.29所示。显示效果接近自然纸张效果，阅读舒适、超薄轻便、可弯曲等特点，而且切断电源，文字也不会消失，确保了实用方便性。目前，电子纸已经应用在很多领域中，不久的将来会融入到人们的日常生活中。

图 12.28　电子纸显示器(news.mydrivers.com)

图 12.29　电子纸制作的报纸(sz.chuban.cc)

### 12.4.1　电子纸的发展历程及特点

**1. 发展历程**

电子纸的发展历程见表12-1。

表 12-1  电子纸的发展历程

| 时间 | 研究单位或个人 | 研究或发明的具体内容 |
|---|---|---|
| 1975 年 | 施乐 PRAC 研究员 Nick Sheridon | 提出电子纸和电子墨的概念 |
| 1996 年 4 月 | MIT 贝尔实验室 | 成功制造出电子纸原型 |
| 1999 年 4 月 | E-ink 公司 | 全力研究电子纸商品化 |
| 1999 年 5 月 | E-ink 公司 | 推出用于户外广告的电子纸 Immedia |
| 2000 年 11 月 | E-ink 公司和朗讯科技公司 | 正式宣布开发出第一张可卷曲的电子纸和电子墨 |
| 2001 年 5 月 | E-ink 公司与 ToppanPrinting 公司合作 | 宣布利用 Toppan 的滤镜技术来生产彩色电子纸 |
| 2001 年 6 月 | E-ink 公司 | 宣布推出"Ink-h-Motion"技术，电子纸上可显示活动影像 |
| 2002 年 3 月 | 东京国际书展会 | 出现第一张彩色电子纸 |
| 2003 年 5 月 | E-ink 公司与飞利浦合作 | 展示了寿命大幅提升的电子纸样品，并在 2004 年量产 |
| 2005 年 | Polymer Vision 公司 | 展出了一款 pocket e-Reader，具有可伸缩卷曲的特征 |

2. 电子纸的特点

（1）电子纸具有很好的柔韧性。由于电子墨可以制作在任何轻薄柔软的材料上，像塑胶薄膜、纤维等材料。

（2）电子纸可读性。与传统纸张相比，电子纸无论在强光下还是昏暗的条件下都具有完美的可视性，分辨率很高，亮度和对比度适宜。

（3）电子纸可书写性。电子纸可以将任何文字或图形进行多次无痕迹重写，"书写"的内容即使在断电情况下也可以阅读并长久保存，是真正的"可书写"显示器。

（4）电子纸非常环保。电子纸是靠染色材料维持显示，无须消耗能量，只有在变更信息时才需要很低的电压来驱动，大大省了电能，使环境更加环保。

### 12.4.2  电子纸的显示原理

电子纸是利用电场驱动的显示器，显示材料主要有电子墨和微胶囊。电子墨由数以百万个尺寸极小的微胶囊构成，直径与人的头发丝相差无几。微胶囊内充满清洁的透明液体，带正电的白色微粒和带负电的黑色微粒悬浮在其中。微胶囊夹在两个电极板内。其显示原理如图 12.30 所示。

（1）当在下电极板上施加一个正电场时，微胶囊内的带电微粒受到电场的作用，带正电的白色微粒向上移动到微胶囊的顶部，显示白色；带负电黑色微粒在电场作用下向微胶囊底部移动，使人观察不到黑色。

（2）当在下电极板上施加一个负电场时，微胶囊内带正电的白色微粒向下运动到底部，白色消失，而带负电黑色微粒向上运动到微胶囊顶部，显示黑色。

（3）当一个微胶囊施加适当的正电场和负电场时，就可以显示多级灰度。改变电场就

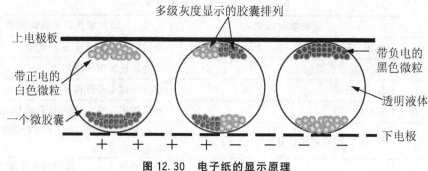

图 12.30 电子纸的显示原理

可以显示出相应的文字或图像。

现在电子纸显示不仅仅局限于黑白显示，适当地调整微胶囊内的液体颜色和带电微粒的颜色，便可以使电子纸呈现出五彩缤纷的画面。

### 12.4.3 电子纸技术的分类

电子纸技术主要有电泳显示技术、电子粉流体显示技术、胆固醇液晶显示技术和双稳态向列液晶显示技术 4 种。

1. 电泳显示技术

电泳显示技术是用外加电场来控制微胶囊中不同带电微粒的移动来显示画面的，具有高对比度、高反射率、完美的可视性，非常适合做电子纸。美国的 E-Ink 公司和 SiPix 公司主要致力于这种技术的研究，是一种主要的电子纸显示技术。

2. 电子粉流体显示技术

电子粉流体显示技术经过纳米级粉碎处理后得到带不同电荷的黑色与白色树脂粉体，填充在类似于电泳技术所用的微胶囊结构中。施加外电场，使黑、白粉体在空气中发生移动，实现显示画面的效果。日本普利司通(Bridgestone)公司发明的电子粉流体显示技术采用空气为介质，具有非常高的反应速度，但需要耐高压的薄膜晶体管器件，该晶体管尚未成功开发，目前只能以无源矩阵方式来驱动带电粉流体。

3. 胆固醇液晶显示技术

胆固醇液晶又称为螺旋液晶，是一种呈螺旋状排列的特殊液晶模式，排列模式是通过在向列相液晶中加入旋光剂来实现的。美国 Kent Display、日本富士通、日本富士施乐以及中国台湾工业技术研究院等一起研发了胆固醇液晶显示技术。

胆固醇液晶显示器属于反射式显示器，不需要背光源可显示影像，而且具有双稳态特性。胆固醇液晶分子在不同电位下呈现"反射"与"透过"两种不同偏振光旋转状态，实现显示效果。还可以加入不同的旋光剂来调配红、绿、蓝等颜色，以满足彩色化显示的要求。

4. 双稳态向列相液晶显示技术

双稳态向列相液晶显示技术采用向列相液晶，液晶屏是由对液晶分子具有不同保持能力的两块基板组成的，由法国 Nemoptic 公司开发。

第12章 新型显示技术

当长时间对液晶分子施加某一电压时，液晶分子在下基板上垂直排列。当电压急速降低至零，液晶屏内的液晶分子呈 3 种状态。①具有较强保持力基板上，周围的液晶分子会出现倾斜倒下的情况；②具有较弱保持力基板上，周围的液晶分子会向相反的方向倾斜；③处于基板中间位置上的液晶分子会产生扭曲。当电压缓慢降低至零，液晶分子由于弹性能力减弱而向一个方向倾斜倒下，不会发生扭曲。缓慢解除加电状态下一部分显示为黑，另一部分显示为白，黑色区域和白色区域的比率变化随着解除电压时的电压幅度的变化而变化，进而达到显示的效果。

电子纸技术的发展方兴未艾，应用前景十分广阔，被人们认为是改变未来平板显示概念的新技术。正在悄然改变着人们的阅读习惯，为传统的书籍报刊出版带来新的活力。随着电子纸技术的快速发展和广泛应用，电子纸技术正在融入人们生活的方方面面。

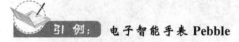

**引例： 电子智能手表 Pebble**

2012 年 4 月，Pebble 公司推出了可与 iphone 和 Android 智能手机互联的电子纸显示屏智能手表。Pebble 外形轻薄美观，显示屏在日光下也可以清晰地看清，可以通过蓝牙与 iphone 和 Android 设备互连，以及上网接收电子邮件等，Pebble 也可以运行各种实用应用软件，大大地方便了人们的生活，如图 12.31 所示。

图 12.31　电子智能手表 Pebble(www.donews.com)

## 12.5　柔性显示技术

随着科技的不断进步，显示技术正向着轻薄柔软的方向发展，不仅可以折叠弯曲，甚至可以戴在手腕上，或穿在身上，给人们的生活带来方便。由此，柔性显示技术的产生和发展成为人们关注的焦点。

柔性显示技术又称为可卷曲显示技术，是一种用柔性衬底材料制成的可视的、柔性的、卷曲的显示技术，具有轻柔、耐冲击、可弯曲等特点，已经成为当前显示领域的研究热点，被认为是一种很有前景的新型显示技术。

引 例： **飞利浦柔性 OLED 屏可卷戴手机 Fluid**

来自巴西的设计师 Dinard da Mata 为飞利浦公司设计了一款名为 Fluid（流体）的概念手机，如图 12.32 所示。同以往概念手机不同，Fluid 完全采用柔性 OLED 触摸屏设计，不仅具有正常手机功能，而且外观造型更轻薄、柔韧可弯曲，可以卷戴在手腕上，携带非常方便。

2009 年索尼公司推出一款可任意弯曲对折的柔性 OLED 显示屏。外形像纸张一样薄，还可以随意地弯曲不会影响显示屏寿命和效果，如图 12.33 所示。

图 12.32 飞利浦柔性 OLED 屏可卷戴手机 Fluid（www.oledw.com）

图 12.33 索尼薄如纸可弯曲的 OLED 屏幕（www.it.com.cn）

## 12.5.1 柔性显示的发展历程

随着社会科技的发展，柔性显示也经历着变化和发展，优势日益突出，应用也越来越广泛。

1992 年，美国加州大学 Heeger 研究小组在《自然》杂志上首次报道了柔性 OLED，利用聚苯胺或聚苯胺的混合物，采用旋涂法在透明衬底材料 PET 上制作成导电膜作为 OLED 器件的阳极，揭开了柔性显示的序幕。

2003 年，日本先锋发布了 15 英寸、像素为 160×120 的全彩柔性 OLED 显示器，重量仅为 3g，亮度为 70cd/$m^2$，驱动电压仅为 9V。

2005 年，Plastic Logic 公司研制出了柔性有源矩阵 OLED 显示屏，厚度不到 0.4mm，柔韧性非常出色。

2008 年，三星公司推出了 4 英寸的柔性 OLED 显示屏，对比度非常高，亮度达到 200cd/$m^2$，厚度仅有 0.05mm。

2009 年，三星和索尼在 CES 展会上又发布了最新的柔性显示器。

虽然柔性显示技术是当前研究的一个热点，但还有很多困难需要去攻克，距离产业化还需一段时间，尤其是实现大尺寸柔性显示器的商业化更需要很长的路要走。

## 12.5.2 柔性显示技术的分类

柔性显示的种类有很多种主要有柔性有机发光二极管（OLED）、柔性液晶显示（LCD）和电泳显示（EPD），在移动通信、显示等领域具有非常大的应用潜力。

**1. 柔性 OLED 技术**

柔性 OLED 技术就是在柔性衬底制作有机发光显示器的一种技术,具有许多优势。①OLED 发光层较轻,基层可使用较柔韧的材料而不必使用刚性材料;②OLED 对比度高,相比 LED 更明亮,OLED 有机层要比 LED 的无机晶体层薄很多,但 OLED 需要玻璃作为衬底基板而导致一部分光线被玻璃吸收;③OLED 不需要背光系统,耗电量小;④OLED 的视角范围广,视域大,更适合作为显示设备。

**2. 柔性 LCD 技术**

液晶显示技术是当前显示的主流技术,极大地推动了信息显示产业的进步。柔性液晶显示技术主要有胆甾相液晶显示、铁电液晶显示和双稳态液晶显示等。目前技术最为成熟,使用最广泛的是胆甾相液晶显示技术。胆甾相液晶显示是一种反射显示技术,不需要偏振片或滤光片,也不需背光源,低功耗,双稳态特性,可以添加不同螺距的旋光剂来实现彩色显示。

**3. 柔性 EPD 技术**

在电场的作用下,介质中(如溶液、空气等)带电粒子向极性相反的电极移动的现象称为电泳。利用带有颜色的带电粒子向不同电极方向移动所实现的显示技术称为电泳显示技术。由于电泳显示器具有柔软轻薄,双稳态等良好的特性,发展潜力巨大。

任何一种新型技术的发明都会大大开拓人们的想象空间。但真正能够实现商业化却需要经过漫长的努力和等待,柔性显示技术正是如此。目前,柔性显示技术虽然能够满足实用化的要求,应用领域也非常广阔。但仍然面临着许多困难,在材料、全色化、大尺寸、生产工艺等方面还需要改进,在不久的将来柔性显示技术必然会给人们的生活带来翻天覆地的变化。

## 本 章 小 结

随着科技的发展,各种新型显示技术相继出现,逐步融入到人们的日常生活中,如3D 技术、触摸屏技术等。新型显示技术可以概括如下几种。

**1. 激光显示技术**

激光显示技术(Laser Display Technology,LDT)是以红、绿、蓝三基色激光作为光源的图像信息终端显示技术。继黑白显示、标准彩色显示和数字显示后的新一代显示技术,具有色域广、亮度高、饱和度高等特点,可以更真实地再现多姿多彩的自然界,成为现在人们研究显示技术的焦点。

**2. 3D 技术**

3D 技术(3 Dimensions Technology,3D)是利用一系列的光学方法使人的左右眼产生视差而接收到不同的画面,在人的大脑形成 3D 立体效果的技术,具有真实性、精确性以及无限的可操作性,场景华丽,人物动作逼真,具有强烈的纵深感,给观众带来强大的震撼力。

**3. 触摸屏技术**

触摸屏技术是人们通过对屏幕的触摸进而控制主机的技术。只要轻轻触碰电子产品显示屏上的图标或者文字等,就可以实现对对象的操作,方便、自然,是一种具有极大潜力的全新多媒体交互设备,成为人机交互界面的新宠儿。

4. 电子纸技术

电子纸(electronic paper,E-paper)是像纸一张轻薄,可随意擦写的一类显示器的统称。显示效果接近自然纸张效果,具有阅读舒适、超薄轻便、可弯曲等特点,而且切断电源后文字也不会消失,确保了其实用方便性。

5. 柔性显示技术

柔性显示技术又称为可卷曲显示技术,是一种用柔性衬底材料制成的可视的、柔性的、卷曲的显示技术,具有轻柔、耐冲击、可弯曲等特点,已经成为当前显示领域的研究热点,被认为是一种很有前景的新型显示技术。

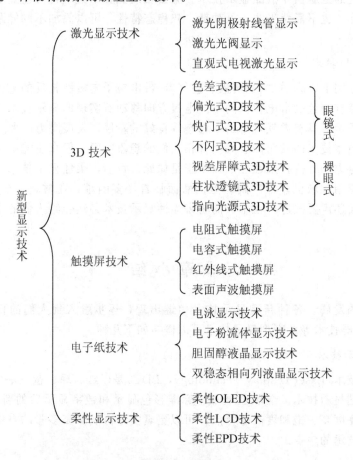

## 本章习题

一、填空题

1. 激光显示系由三部分构成,_____、_____和_____。
2. 激光显示技术分为_____、_____和_____三类。
3. 3D 显示分为眼镜式和裸眼式两大类。眼镜式一般分为_____、_____、快门式 3D 技术和不闪式 3D 技术；裸眼式一般分为＿＿＿＿＿、＿＿＿＿＿和＿＿＿＿＿。

4. 人的眼镜可以分辨远近的根本原因是＿＿＿＿＿。

5. 触摸屏一般可以分为 5 种，其中矢量压力传感触摸屏已经被淘汰，另外 4 种包括＿＿＿＿＿、＿＿＿＿＿、＿＿＿＿＿和＿＿＿＿＿。

6. 四线触摸屏由上下两层具有相同阻值的通明阻性材料组成。五线触摸屏上下两层透明层中，一个是＿＿＿＿＿层、一个是＿＿＿＿＿层。

7. 电容式触摸屏是一种利用＿＿＿＿＿进行工作的屏幕。触摸检测屏是一块＿＿＿＿＿屏。

8. 触摸屏是一种透明的＿＿＿＿＿系统，由＿＿＿＿＿和＿＿＿＿＿组成。工作的部分一般由＿＿＿＿＿、＿＿＿＿＿和电极这三部分构成。

9. 电子纸显示技术一般分为 4 种，包括＿＿＿＿＿、＿＿＿＿＿、＿＿＿＿＿和＿＿＿＿＿。

10. 柔性显示技术一般分为＿＿＿＿＿、＿＿＿＿＿和＿＿＿＿＿3 种。

二、名词解释

激光显示技术、3D 技术、触摸屏技术、电子纸技术、柔性显示技术、视觉位移、视差障壁、表面声波、电泳

三、简答题

1. 简述激光显示技术的种类。举例说明激光显示原理。
2. 简述激光光阀显示的结构及显示原理。
3. 简述 3D 技术的特点。
4. 简述偏光式 3D 技术的原理。
5. 什么是多点触控技术？简述多点触控技术的特点。
6. 简述电阻式触摸屏的工作原理。
7. 简述电容式触摸屏的优点。
8. 简述表面声波触摸屏的工作原理。
9. 简述电子纸的显示原理。
10. 简述柔性 OLED 显示的优点。

四、思考题

1. 激光显示技术的发展前景将会如何？
2. 触摸屏为什么是一种绝对定位系统？
3. 哪一种触摸屏技术是比较有前景的？为什么？

# 参考文献

[1] 高鸿锦，董友梅．液晶与平板显示技术[M]．北京：北京邮电大学出版社，2007．
[2] 应根裕，屠彦，万博泉，等．平板显示应用技术手册[M]．北京：电子工业出版社，2007．
[3] [日]山崎映一．发光型显示(上)[M]．马杰，译．北京：科学出版社，2003．
[4] 陈金鑫，黄孝文．OLED有机电致发光材料与器件[M]．北京：清华大学出版社，2007．
[5] 黄春辉，李富友，黄维．有机电致发光材料与器件导论[M]．上海：复旦大学出版社，2005．
[6] 腾枫，侯延冰，印寿跟，等．有机电致发光材料及应用[M]．北京：化学工业出版社，2006．
[7] 王秀峰，程冰．现代显示材料与技术[M]．北京：化学工业出版社，2009．
[8] [日]西田信夫．大屏幕显示[M]．马杰，译．北京：科学出版社，2003．
[9] 陈志强．低温多晶硅(LTPS)显示技术[M]．北京：科学出版社，2006．
[10] 黄子强．液晶显示原理[M]．北京：国防工业出版社，2005．
[11] 李维諟，郭强．最新液晶显示应用[M]．北京：电子工业出版社，2006．
[12] [日]新居宏壬，栗田泰市郎，酒井重信．显示器的应用[M]．徐国鼐，译．北京：科学出版社，2003．
[13] [日]小林骏介．下一代液晶显示[M]．乔双，高岩，译．北京：科学出版社，2003．
[14] [日]谷千束．先进显示器技术[M]．金轸裕，译．北京：科学出版社，2002．
[15] 王大巍，王刚，李俊峰，等．薄膜晶体管液晶显示器件的制造、测试与技术发展[M]．北京：机械工业出版社，2007．
[16] 崔浩，何为，何波，张宣东，徐景浩．COF(chip on film)技术现状和发展前景[J]．世界科技研究与发展，2006(28)．
[17] David J. R. Cristaldi, Salvatore Pennisi. Liquid Crystal Display Drivers[J]. Springer Science. 2009.
[18] Zhenan Bao, Jason Locklin. Organic Field-Effect Transistors[J]. CRC Press, 2006, New York.
[19] Pope M. Kallmann H P. Magnante P. Electroluminescence in Organic Crystals [J]. J. Chem. Phys., 1963(38): 2042~2043.
[20] Tang C W. VanSlyke S A. Organic electroluminescent diodes [J]. Appl. Phys. Lett., 1987(51): 913~915.
[21] Ohmori Y. Fujii A. Uchida M. Morishima C. Yoshino K. Fabrication and characteristics of 8-hydroxyquinoline aluminum/aromatic diamine organic multiple quantum well and its use for electroluminescent diode [J]. Appl. Phys. Lett., 1993(62): 3250~3252.
[22] Parthasarathy G. Gu G. Forrest S R. A Full-Color Transparent Metal-Free Stacked Organic Light Emitting Device with Simplified Pixel Biasing [J]. Adv. Mater., 1999(11): 907~910.
[23] Mulliken R S. The interpretation of band spectra Part III. Electron quantum numbers and states of molecules and their atoms [J]. Reviews of Modern Physics, 1932(4): 0001~0086.
[24] Bulovic V. Shoustikov A. Baldo M A. Bose E. Kozlov V G. Thompson M E. Forrest S R. Bright, saturated, red-to-yellow organic light-emitting devices based on polarization-induced spectral shifts [J]. Chem. Phys. Lett., 1998(287): 455~460.
[25] Burroughes J H. Bradley D D C. Brown A R. Marks R N. Mackay K. Friend R H. Burns P L. Holmes A B. Light-emitting diodes based on conjugated polymers [J]. Nature, 1990(347): 539~541.
[26] Jonathan G C. Veinot and Marks T J. Toward the Ideal Organic Light-Emitting Diode. The Versatility and Utility of Interfacial Tailoring by Cross-Linked Siloxane Interlayers [J]. *Acc. Chem. Res.*, 2005(38): 632~643.
[27] Cui J. Huang Q L. Veino J G C. Yan H. Marks T J. Interfacial microstructure function in organic light-emitting diodes: Assembled tetraaryldiamine and copper phthalocyanine interlayers [J]. Adv. Mater., 2002(14): 565~569.

[28] Cui J. Huang Q L. Veinot J C G. Yan H. Wang Q W. Hutchison G R. Richter. A G. Evmenenko G. Dutta P. and Marks T J. Anode Interfacial Engineering Approaches to Enhancing Anode/Hole Transport Layer Interfacial Stability and Charge Injection Efficiency in Organic Light-Emitting Diodes [J]. Langmuir, 2002(18): 9958~9970.

[29] Lilienfeld J. E. US 1 745 175, 1930.

[30] Kahng D. Atalla M. M. IRE Solid State Devices Research Conference[M]. Pittsburgh: Carnegie Institute of Technology, 1960.

[31] Weimer P. K. TFT-NEW Thin Film Transistor[J]. Proceedings of The Institute of Radio engineers, 1962(50): 1462~1465.

[32] Brody T. P. Asars J. A. andDixon G. D. A 6×6 Inch 20 Lines-per-inch Liquid-Crystal Display Panel[J]. IEEE Trans. Electron Devices, 1973(ED20): 995~1001.

[33] Lecomber P. G. Spear W. E. Ghaith A. Amorphous Silicon Field Effect Device and Possible Application [J]. Electronics Letters, 1979(15): 179~181.

[34] 李牧家,黄俊伟,吕宏哲,郭国鸿,李鸿斌,赖文贵,蔡佳怡,张育淇,李浩群,张炜炽. 专利号: 200610078728.1.

[35] US Patent: 6115090 A1; 6281552 B1; 6303963 B1.

[36] 孙三春,福田武司,曹进,朱文清,蒋雪茵,张志林,魏斌. 高亮度微腔有机电致发光器件[J]. 光电子激光, 2009(20): 609~611.

[37] Lin Y. K. High Holeding Ratio Pixel Circuit for AMOLED[J]. 1999: 9~30.

[38] 付国柱. OLED中的激光技术[J]. 光机电信息, 2008: 22~28.

[39] http://china.nikkeibp.com.cn.

[40] http://www.fpdisplay.com.

[41] http://en.wikipedia.org/.